W0258425

Fachberichte Messen, Steuern, Regeln

Band 1: Automatisierungstechnik im Wandel durch Mikroprozessoren
INTERKAMA-Kongreß 1977
Herausgegeben von M. Syrbe, B. Will
X, 675 Seiten. 1977

Band 2: Entwurf digitaler Steuerungen.
Ein Kolloquiumsbericht
Herausgegeben von K. H. Fasol
VI, 250 Seiten. 1979

Band 3: M. Cremer: Der Verkehrsfluß auf Schnellstraßen.
Modelle, Überwachung, Regelung.
XVI, 203 Seiten. 1979

Band 4: Wege zu sehr fortgeschrittenen Handhabungssystemen
Herausgegeben von H. Steusloff
VI, 205 Seiten. 1980

Band 5: Meß- und Automatisierungstechnik – Technologien, Verfahren, Ziele
INTERKAMA-Kongreß 1980
Herausgegeben von D. Ernst und M. Thoma
XI, 863 Seiten. 1980

Band 6: H. G. Jacob: Rechnergestützte Optimierung statischer
und dynamischer Systeme – Beispiele mit FORTRAN-Programmen.
XII, 229 Seiten. 1982

Band 7: J. P. Foith †: Intelligente Bildsensoren
zum Sichten, Handhaben, Steuern und Regeln
IX, 196 Seiten. 1982

Band 8: A. Korn: Bildverarbeitung durch das visuelle System
VIII, 185 Seiten. 1982

Band 9: Sehr fortgeschrittene Handhabungssysteme –
Ergebnisse und Anwendung
Herausgegeben von P. J. Becker

Band 10: Fortschritte durch digitale Meß- und Automatisierungstechnik
INTERKAMA-Kongreß 1983
Herausgegeben von M. Syrbe und M. Thoma
XV, 791 Seiten. 1983

Band 11: K.-F. Kraiss: Fahrzeug- und Prozeßführung
Kognitives Verhalten des Menschen und Entscheidungshilfen
VI, 138 Seiten. 1985

Band 12: Sensoren in der textilen Meßtechnik
Herausgegeben von E. Schollmeyer und E. A. Hemmer
X, 425 Seiten. 1985

Fachberichte
Messen · Steuern · Regeln
Herausgegeben von M. Syrbe und M. Thoma

16

Betriebsmeßtechnik in der Textilerzeugung und -veredlung

Herausgegeben von
E. Schollmeyer, D. Knittel und E. A. Hemmer

Springer-Verlag
Berlin Heidelberg New York
London Paris Tokyo 1988

Herausgeber:
Professor Dr. Eckhard Schollmeyer
Priv. Doz. Dr. Dierk Knittel
Deutsches Textilforschungszentrum Nord-West e.V.
Institut für textile Meßtechnik
Frankenring 2
4150 Krefeld 1

Professor Dr. Ernst Arnold Hemmer
Universität – GH – Duisburg
Fachbereich 6, Fachgebiet Physikalische Chemie
Lotharstraße 1
4100 Duisburg

ISBN 978-3-540-18917-6   ISBN 978-3-642-52300-7 (eBook)
DOI 10.1007/978-3-642-52300-7

Herrn Mathias Schek,

Geschäftsführer der TAG Textilausrüstungs-
Gesellschaft Schroers GmbH & Co. KG, Krefeld,
der als Vorsitzender des Vorstandes des
Deutschen Textilforschungszentrums Nord-West
die Forschungsarbeit stets wohlwollend
gefördert hat,

herzlich gewidmet.

Vorwort

Das 3. Symposium für textiles Meß- und Prüfwesen hatte die Zielsetzung,
über die "Betriebsmeßtechnik" in der Textilerzeugung und -veredlung zu
informieren.

Ein Betrieb ist nach unserem Verständnis eine Anlage, die zur Herstellung eines bestimmten Endproduktes mit definierten Eigenschaften
dient. Hierzu gehören die eigentliche Prozeßeinheit, in der die erforderlichen chemischen und physikalischen Prozesse durchgeführt werden,
aber auch die Nebeneinheiten, die sicherstellen, daß bestimmte Eigenschaften des erzeugten Produktes gewährleistet sind. Zu einem Betrieb
gehören damit auch Labors, in denen die Eingangskontrollen, sowie
Labors, in denen die Ausgangskontrollen zur Qualitätssicherung
durchgeführt werden. Die Abb. 1 soll diesen Sachverhalt schematisch
darstellen.

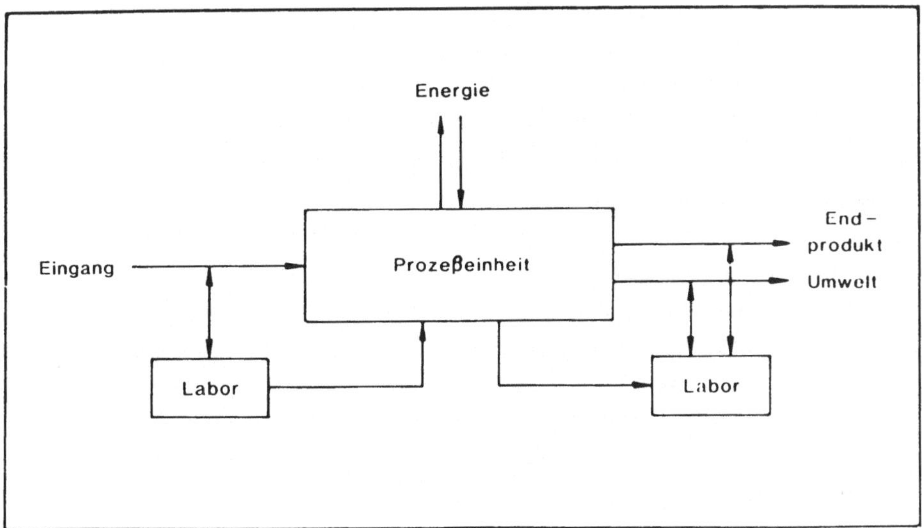

Abb. 1: Schematische Darstellung eines Betriebs.

Die Betriebsmeßtechnik kann man unterteilen in:

- Qualitätsmeßtechnik und
- Prozeßmeßtechnik.

Die Qualitätsmeßtechnik muß gewährleisten, daß die Einsatzprodukte in
der erforderlichen Qualität in die Prozeßeinheit eingebracht werden.
Hierzu gehört z.B. die qualitative und quantitative Erfassung einer aufgebrachten Schlichte. Die Qualitätsmeßtechnik muß aber auch überprüfen, ob das
Endprodukt die gewünschten Eigenschaften wie z.B. vorgegebene Farbkoordina-
ten oder garantierte Festigkeiten besitzt. Ferner muß durch sie sichergestellt werden, daß an die Umwelt abgegebene Stoffe den Richtlinien der
Aufsichtsbehörden entsprechen. Für Kalkulationszwecke müssen auch die zuge-
führten und teilweise wieder abgeführten Energien erfaßt werden.

Die Prozeßmeßtechnik befaßt sich mit der Bestimmung der Parameter,
die für den einwandfreien Prozeßablauf erforderlich sind. Solche Parameter sind z.B. Beispiel: Temperatur, Druck, Volumen, Konzentrationen
bzw. Stoffmengen oder mechanische Spannung. Wichtiges Kriterium ist,
daß die Meßeinrichtungen beim Einsatz in der Produktion, wo man Störeinflüsse von der Anlage her nicht vollständig ausschalten kann,
verläßliche Werte liefern. Es hat wenig Sinn, die Meßgenauigkeit
extrem hoch zu treiben, wenn darunter die Robustheit leidet. Weiter
ist es notwendig, daß die Meßwerte über gewisse Entfernungen zu den
Anzeige- bzw. Registriereinheiten in einer zentralen Meßwarte übertragen werden können und man sie von dort aus zur Steuerung oder
Regelung des Prozeßablaufs einsetzen kann. Hierzu benötigt man elektrische oder pneumatische Hilfsenergien. Ferner ist es erforderlich, Meßgeräte zusätzlich zu installieren, die beim Ausfall dieser Hilfsenergien
noch funktionstüchtig bleiben. Weiter ist eine Strategie notwendig, die die
Funktionstüchtigkeit der Meßeinrichtungen garantiert. Die Auswahl der Meßeinrichtungen hängt sehr davon ab, ob der Prozeß kontinuierlich oder im
Batch-Betrieb durchgeführt wird.

In der Abb. 2 sind die Funktionselemente einer Meßeinrichtung nach
VDI/VDE 2600 schematisch dargestellt [1].

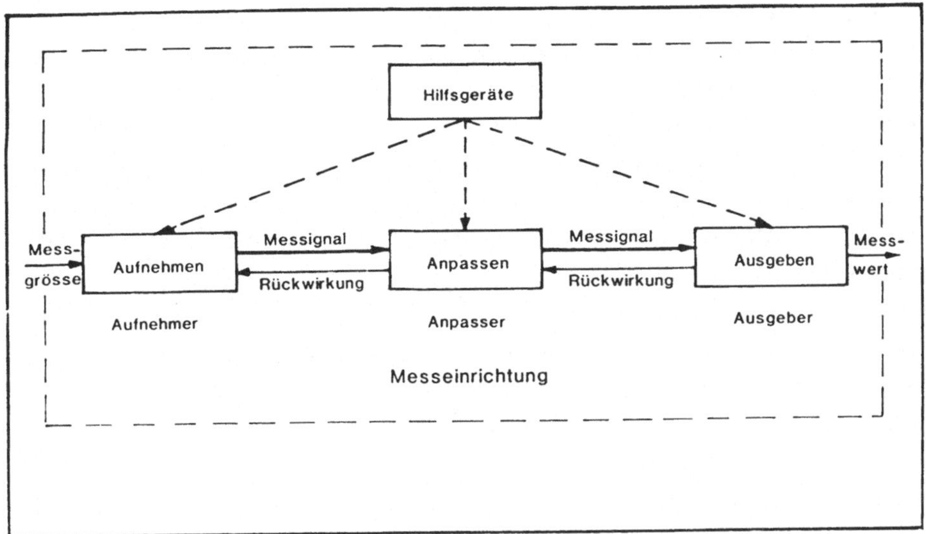

Abb. 2: Funktionselemente einer Meßeinrichtung nach VDI/VDE 2600 [1].

Man ersieht hieraus, daß die Wahl des Aufnehmers (Sensor) von ausschlaggebender Bedeutung ist, denn die Art des Sensors legt fest, welche Aussagekraft das Meßsignal besitzt.

Man versteht unter der Sensortechnik den gesamten Komplex der Einrichtungen zur Aufnahme von Informationen aus der (meist technischen) Umwelt. Damit reicht die Spannweite der Sensorik vom Meßfühler und Aufnehmer bis zur Meßeinrichtung in digitaler Verarbeitungselektronik einschließlich Prozessor und Software, wobei in die Software auch Forderungen aus der Verfahrentechnik einfließen sollten.

Für das Meßprinzip werden charakteristische physikalisch-chemische Erscheinungen benutzt. Beispielsweise ist die Meßgröße Temperatur durch das Meßprinzip Längenausdehnung, thermoelektrischer Effekt, Strahlungsemmission, Änderung des elektrischen Widerstands, magnetische Suszeptibilität u.a. erfaßbar.

Vorrang hat in der textilen Meßtechnik stets die berührungslose und zerstörungsfreie in-situ-Messung in laufenden Prozessen. Das Beispiel der Bestimmung der aufgeklotzten Farbstoffmenge nach dem Foulardieren soll einige Schwierigkeiten der textilen Meßtechnik verdeutlichen: Mit Hilfe der Messung der Mikrowellenabsorption ist die aufgenommenen Wassermenge bestimmbar, die Messung der ß-Strahlenabsorption gibt die aufgeklotzte Gesamtmasse wieder. Man hat somit nur ein Maß für die Farbstoffmenge. Im ersten Fall nimmt man diese proportional zur aufgenommenen Wassermenge und im letzteren proportional zur aufgeklotzten Gesamtmasse an. Erwüns cht ist aber ein Sensor, der den Farbstoff selektiv erfaßt und ein konzentrationsproportionales Meßsignal erzeugt. Hier bietet sich die Reflexionsmessung an. Bei dieser Meßmethodik hat man aber keine Aussage über die Eindringtiefe des Meßstrahles, das Ergebnis ist somit nur ein Maß für die Farbstoffkonzentration in Oberflächennähe.

Ausgangspunkt für die Gestaltung von Prozeßmeßtechniken ist stets die Verfahrenstechnik der Textilerzeugung und -veredlung. Die Verfahrenstechnik z.B. der Textilveredlung behandelt die physikalischen und chemischen Wirkungen von Behandlungsmaschinen (z.B. Spannmaschine, Foulard), Behandlungsmedien (z.B. Luft, Wasser) und Veredlungsmitteln (z.B. Farbstoff, Antistatikum) auf das Textilgut. Ihre Zielsetzung ist es, sicherzustellen, daß das gewünschte Veredlungsergebnis in reproduzierbarer Qualität kostengünstig und umweltfreundlich erhalten wird. Ziel jeder verfahrenstechnischen Forschung ist die Erkennung und funktionelle Beschreibung zwischen Textilgutzustandsänderungen und deren Einflußgrößen. Nur bei genauer Kenntnis dieses Zusammenhangs lassen sich die Anforderungen an Meßverfahren und gegebenenfalls Steuer- und Regelvorschriften ableiten.

Dabei sind in der Textilerzeugung und -veredlung eine Vielzahl von Grundvorgängen zu berücksichtigen; beispielsweise wird der Verfahrensschritt Waschen, der auf die Verfahrenselemente Trocknen, Quetschen und Spritzen zurückgeführt werden kann, durch eine Vielzahl von Grundvorgängen beschrieben. Beispiele dafür sind das Netzen, Durchströmen, Verdünnen, Schrumpfen, Stauchen, Breitführen, Transportieren, Komprimieren. Nur dann, wenn die Einflüsse der einzelnen Grundvorgänge auf den Verfahrensschritt bekannt sind, lassen sich die Anforderungen an neue Meßverfahren formulieren. Dabei sind die Meßgröße, das Meßprinzip und die Meßgenauigkeit exakt festzulegen. Textile Meßtechniken und Verfahrenstechnik sind nie getrennt voneinander zu sehen.

In dem vorliegenden Tagungsband des 3. Symposiums für textiles Meß- und
Prüfwesen werden den Orginalbeiträgen drei Übersichtsartikel zur Einführung
und Ergänzung vorangestellt. Der erste Artikel beschäftigt sich kurz mit der
Bestimmung der grundlegenden thermodynamischen Prozeßgrößen Temperatur,
Druck und Volumen. Der zweite Artikel befaßt sich mit ausgewählten Kapiteln
der textilen Meßtechnik. In dem dritten Artikel werden elektrochemische
Sensoren und elektrochemische Methoden in umfangreichem Maße dargestellt.

Die Herausgeber dieses Buches danken im Namen des Deutschen Textilforschungszentrums Nord-West e.V. allen, die zum Gelingen der Tagung beige-
tragen haben. Dieser Dank gilt besonders den Vortragenden und Frau
Renate Wißfeld für die gewissenhafte Erstellung der Druckvorlagen.

Literatur

[1] E. Schollmeyer und E. A. Hemmer (Hrsg.): "Sensoren in der textilen
    Meßtechnik", Fachberichte Messen, Steuern, Regeln, Bd. 12. Springer
    Verlag, Berlin, Heidelberg, New York, Tokyo 1985.

Krefeld, im Dezember 1987   Eckhard Schollmeyer
                                             Dierk Knittel
                                             Ernst Arnold Hemmer

Inhaltsverzeichnis

Ausgewählte Kapitel der textilen Meßtechnik

D. Knittel, M. Beier, E. A. Hemmer[*] und E. Schollmeyer
Deutsches Textilforschungszentrum Nord-West e.V.
Institut für textile Meßtechnik
Frankenring 2

4150 Krefeld 1

[*]Universität -GH- Duisburg
Fachbereich 6, Fachgebiet Chemie
Lotharstraße 1
D-4100 Duisburg 1

1. Einführung

Textile Materialien unterliegen während der Verarbeitung und des Gebrauchs
mechanischen, thermischen und chemischen Beanspruchungen. Die vielfältigen Reaktionen eines Textils darauf werden als Verarbeitungs- bzw. Gebrauchseigenschaften bezeichnet. Die Textilprüfung hat die Aufgabe, diese
zu beschreiben [1,2].

1.1 Verarbeitungseigenschaften

Man versteht nach BERNDT [2] unter einer Verarbeitungseigenschaft das
Verhalten von textilen Rohstoffen und textiltechnisch bzw. textilchemisch
veredelten Zwischenprodukten in den verschiedenen Stufen der textilen Verarbeitungskette von der Fasererzeugung bis zur Konfektion. Diese werden
zweckmäßigerweise nach der Verarbeitbarkeit in der jeweiligen Verarbeitungs-
stufe oder einer Verarbeitungsmaschine eingeteilt [2]:

Prozeßstufe	Verarbeitungseigenschaft	Beispiele für Eigenschaftsabsweichung
Garnherstellung:	Verspinnbarkeit von Fasern	Wickeln von Fasern um Walzen
	Fixierbarkeit von Garnen	Kringeln durch unberuhigten Drall
Flächenherstellung:	Verstrickbarkeit von Garnen	Blockierung von Nadeln durch haariges Garn
	Verwebbarkeit von Garnen	elektrostatische Aufladung von Fadenscharen beim Schären
Veredlung:	Auswaschbarkeit von Schlichten	Reservierungen
Konfektion:	Vernähbarkeit von Stoffen	Maschensprengschäden
	Zuschneidbarkeit von Stoffen	Verkleben von Schnittkanten
	Plissierbarkeit von Stoffen	mangelnde Faltenstabilität

Weiter ist als Verarbeitungseigenschaft auch die Beständigkeit von Konstruktions- und Veredlungseffekten von Zwischenprodukten zu verstehen z.B. [2]:

Prozeßstufe	Verarbeitungseigenschaft
Flächenherstellung:	Erhaltung von Dickstellen in Effektgarnen
Veredlung:	Erhaltung der Kräuselstruktur bei Fixierprozessen
	Überfärbe- und Dekaturechtheit von Färbungen
Konfektion:	Bügel- und Plissierechtheit von Färbungen

1.2 Gebrauchseigenschaften

Man versteht unter einer Gebrauchseigenschaft eines Fertigproduktes sein Verhalten bei seiner Verwendung und der Pflege. Dabei werden je nach Verwendungszweck diese artikelspezifisch in sog. Anforderungsprofilen zusammengefaßt. Folgende Einteilung ist zweckmäßig [2]:

- Bekleidungstextilien,
- Heimtextilien und
- technische Textilien.

BERNDT [2] unterscheidet die Anforderungen nach ästhetischen und funktionellen Eigenschaften:

a) ästhetische Eigenschaften
   - Aussehen (z.B. Gleichmäßigkeit der Färbung, Bolder),
   - Griff (z.B. Steifheit, Glätte, Warenfall) und
   - Geruch (z.B. Hilfsmittel und Reaktionsprodukte der Veredlung).

b) funktionelle Eigenschaften
   - Beständigkeit des Textils gegenüber Formänderung (z.B. Ausbeulen von Bekleidung, Längen von Vorhängen, Schräglaufen von Förderbändern),
   - Beständigkeit des Textils gegenüber Zerstörung (z.B. Kantenbeschädigung von Säumen, Lichtschädigung bei Vorhängen, Bruch von Sicherheitsgurten) und

4

c) - Beständigkeit von Färbungen/Drucken und Ausrüstungen gegenüber
     Veränderungen (z.B. Ausbluten von Färbungen im Regen, Lichtechtheit
     von Möbelstoffen, Wasserdichtheit von Zeltstoffen).

1.3   Simulationsprüfverfahren

Eine sichere meßtechnische Erfassung von Eigenschaftsmerkmalen ist eine not-
wendige Voraussetzung für deren Optimierung. Zunehmend gewinnen hierbei nach
EHRLER et al. [3] die Simulationsprüfverfahren an Bedeutung. Diese sollen
Materialeigenschaften und deren Veränderung in der Verarbeitung und im Gebrauch wirklichkeitsnah erfassen. Die Simulationsprüfung setzt sich aus
einer Simulationsbeanspruchung, mit der eine Verarbeitungsbeanspruchung
möglichst genau nachempfunden werden soll, und einer Merkmalsprüfung zusammen, mit der eine Materialeigenschaft durch Erfassung physikalischer und/-
oder chemischer Kenngrößen beschrieben werden soll. Eine Korrelationsanalyse
der Meßwerte zu den Parametern der Verarbeitung oder des Gebrauches schließt
sich an. EHRLER et al.[3] unterscheiden bei der Merkmalsprüfung zwischen
Grundgrößen (z.B. Feinheit, Flächengewicht, Festigkeit), die mit standardi-
sierten Prüfverfahren relativ sicher zu erfassen sind, und technologischen
Kenngrößen, mit denen komplexe Vorgänge eines Verarbeitungsprozesses (z.B.
Spinnen) bzw. Gebrauchseigenschaften (z.B. Griff) beschrieben werden sollen.
Für die Erfassung der technologischen Kenngrößen wird eine Simulationsbeanspruchung vorausgesetzt werden, die alle wesentlichen Mechanismen beinhaltet, die bei einer praktischen Beanspruchung auftreten. Es ist zwischen
einer Verhaltens- und Beständigkeitsprüfung zu unterscheiden, je nachdem, ob
die Merkmalsprüfung während oder vor und nach dieser Simulationsprüfung
vorgenommen wird [3].

Die Einteilung der Eigenschaftsmerkmale in Grundgrößen und technologische
Kenngrößen ist nicht immer eindeutig: Ordnet man die Festigkeit den Grundgrößen zu, so werden mit der Faserfestigkeit Kennwerte der Fasersubstanz
erfaßt. Bei der Festigkeit von Garnen und Flächengebilden spielen andere
Einflußgrößen wie Konstruktion (Kompression des Garnes, Eliminierung der
Einarbeitung bei Geweben) und Faserbegleitstoffe (Weichmacher, Beschichtungen) eine Rolle.

BERNDT [1] schlägt daher vor, zwischen einer Prüfung ohne Beanspruchung des
Faserstoffes (z.B. Faserquerschnitt, Faserlänge, Masse, Feinheit, spez. Volumen) und solchen Merkmalsprüfungen zu unterscheiden, bei denen die Reaktion des Faserstoffes auf mechanische (Zug, Druck, Biegung, Torsion),
thermische (Schrumpf, Schrumpfkraft) und chemische Beanspruchung (Hydrolyse-
beständigkeit) geprüft wird.

2. Strukturmodelle von Fasern

2.1 Strukturmodell von Polyester-Fasern

Die Mikrostruktur von Polyester-Fasern kann durch ein parakristallines
Schichtgitter beschrieben werden, welches durch die Art der Anordnung der
kristallinen Blöcke in longitudinaler, d.h. entlang der Faserachse, und in
lateraler Richtung gekennzeichnet ist [4 bis 8]. Ein mögliches Strukturmodell ist in den Abbn. 1 bis 3 näher erläutert.

Für hochorientiertes Material kann nach BIANGARDI und ZACHMANN [7] ein
Fasermodell angenommen werden, welches Lamellen aufweist, deren Flächennor-
malen im Mittel einen bestimmten Winkel ω mit der Verstreckrichtung a) und
b) in Abb. 1 einschließen, wobei als typische Werte $\omega = 43°$ und $X = 15°$
(mittlerer Winkel zwischen der Kettenrichtung k und V) angegeben werden.
Diese Lamellen zerfallen nach FISCHER und FAKIROV [6] in einzelne Mosaikblöcke. In c) wird die Wellung der Lamellen und die Mosaikblockstruktur
dargestellt: Die Lamelle ist nach GÜLLEMANN [8] von zwei verschiedenen
Netzebenen begrenzt, die von BIANGARDI und ZACHMANN [7] als die (001)- und
die (100)-Ebene angegeben werden, d.h. die ursprünglich ebene Lamelle, die
durch die (001)-Ebene begrenzt ist, zerfällt durch Abgleiten in einzelne
Mosaikblöcke.

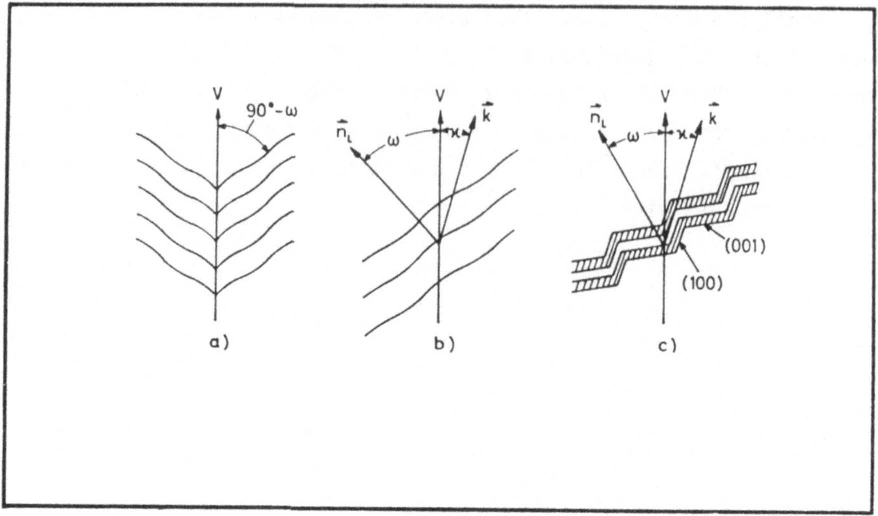

Abb. 1: Lage und Aufbau der Lamellen in Fasern nach BIANGARDI und
ZACHMANN [7]. Zu den Bezeichnungen vgl. Text.

Abb. 2 gibt eine schematische zweidimensionale Darstellung der Struktur von
orientiertem Polyester nach Kristallisation bei niedrigen und hohen Temperaturen (getempert) wieder. Im Prinzip werden die nichtkristallinen Bereiche
aus den folgenden Typen von Ketten aufgebaut (vgl. Abb. 3) [9]: Ketten, die
die Kristallite verbinden (t_1, t_2), solche mit einem freien Ende (f) und
Schlaufen (s_1, s_2, s_3, s_4), wobei hier der Grenzfall scharfer Falten mit
eingeschlossen ist.

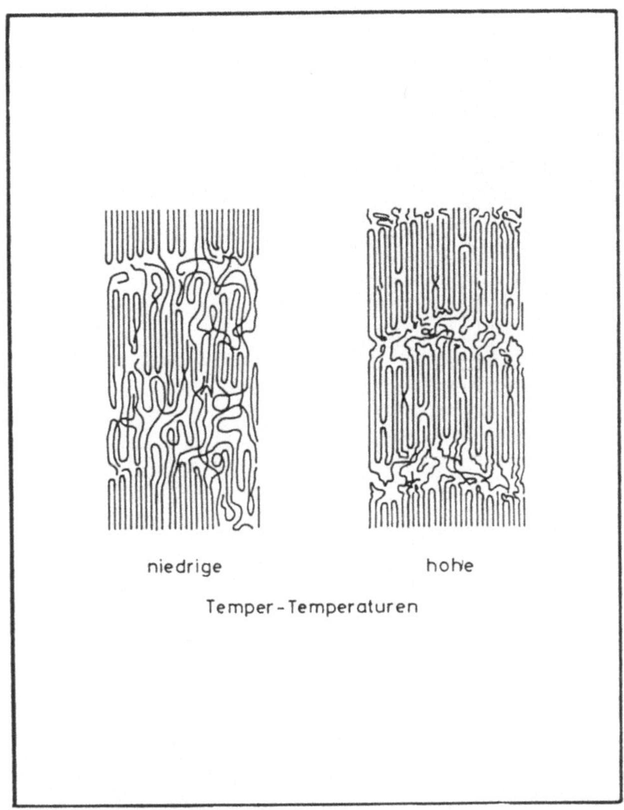

Abb. 2: Schematische Darstellung der Struktur von orientiertem Polyester nach Kristallisation bei unterschiedlichen Temperaturen
nach FISCHER und FAKIROV [6].

Das in Abb. 4 dargestellte Faserstrukturmodell gibt schematisch die Anordnung der Molekülketten im Faserinnern im gereckten und geschrumpften Zustand
des Materials nach BERNDT [10] wieder. Da die Langperiode einer Faser, d.h.
der Schwerpunktabstand zwischen den kristallinen Schichten, sich nicht in
Analogie zum Faserschrumpf ändert, ist nach BERNDT [10] anzunehmen, daß bei
den meisten Synthesefasern das in Abb. 4 dargestellte Faserstrukturmodell
Gültigkeit hat. Danach läßt sich eine Synthesefaser strukturell als eine
Matrix (M) mit mehr oder weniger gut geordneten, in Längsrichtung verlaufenden Molekülketten, in die Fibrillen (F) integriert sind, in denen die
Molekülketten schichtweise kristallisierte und nichtkristallisierte Bereiche
durchlaufen, auffassen [10,11]. Ein Schrumpf bis zu ca. 50 %, der durch
Recken wieder rückgängig machbar ist, kann durch Verknäueln der Kettenmole-
küle in der Matrix zwischen den Fibrillen erklärt werden [10].

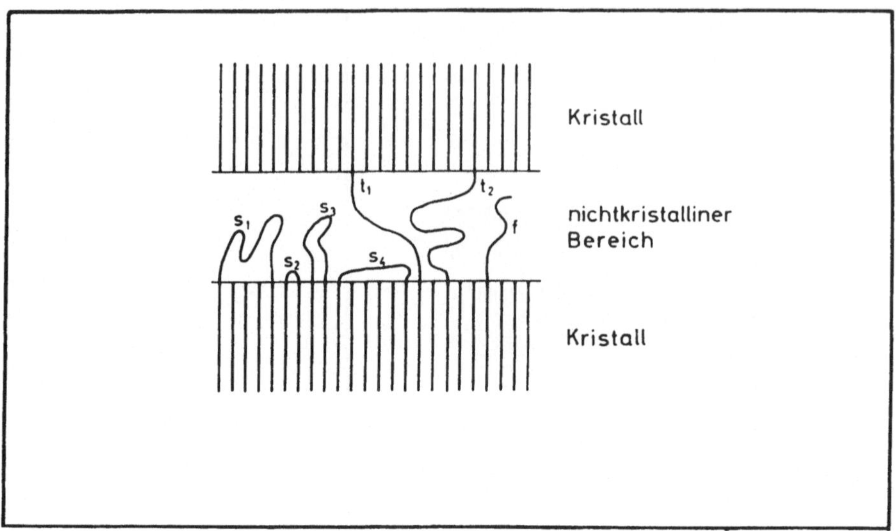

Abb. 3: Schematische Darstellung der verschiedenen Kettentypen des nichtkristallinen Bereiches [9]. Zu den Bezeichnungen vgl. Text.

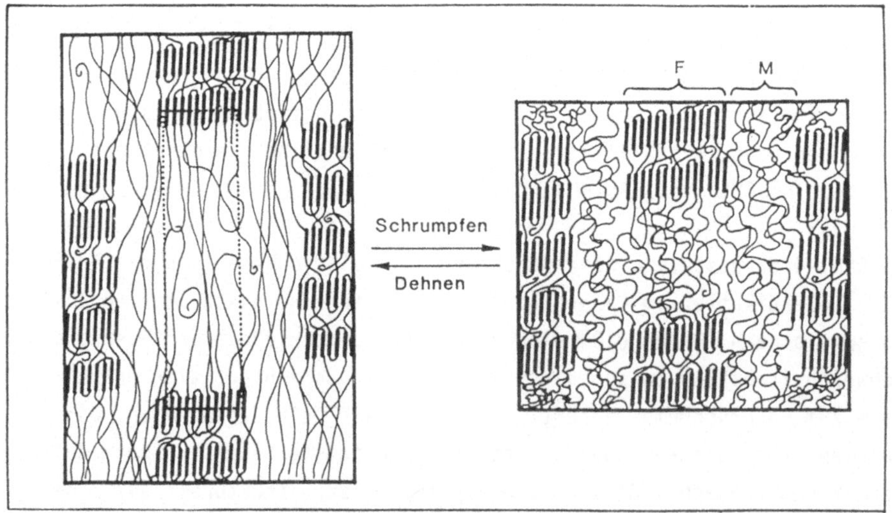

Abb. 4: Modellvorstellungen zur Struktur von Synthesefasern im gereckten und geschrumpften Zustand nach BERNDT [10]. Es bedeuten:
F Fibrillen: Molekülketten in kristallinen und nichtkristallinen Schichten angeordnet,
M Matrix: durchgehende Molekülketten nur partiell kristallisiert.

In Abb. 5 baut BERNDT [10] den in Abb. 4 (links) gekennzeichneten Bereich
zwischen zwei Fibrillen aus Perlenketten auf: Die äußersten kristallinen
Schichten der Fibrillen sind an den Modellenden durch parallele Reihen
schwarzer Kugeln angedeutet.

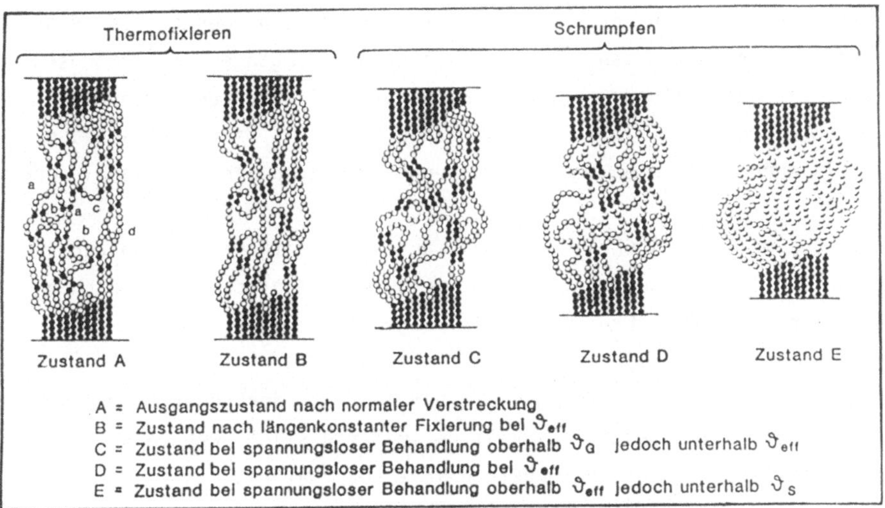

Abb. 5: Modellvorstellung zur Zustandsänderung des nichtkristallinen
Faseranteils zwischen den Fibrillen beim Thermofixieren und bei
der thermomechanischen Analyse (Schrumpfmessung) nach BERNDT [10].
Zu den Bezeichnungen vgl. Text.

Unmittelbar nach der Faserherstellung liegt im allgemeinen der mit A ge-
kennzeichnete Zustand vor: Die in der Schmelze im energetisch günstigeren,
geknäuelten Zustand vorliegenden Molekülketten werden beim Spinnen und Verstrecken orientiert. Neben den relativ großen und damit stabilen teilkri-
stallisierten Fibrillen bilden sich in der Matrix auch thermisch weniger
stabile Kristallite aus. Ferner wird ein Großteil der beim Verstrecken
aufgebrachten Spannungen durch Einfrieren der Kettenbewegung blockiert.

Modell B in Abb. 5 spiegelt nach BERNDT [10] den Zustand einer thermofixierten Faser nach längenkonstanter thermischer Behandlung und Abkühlung
wieder. Bei einer Fixierung bildet sich i.a. kein einheitliches Kristal-
litgrößenspektrum aus, da die stabilen Kristallite erhalten bleiben und die
relativ hohe Abkühlgeschwindigkeit sowie die von außen einwirkende Spannung
Platzwechselvorgänge der Molekülketten verhindern, wodurch auch verspannte
Kristallite mit geringer thermischer Stabilität entstehen.

In den Modellen C bis E ist der momentane Zustand der fixierten Probe
(Zustand B) bei spannungsloser Behandlung suksessiv ansteigender Temperatur
wiedergegeben [10].

Zustand C: Beim Überschreiten der Einfriertemperatur steigt die Kettensegmentbewegung durch welche die blockierten Rückstellkräfte in den Molekülketten freigesetzt werden. Die Molekülketten streben den energetisch günstigeren, geknäuelten Zustand an, was mit Platzwechselvorgängen der Kettensegmente, d.h. mit Materialschrumpf, verbunden ist. Bei weiterer Temperaturerhöhung schreiten diese Platzwechselvorgänge fort, bis die Fibrillen und
die beim Fixieren gebildeten Vernetzungspunkte weiteren Schrumpf verhindern.

Zustand D: Bei weiterem Aufheizen werden zunächst die thermisch weniger
stabilen Kristallite aufgeschmolzen und die durch sie blockierten Spannung
ausgelöst. Ein erneuter Schrumpf ist die Folge.

Zustand E: Wird der Aufheizvorgang mit einer Heizrate fortgesetzt, die höher
als die Kristallisationsgeschwindigkeit des Materials ist, werden auch die
thermisch stabileren Vernetzungspunkte gelöst. Das Material zwischen den Fibrillen kann sich desorientieren und eine optimale Verknäuelung anstreben.
In diesem Zustand verhindern nur noch die kristallinen Schichten in den
Fibrillen ein Zerfließen der Faser, was schließlich beim Erreichen der
faserspezifischen Schmelztemperatur ϑ_S erreicht wird.

2.2 Konzept der elementaren Erweichungstemperaturen von BONART

Für die Aufstellung der Struktur-Eigenschafts-Beziehungen von Fasern, um
damit textile Eigenschaften beschreiben zu können, werden Aussagen über die
Beweglichkeit der Ketten und über das Neubilden von Verknüpfungen benötigt.
Ein erster Schritt, diese Gesichtspunkte in einem erweiterten Strukturmodell
zu berücksichtigen, stellt das Konzept der elementaren Erweichungstemperaturen von BONART et al. [12 bis 15] dar:

Betrachtet sei dabei ein nichtkristallines hochpolymeres System. Dieses System
sei in Subsysteme aufgeteilt. Jedes dieser Subsystem liege in einem eingefrorenen Zustand vor, wobei jedes eine charakteristische Erweichungstemperatur

aufweise. Durch die Vorgeschichte des Materials sollen für jedes Subsystem
zwei verschiedene Einfrierzustände, und zwar ein Einfrierzustand aufgrund
konstanter Länge (Relaxation) und ein Einfrierzustand aufgrund konstanter
Spannung (Retardation) unterschieden werden.

Unter den jeweilig angewandten Bedingungen - mechanische, thermomechanische
sowie Abkühlbedingungen - bilden sich für jedes Subsystem die charakteristischen "Spann- und Fixiersysteme" aus. Steht das Material während eines Auf-
heizvorganges unter einer gegebenen Spannung und ist die Aufheizgeschwindig-
keit langsamer als die Relaxationsgeschwindigkeit eines jeden Subsystems, so
mißt man eine makroskopische Länge, die die Erweichung der einzelnen Subsysteme widerspiegelt. Dies wird deutlich in der Abb. 6: Wird die Probe bei
einer bestimmten Temperatur auf die Ausgangstemperatur abgekühlt und erneut
aufgeheizt, so weist diese keine Änderung ihrer Länge bis zu der unmittelbar
zuvor bereits erreichten Temperatur auf. Erst oberhalb dieser Temperatur
treten wieder elementare Erweichungen von weiteren Subsystemen auf, was sich
in der Längenänderung der Probe äußert.

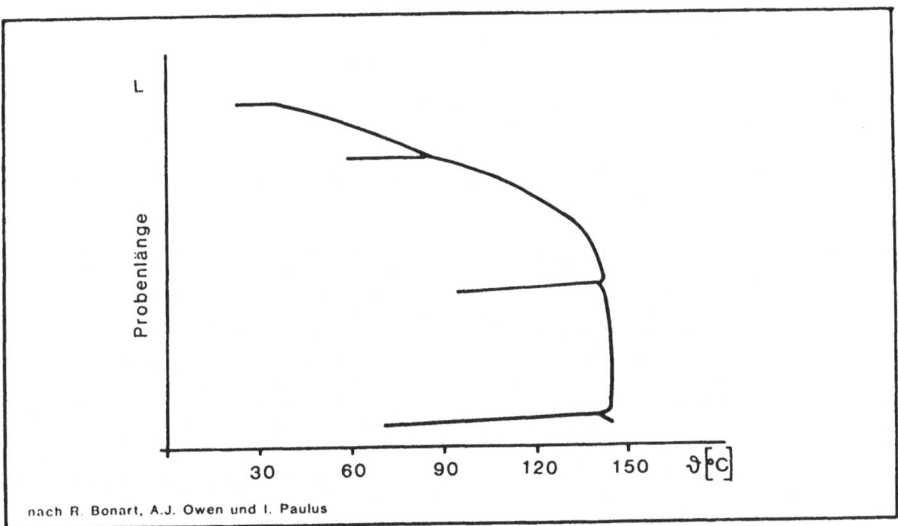

Abb. 6: Thermisch ausgelöster Schrumpf von kalt verstrecktem Polycarbonat A
nach Bonart et al. [15].

Dieses Verhalten der Probe beruht auf molekularen Platzwechselvorgängen.
Diese setzen voraus, daß - wie in Abb. 7 schematisch dargestellt [15] - die
schraffiert dargestellten Teilchen nur dann ihre Plätze miteinander vertau-
schen können, wenn an diesem Ort das freie Volumen für die Dauer des
Platzwechsels ausreichend hoch ist. Dies ist aber nur dann möglich, wenn die
umgebenden Teilchen durch ein kooperatives Verhalten - phasengleiches Schwin-
gen nach außen - kurzzeitig für das Ansteigen des freien Volumens sorgen.

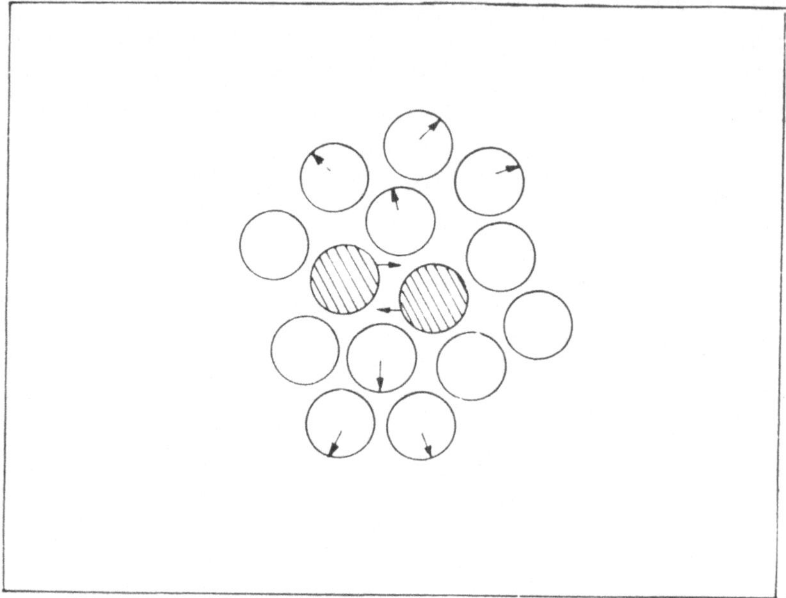

Abb. 7: Stark schematisiertes Flüssigkeitsmodell [15].

Zur Darstellung des Kriechverhaltens (Retardation) von Hochpolymeren wird
allgemein das Kelvin-Voigt-Modell nach Abb. 8 verwendet, während Maxwell-
Modelle zur Beschreibung des Relaxationsverhaltens geeignet sind.

Das vorab erwähnte kooperative System zeigt experimentell eine stufenweise
Erweichung. Dies wird modellmäßig damit erreicht, daß die dem Dämpfungsglied
mit Arrheniusverhalten parallel geschaltete Hooke'sche Feder durch ein
nichtlineares Deformationsglied ersetzt wird. Da jeder Deformationsmechanis-
mus einen scharfen Übergang darstellt, wird der Dämpfer des Kelvin-Voigt-
Modells durch ein Schaltglied mit scharf abgegrenzter Erweichungstemperatur
ersetzt. Jedes Deformationselement entspricht damit einem Subsystem mit
unbekanntem Kooperationsgrad. Damit besteht ein Deformationssystem aus einer
Anzahl hintereinandergeschalteter Deformationselemente. Es ist aber darauf

hinzuweisen, daß den einzelnen Deformationselementen kein räumlich begrenz-
ter Bereich in der Faser zuzuordnen ist [15].

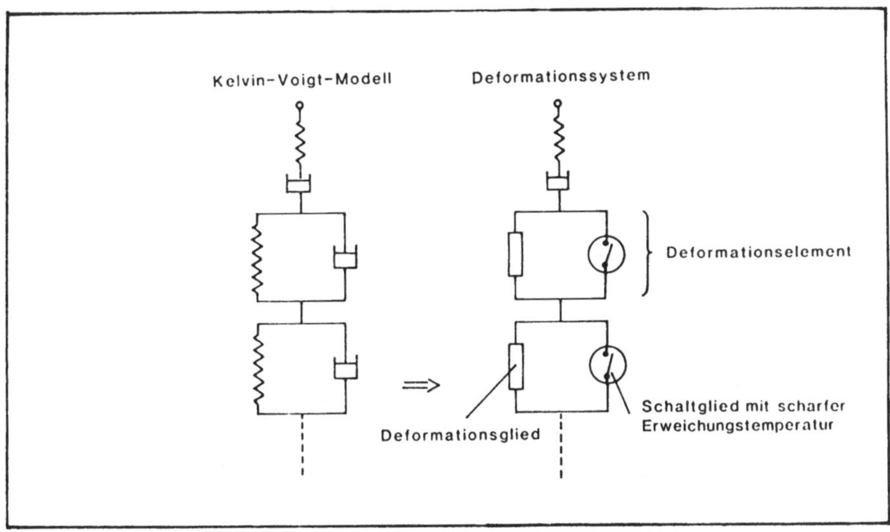

Abb. 8: Kelvin-Voigt-Modell mit linearen Elementen zur Beschreibung der
Retardation von Hochpolymeren (links). Durch Ersetzen der
Hooke'schen Feder durch ein nichtlineares Deformationsglied und
des Dämpfungsgliedes mit Arrhenius-Verhalten durch ein scharf
erweichendes Deformationsglied erhält man nach BONART et al.
[15] ein allgemeines Deformationssystem (rechts).

Die viskoelastische Dehnung nach großen Zeiten $\varepsilon_{rel(\infty)}$ - experimentell aus
Kriechkurven gewonnen (vgl. Abb. 9) - erbringt als Funktion der Temperatur
einen Einblick in die elementaren Erweichungstemperaturen.

Der Anfangsbereich - gedeutet als die viskoelastische Dehnung - erreicht
beim Übergang in ein stationäres Fließen einen Endwert, dessen Extrapolation
$\varepsilon_{rel(\infty)}$ erbringt. $\varepsilon_{rel(\infty)}$ als Funktion der Temperatur erbringt ebenso
Aussagen zum sukzessiven scharfen Erweichen (diskrete Mechanismen) wie die
thermisch stimulierte Rückstellung.

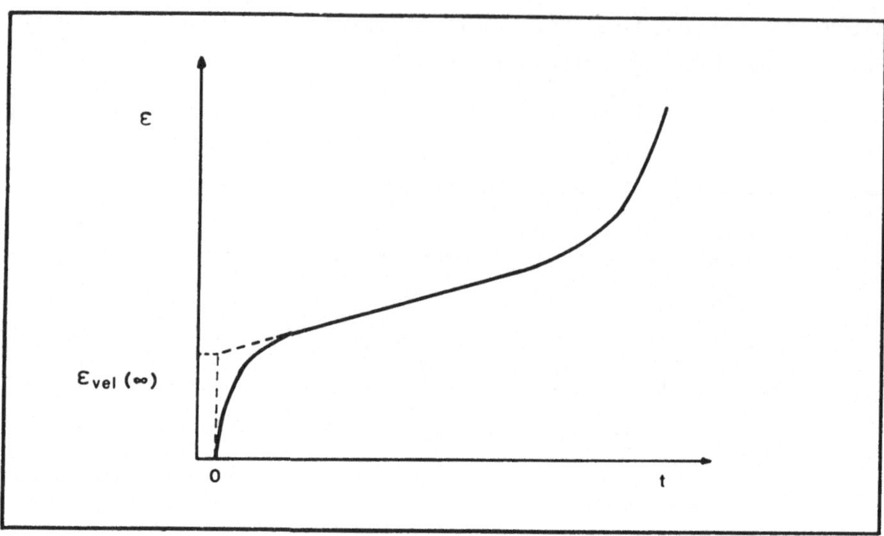

Abb. 9: Schematische Darstellung der Kriechkurve eines Thermoplasten nach
BONART et al. [15] für T, f = const.
Es bedeuten: T Temperatur, f äußere Belastung,
t Zeit und ε Dehnung.

Läge dem System ein kontinuierlicher Erweichungsmechanismus zugrunde, so
würde sich bei unterschiedlichen Temperaturen für eine vorgegebene aufgebrachte Kraft nur ein Endwert der viskoelastischen Dehnung einstellen (vgl.
Abb. 10) [15], der mit unterschiedlichen Dehnungsgeschwindigkeiten erreicht
werden würde [12]. Liegt dagegen ein sukzessives scharfes Erweichen (diskrete Mechanismen) vor, so hängt $\varepsilon_{rel(\infty),T}$ von der jeweiligen Meßtemperatur ab,
vgl. Abb. 11 [12,15].

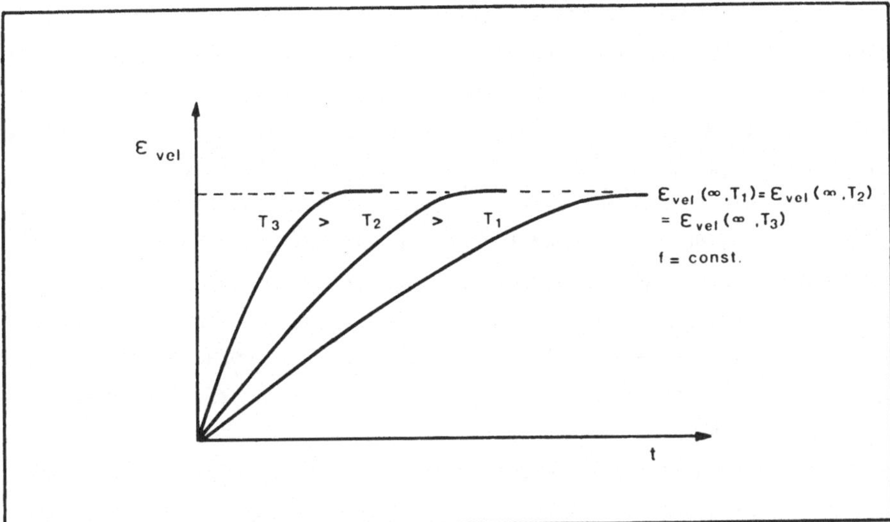

Abb. 10: Schematische Darstellung der viskoelastischen Dehnung nach
ZANKER und BONART [12] für ein langsames kontinuierliches Erweichen (ein Mechanismus).

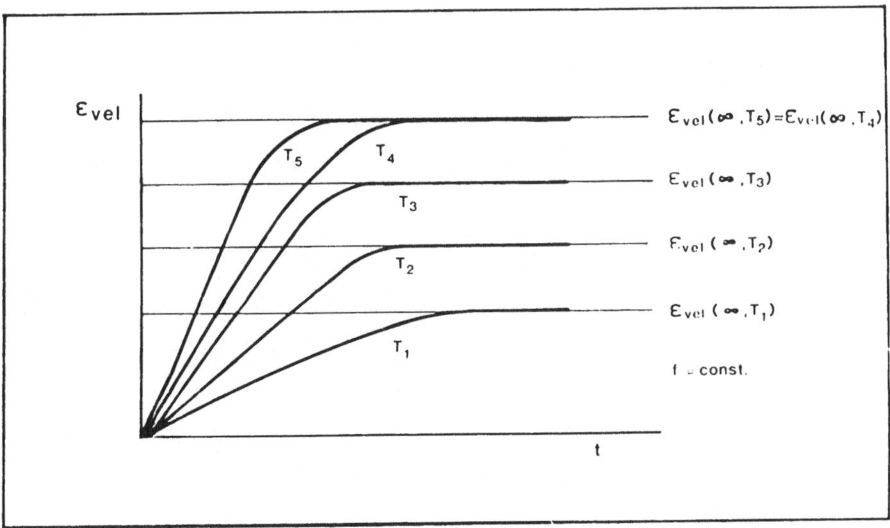

Abb. 11: Schematische Darstellung der viskoelastischen Dehnung nach
ZANKER und BONART [12] für sukzessives scharfes Erweichen (diskrete
Mechanismen).

Es werden mit steigender Temperatur sukzessiv weitere Deformationselemente
vom "eingefrorenen" Zustand in den beweglichen überführt, so lange, bis alle
Deformationselemente mobil sind. Dann wird mit höherer Temperatur nur eine
höhere Geschwindigkeit der viskoelastischen Dehnung erreicht [12]. Für diese
Betrachtungsweise gilt, daß durch die Vernetzungspunktfluktuation während
der Retardation die Anzahl der Vernetzungspunkte im Mittel konstant bleibt.
Dieses Modell eines Netzwerkes macht deutlich, daß sich als Funktion der
Deformationstemperatur und der Belastungsdauer ein Netzwerk mit unterschiedlich thermisch stabilen Netzpunkten und Maschenweiten zwischen den
verbliebenen Netzpunkten einstellen wird, d.h. die Verknüpfungen fluktuie-
ren, und durch die thermomechanische Einwirkung werden Netzstellen gelöst
und neue aktiviert [12].
Eine Beschreibung von Fasern - teilkristallines, orientiertes Netzwerk -mit
dieser Modellvorstellung ist - wie das temperaturabhängige Längenänderungsverhalten von Polyester-Fasern mit zwischengeschalteten Abkühlvorgängen
zeigt - offensichtlich gegeben (vgl. Abb. 12 und 13).

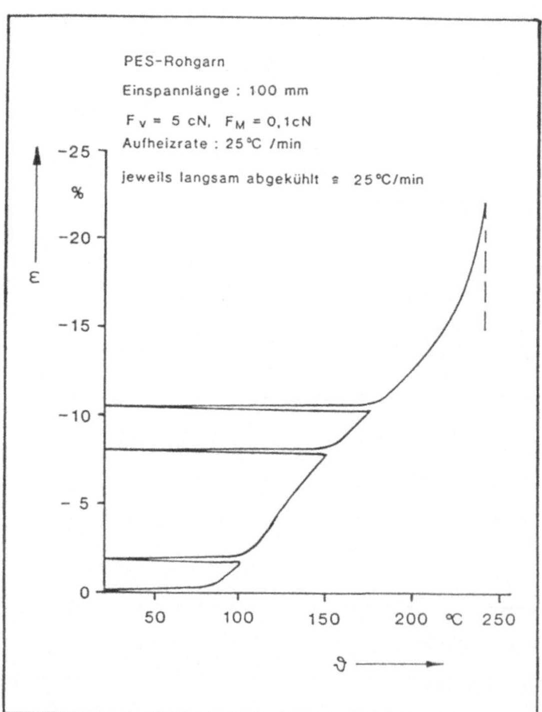

Abb. 12: Temperaturabhängiges Längenänderungsverhalten von Polyester-
Fasern mit zwischengeschalteten Abkühlvorgängen.

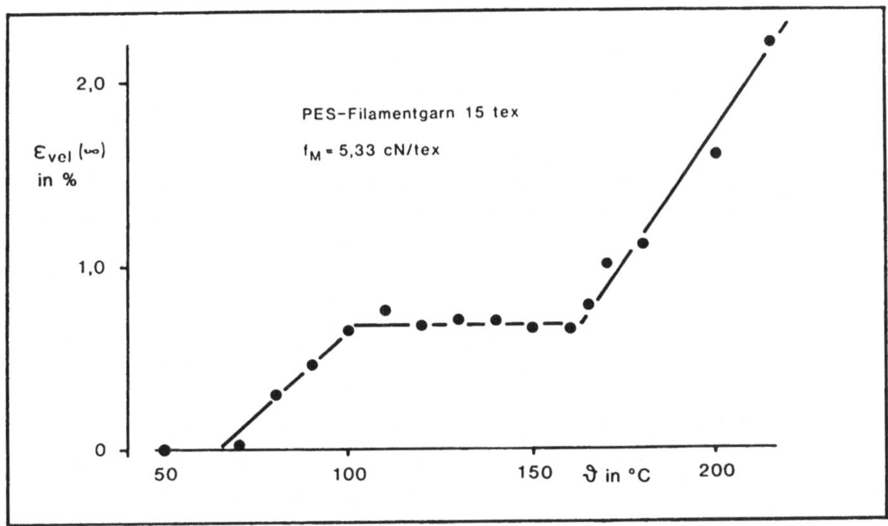

Abb. 13: Temperaturabhängigkeit des viskoelastischen Dehnungswertes eines
Polyester-Filamentgarnes von der Vorbehandlungsdauer.

Das gleiche Verhalten ist in Schrumpfkraft- und Gleichgewichtsschrumpfkraft-
messungen sichtbar.

Bei der Gleichgewichtsschrumpfkraftmessung (vgl. Kap. 4.3) wird eine Relaxation während des Meßvorganges weitgehend vermieden [16]; d.h. die registrierten Schrumpfkräfte entsprechen meßtemperaturabhängig den effektiv im
Material blockierten Spannungen. Übertragen auf dieses Modell bedeutet dies,
daß mit jedem Erweichen eines Deformationselementes die darin "eingefrorene"
Spannung gemessen wird. Abkühlen und erneutes Aufheizen muß demnach an den
alten Kurvenverlauf anschließen, vgl. Abb. 14.

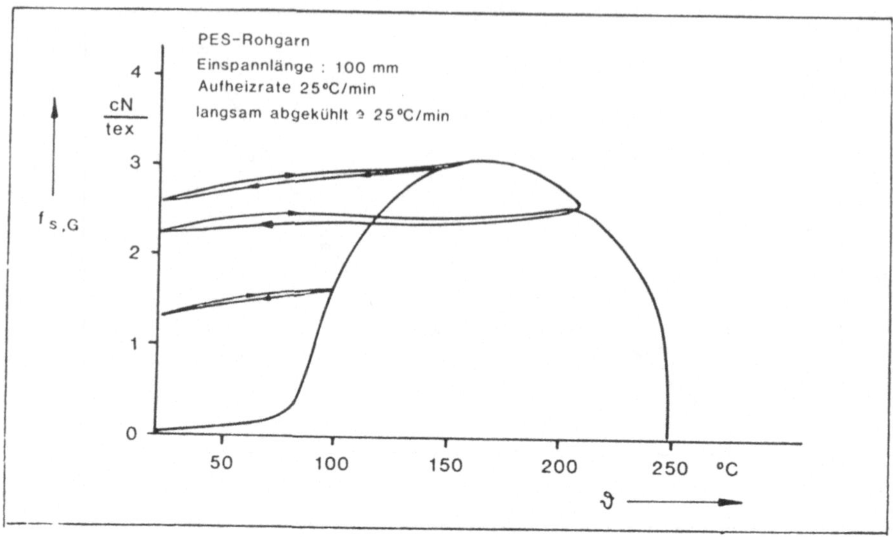

Abb. 14: Schrumpfkraftverhalten von PES-Fasern mit zwischengeschalteten Abkühlvorgängen (Gleichgewichtsschrumpfkraftmessung).

3.   **Ermittlung der mechanischen Eigenschaften von Fasern durch kurzzeitige Beanspruchungen parallel zur Faserachse**

Schlagartige bzw. kurzzeitige Beanspruchungen von Fasern sind z.B. beim Weben (Schußeintrag, Fachbildung und Ladenanschlag), beim Stricken und Nähen sowie beim Schneiden von Spinnkabeln anzutreffen. Ebenso muß beim Spulen und Aufwinden der Garne mit hohen Beschleunigungen in den Umlenkpunkten gerechnet werden.

Die mechanische Beanspruchung von Fasern darf jedoch nicht isoliert betrachtet werden. Bekanntlich folgt auf jede Belastung eine Phase der Materialerholung, entweder in Form einer Retardation, wenn das Material unter konstanter Spannung seine Länge ändert, oder in Form einer Relaxation, wobei sich in dem Material bei konstanter Länge die Spannung ändert (vgl. Abb. 15).

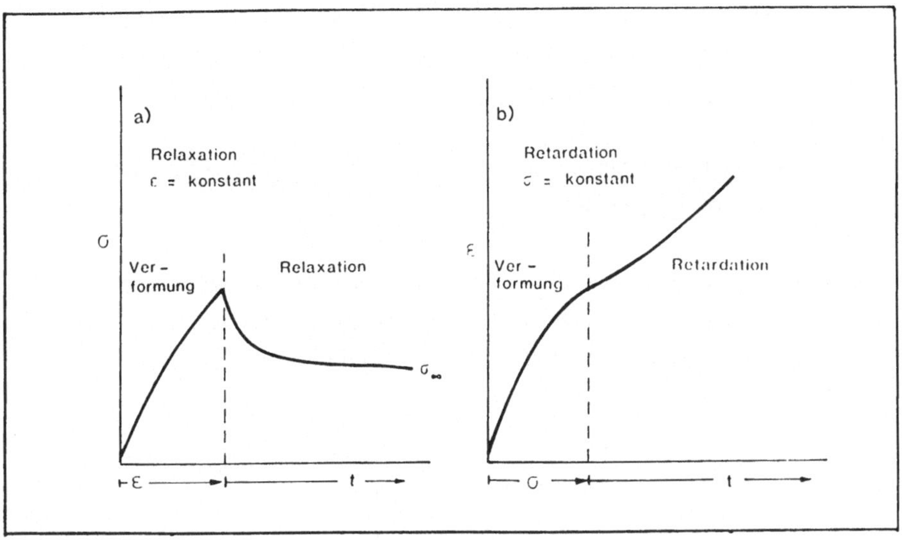

<u>Abb. 15:</u> Schematische Darstellung der Relaxation und Retardation nach
einer mechanischen Verformung. Es bedeuten:
ε Dehnung, σ Spannung, σ_∞ Spannung zur Zeit $t \to \infty$ und t Zeit.

Die Relaxations- und Retardationserscheinungen eines textilen Fadens nach
schlagartiger Beanspruchung stellen somit ein Spiegelbild der reversiblen
und irreversiblen Zustandsgrößen dieser Verformung dar. Um Eigenschafts-
änderungen bei kurzzeitig auftretenden Beanspruchungen textiler Fäden beschreiben zu können, werden in der Regel die zur Kennzeichnung einer plasti-
schen Deformation nach DIN 53835 "Zugelastisches Verhalten" vorgeschriebenen
Prüfungen durchgeführt. Diese Prüfmethoden erscheinen aber schon deshalb
unzureichend, weil in dieser Norm mit einer Verformungsgeschwindigkeit von
0,83 %/s gearbeitet wird, während beim Weben mit Luftdüsenwebmaschinen
Verformungsgeschwindigkeiten von 200 %/s [17] und beim Nähen sogar bis
8000 %/s [18] auftreten. Daher muß bei Kurzzeitbeanspruchungen mit einem
völlig anderen Kraft-Dehnungs- sowie Relaxations- und Retardationsverhalten
gerechnet werden, als es die nach der zitierten Norm ermittelten Werte
wiedergeben.

3.1   <u>Bestimmung des Relaxations- und Retardationsverhaltens von
Polyester-Multifilamentgarn aus den Kraft-Dehnungs-Kurven
unterschiedlicher Verformungsgeschwindigkeiten [19]</u>

3.1.1   <u>Versuchsanordnung für Kraft-Dehnungs-Diagramme bei schnellen
Verformungsgeschwindigkeiten</u>

Um der Aufgabenstellung kurzzeitiger Beanspruchung gerecht zu werden, wird
zur Kennzeichnung der Kurzzeitbeanspruchung parallel zur Faserachse eine
spezielle Versuchsanordnung benutzt (s. Abb. 16) [20]:

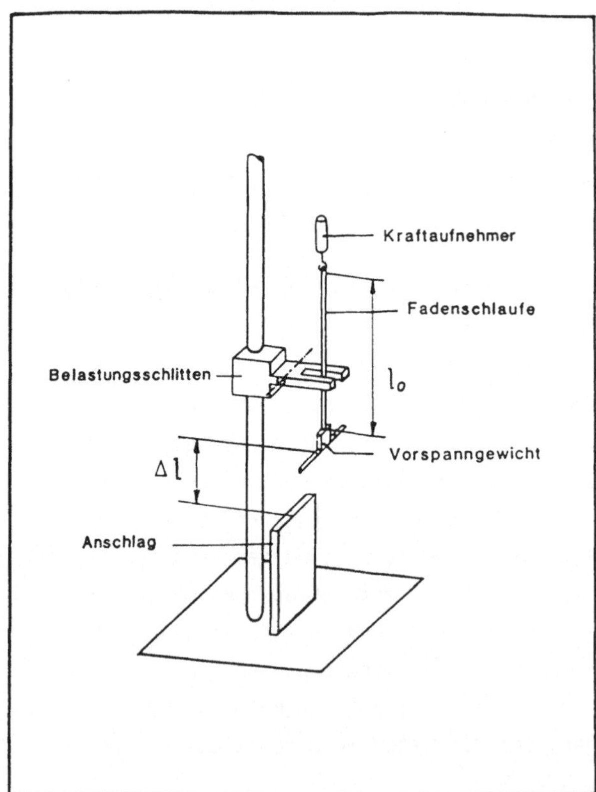

<u>Abb. 16</u>: Schematische Darstellung der Versuchsanordnung zur kurzzeitigen
Längsbelastung nach STEIN et al. [20]. Es bedeuten:
Δl vorgegebene Dehnung und l_o Einspannlänge unter Vorspannung.

Zur Durchführung der Messung wird die schlaufenförmige Fadenprobe an einem Haken, der in dem Piezo-Kraftaufnehmer eingeschraubt ist, aufgehängt und mit beiden Fadenenden in der Klemme eines Vorspanngewichtes von 15 cN fixiert.

Beim Herunterfallen des Fallgewichtes wird das T-förmig ausgebildete Vorspanngewicht von dem Fallgewicht mitgenommen, und die Mitnahmevorrichtung am Fallgewicht wird durch einen Anschlag ausgerastet. Der gedehnte Faden wird augenblicklich entlastet.

Am Fallschlagwerk werden die Dehngeschwindigkeiten $\dot{\varepsilon}$ = 100 bis 100.000 %/s durch Variation von Fallhöhe und Fadenlänge erreicht. Um Kraft-Dehnungs-Diagramme über 7 Geschwindigkeitsdekaden zu erhalten, werden die Dehngeschwindigkeiten $\dot{\varepsilon}$ = 0,1 bis 10 %/s hinzugenommen, die mit einer Zugprüfmaschine durch Variation der Antriebsgeschwindigkeit einstellbar sind.

Der Ablauf der Dehnung bei den hohen Dehngeschwindigkeiten wird kontrolliert, indem die Dehnung während des Zugversuches berührungslos optisch gemessen wird (vgl. Abb. 17) [19]:

Dazu wird ein Weggeber, der am Vorspanngewicht fixiert ist, während des Zugversuches in einer Lichtschranke abgetastet. Der Weggeber besteht aus einem optischen Gitter mit konstantem Gitterabstand senkrecht zur Zugrichtung.

Die Lichtschranke besteht aus einer Lichtquelle (HeNe-Laser) und zwei Lichtleitfasern sowie einem Fototransistor als Empfänger. Der Laserstrahl wird in die dicke Lichtleitfaser (Durchmesser 2 mm) eingespeist; die Lichtleitfaser führt das Licht zum Weggeber. Jenseits des Weggebers tastet eine dünne Lichtleitfaser (Durchmesser < Gitterabstand) den Weggeber ab. Das vom Weggeber modulierte Signal steht nach Filterung mit einem Bandpaß zeitgleich mit dem Kraftsignal zur Verfügung. Weg und Kraftsignal werden während des Zugversuches gleichzeitig von einem Speicheroszilloskop aufgezeichnet.

Mit Hilfe der Wegmessung kann bei Faserbruch die genaue Bruchdehnung bestimmt werden. Bei nicht konstanter Dehngeschwindigkeit kann das Kraft-Zeit-Diagramm in das gewünschte Kraft-Dehnungs-Diagramm umgerechnet werden.

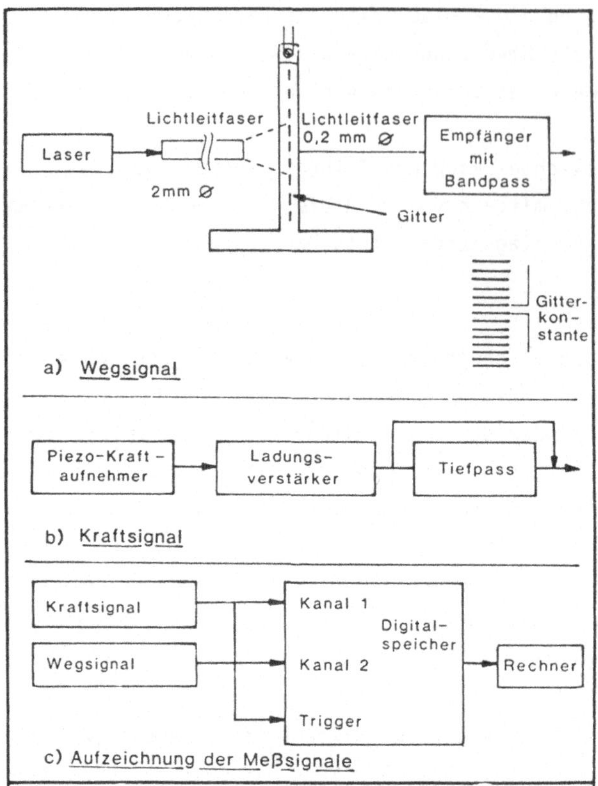

Abb. 17: Gewinnung und Speicherung der Meßsignale bei der Versuchsanordnung nach Abb. 16 [19].
a) Messung der Dehnung während des Zugversuchs,
b) Kraftsignal und
c) Aufzeichnung der Meßsignale.

Die beschriebene Wegmessung wird mit Weggebern mit Gitterabständen zwischen
0,64 mm und 0,19 mm durchgeführt. Das modulierte Lichtsignal hat einen
Minima - Maxima - Abstand von einer halben Gitterkonstante. Durch Interpola-
tion kann die Dehnung wesentlich genauer als auf die halbe Gitterkonstante
bestimmt werden.

3.1.2   Relaxations und Retardationsverhalten

Üblicherweise wird die Relaxation eines Materials gemessen, indem es um
einen bestimmten Betrag gedehnt wird und anschließend bei konstanter Länge
der Verlauf der mechanischen Spannung im Material aufgezeichnet wird. Das
Retardationsverhalten wird bestimmt, indem die Fadenspannung konstant gehalten wird und die Längenänderung aufgezeichnet wird. WILLIAMS, LANDEL und
FERRY [21] formulieren ein empirisch gewonnenes Prinzip, das die Gleichwer-
tigkeit von Zeit und Temperatur feststellt. Mit Hilfe der nach ihnen benannten WLF-Gleichung ist es möglich, lange Meßzeiten bei konstanter Temperatur
durch kurze Meßzeiten bei verschiedenen Temperaturen zu ersetzen.

Durch Verschieben der Einzelkurven entlang der logarithmischen Zeitachse und
Beziehung der Meßtemperatur auf eine Referenztemperatur überlagert man die
Einzelkurven zu einer "Masterkurve". Als Referenztemperatur wird üblicherweise die Glastemperatur T_g gewählt. Für den Betrag a_T der Horizontalver-
schiebung gilt [21] (WLF-Gleichung):

$$\log_{10} a_T = \frac{a \cdot (T - T_g)}{b + (T - T_g)} \quad ,$$

mit a,b materialspezifischen Konstanten.

Diese Beziehung gilt für die meisten amorphen Polymere. Um die Linearitäts-
grenzen nicht zu überschreiten, darf nur mit kleinen Spannungen bzw. Deformationen gearbeitet werden.

KOSFELD et al. [22] haben unter Zugrundelegung der WLF-Gleichung das Relaxa-
tions- und Retardationsverhalten von PMMA über 20 Zeitdekaden superponiert.
YU [23] bestimmt durch Langzeit-Relaxations-Versuche bei verschiedenen
Temperaturen das Relaxationsverhalten von teilkristallinem Polyester über 12
Zeitdekaden. Den Verschiebungsfaktor bestimmt er zum einen durch die WLF-
Gleichung, zum anderen aufgrund einer optimalen Kurvenanpassung. Dabei
stellt sich heraus, daß mit den Verschiebungsfaktoren, die die WLF-Gleichung
liefert, keine gute Masterkurve konstruierbar ist.

Für thermofixiertes Polyester, insbesondere bei hohen Fixierspannungen, ist
die WLF-Gleichung nicht mehr brauchbar. Grund dafür ist vermutlich die
zunehmende Kristallinität und Vernetzung der Polyester-Fasern mit höherer
Fixierspannung.

Aus einer Kurvenschar von isothermen K-D-Diagrammen (vgl. Abbn. 18a und b), bei denen jede Kurve bei einer anderen Dehngeschwindigkeit gemessen wird, können Relaxations- und Retardationskurven konstruiert werden.

Relaxationskurven mit dem Parameter ε_0 ergeben sich, indem durch die Kurvenschar die Geraden ε = konst. = ε_0 gelegt werden. Jeder Schnittpunkt mit einer K-D-Linie ergibt ein Wertepaar (Kraft, Zeit) der Relaxationskurve. Die Zeit folgt aus der Kenntnis der Dehnung ε_0 und der Dehngeschwindigkeit. Retardationskurven werden entsprechend mit den Geraden F = konst. = F_0 erhalten.

YU [23] bestimmt mit der beschriebenen Methode die Spannungsrelaxation von PETP und vergleicht sie mit dem zugehörigen statischen Langzeit-Relaxationsversuch. Er stellt fest, daß lediglich die Versuchsstreuung größer als bei der Langzeit-Relaxationsmessung ist. Relaxationsmessungen mit anderen Garnabschnitten führen vermutlich zu derselben Streuung.

Eine hohe Dehnung hat denselben beschleunigenden Einfluß auf die Spannungsrelaxation, wie die Temperatur. Entsprechend wirkt eine hohe Spannung beschleunigend auf die Retardation. Der Verschiebungsfaktor der Dehnung ist nicht linear von der Dehnung abhängig [23]. IBAR [24,25] findet für amorphen Kunststoff den dehnungsbezogenen Verschiebungsfaktor

$$\log_{10} \alpha_\varepsilon = \frac{\alpha_2 (\varepsilon - \varepsilon_1)}{\varepsilon \varepsilon_1 - \alpha_1 (\varepsilon - \varepsilon_1)},$$

mit α_1, α_2 materialspezifische Konstanten und ε_1 Bezugsdehnung,

für die logarithmische Zeitachse und b_ε

$$\log_{10} b_\varepsilon = \frac{\beta_2 (\varepsilon - \varepsilon_1)}{\varepsilon \varepsilon_1 - \beta_1 (\varepsilon - \varepsilon_1)}$$

für die logarithmische Spannungsachse mit β_1 und β_2 ebenfalls als materialspezifischen Konstanten.

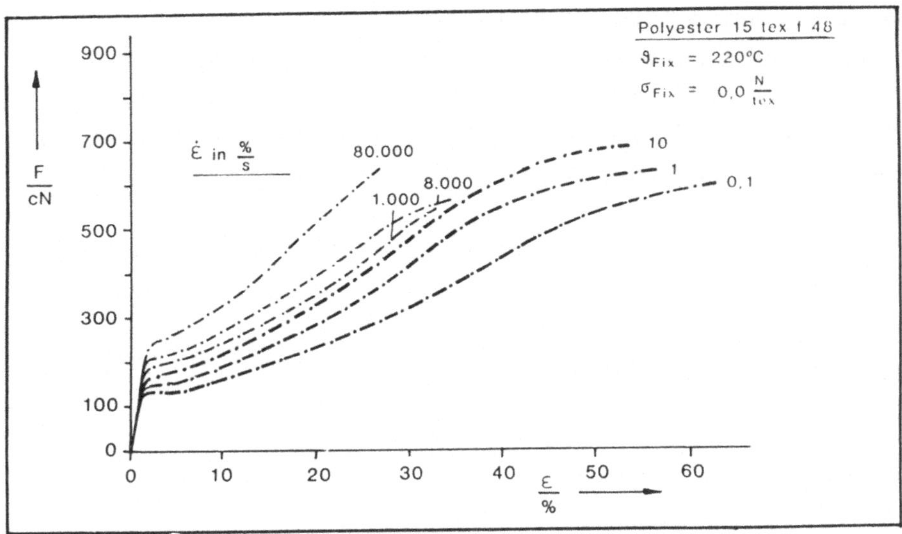

Abb. 18a: Kraft-Dehnungs-Kurven für unterschiedlich schnell gedehntes Polyester-Multifilamentgarn (15 tex f 48): Thermofixierbedingung ϑ_{Fix} = 220 °C, ϑ_{Fix} = 0,0 N/tex

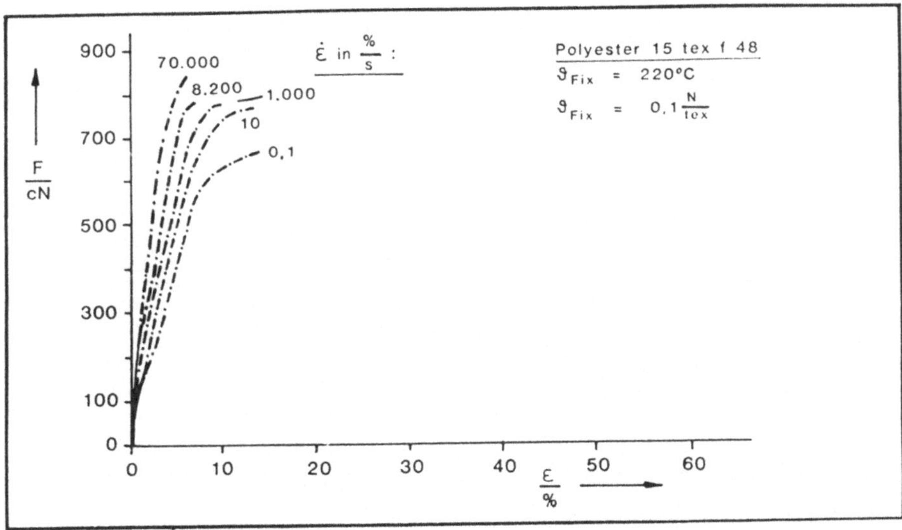

Abb. 18b: Kraft-Dehnungs-Kurven für unterschiedlich schnell gedehntes Polyester-Multifilamentgarn (15 tex f 48): Thermofixierbedingung ϑ_{Fix} = 220 °C, ϑ_{Fix} = 0,0 N/tex

Der von IBAR gefundene Zusammenhang liefert den Hinweis, daß die Relaxations- und Retardationskurvenscharen sowohl auf der logarithmischen Zeitachse als auch auf der logarithmischen Spannungsachse verschoben werden müssen, um brauchbare Relaxations- und Retardations-Masterkurven bezüglich Dehnung/Zeit-Korrelation zu erhalten.

KOSFELD et al. [22] benutzen zur Konstruktion der Masterkurven die Relaxationsfunktionen

$$G\,(t) \;=\; \frac{1}{\varepsilon_0}\;\sigma\,(\,\varepsilon_0,t\,)\,,$$

bzw. die Retardationsfunktionen

$$J\,(t) \;=\; \frac{1}{\sigma_0}\;\varepsilon\,(\,\sigma_0,t\,)\,,$$

Analog lassen sich die Relaxations- und Retardationsfunktionen aus den Relaxations- und Retardationskurven gewinnen, indem die Kurvenscharen $J\!\left(\frac{1}{\dot{\varepsilon}}\right)$ bzw. $\varepsilon\!\left(\frac{1}{\dot{\varepsilon}}\right)$ durch die Parameter ε_0 bzw. F_0 dividiert werden und um den Betrag $\log_{10}\!\left(\frac{\dot{\varepsilon}}{\varepsilon}\right)$ entlang der logarithmischen Zeitskale verschoben werden.

Man erhält so die Relaxationsfunktionen

$$G\,(t) \;=\; \frac{1}{\varepsilon_0}\;F\,(\varepsilon_0,t)$$

und die Retardationsfunktionen

$$J\,(t) \;=\; \frac{1}{F_0}\,\varepsilon\,(\,F_0,t\,)\,.$$

Wegen der oben genannten Bedenken können die Masterkurven für ein thermofixiertes Material die Bedingungen [26]

$$0 < J\,(t)\cdot G\,(t) < 1$$

nicht immer erfüllen, da nur horizontal verschoben wird.

BEIER [19] bestimmt die Relaxations-Masterkurve eines bei 220 °C spannungslos thermofixierten Polyester-Multifilamentgarns. Die Masterkurve
bezieht sich auf die Dehnung ε_0 = 1,7 % und erstreckt sich über 22 Zeitdekaden (vgl. Abb. 19).

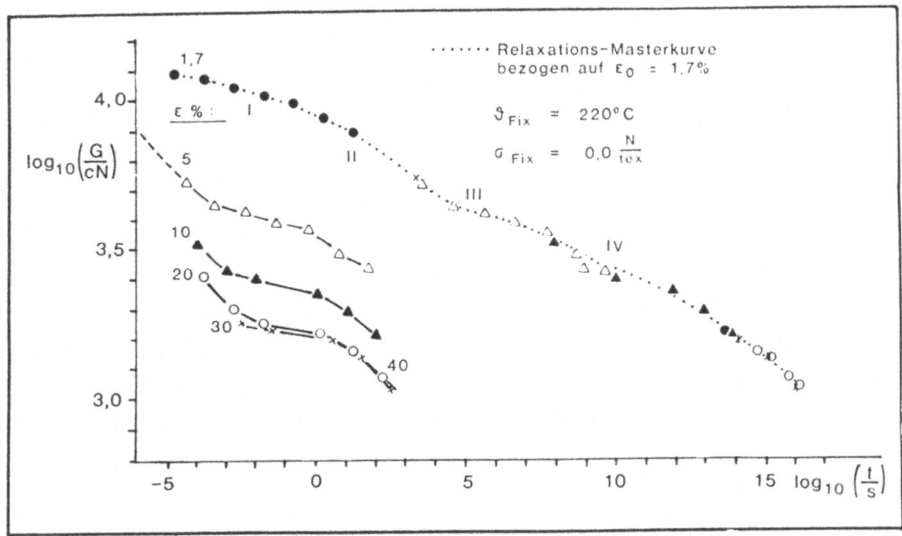

Abb. 19: Relaxationsfunktionen und Masterkurve für eine bei ϑ_{Fix} = 220 °C
und σ_{Fix} = 0,0 N/tex thermofixierte Polyester-Faser nach BEIER [19].

Da die Relaxationsmasterkurve aus Kraft-Dehnungs-Diagrammen erzeugt wird,
können die gefundenen Bereiche der Relaxationsfunktion mit den K-D-Diagrammen und deren Ableitungen (Differentialmodulkurven) verglichen werden [19].

Die Differentialmodulkurven (vgl. Abbn. 20a bis c) zeigen drei wesentliche
Bereiche [27 bis 30]:

- den Anfangsbereich mit fallendem Differentialmodul,
- den mittleren Bereich mit steigendem Differentialmodul und
- den Endbereich mit abnehmendem Differentialmodul.

Die drei Bereiche beschreiben die durch die Dehnung hervorgerufenen Strukturveränderungen:

Im ersten Bereich kommt die Deformation des Fadenmaterials hauptsächlich
durch Entknäuelung, Beanspruchung der Schlingen - ohne sie zu öffnen -

und andere reversible Vorgänge zustande. Der abnehmende Differentialmodul zeigt, daß die Anzahl der pro Dehnschritt hinzukommenden verknäuelten Ketten und ungespannten Schlaufen etc. abnimmt. Mit zunehmender Dehngeschwindigkeit können weniger der an der reversiblen Deformation beteiligten Ketten ihren Gleichgewichtszustand erreichen. Deshalb sind an der Dehnung mehr Kraftstränge beteiligt. Das führt zu einem steileren Anstieg des Kraft-Dehnungs-Diagramms und zu höherem Differentialmodul im Anfangsbereich.

Im mittleren Bereich kommen irreversible Deformationen hinzu, wie Verstreckung, Enthakung, Deformation des Netzwerkes und der Bruch der gespannten Kettenmoleküle. Dazu sind große Kräfte nötg und die Differentialmodulkurve steigt bis zu einem Maximalwert an.

Im Endbereich sind die Ketten so stark gespannt, daß Vorgänge stattfinden, durch die Makromoleküle ihre Rolle als Spannungsträger verlieren wie z.B. Versetzungen, Faltung, Herausziehen der Ketten aus den Kristalliten, Scherung von Kristalliten, so daß bisher noch nicht beanspruchte Moleküle und Molekülsegmente in die Kraftübertragung mit eingeschlossen werden. Dadurch nimmt die Zahl der an der Kraftübertragung beteiligten Ketten nur noch wenig zu, der Differentialmodul fällt ab.

Während des Dehnprozesses wird die Kraftübertragung der schon einbezogenen Moleküle wegen der Neigung zu Platzwechselvorgängen geringer, d.h. es findet Spannungsrelaxation statt. Da die Platzwechselvorgänge Zeit beanspruchen, läßt sich der Anteil der Relaxation am Verlust der Kraftübertragung durch große Dehngeschwindigkeiten verringern, und das Kraft-Dehnungs-Diagramm wird steiler. Entsprechend verändert sich die Differentialmodulkurve. Die gesamte Kurve verläuft höher, das Maximum zwischen mittlerem Bereich und Endbereich verschiebt sich zu kleineren Dehnungen.

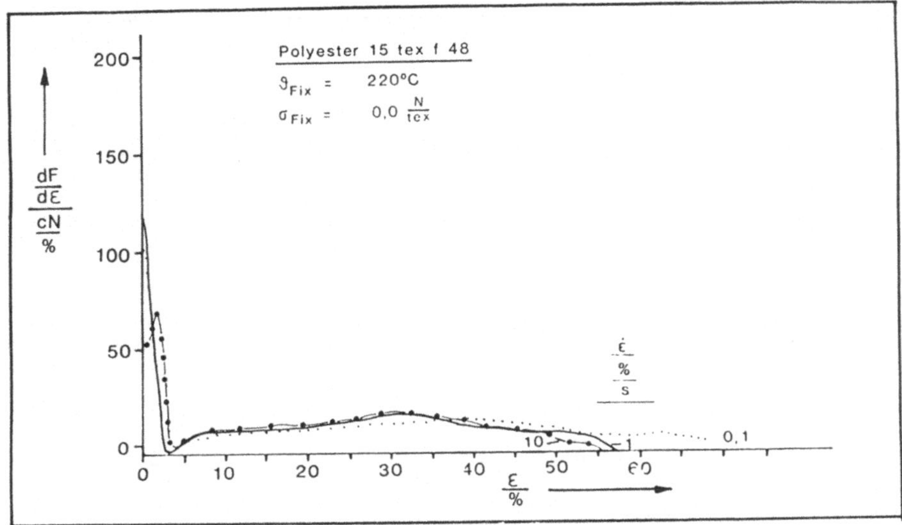

Abb. 20a: Differentialmodul für unterschiedlich schnell gedehntes
Polyester-Multifilamentgarn nach BEIER [19]. Es bedeuten:
Thermofixierbedingung ϑ_{Fix} = 220 °C, ϑ_{Fix} = 0,0 N/tex

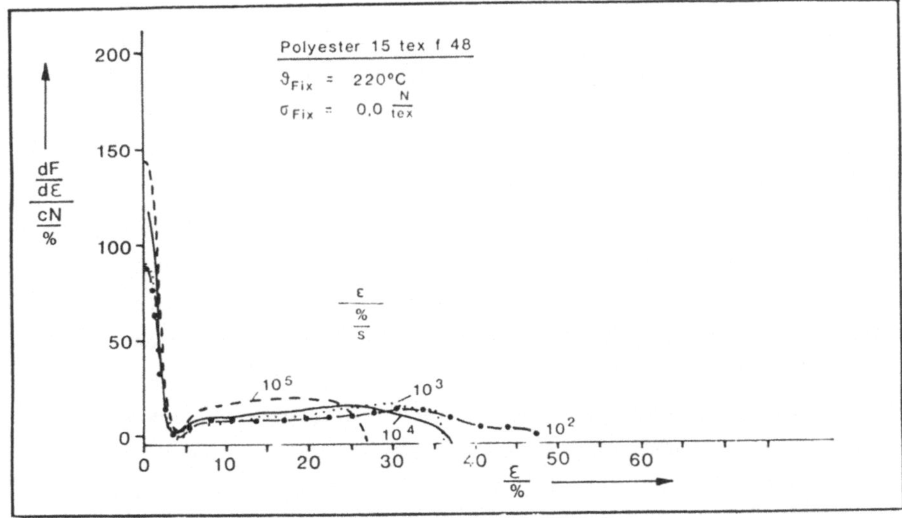

Abb. 20b: Differentialmodul für unterschiedlich schnell gedehntes
Polyester-Multifilamentgarn nach BEIER [19]. Es bedeuten:
Thermofixierbedingung ϑ_{Fix} = 220 °C, ϑ_{Fix} = 0,0 N/tex

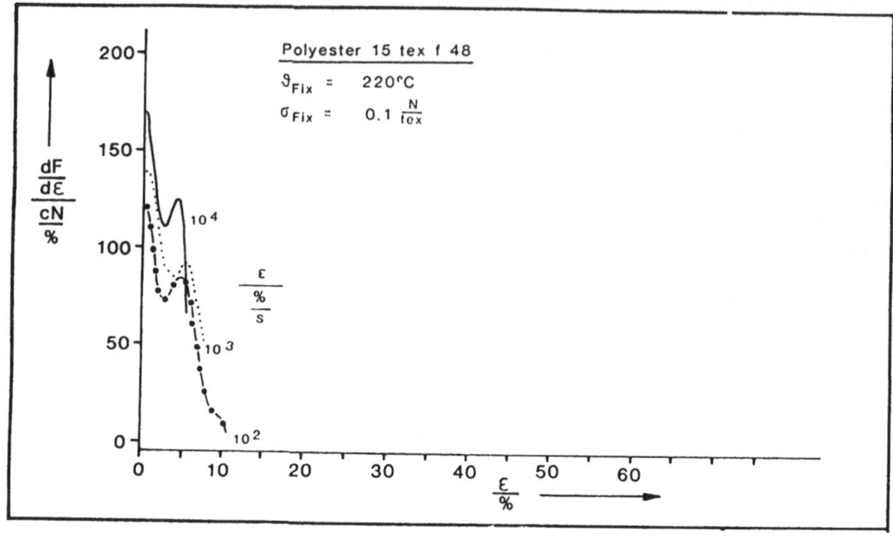

Abb. 20c: Differentialmodul für unterschiedlich schnell gedehntes Polyester-Multifilamentgarn nach BEIER [19]. Es bedeuten: Thermofixierbedingung ϑ_{Fix} = 220 °C, ϑ_{Fix} = 0,1 N/tex

Der Einfluß der Dehngeschwindigkeit auf den Anfangsmodul, das lokale Modulminimum und das lokale Modulmaximum, ist in den Abbn. 21a bis 21d wiedergegeben.

Aus den Abbn. 20a bis 20c ist ersichtlich, daß der Anfangsbereich bis zu einer Dehnung von ca. 2,5 % reicht. In diesem Bereich I findet vorwiegend Relaxation der reversiblen Deformation statt. Da die Zeitskala von ca. 10^{-5} bis 10 s reicht, handelt es sich um sofort erholbare Deformation. Es folgt ein Übergangsbereich II, dem mit Hilfe der Differentialmodulkurven vorwiegend Relaxation der irreversiblen Bereiche zuzuordnen ist. Dem Bereich III entspricht vorwiegend das Maximum der Differentialmodulkurve, dem Maximum ist ein etwa konstant ansteigender Bereich der K-D-Kurve zuzuordnen. Demzufolge muß es sich hier um vollständiges elastisches Verhalten handeln. Da die Relaxationskurve hier fast konstant verläuft, findet keine Relaxation statt.

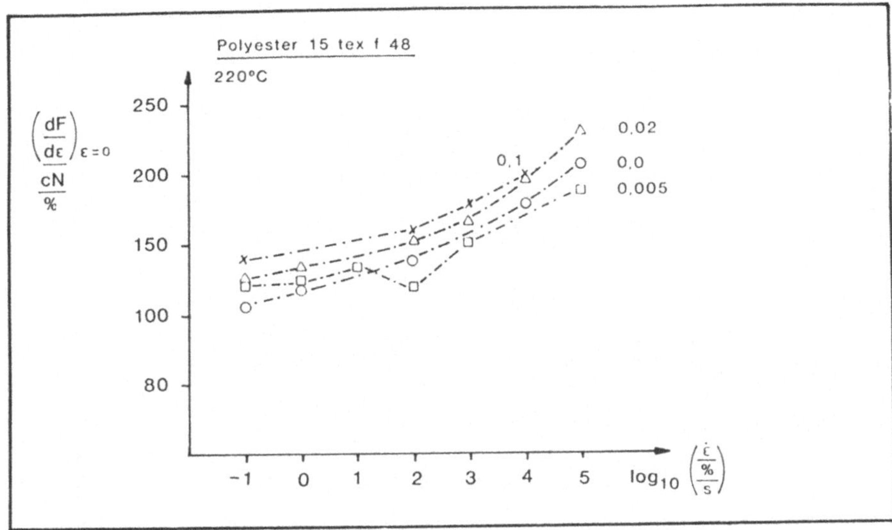

Abb. 21a: Einfluß der Dehngeschwindigkeit nach BEIER [19] auf den Anfangsmodul.

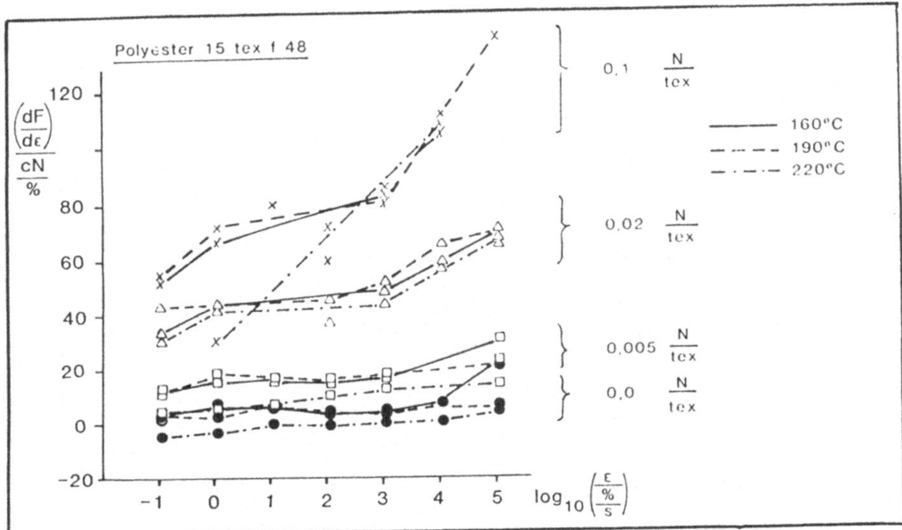

Abb. 21b: Einfluß der Dehngeschwindigkeit nach BEIER [19] auf die Höhe des lokalen Modulminimums.

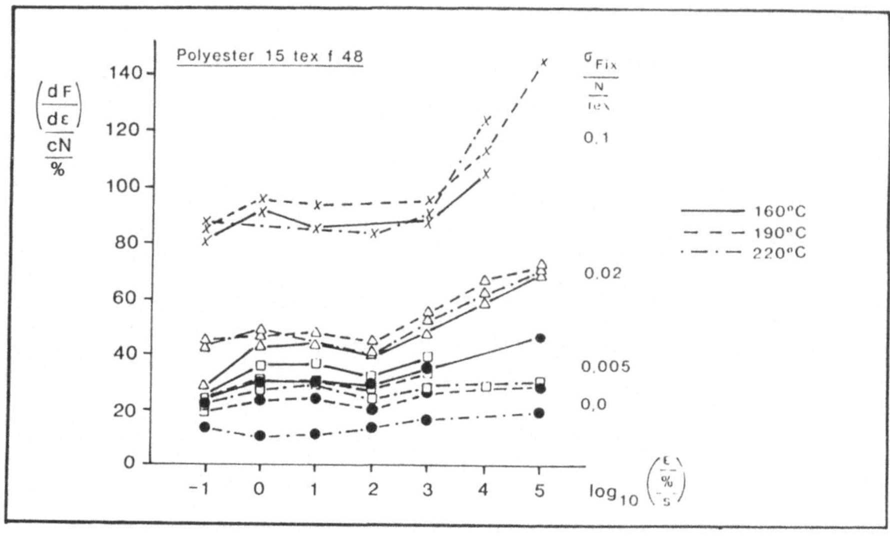

Abb. 21c: Einfluß der Dehngeschwindigkeit nach BEIER [19] auf
die Höhe des lokalen Modulmaximums.

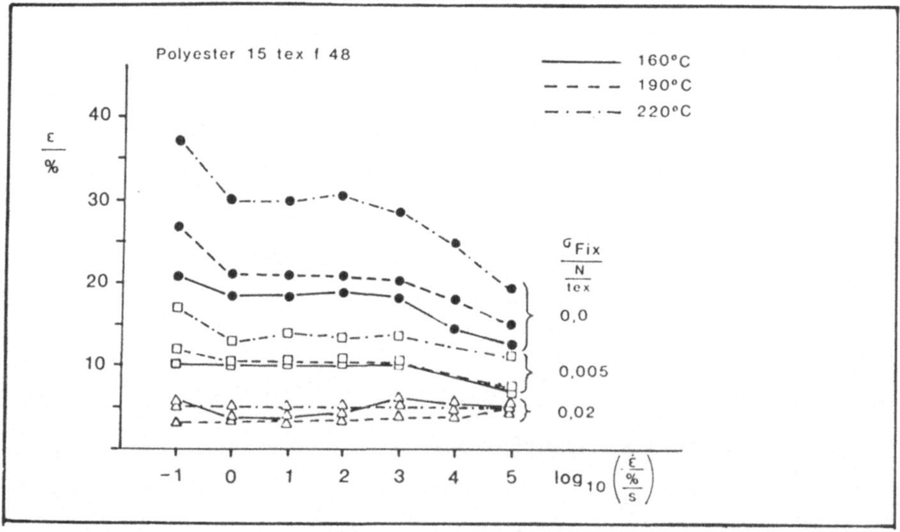

Abb. 21d: Einfluß der Dehngeschwindigkeit nach BEIER [19] auf
die Lage des lokalen Modulmaximums.

Dieser Bereich entspricht den Eigenschaften eines Netzwerkes mit starken
Fixpunkten. Dabei sind die Kraftstränge die orientierten Ketten, die Fixpunkte sind Kristallite, die erst bei großen Kräften bzw. hohen Temperaturen
zerstört werden.

Der IV. Bereich ist vorwiegend dem abfallenden Differentialmodul zuzuordnen.
Hier findet Relaxation durch Zerstörung des Netzwerkes statt. Die vier
Bereiche findet man auch in den Retardationskurven wieder (vgl. Abb. 22),
der Übergangsbereich ist stark ausgeprägt.

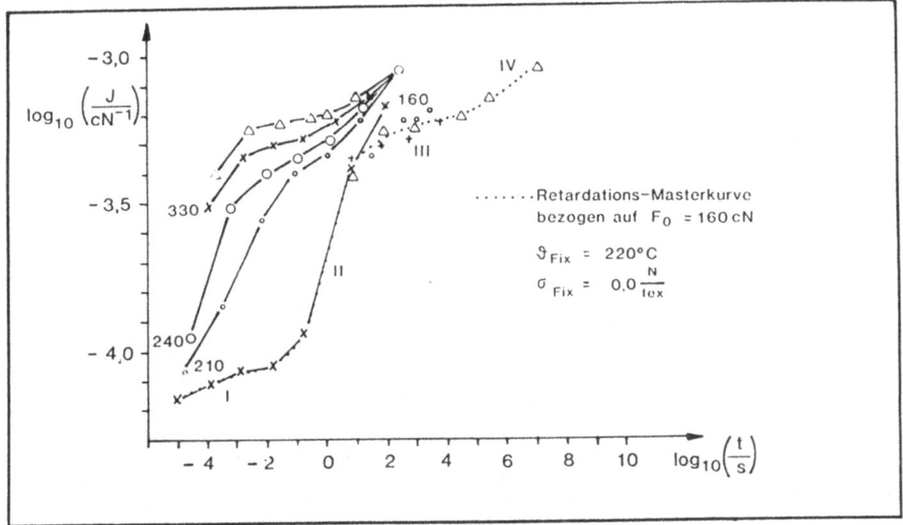

Abb. 22: Retardationsfunktionen und Masterkurve für eine mit ϑ_{Fix} = 220 °C
und σ_{Fix} = 0,0 N/tex fixierte Polyester-Faser nach BEIER [19].

Einen ähnlichen Verlauf der Relaxation- und Retardationsfunktion findet
KOSFELD et al. für Polymethylmethacrylat (PMMA) [22] (vgl. Abbn. 23 und 24).

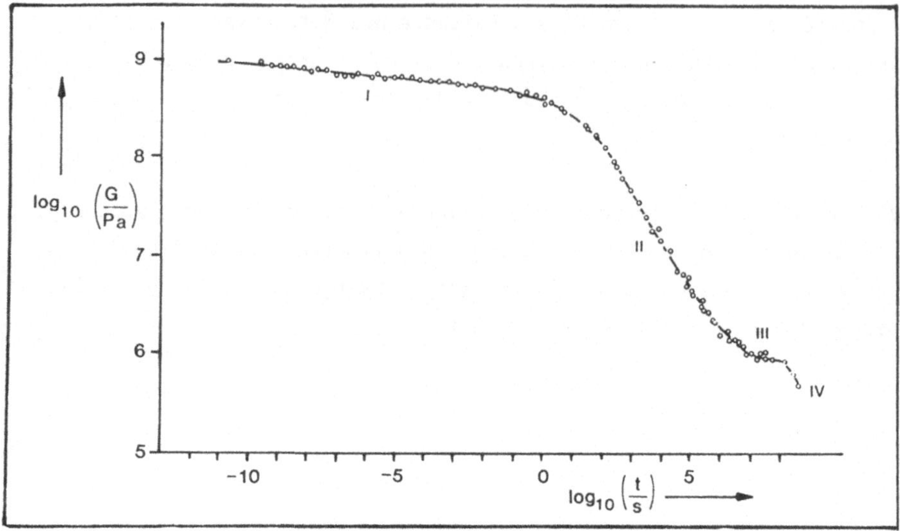

Abb. 23: Relaxations-Masterkurve für amorphes PMMA nach KOSFELD et al. [22].

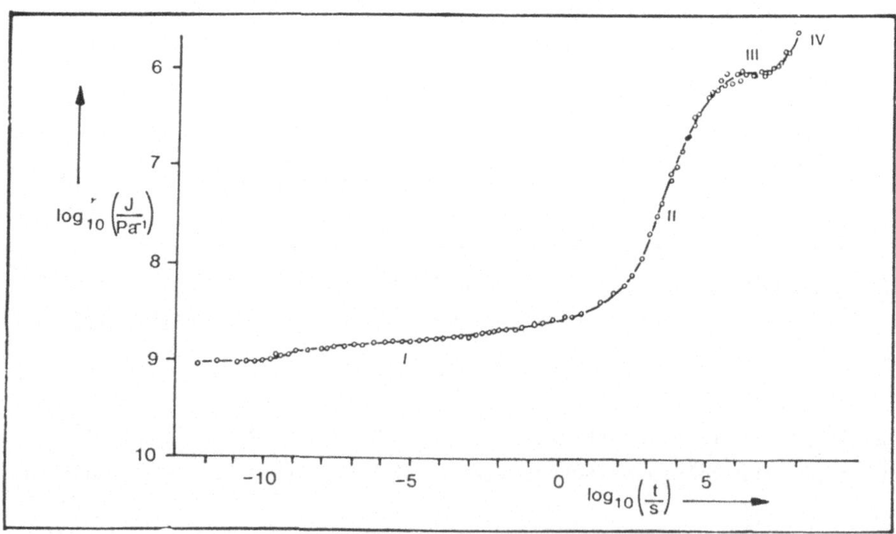

Abb. 24: Retardations-Masterkurve für amorphes PMMA nach KOSFELD et al. [22].

Der Bereich I erstreckt sich über 13 Dekaden. Im Vergleich dazu ist dieser
Bereich in Abb. 24 nur angedeutet, der Fließbereich (IV) erstreckt sich hingegen über 8 Dekaden. Darin wird der Bereich I sekundären Relaxationserscheinungen zugeordnet. Der Bereich II wird als Erweichungsbereich bezeichnet. Der III. Bereich ist der kautschukelastische Bereich, und im IV.
Bereich findet viskoses Fließen statt. Die Retardationsfunktion läßt sich in
dieselben Bereiche unterteilen:

Im Vergleich der Ergebnisse an Polyester-Fasern mit denen von KOSFELD et al.
[22] an PMMA gewonnenen, sind sekundäre Relaxationserscheinungen mit dem
Relaxationsverhalten sofort erholbarer Deformation gleichzusetzen.

Der Erweichungsbereich entspricht dem Relaxationsverhalten der irreversiblen
Deformation. Der kautschukelastische Bereich entspricht dem Relaxationsverhalten des Netzwerkes. Das viskose Fließen entspricht der Zerstörung des
Netzwerkes. Ein unter hoher mechanischer Spannung thermofixiertes Material
bildet während des Fixierprozesses ein ausgeprägtes Netzwerk und besitzt
andere Verformungseigenschaften als wenig vernetztes Material. Die Relaxa-
tions- und Retardationsfunktionen überdecken sich für das bei ϑ_{Fix} = 220 °C
und σ_{Fix} = 0,1 N/Tex thermofixierte Material (vgl. Abbn. 25 und 26), die
Verschiebungsfaktoren sind, abgesehen von Dehnungen bzw. Spannungen nahe des
Fadenbruchs, dehnungsunabhängig.

Die Relaxationsmasterkurve enthält die oben beschriebenen Bereiche II und
III. Die Relaxationsmasterkurve erstreckt sich hierbei über nur 12, die
Retardationsmasterkurve über 9 Zeitdekaden.

YU [23] findet, daß die Verschiebungsfaktoren des mit σ_{Fix} = 0,1 N/tex
thermofixierten Materials in einem großen Temperaturbereich temperaturunab-
hängig sind. Er führt das Phänomen darauf zurück, daß die mechanische
Spannung beim Thermofixierprozeß nur das Wachstum der Kristallite, die in
Zugrichtung orientiert sind, erlaubt. Während des Relaxationsversuches bei
hoher Temperatur findet weiteres Wachstum statt, das als Widerstand gegen
die Zugbeanspruchung wirkt. Da bei hohen Dehngeschwindigkeiten eine fortge-
setzte Kristallisation unwahrscheinlich ist, ist zu vermuten, daß die
Kristallisationsgeschwindigkeit bei der Fadenspannung 0,1 N/tex so groß ist,
daß die Kristallisation schon während des Fixierprozesses abgeschlossen ist.
Die Kristallisation bewirkt ein Netzwerk mit stabilen Vernetzungen, so daß
für hohe Temperaturen bzw. lange Zeiträume ein konstanter Verlauf der
Relaxationsfunktion zu erwarten ist (vgl. Abb. 25, Kurve ---).

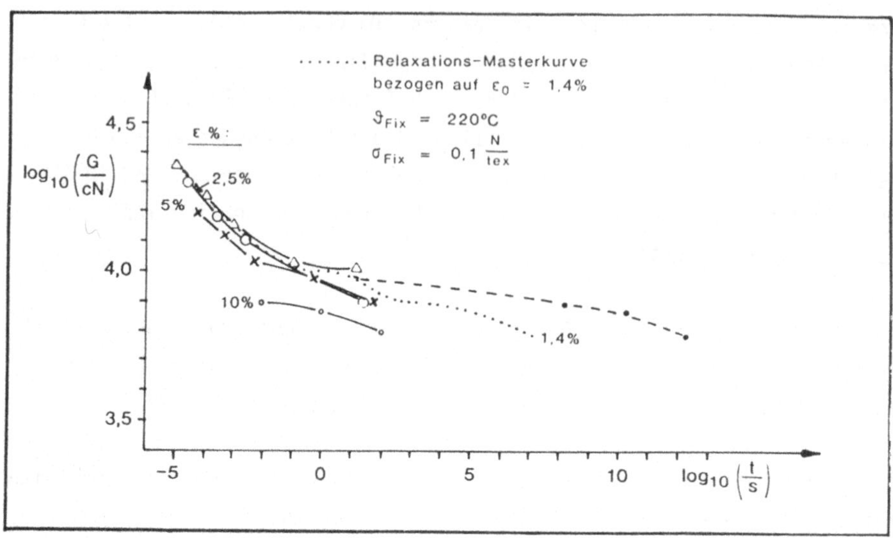

Abb. 25: Relaxationsfunktionen und Masterkurven für mit ϑ_{Fix} = 220 °C und σ_{Fix} = 0,1 N/tex thermofixierte Polyester-Fasern nach BEIER [19].

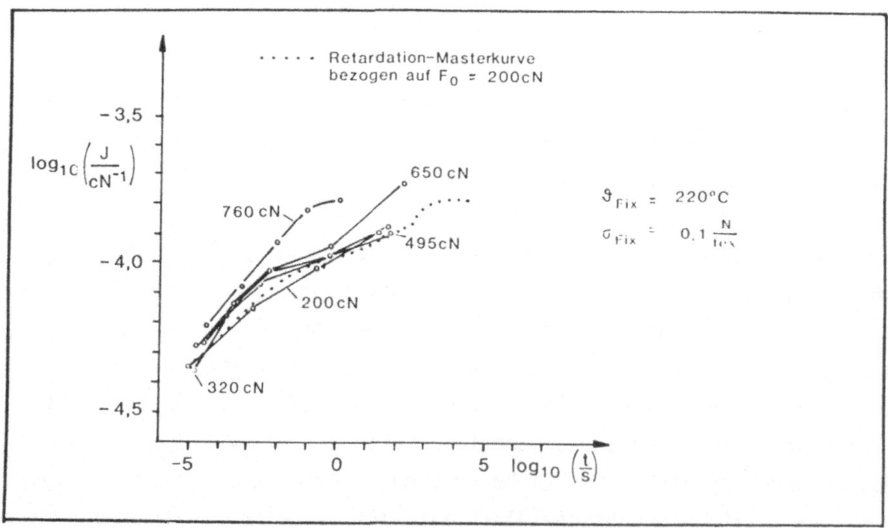

Abb. 26: Retardationsfunktionen und Masterkurve für mit ϑ_{Fix} = 220 °C und σ_{Fix} = 0,1 N/tex thermofixierte Polyester-Fasern nach BEIER [19].

3.2 Einfluß von Kurzzeitbeanspruchungen auf die Restdehnungen von Filamentgarnen

Abb. 27 zeigt die mit verschiedenen Verformungsgeschwindigkeiten aufgenommenen Graphen des Kraft-Längenänderungs-Verhaltens von Triacetat-Filamentgarn [31]. Mit zunehmender Verformungsgeschwindigkeit verlagert sich die Grenze des elastischen Bereiches zu höheren Zugkräften. Die im Vergleich zum normalen Zugversuch deutlich höheren dehnungsbezogenen Zugkräfte bei den bei hohen Verformungsgeschwindigkeiten aufgezeichneten f-ε-Diagrammen sind darauf zurückzuführen, daß die Relaxationszeit der Kettensegmentbewegung nach aufgebrachten Störungen (Dehnungen) wesentlich länger als die Belastungszeit während des Zugversuches ist.

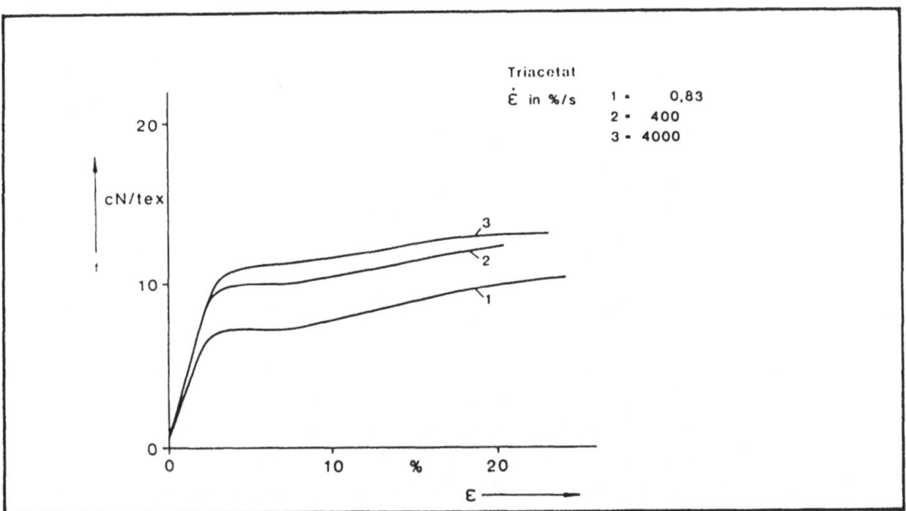

Abb. 27: Kraft-Längenänderungs-(f-ε-)Verhalten von Triacetat-Filamentgarn bei unterschiedlichen Verformungsgeschwindigkeiten $\dot{\varepsilon}$.
($\dot{\varepsilon}$ = Verformungsgeschwindigkeit, t_E = Erholungsdauer) [31].

Abb. 28 gibt die Restdehnung $\varepsilon_{rest.D}$ in Abhängigkeit von der dehnungsbezogenen Zugkraft $f_{\varepsilon,ges.D}$ bei unterschiedlichen Verformungsgeschwindigkeiten wieder [31]. Aus der Darstellung folgt, daß eine vorgegebene Zugspannung um so weniger zu einer bleibenden Verformung führt, je kürzer die Beanspruchungsdauer ist. So verursacht z.B. eine Zugspannung von 11 cN/tex bei einer Verformungsgeschwindigkeit von 4000 %/s eine Restdehnung von weniger als 0,2 %, während bei gleicher Zugspannung aus einer Verformungsgeschwindigkeit von 400 %/s eine Restdehnung von nahezu 6 % resultiert. Der steile Verlauf der Graphen zeigt, daß kleine Zugkraftschwankungen große Änderungen der Restdehnungswerte bewirken können.

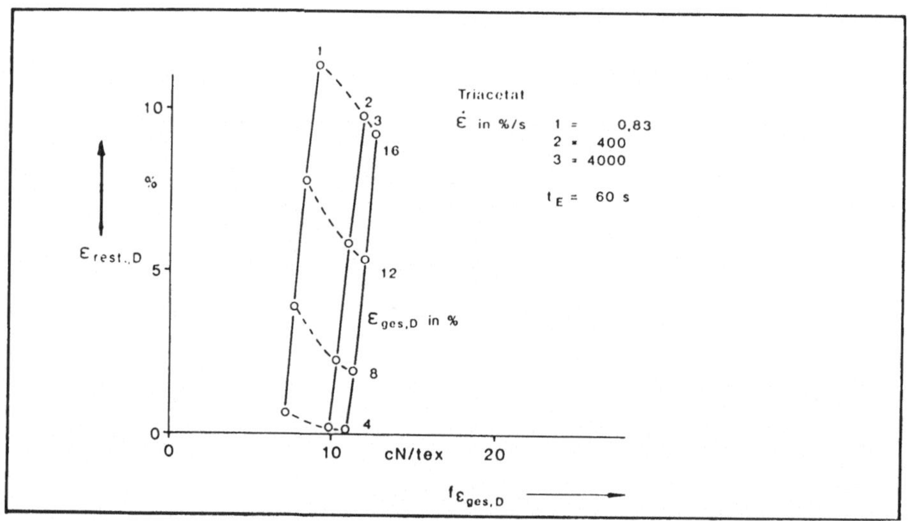

<u>Abb. 28</u>: Restdehnung $\varepsilon_{rest,D}$ von Triacetat-Filamentgarn in Abhängigkeit von der feinheitsbezogenen und dehnungsbezogenen Zugkraft $f_{\varepsilon,ges,D}$ bei unterschiedlichen Verformungsgeschwindigkeiten $\dot\varepsilon$; t_E bezeichnet die Erholungsdauer [31].

In Abb. 29 sind die an Filamentgarnen ermittelten Restdehnungen in Abhängigkeit von dehnungsbezogenen Verformungsspannungen aufgenommen [20,31].

Aus Abb. 29 folgt, daß für jedes Material eine kritische Zugkraft existiert, bei der relativ große Restdehnungen resultieren.

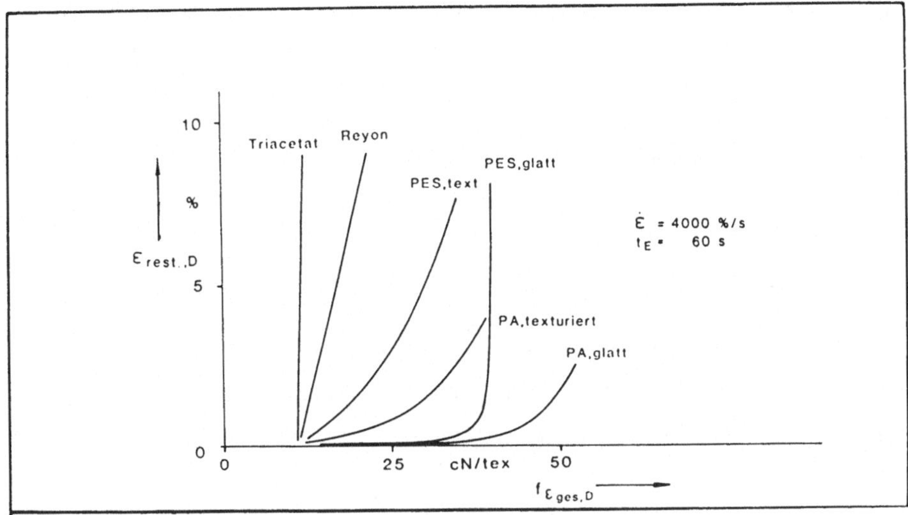

Abb. 29: Restdehnung $\varepsilon_{rest,D}$ von Filamentgarnen in Abhängigkeit von der feinheitsbezogenen und dehnungsbezogenen Verformungsspannung $f_{\varepsilon,ges,D}$ [20,31].

4. Thermomechanische Analyse von Fasern

Aufgabe der thermomechanischen Analyse ist es, durch Schrumpf- bzw. Schrumpfkraftmessungen den Materialzustand in den nichtkristallinen Bereichen zu charakterisieren [10,16,32,33]. Der Zustand der nichtkristallinen Faserbereiche bestimmt wesentlich die textilen Eigenschaften [34]. Durch die Art der Temperatur- und Spannungszuführung während der Faserherstellung und -weiterverarbeitung können diese Bereiche vielfältig modifiziert werden [10,16,32 bis 35].

4.1 Ermittlung der Effektivtemperatur einer thermischen Behandlung [32,36].

In einem Differentialthermogramm beobachtet man neben einem Hauptschmelzvorgang (bei Polyester bei ca. 260 °C) einen für jede Fixiertemperatur charakteristischen weiteren Schmelzvorgang. Es handelt sich um das Schmelzen von Kristalliten, die unter den jeweiligen Fixierbedingungen gebildet wurden. Die Schmelztemperatur dieser Kristallite, definiert als Peakmaximum, ist ein Maß für die thermische Stabilität des Netzwerkes. Diese Meßtemperatur wird von BERNDT und HEIDEMANN [31] als Effektivtemperatur der thermischen Behandlung definiert.

4.2   Bestimmung des Schrumpfverhaltens von Synthesefasern

Abb. 30 zeigt eine Vorrichtung zur Erfassung des zeit- bzw. temperaturabhängigen Schrumpfverhaltens von Fasern, Garnen und Stoffstreifen. Nach BERNDT [10] sind dabei folgende Gesichtspunkte zu berücksichtigen:

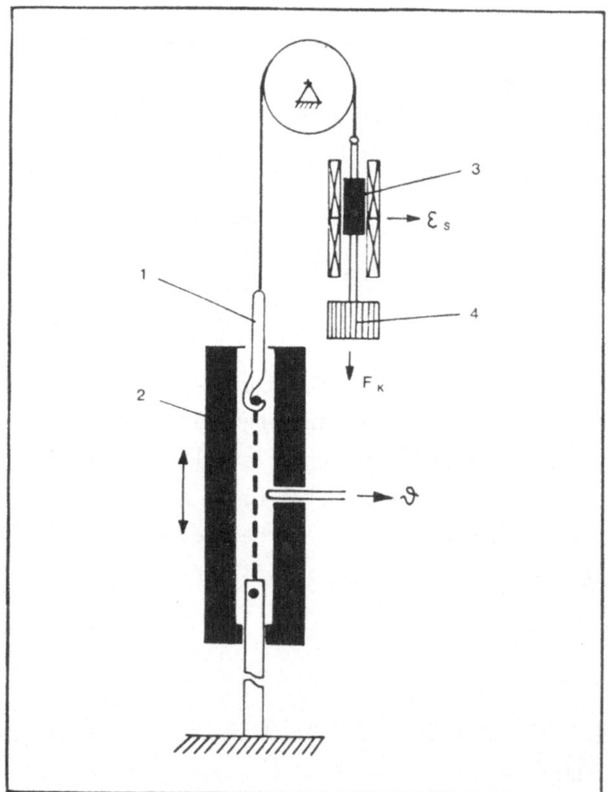

Abb. 30: Schematische Darstellung einer Vorrichtung zur Schrumpfmessung [10]: 1 Einspannvorrichtung mit Meßprobe, 2 Heizvorrichtung mit Thermoelement zur Registrierung der Probenraumtemperatur ϑ, 3 Wegaufnehmer zur Registrierung des Schrumpfes ε_S und 4 Vorrichtung zur Aufbringung der Meßbelastung F_K.

- Die Einspannvorrichtung für die Meßprobe darf bei der thermischen Behandlung selbst keine Längenänderung erfahren und muß so dimensioniert sein, daß der Wärmeübergang zur Meßprobe durch Wärmeabstrahlung bzw. -ableitung nicht beeinträchtigt wird. Die Probenlänge muß daher so gewählt werden, daß der weniger gute Wärmeübergang im Klemmenbereich das Meßergebnis nicht beeinflußt.

- Die Meßbelastung sollte jedoch so gering wie möglich sein, wenn es gilt, einen spannungslos durchgeführten Schrumpfvorgang meßtechnisch nachzuvollziehen. Da mit zunehmender Meßbelastung ein Schrumpfen der Probe verhindert wird, führen Schwankungen bei geringen Meßbelastungen zu großen Abweichungen in der Längenänderung. Es darf die Mindestbelastung durch Reibkräfte im System nicht beeinflußt werden (vgl. Abb. 31).

- Die Heizvorrichtung muß einen gleichmäßigen Wärmeübergang über die gesamte Meßprobenlänge sowohl bei isothermer zeitabhängiger Behandlung als auch beim Aufheizen mit konstanter Heizrate ermöglichen.

- Bei einem Vergleich der zeit- und temperaturabhängigen Schrumpfkraftmessung ist zu bedenken, daß beide Meßverfahren - auch bei gleichen Effektivtemperaturen bei Meßbeginn - zu unterschiedlichen Schrumpfwerten führen. Die Ursache ist darin zu suchen, daß die Heizrate einer langsam aufgeheizten Meßprobe im allgemeinen unter der Kristallisationsgeschwindigkeit des Materials liegt. Damit werden während des Meßvorganges fortlaufend Zwischenzustände durch Kristallitbildung stabilisiert. Eine geringere Desorientierung der Molekülketten gegenüber der extrem schnell aufgeheizten Meßprobe ist die Folge.

- Absolute Aussagen über die Effektivspannung einer Vorbehandlung werden nach HEIDEMANN und BERNDT [36] aus temperaturabhängigen Schrumpfmessungen gewonnen, indem entsprechend Abb. 31 bei einer Reihe von Versuchen die Meßbelastung so weit erhöht wird, bis unmittelbar vor Erreichen der aus DTA-Messungen ermittelten Effektivtemperatur der Vorbehandlung über eine Meßtemperaturspanne von mindestens 3 bis 5 °C Längenkonstanz vorliegt, d.h. bis die von außen aufgebrachte Meßbelastung mit den während des Meßvorganges freigesetzten inneren Spannungen im Gleichgewicht steht [36].

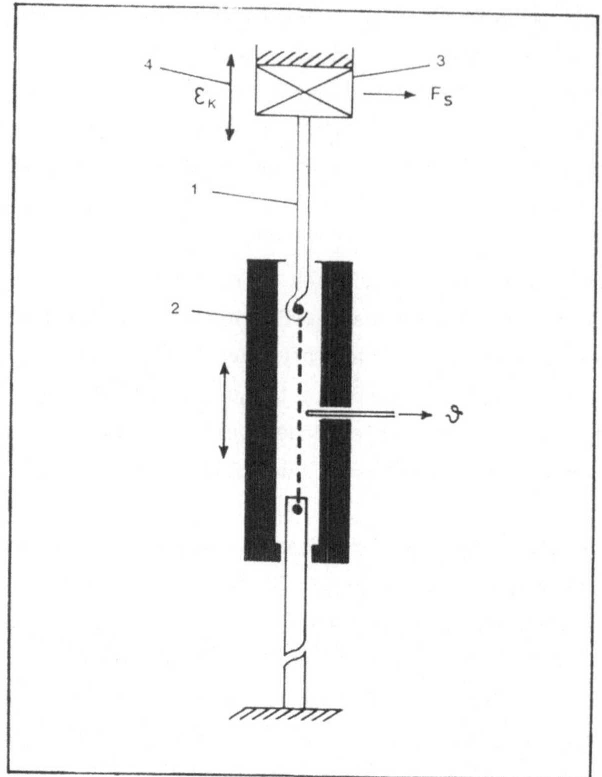

Abb. 31: Einfluß der Meßbelastung auf die Schrumpfentwicklung bei
Polyester-Filamentgarn-Schrumpfmessungen nach BERNDT [10]:
ε_S negative Längenänderung (Schrumpf), ϑ Meßtemperatur,
$\dot{\vartheta}_H$ Heizrate und F_k Meßbelastung.

4.3 Bestimmung des Schrumpfkraftverhaltens von Synthesefasern

Abb. 32 zeigt eine Vorrichtung zur Registrierung von Schrumpfkräften von
Fasern, Garnen und Stoffstreifen. Nach BERNDT [10] sind dabei folgende Gesichtspunkte zu berücksichtigen (vgl. auch Kapitel 4.3):

- Die Kraftmeßeinrichtung muß trägheitsarm und wegarm arbeiten.

- Die Längenänderungsvorgabe ist erforderlich, um eine bestimmte Voreilung
  bzw. Vorspannung bei Meßbeginn aufzubringen.

- Die Schrumpfkraft eines Materials wird über den gesamten Meßtemperaturbereich durch die Spannung bei Meßbeginn beeinflußt. Damit liefern die registrierten Schrumpfkräfte nur summarische Informationen über die sich mit steigender Temperatur entwickelnden Rückstellkräfte und die von außen aufgebrachten Spannungen.

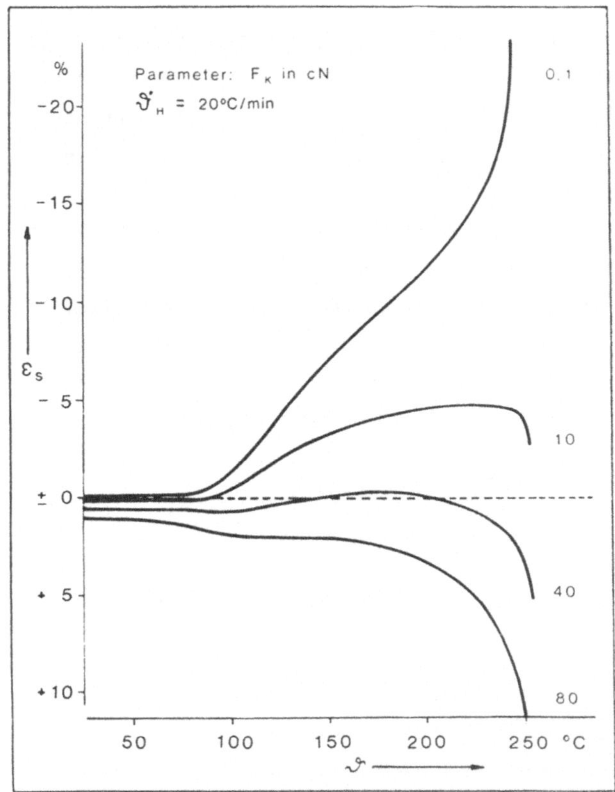

Abb. 32: Schema einer Vorrichtung zur Schrumpfkraftmessung nach BERNDT [10]:

    1 Einspannvorrichtung mit Meßprobe, 2 Heizvorrichtung mit Thermoelement zur Registrierung der Probenraumtemperatur ϑ, 3 Kraftaufnehmer zur Registrierung der Schrumpfkraft F_S und 4 Möglichkeit zur Aufbringung bestimmter Schrumpfwege $_k$.

4.4   <u>Bestimmung der Gleichgewichtsschrumpfkraft von Synthesefasern</u>

Die Effektivtemperatur und Effektivspannung einer Vorbehandlung beschreiben nicht vollständig den Materialzustand, da durch die Temperatur- und Spannungsführung beim Abkühlen eine zusätzliche, für die Materialeigenschaften mitbestimmende Zustandsänderung eintritt. Die von BERNDT und HEIDEMANN [37] entwickelte Gleichgewichtsschrumpfkraftmessung ermöglicht, die im Material blockierten Spannungen auch unterhalb der Effektivtemperatur der Fixierung zu bestimmen. Dabei gehen die genannten Autoren von der Überlegung aus, daß bei Schrumpfkraftmessungen bei jeder beliebigen Meßtemperatur ein Spannungsgleichgewicht zu erzielen ist, wenn die von außen aufgebrachten Spannungen den bei der jeweiligen Meßtemperatur freigesetzten inneren Spannungen entsprechen. In diesem Zusammenhang zeigt Abb. 33 Relaxationsversuche mit ansteigender Vorspannung bei Meßbeginn, wobei die gewählte Meßtemperatur in etwa der Effektivtemperatur der Vorbehandlung des untersuchten Materials entspricht. Man erkennt, daß es bereits nach wenigen Sekunden Verweilzeit zu einem Spannungsgleichgewicht kommt, wenn bei Meßbeginn die auf das Material einwirkende Vorspannung der effektiv blockierten Spannung im Material entspricht. Eine Erhöhung bzw. Erniedrigung der von außen aufgebrachten Spannung führt dagegen zu einer Störung dieses Gleichgewichtes, d.h. nicht zu einer Anpassung an die effektiv im Material blockierte Spannung.

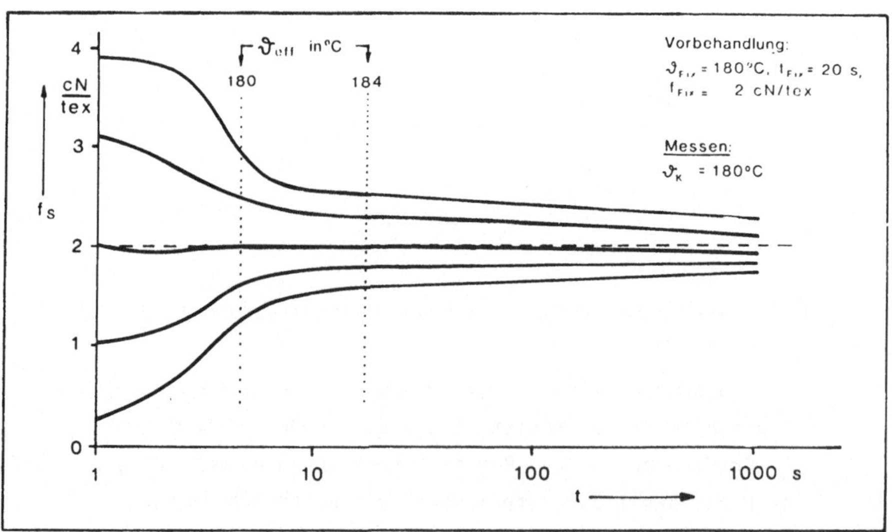

<u>Abb. 33</u>: Einfluß der Vorspannung bei Meßbeginn auf das Relaxationsverhalten von Polyester-Filamentgarn nach BERNDT [10]: f_S feinheitsbezogene Schrumpfkraft, t Meßdauer, ϑ_k Meßtemperatur, ϑ_{eff} Fixiertemperatur, f_{Fix} feinheitsbezogene Fixierspannung und t_{Fix} Fixierdauer.

Der gesamte Meßvorgang der Gleichgewichtsschrumpfkraft besteht prinzipiell
aus einer Aneinanderreihung von Relaxationsversuchen. In Abb. 34 ist dieser
schematisch dargestellt [10,37,38]:

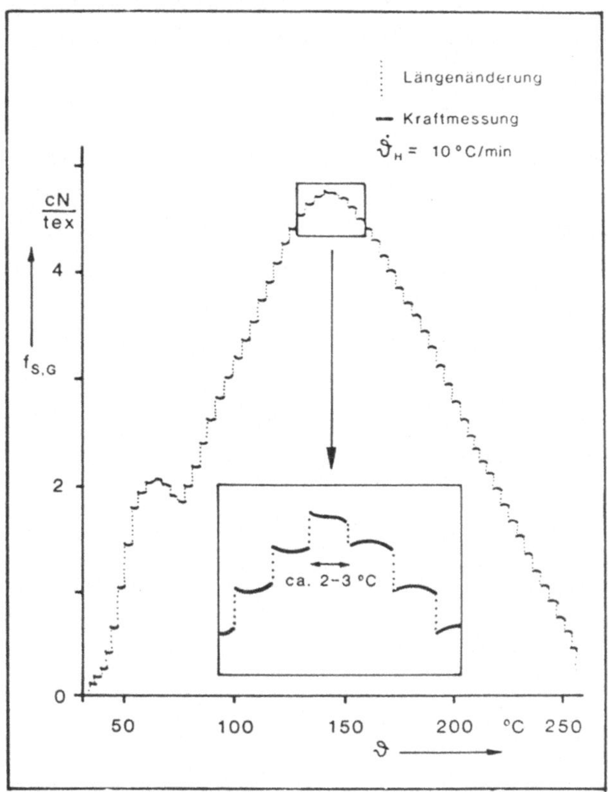

Abb. 34: Prinzip der Gleichgewichtsschrumpfkraftmessung nach BERNDT [10]:
$f_{S,G}$ feinheitsbezogene Gleichgewichtsschrumpfkraft, ϑ Meßtemperatur und $\dot{\vartheta}_H$ Heizrate.

1. Der momentane Schrumpfkraftverlauf wird registriert. Wird Schrumpfkraft-
anstieg beobachtet, bedeutet das nach Abb. 33, daß die bei der Meßtemperatur im Material blockierte Spannung höher liegt als die momentan registrierte. Es wird dann ein Dehnungsschritt vorgenommen, der so bemessen
sein muß, daß der danach ablaufende Relaxationsvorgang nach einer Aufheizphase von ca. 2 °C abgeschlossen, ein erneuter Schrumpfanstieg zu
verzeichnen ist, worauf der nächste Dehnschritt vorgenommen wird. Im
Schrumpfkraftminimum innerhalb eines Meßintervalls liegt somit für einen
Moment eine Spannungskonstanz vor, d.h. die registrierte Schrumpfkraft
steht mit der ausgelösten Schrumpfkraft im Gleichgewicht. Das Schrumpfkraftminimum stellt somit einen Wert der gesuchten temperaturabhängigen
Gleichgewichtsschrumpfkraft dar.

2. Die Registrierung der Schrumpfkraftminima wird fortgesetzt, bis nach
   einem Dehnschritt statt einem Spannungsabbau mit anschließendem Spannungsanstieg ein fortlaufender Spannungsabbau zu verzeichnen ist. Dieser Fall
   liegt im allgemeinen bei Erreichen der maximal im Material blockierten
   Spannung vor. Der Wendepunkt im Schrumpfkraftverlauf liefert einen weiteren Meßpunkt.

3. Der Spannungsabbau bedeutet nach Abb. 33, daß die im Material blockierte
   Spannung niedriger als angezeigt liegt. Daher wird eine Spannungsreduzie-
   rung durch Längenvorgabe durchgeführt. Durch die plötzliche Spannungsweg-
   nahme tritt im allgemeinen elastische Rückformung und damit verbunden ein
   Spannungsanstieg ein, bis die registrierte Schrumpfkraft ein Maximum
   durchläuft. Auch hier gilt, daß die Längenvorgabe so bemessen sein soll,
   das sich das Schrumpfkraftmaximum innerhalb einer Heizphase von 2 °C ein-
   stellt. Das Schrumpfkraftmaximum ist ein weiterer Meßpunkt. Der Meßvorgang wird bis zum Erreichen des Schmelzpunktes fortgesetzt.

4. Abschließend werden alle Minima, Wendepunkte bzw. Maxima in den registrierten Schrumpfkraftintervallen zu einem Kurvenzug zusammengefaßt, der
   das sogenannte Gleichgewichtsschrumpfkraftdiagramm darstellt.

4.5   <u>Einfluß reversibler Längenänderung der Meßprobe auf das</u>
<u>Schrumpfverhalten</u>

Bei einem Polyester-Filamentgarn entspricht der bei höheren Temperaturen er-
mittelte Schrumpf ε_S aufgrund des längenkonstanten Abkühlverhaltens der Meßprobe dem Restschrumpf $\varepsilon_{S,R}$ (vgl. Abb. 35) [10,39]. Damit handelt es sich
bei dem bei höheren Temperaturen ermittelten Schrumpf ausschließlich um eine
irreversible Längenänderung. Damit lassen sich die scharfen Erweichungsvor-
gänge mit einem fraktionsweisen Aufschmelzen unterschiedlich großer und
unterschiedlich stark gestörter Kristallbereiche erklären.

Bei Materialien mit reversiblem, temperaturabhängigem und/oder feuchtig-
keitsabhängigem Längenänderungsverhalten entsprechen Schrumpf und Restschrumpf nicht einander. Ein Beispiel hierfür gibt BERNDT [10]: Ein vakuum-
getrocknetes PA 6.6-Filamentgarn (15 tex) zeigt beim Abkühlen nach Erwärmung
auf 150 °C eine Längung (vgl. Abb. 35). Aus der Differenz zwischen dem
Restschrumpf bei Raumtemperatur und dem Schrumpf bei der Meßtemperatur

errechnet sich der reversible, temperaturabhängige Schrumpfanteil $\varepsilon_{S,R\vartheta}$ von ca. 1 %. Dieses entspricht einem temperaturabhängigen Längenänderungskoeffizienten von ca. 0,01 %/°C. Die im Normalklima gelagerte Meßprobe schrumpft dagegen bis ca. 100 °C stärker als die vakuumgetrocknete. Die Verkürzung der Faser nach Abb. 35 ist auf das verdampfende Wasser zurückzuführen. Die weitere Schrumpfzunahme bis 150 °C (sowie die Schrumpfabnahme beim Abkühlen) entspricht der Längenänderung der vakuumgetrockneten Meßprobe. Der reversible feuchtigkeitsabhängige Schrumpfanteil ε_S errechnet sich aus der Differenz der beiden Restschrumpfwerte zu 1 %.

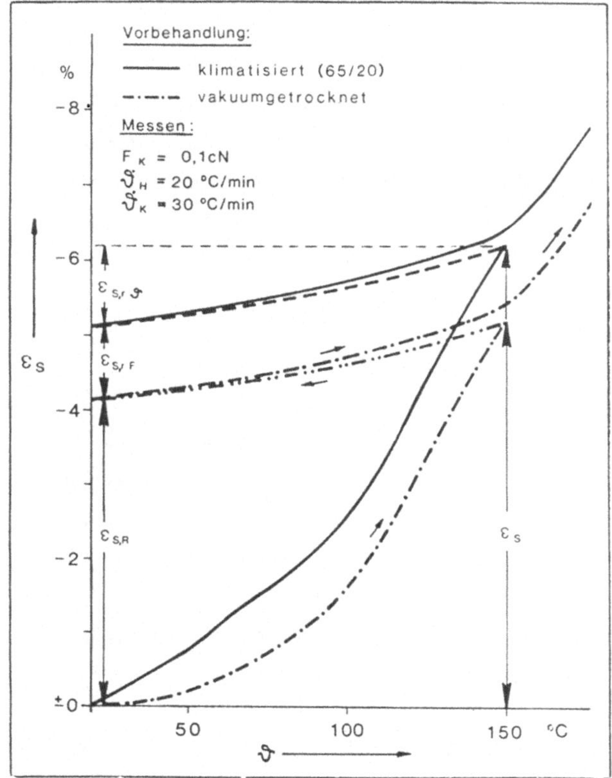

Abb. 35: Thermomechanische Analyse eines Polyamid 6.6-Filamentgarnes (Schrumpfmessung) nach BERNDT [10]. Längenänderungsverhalten beim Aufheizen und Abkühlen unter konstanter Meßbelastung: ε_S Schrumpf, $\varepsilon_{S,R}$ Restschrumpf, $\varepsilon_{S,r\vartheta}$ temperaturabhängiger reversibler Schrumpfanteil, $\varepsilon_{S,rF}$ feuchtigkeitsabhängiger reversibler Schrumpfanteil, ϑ Meßtemperatur, F_K Meßbelastung, $\dot\vartheta_H$ Heizrate und $\dot\vartheta_K$ Kühlrate.

Nach BERNDT UND HEIDEMANN [39] lassen sich folgende Modellvorstellungen zu den Mechanismen der irreversiblen und reversiblen Längenänderung sowie zu der Ausbildung blockierter Spannungen bei Polyamid-Faserstoffen entwickeln:

1.)   <u>Längenänderung</u>

a) Irreversible Längenänderung:

- Die orientierten Molekülketten werden durch thermische Behandlung und Abkühlung unter Spannung in den fehlgeordneten Bereichen durch "partielle" Kristallisation und "Einfrieren" in ihrer Lage fixiert.

- Bei erneuter Erwärmung setzt oberhalb der Einfriertemperatur Kettensegmentbeweglichkeit ein, und oberhalb der Vorbehandlungstemperatur werden die durch Kristallisation in den fehlgeordneten Bereichen gebildeten Vernetzungspunkte gelöst. Da die orientierten Molekülketten bei spannungsloser Behandlung den energetisch günstigeren, d.h. den geknäuelten Zustand anstreben, resultiert ein irreversibler Schrumpf.

b) Reversible temperaturabhängige Längenänderung:

- beim Abkühlen nach thermischer Behandlung erfolgt eine Bündelung der mehr oder weniger stark desorientierten Kettensegmente, da aufgrund abklingender Molekülschwingungen die Polymerketten sich aufeinander zubewegen. Die Folge ist eine kontinuierliche Längung der Faser.

- Dieser Vorgang wird durch Erwärmung rückgängig gemacht (reversible temperaturabhängige Längenänderung).

c) Reversible feuchtigkeitsabhängige Längenänderung:

- Polyamid nimmt beim Lagern in feuchter Athmosphäre Wasser auf. Oberhalb von 2 % Materialfeuchte werden die Wasserstoffbrücken zwischen den Carbonyl- und Amidgruppen (A in Abb. 36) aufgebrochen, und über ein sorbiertes Wassermolekül werden neue gebildet. Dadurch verdoppelt sich nahezu die Bindungsenergie.

- Weiter werden Wasserstoffbrücken über ein zwischen zwei Carbonylgruppen
  eingelagertes Wassermolekül (B in Abb. 36) gebildet. Die erhöhte Bindungsenergie durch sorbiertes Wasser führt zu einer stärkeren Bündelung
  der Polymerketten und damit zu einer zusätzlichen Längung der Faser.

- Bei einer Erwärmung auf 100 °C wird das Wasser ausgetrieben und die
  durch Wassersorption hervorgerufene Längung wieder eliminiert (reversible feuchtigkeitsabhängige Längenänderung).

2.)   Blockierte Spannungen

a) Hervorgerufen durch äußere Kräfte:
   - Während des Abkühlprozesses einwirkende Spannungen werden durch Kri-
     stallisation und Einfrieren blockiert und bei erneuter spannungsloser
     Erwärmung wieder ausgelöst (vgl. Mechanismus des irreversiblen
     Schrumpfes).

b) Hervorgerufen durch Längung beim Abkühlen und Befeuchten:
   - Die Kettensegmentbewegung wird beim Abkühlen - z.B. durch Bildung von
     Vernetzungspunkten durch Kristallisation - herabgesetzt. Die gleich-
     zeitige Längung der Faser führt bei spannungsloser thermischer Behand-
     lung zu einer Verspannung der beim Fixieren mehr oder weniger stark
     desorientierten Molekülketten.

   - Ebenso bewirkt eine Längung durch Befeuchten eine Verspannung der
     Kettensegmente, die durch ein Trocknen wieder ausgelöst wird.

Nach diesem Modell [39] überlagern sich die drei Längenänderungsanteile zu
einer Gesamtlängenänderung und die entsprechenden Rückstellkräfte in der
Faser zu den blockierten Gesamtspannungen.

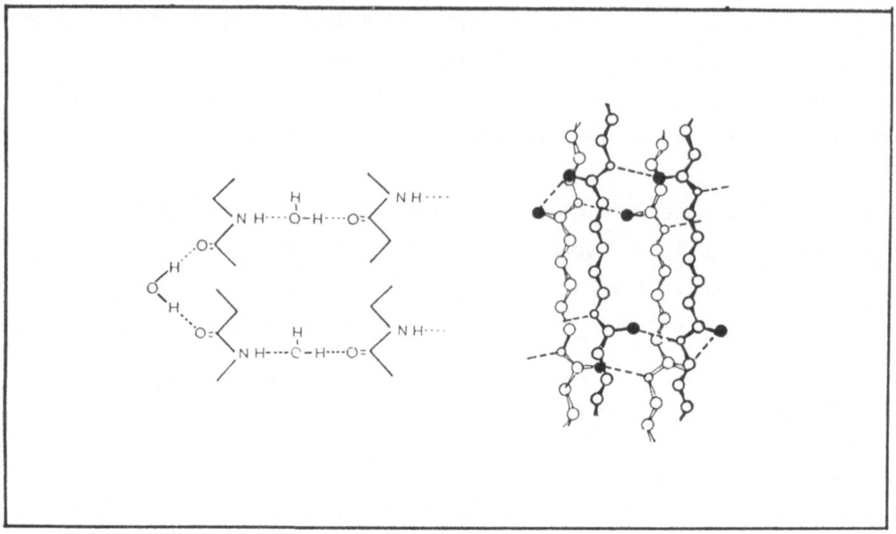

Abb. 36: Schematische Darstellung unterschiedlich sorbierten Wassers
in Polyamid [40].

Danksagung

Die Autoren danken dem Minister für Wissenschaft und Forschung des Landes
Nordrhein-Westfalen für die institutionelle Förderung.

5.   <u>Literatur</u>

[1] BERNDT H.-J.,
      "Prüfung von Textilien", in
      Schollmeyer E. und Hemmer E.A. (Herausgeber): "Sensoren in der
      textilen Meßtechnik", Fachberichte Messen, Steuern, Regeln,
      Bd. 12, herausgegeben von Syrbe M. und Thoma M. Springer-Verlag
      Berlin, Heidelberg, New York, Tokyo 1985, S. 235 bis 325.

[2] BERNDT H.-J.,
      "Nutzung von Ergebnissen der Textilprüfungen zur Optimierung der
      Verarbeitungs- und Gebrauchseigenschaften von Textilien", in
      Schollmeyer E. und Hemmer E.A. (Herausgeber): "Sensoren in der
      textilen Meßtechnik", Fachberichte Messen, Steuern, Regeln,
      Bd. 12, herausgegeben von Syrbe M. und Thoma M. Springer-Verlag
      Berlin, Heidelberg, New York, Tokyo 1985, S. 387 bis 431.

[3] EHRLER P. und SCHREIBER O.,
      textil-praxis int. <u>39</u> (1984) 347.

[4] BONART, R.,
      Kolloid-Z. Z. Polymere <u>193</u> (1964) 136; <u>213</u> (1966) 1; <u>231</u> (1969) 438.

[5] HEFFELFINGER, C.J. und LIPPERT, E.L.,
      J. Appl. Polymer Sci. <u>15</u> (1971) 2699.

[6] FISCHER, E.W. und FAKIROV, S.,
      J. Material Sci. <u>11</u> (1976) 1041.

[7] BIANGARDI, H.J. und ZACHMANN, H.G.,
      Progr. Colloid & Polymer Sci. <u>61</u> (1977) 71.

[8] GÜLLEMANN, H.,
      Melliand Textilber. <u>53</u> (1972) 910.

[9] ZACHMANN, H.G.,
      Kolloid-Z. Z. Polymere <u>251</u> (1973) 951.

[10] BERNDT H.-J.,
      textil praxis int. <u>38</u> (1983) 1241; <u>39</u> (1984) 46.

[11] PREVORSEK, D.C., TIRPACK, G.A., HARGET, P.J. und REIMSCHUESSEL, A.C.,
      J. Macromol. Sci.-Phys. <u>B 9</u> (1974) 733.
      PREVORSEK, D.C., HARGET, P.J., SHARMA, R.K. und REINSCHUESSEL, A.C.,
      J. Macromol. Sci.-Phys. <u>B 8</u> (1973) 127.

[12] ZANKER, H. und BONART, R.,
      Makromol. Chem. <u>192</u> (1981) 605.

[13] BONART, R. und RUDOLPH, V.,
      Progr. Colloid & Polymer Sci. <u>64</u> (1978) 79.

[14] ZANKER, H. und BONART, R.,
      Colloid & Polymer Sci. <u>259</u> (1981) 87.

[15] BONART, R., OWEN, A. und PAULUS, I.,
      Colloid & Polymer Sci. 263 (1985) 435.

[16] BERNDT, H.-J. und HEIDEMANN, G.,
      Colloid & Polymer Sci. 258 (1980) 612.

[17] LÜNENSCHLOß, J. und WAHHOUD, A.,
      Chemiefasern/Textilindustrie 33/85 (1983) 266.

[18] STEIN, W.,
      Textilindustrie 70 (1968) 875.

[19] BEIER, M.,
      Dissertation Universität Duisburg 1987.

[20] BECKER, O., STEIN, W., LENßEN, G. und van der WEYDEN, H.,
      Melliand Textilber. 65 (1984) 442.

[21] WILLIAMS, M.L., CANDEL, R.F. und FERRY, J.D.,
      J. Amer. Chem. Sci. 77 (1955) 3701.

[22] KOSFELD, R. und LOHMANN, W.,
      Colloid & Polymer Sci. 258 (1980) 209.

[23] YU, H.,
      Dissertation RWTH Aachen 1983.

[24] IBAR, J.P.,
      J. Macromol. Sci.-Phys. B 16 (1979) 355.

[25] IBAR, J.P.,
      J. Macromol. Sci.-Phys. B 16 (1973) 551.

[26] C. ZENER,
      "Elasticity and Anelasticity of Metals", Chikago 1948, 50.

[27] SCHULTZE-GEBHARDT, F.,
      Faserforschung und Textiltechnik 28 (1977) 467.

[28] SCHULTZE-GEBHARDT, F.,
      Faserforschung und Textiltechnik 25 (1974) 125.

[29] BONART, R. und SCHULTZE-GEBHARDT, F.,
      Angew. Makromol. Chem. 22 (1972) 41.

[30] SCHULTZE-GEBHARDT, F.,
      Kolloid-Z. Z. Polymere 236 (1970) 19.

[31] BERNDT, H.-J. und HEIDEMANN, G.,
      Deutscher Färbekalender 76 (1972) 408.

[32] BERNDT, H.-J. und BOSSMANN, A.,
      Polymer 17 (1976) 241.
      HEIDEMANN, G.,
      Melliand Textilber. 59 (1978) 926.
      HEIDEMANN, G. und BERNDT, H.-J.,
      Chemiefasern/Textilindustrie 24/76 (1974) 46.

[33] BOSSMANN, A., BERNDT, H.-J. und SCHOLLMEYER, E.,
      Melliand Textilber. 65 (1984) 828.

[34] VALK, G., BERNDT, H.-J., MANUTSCHEHRI, H. und BOSSMANN, A.,
      Forschungsber. Land NRW Nr. 2893, Westdeutscher Verlag, Opladen (1979).

[35] VALK, G., BERNDT, H.-J. und HEIDEMANN, G.,
      Chemiefasern 21 (1971) 386.

[36] HEIDEMANN, G. und BERNDT, H.-J.,
      Melliand Textilber. 57 (1976) 485.

[37] BERNDT, H.-J. und HEIDEMANN, G.,
      Colloid & Polymer Sci. 258 (1980) 612.

[38] BERNDT, H.-J.,
      Thermomechanischer Analysator Thermofil "System Textilforschung
      Krefeld", Melliand Textilber. 56 (1975) 928.

[39] BERNDT, H.-J. und HEIDEMANN, G.,
      Chemiefasern/Textilindustrie 37/87 (1985) 474.

[40] KAWASAKI, K. und SEKITA, K.,
      J. Polymer Sci. A-2 (1964) 2437.
      PUFFER, R. und SEBENDA, J.,
      J. Polymer Sci. C-16 (1967) 79.

Bestimmung der thermodynamischen Meßgrößen Temperatur, Druck und Volumen

E. A. Hemmer und E. Schollmeyer[*]

Universität -GH- Duisburg
Fachbereich 6, Fachgebiet Physikalische Chemie
Lotharstraße 1
4150 Duisburg 1

[*]Deutsches Textilforschungszentrum Nord-West e.V.
 - Institut für textile Meßtechnik -
Frankenring 2
4150 Krefeld 1

1   Temperaturmessung

In den klassischen Gebieten der Physik wie Mechanik, Optik oder Elektrodynamik kommt die Temperatur nicht vor. Erst mit dem Aufkommen der "Wärmelehre" war es nötig, diese Zustandsvariable einzuführen. Jeder Mensch besitzt das Gefühl dafür, welches von zwei Systemen "wärmer" oder "kälter" ist, d.h. welches die höhere und welches die niedrigere Temperatur besitzt. Das genügt aber nicht für eine eindeutige Definition.

In der klassischen Thermodynamik wird die Temperatur mit dem Nullten Hauptsatz eingeführt. Aus der Erfahrung weiß man, daß die Eigenschaften eines Systems vom thermischen Zustand abhängen, ob es also "heiß" oder "kalt" ist.

So ist das Volumen einer bestimmten Stoffportion bei konstantem Druck und konstanter Zusammensetzung vom thermischen Zustand abhängig. Das Volumen ist normalerweise um so größer, je "wärmer" der betrachtete Bereich dem Beobachter erscheint. Das makroskopische Verhalten der Materie läßt sich also nicht vollständig nur mit den Variablen Volumen, Druck und Zusammensetzung beschreiben. Es ist erforderlich, eine weitere Zustandsvariable einzuführen, die den thermischen Zustand erfaßt. Man betrachtet zwei getrennte Systeme, die sich beide im inneren Gleichgewicht befinden. Werden diese beiden Systeme über eine thermisch leitende Wand in Kontakt gebracht, so laufen im allgemeinen Fall dann Zustandsänderungen z.B. Volumen- oder Druckänderungen) ab. Thermisches Gleichgewicht zwischen diesen beiden Systemen besteht, wenn keine Änderungen der Zustandsgrößen mehr erfolgen. Falls zufälligerweise vom Beginn des Kontaktes an keine Änderungen beobachtet werden, waren die Systeme schon von Anfang an im thermischen Gleichgewicht.

Diese Beobachtungen führen zur Formulierung des Nullten Hauptsatzes der Thermodynamik:

Sind zwei Systeme im thermischen Gleichgewicht mit einem dritten System, so sind sie auch miteinander im thermischen Gleichgewicht [1].

Alle miteinander im thermischen Gleichgewicht befindlichen Systeme haben eine gemeinsame Eigenschaft, die man als Temperatur bezeichnet. Systeme, zwischen denen thermisches Gleichgewicht besteht, haben die gleiche Temperatur; Systeme, zwischen denen kein thermisches Gleichgewicht besteht, besitzen unterschiedliche Temperaturen.

Die nächste Aufgabe ist, ein System als Thermometer zu finden, das bestimmte Merkmale aufweisem muß. Ein Thermometer muß hinreichend klein sein, damit sich das thermische Gleichgewicht schnell einstellen kann, wobei auch gefordert werden muß, daß keine merkliche Störungen des zu untersuchenden Systems auftreten dürfen. Ferner muß im Thermometersystem eine makroskopische Größe leicht bestimmbar sein, die zwar beliebiger Art sein darf, aber exakt und reproduzierbar bestimmbar sein muß. Mit einem solchen Thermometer kann man entscheiden, ob räumlich voneinander getrennte Systeme unterschiedliche oder gleiche Temperatur besitzen.

Zur Festlegung einer Temperaturskala benötigt man reproduzierbar einstellbare Zustände eines Systems, denen man definierte Temperaturen zuordnen kann. Nach Celsius verwendet man hierzu den Eispunkt und den Dampfpunkt des Wassers.

Der Eispunkt ist der Zustand, bei dem Gleichgewicht zwischen Eis und luftgesättigtem Wasser beim Normdruck von einer physikalischen Atmosphäre (1 atm = 101325 Pa) besteht. Der Dampfpunkt ist der Gleichgewichtszustand zwischen flüssigem Wasser und seinem Dampf beim Normdruck. In der Celsius-Skala wird dem Eispunkt die Temperatur 0 °C und dem Dampfpunkt die Temperatur 100 °C zugeordnet.

Als Thermometer wird nach Celsius ein System verwendet, das eine bestimmte
Menge Quecksilber enthält. Das Volumen des Quecksilbers ändert sich mit der
Temperatur. Die Änderung des Volumens kann in einer Kapillare mit konstantem
Durchmesser ermittelt werden. Die Stelle in der Kapillare, an der sich das
Quecksilber beim Eispunkt befindet, wird mit 0 °C, die Stelle beim
Dampfpunkt mit 100 °C markiert. Die Differenz zwischen beiden Marken wird
linear in einhundert Teile geteilt. Hiermit ist die Celsius-Skala festge-
legt. Extrapolationen über diesen Bereich hinaus führen zu negativen Temperaturen unterhalb des Eispunktes und oberhalb des Dampfpunktes zu Temperaturen, die höher als 100 °C sind.

Mit dem zweiten Hauptsatz der Thermodynamik wird die Existenz einer "abso-
luten" Temperaturskala nachgewiesen, d.h. auch eines absoluten Nullpunktes.
Diese von diesem aboluten Nullpunkt ausgehende Kelvin-Skala ergibt für den
Anschluß an die Celsius-Skala die folgenden Beziehungen:

$$0 \text{ °C} = 273,15 \text{ K} \qquad \text{(Eispunkt)}$$
$$100 \text{ °C} = 373,15 \text{ K} \qquad \text{(Dampfpunkt)}$$

Zur Umrechnung der beiden Skalen dient die Relation:

$$\frac{T}{K} = 273,15 + \frac{\vartheta}{\text{°C}}$$

Hierin ist T die absolute Temperatur in Kelvin (K) und ϑ die Celsius-Tempe-
ratur in Grad Celsius (°C). Die Differenz zweier Temperaturen in der Kelvin-
Skala liefert den gleichen Zahlenwert wie in der Celsius-Skala:

$$T_1 - T_2 = \vartheta_1 - \vartheta_2.$$

Eispunkt und Dampfpunkt des Wassers entsprechen beide einem monovarianten
Gleichgewicht im Sinne der Gibb'schen Phasenregel, d.h. bei ihrer Reali-
sierung muß der Normdruck von einer Atmosphäre exakt eingestellt werden.
Deshalb lag es nahe, einen Fundamentalpunkt einzuführen, der durch ein
nonvariantes Gleichgewicht definiert ist. Dies ist der Tripelpunkt des
Wassers. Beim Tripelpunkt koexistieren die drei Phasen Eis, Wasser und
Wasserdampf. Dies ist nur bei einer Temperatur und einem Druck möglich.
Deshalb wurde im Jahr 1960 der Tripelpunkt als Fundamentalpunkt der internationalen Temperaturskala festgelegt und seine Temperatur zu 273,16 K
festgesetzt. Prinzipiell könnte man auch den kritischen Punkt des Wassers,

der ebenfalls einem nonvarianten Gleichgewicht entspricht, zur Festlegung einer Temperaturskala (oder auch Druckskala) heranziehen; die genaue Vermessung dieses Punktes ist aber leider mit einem sehr großen experimentellen Aufwand verknüpft.

Neben dem bisher erwähnten Quecksilberausdehnungthermometer gibt es eine Vielzahl von anderen Temperatur-Meßeinrichtungen, die ebenfalls auf dem Nullten Hauptsatz der Thermodynamik basieren: Im Kontakt mit dem zu untersuchenden Objekt stellt sich zwischen Objekt und Thermometer das thermische Gleichgewicht ein und es wird der Wert einer temperaturabhängigen Größe im Thermometersystem bestimmt. Im folgenden Text werden einige physikalische Größen dargestellt, die zu Temperaturmessung herangezogen werden. Die Darstellung soll nicht vollständig sein, und es werden auch keine apparativen Details angegeben. Dies kann man den umfangreichen Spezialdarstellungen entnehmen [2].

Es sei noch darauf hingewiesen, daß die Temperatur nur für Gleichgewichtszustände definiert ist. Falls die Temperatur sich also als Prozeßgröße zeitlich ändert, kann man nur verläßliche Werte messen, wenn die Einstellgeschwindigkeit des Thermometers sehr viel größer ist als die Änderungsgeschwindigkeit der Temperatur in dem zu untersuchenden Objekt. Dies ist häufig ausschlaggebend für die Wahl des Meßverfahrens.

1.1   Ausdehnungsthermometer

Bei den Ausdehnungsthermometern wird die Tatsache benutzt, daß sich ein Stoff mit steigender Temperatur im allgemeinen ausdehnt, d.h. daß der Ausdehnungskoeffizient $\beta = \frac{1}{V} \left(\frac{\partial V}{\partial T} \right)_P$ einen positiven Wert besitzt. Es gibt Gas-, Flüssigkeits- und Metallthermometer. Innerhalb des Meßbereichs darf selbstverständlich keine Phasenumwandlung erfolgen.

Für die Realisierung der thermodynamischen Temperaturskala haben Gasthermometer eine fundamentale Bedeutung. Hierbei spielt eine große Rolle, daß für alle Gase ein einheitliches Grenzgesetz existiert:

$$\lim_{P \to 0} P\,V = n\,R\,T;$$

hierin bedeuten P Druck,

                 V Volumen,

                 n Stoffmenge,

                 R Gaskonstante und

                 T Temperatur.

Für eine konstante Stoffmenge n ist also im Grenzübergang $P \to 0$ das Produkt P V direkt proportional der absoluten Temperatur, wobei die Proportionalitätskonstante bekannt ist und nicht durch Kalibrierung bestimmt werden muß. Nun gibt es einige Gase, die auch bei endlichen Drücken mit hinreichender Genauigkeit ideales Verhalten aufweisen. Hierbei kann man, bei konstant gehaltenem Druck, aus dem Volumen die Temperatur bestimmen. Eine Variante hierzu ist die Temperaturmessung mit Hilfe des Druckes, wenn man das Volumen konstant hält. Bei diesem Verfahren verwendet man an Stelle des Ausdehnungskoeffizienten den Spannungskoeffizienten γ, der gegeben ist durch die Beziehung

$$\gamma = \frac{1}{P}\left(\frac{\partial P}{\partial T}\right)_V$$

und ebenfalls positiv ist.

Im Gegensatz zu US-Amerika und Großbritannien haben sich Gasthermometer in Deutschland im industriellen Bereich bisher nicht durchgesetzt.

Die Flüssigkeitsthermometer haben einen großen Anwendungsbereich gefunden. Je nach dem zu messenden Temperaturbereich werden unterschiedliche Flüssigkeiten verwendetet, wie z.B.:

Temperaturbereich	Flüssigkeit
-200 bis 20 °C	Pentangemisch
-110 bis 50 °C	Ethylalkohol
-70 bis 100 °C	Toluol
-38 bis 625 °C	Quecksilber

Beim Quecksilberthermometer wird der Raum über dem Meniskus für Messungen von Temperaturen, die höher als 250 °C sind, mit Stickstoff unter hohem Druck gefüllt. Wichtig ist, daß man bei genauen Messungen die erforderlichen Korrekturen berücksichtigt, wie Fadenkorrektur, Eispunktdepression oder evtl. Meniskuskorrektur. Bei hohen Temperaturen wird Quarz anstelle von Glas als Material für die Kapillare verwendet, da hiermit eine bessere geometrische Volumenkonstanz erreicht werden kann. Quecksilberthermometer können als Kontaktthermometer ausgebildet werden, mit denen man direkt elektrische Stromkreise schalten kann. Das Quecksilber dient hierbei als elektrischer Leiter. In der Sonderausführung als Beckmannthermometer kann man mit dem Quecksilberthermometer sehr kleine Temperaturdifferenzen messen, wobei der absolute Bereich, in gewissen Grenzen, verändert werden kann.

Ausdehnungsthermometer mit festen Materialien werden meist in Form von Bimetallthermometern hergestellt. Hierbei sind zwei Metalle mit unterschiedlichen Ausdehnungskoeffizienten fest miteinander verbunden. Wenn dieses Verbundsystem einer Temperaturerhöhung ausgesetzt wird, krümmt es sich nach der Seite des Metalls mit dem kleineren Ausdehnungskoeffizienten. Diese Krümmung kann direkt als Zeigerausschlag benutzt werden. Die großen mechanischen Kräfte, die bei der Krümmung auftreten, können auch zur Betätigung von Registrier- und Regeleinheiten verwendet werden. Die Meßempfindlichkeit läßt sich vergrößern, wenn man den Bimetallstreifen sehr lang macht und ihn zu einer Spirale aufwickelt. Der Drehwinkel steigt mit abnehmender Dicke der Streifen. Deshalb bemüht man sich, den Streifen möglichst dünn zu machen, worunter die Festigkeit natürlich nicht leiden darf.

1.2 Widerstandsthermometer

Widerstandsthermometer haben heutzutage eine dominierende Stellung in der industriellen Meßtechnik.

Der elektrische Widerstand von Metallen nimmt mit steigender Temperatur zu und kann daher als Meßgröße benutzt werden. Die verwendeten Metalle müssen einen möglichst hohen Temperaturkoeffizienten aufweisen. Die Widerstandskennlinie muß reproduzierbar sein und in dem zu untersuchenden Temperaturbereich dürfen keine chemischen oder physikalischen Umwandlungen auftreten. Die wichtigsten eingesetzten Metalle sind:

Kupfer   im Bereich   -50 bis 150 °C,
Nickel   im Bereich   -60 bis 150 °C und
Platin   im Bereich   -220 bis 850 °C.

Von diesen drei Metallen erfüllt Platin die an ein Widerstandsthermometer zu stellenden Anforderungen am besten. Es ist resistent gegenüber chemischen Einflüssen, besitzt einen hohen Schmelzpunkt, weist keine physikalischen Umwandlungen auf, kann sehr rein dargestellt werden und hat einen großen spezifischen Widerstand. Von besonderer Wichtigkeit ist, daß die Abhängigkeit des Widerstands von der Temperatur mit einer quadratischen Gleichung beschrieben werden kann:

$$R_\vartheta = R_0 \left(1 + a_1 \vartheta + a_2 \vartheta^2 \right).$$

In dieser Beziehung ist ϑ die Temperatur in der Celsius-Skala, R_0 der Widerstand bei 0 °C und R_ϑ der Widerstand bei der Temperatur ϑ. Die beiden Konstanten a_1 und a_2 können aus Messungen bei zwei Fixpunkten bestimmt werden. Die Messung am Eispunkt liefert R_0.

Die guten Eigenschaften des Platins haben dazu geführt, daß mit DIN 43760 der Norm-Meßwidertsand Pt 100 eingeführt wurde. Hierzu wurde der Nennwert des Meßwiderstands bei 0 °C mit R_0 = 100 ± 0,1 Ω festgelegt. Diese genormten Meßwiderstände werden von den Herstellern mit einer solchen Qualität geliefert, daß sie ohne Nacheichung ausgetauscht werden können. Für Hochtemperaturmessungen werden Widerstände mit niedrigeren Werten eingesetzt. Platinwiderstände werden auch bei der Realisierung der gesetzlichen internationalen Temperaturskala im Bereich von 13,81 K bis 903,89 K verwendet.

Bei der Temperaturmessung mit Widerstandsthermometern erhält man elektrische Signale, die nach Verstärkung und eventuell notwendiger Codierung ohne Schwierigkeiten zu einer zentralen Meßwarte übertragen oder direkt zur Regelung der Prozesse eingesetzt werden können.

Neben den Metallwiderständen finden auch Halbleiterwiderstände (Thermistoren) Verwendung. Sie weisen einen negativen Temperaturkoeffizienten auf, weshalb sie auch häufig als NTC-Widerstände bezeichnet werden. Ihr Vorteil liegt in der kleinen Dimension, der großen Temperaturauflösung (Empfindlich-

keit) und der kurzen Ansprechzeit. Nachteilig sind die großen Schwankungen
des Nennwiderstands (bis zu ±10%) und des Temperaturkoeffizienten (bis zu
±5%). In den meisten Fällen werden sie nicht zur Messung von absoluten
Temperaturen eingesetzt sondern für die Erfassung der Temperaturabweichung
von vorgegebenen Sollwerten. Hierbei sind sie den Metallwiderständen überlegen.

1.3   Thermoelemente

Ein Thermoelement ist ein System aus zwei unterschiedlichen Elektronenleitern A und B, meist Metallen, deren zwei Phasengrenzen (Lötstellen oder
Schweißstellen) auf zwei unterschiedlichen Temperaturen T_1 und T_2 gehalten
werden (vgl. Abb. 1). Das Metall C bildet die "Endphasen", die identisch
sein müssen. Diese stellen die Zuleitung zum Meßinstrument dar und befinden
sich, wie auch das Meßinstrument, auf der Raumtemperatur T_0.

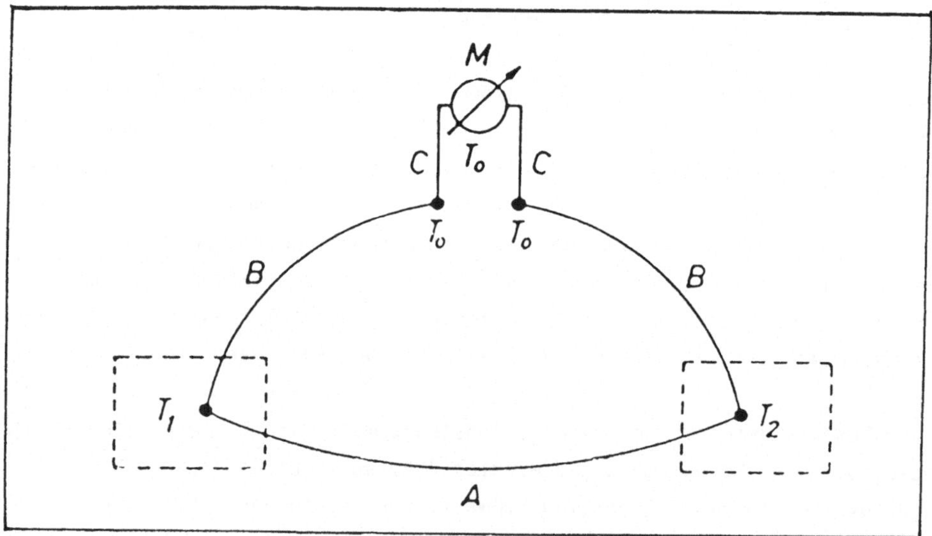

Abb. 1: Schematische Darstellung eines Thermoelementes aus den
Elektronenleitern A und B.

Die Erscheinung, daß ein Thermoelement im stromlosen Zustand eine elektrische Potentialdifferenz aufweist, wurde 1823 von Seebeck entdeckt und heißt
daher SEEBECK-Effekt. Die meßbare Potentialdifferenz eines Thermoelements

wird Thermospannung oder auch elektromotorische Kraft (EMK) genannt. Sie ist
festgelegt als die Differenz der elektrischen Potentiale der beiden Endphasen C, gemessen bei Stromlosigkeit, und wird mit dem Symbol Φ bezeichnet.
Der Ausdruck

$$\varepsilon_{AB} = \lim_{\Delta T \to 0} \frac{\Phi}{\Delta T}, \text{ mit } \Delta T = T_2 - T_1$$

ist definiert als Thermokraft des Thermoelements.

Erfahrungsgemäß hängt die Thermokraft ε_{AB} nur von der Art der Leiter A und B
und von der mittleren Temperatur des Thermoelements ab, wenn der Druck konstant bleibt. Die EMK eines Thermoelements aus gegebenen Materialien ist
lediglich eine Funktion der beiden Temperaturen T_1 und T_2 der Phasengrenz-
flächen zwischen A und B; sie ist unabhängig vom Temperaturverlauf in den
Leitern (Gesetz von Magnus). Zur Temperaturmessung wird eine Grenzfläche auf
einer konstanten Temperatur gehalten (Vergleichsstelle). Die andere Grenzfläche (Meßstelle) wird in Kontakt mit dem Meßobjekt gebracht.

Zum Aufbau von Thermopaaren, d.h. von zwei miteinander galvanisch verbundenen Elektronenleitern, werden nur solche Metall- oder Legierungskombinatio-
nen verwendet, die eine reproduzierbare Thermospannungkennlinie ergeben.
Einige Werkstoffeigenschaften sind als Übersicht in Tabelle 1 angeführt.

Aus der Vielzahl der möglichen Kombinationen zweier Leiterwerkstoffe haben
sich in der Praxis nur wenige Thermopaare durchgesetzt. Bei diesen Materialien kann die Zusammensetzung und kristalline Struktur bei der Fertigung so
genau und reproduzierbar eingehalten werden, daß der Zusammenhang zwischen
Temperatur und Thermospannung durch Tabellen angegeben werden kann. In der
Tabelle 2 sind die Grundwerte der Thermospannungen für die gebräuchlichsten
Thermopaare angegeben. Der Eispunkt liefert die Bezugstemperatur. Für eine
abweichende Bezugstemperatur müssen die Werte korrigiert werden.

Tabelle 1: Genormte Thermopaare und ihre Anwendungsbereiche

Thermo-element	Material nach DIN 43710	Temperatur-grenzen in °C	maximale Dauertem-peratur in Luft, in °C	ungefähre Thermospan-nung je 100 °C in mV
Cu-Konstantan	-200 ... 600	400	5,0
Fe-Konstantan	-200 ... 900	700	5,6
NiCr-Ni	-200 ...1200	1000	4,1
PtRh-Pt	-200 ...1600	1300	1,2

Vom Prinzip her ist die Temperaturmessung mit einem Thermoelement eine Differenzmessung zwischen der Temperatur der Meßstelle und der Vergleichs-stelle. Die Thermospannung ist proportional der Temperaturdifferenz $\Delta T = T_2 - T_1$. Man kann also direkt Temperaturdifferenzen messen, wenn sich beide Temperaturen zeitlich ändern oder wenn nur der Unterschied zwischen zwei räumlich getrennten Stellen interessiert. Wenn die Temperaturdifferenz sehr klein ist, kann man den Meßeffekt dadurch vergrößern, daß man mehrere gleichartige Thermoelemente in Serie zu einer Thermosäule schaltet.

Für die Messung von hohen Temperaturen ($\doteq 2000$ °C) verwendet man üblicher-weise W-Re oder Mo-Re Thermoelemente. Diese metallischen Thermoelemente ermöglichen reproduzierbare Messungen unterhalb von 1900 °C. Oberhalb von 1900 °C werden jedoch beträchtliche Schwankungen der Thermospannung beob-achtet. In diesem Gebiet werden bevorzugt nichtmetallische Thermoelemente eingesetzt, von denen das B_4C-C (Borcarbid-Graphit) Element bis zu Tempera-turen von 2200 °C funktionstüchtig bleibt.

Außer den vorstehend aufgeführten Meßverfahren, denen in der Betriebsmeß-technik die größte Bedeutung zukommt, gibt es noch eine Vielzahl anderer Verfahren, die auch auf dem Prinzip der Einstellung des thermischen Gleich-gewichts durch Berührung nach dem Nullten Hauptsatz beruhen. Eine Auswahl hiervon soll im folgenden angegeben werden.

Tab. 2: Grundwerte der gebräuchlichsten Thermopaare bei der Bezugstemperatur 0 °C[1] nach DIN 43710

Plusschenkel[2]	Cu		Fe		NiCr[3]		PtRh	
Minusschenkel	Konst[4]		Konst[4]		Ni		Pt	
Meßtemperatur	Th.-	Zul.	Th.-	Zul.	Th.-	Zul.	Th.-	Zul.
	Spng.	Abw.[5]	Spng.	Abw.[5]	Spng.	Abw.[5]	Spng.	Abw.[5]
°C	mV	°C	mV	°C	mV	°C	mV	°C
-200	-5,70		-8,15					
-100	-3,40		-8,15					
0	0	-	0	-	0	-	0	-
100	4,25	±3	5,37	±3	4,10	±3	0,643	±3
200	9,20	±3	10,95	±3	8,13	±3	1,436	±3
300	14,89	±3	16,55	±3	12,21	±3	2,316	±3
400	20,99	±3	22,15	±3	16,40	±3	3,251	±3
500	27,40	±3,75	27,84	±3,75	20,65	±3,75	4,221	±3
600	34,30	±4,5	33,66	±4,5	24,91	±4,5	5,224	±3
700			39,72	±5,25	29,14	±5,25	6,260	±3,5
800			46,23	±6	33,30	±6	7,329	±4
900			53,15	±6,75	37,36	±6,75	8,432	±4,5
1000					41,31	±7,5	9,570	±4,5
1100					45,16	±8,25	10,741	±5,5
1200					48,89	±9	11,935	±6,5
1300							13,138	±6,5
1400							14,337	±7
1500							15,530	±7,5
1600							16,716	±8

[1] Für die Bezugstemperatur 20 °C liegen die Thermospannungswerte niedriger: Cu-Konst um 0,80 mV, Fe-Konst um 1,05 mV, NiCr-Ni um 0,82 mV, PtRh-Pt um 0,11 mV.
Wird ein Thermostat verwendet, so stellt man ihn meist auf 50 °C ein. Für diese Bezugstemperatur ermäßigen sich die Thermospannungswerte folgendermaßen: Cu-Konst um 2,05 mV, Fe-Konst um 2,65 mV, NiCr-Ni um 2,02 mV, PtRh-Pt um 0,30 mV.
[2] Stets rot oder mit (+) gekennzeichnet.
[3] Die NiCr-Ni-Grundwertreihe gilt auch für Cr-Al (Chromel-Alumel).
[4] Konst ist eine Abkürzung für Konstantan.
[5] Die zulässigen Abweichungen werden nur dann nicht überschritten, wenn man zusammengehörig gelieferte Thermodrähte verwendet.

Anm.: Die Stufenlinie begrenzt aufgrund von Betriebserfahrungen den Temperaturmeßbereich für die Dauerbenutzung von Thermopaaren in reiner Luft. Genaue Temperaturgrenzen können nicht festgelegt werden, denn sie hängen u.a. auch vom Drahtquerschnitt ab. Beispielsweise kann also ein Fe-Konst-Thermopaar von 700 °C an nur mit Vorsicht für Dauermessungen verwendet werden.

Bei dem Schwingquarzthermometer wird die Änderung der Resonanzfrequenz eines Quarzschwingers mit der Temperatur bestimmt. Frequenzmessungen lassen sich mit großer Genauigkeit durchführen. Deshalb weisen diese Thermometer eine sehr große Temperaturauflösung auf. Bei richtiger Auswahl der Kristallorientierung besitzen sie eine ausgezeichnete Linearität in der Anzeige. Die Ansprechzeit ist sehr klein, d.h. es können auch schnell ablaufende Vorgänge erfaßt werden.

Ferroelektrische Materialien haben eine sehr große Dielektrizitätskonstante, die oberhalb des Curie-Punktes nach dem Gesetz von Curie und Weiss mit steigender Temperatur linear abnimmt. Wenn ein solches Material als Dielektrikum eines Kondensators eingesetzt wird, kann man die Kapazität des Kondensators zur Temperaturmessung verwenden. In einem Schwingkreis wird dieser Kondensator auf die Meßtemperatur gebracht, während die übrigen Komponenten auf einer konstanten Temperatur gehalten werden. Die Resonanzfrequenz ist ein Maß für die Temperatur.

Beim piezoelektrischen Thermometer wird ein Quarzkristall mit einer mechanischen Vorspannung fest eingebaut. Die Einspannvorrichtung muß einen unterschiedlichen Ausdehnungskoeffizienten besitzen. Bei einer Temperaturänderung ergibt sich infolge der unterschiedlichen Ausdehnungskoeffizienten eine Änderung der mechanischen Spannung im Kristall und damit auch der Piezospannung. Diese Änderung kann meßtechnisch erfaßt und zur Temperaturmessung verwendet werden. Auch mit diesem Meßverfahren kann man sehr schnelle Temperaturänderungen erfassen.

Beim pyroelektrischen Thermometer wird die Abhängigkeit der dielektrischen Polarisation von der Temperatur zu deren Messung benutzt. Diese Thermometer eignen sich besonders für die Bestimmung äußerst kleiner Temperaturänderungen.

In Spezialfällen wird die Änderung der magnetischen Suszeptibilität geeigneter Materialien zur Bestimmung der Temperatur herangezogen. Für paramagnetische Stoffe wird unterhalb des Curie-Punktes der Zusammenhang zwischen Temperatur und Suszeptibilität durch das Curie-Weiss-Gesetz dargestellt.

Lichtleitfasersysteme werden ebenfalls zur Temperaturmessung herangezogen. Hierbei wird der Effekt, daß sich der Brechungsindex der Fasern mit der Temperatur ändert, meßtechnisch verwendet.

Bei sehr hohen Temperaturen kann man in vielen Fällen keine Anlegethermometer verwenden. Hier werden dann Strahlungsthermometer eingesetzt. Die theoretischen Gesetzmäßigkeiten lassen sich nicht mit der klassischen Thermodynamik erfassen; man benötigt die quantenmechanischen Aussagen der statistischen Thermodynamik, bei der die Temperatur mit der Besetzungsverteilung atomarer bzw. molekularer Energiezustände verknüpft wird.

Für einen schwarzen Hohlraumstrahler, der sich auf der Temperatur T befindet, ergibt sich für die spektrale Strahlungsdichte die Planck'sche Formel:

$$L_{\lambda S}(\lambda, T) = \frac{C_1}{\pi \Omega_o} \lambda^{-5} \left(\exp \left[\frac{C_1}{\lambda T} \right] - 1 \right)^{-1}.$$

Hierin bedeuten:

$$C_1 = 2 \pi c_o^2 h = (3,7415 \pm 0,0003) \cdot 10^{-16} \text{ W m}^2,$$

$$C_2 = c_o \frac{h}{k} = (1,43879 \pm 0,00019) \cdot 10^{-2} \text{ m K},$$

c_o Vakuumlichtgeschwindigkeit,

k Boltzmann-Konstante,

h Planck-Konstante und

$\Omega_o = 1$ sr   Einheit des Raumwinkels.

Als Grenzfälle ergeben sich hieraus für $\lambda T \ll C_2$ das Wien'sche Gesetz:

$$L_{\lambda S}(\lambda, T) = \frac{C_1}{\pi \Omega_o} \lambda^{-5} \exp \left[- \frac{C_2}{\lambda T} \right] \quad \text{und für } \lambda T \gg C_2 \text{ das Rayleigh-Jeans'sche}$$

Gesetz:

$$L_{\lambda S}(\lambda, T) = \frac{C_1}{C_2 \pi \Omega_o} \lambda^{-4} T.$$

Der Maximalwert von $L_{\lambda S}(\lambda, T)$ verschiebt sich mit steigender Temperatur zu kleineren Wellenlängen. Die Wellenlänge λ_{max} ergibt sich aus der Beziehung:

$$\lambda_{max} T = (2,8978 \pm 0,0004) \cdot 10^{-3} \text{ m K}.$$

Die spezifische Ausstrahlung des schwarzen Strahlers für den gesamten Wellenlängenbereich erhält man durch die Integration über λ zu:

$$M_S(T) = \sigma T^4 \qquad \text{(Stefan-Boltzmann-Gesetz)}.$$

Für die Konstante σ findet man:

$$\sigma = \frac{\pi C_1}{15\, C_2^4} = (5{,}6697 \pm 0{,}0029) \cdot 10^{-8}\ \mathrm{W\ m^2\ K^{-4}}.$$

Bei Temperaturmessungen wird die Strahlung beliebiger Temperaturstrahler mit
dem Kirchhoff'schen Gesetz auf die des schwarzen Körpers bei gleicher Temperatur zurückgeführt.

Die zur Temperaturmessung verwendeten Strahlungsmeßgeräte oder Pyrometer
haben den Vorteil, daß sie das Meßobjekt nicht berühren. Deshalb kann dessen
Temperaturfeld nicht durch Wärmeleitung verfälscht werden. Sie ermöglichen
eine punktförmige Messung - auch von Oberflächentemperaturen - und können
mit einem "Scan"-Mechanismus eine zweidimensionale Temperaturverteilung
erfassen, da sie fast trägheitslos arbeiten.

Man unterscheidet Gesamtstrahlungs-, Teilstrahlungs- und Farbpyrometer.

Bei dem Gesamtstrahlungspyrometer wird der gesamte Wellenlängenbereich der
Strahlung zur Messung der Temperatur verwendet. Nach dem Stefan-Boltz-
mann'schen Gesetz ist die in einen bestimmten Raumwinkel ausgestrahlte
Gesamtleistung proportional der vierten Potenz der absoluten Temperatur. Die
von einem Flächenelement ausgesandte Strahlung wird mit Hilfe eines optischen Abbildungssystems auf einen Strahlendetektor abgebildet. Hierbei ist
zu beachten, daß durch das optische System möglichst keine Frequenzbereiche
herausgefiltert oder abgeschwächt werden. Vom Detektor ist zu verlangen, daß
möglichst kein Frequenzbereich bei der Umwandlung in das Meßsignal überhöht
oder geschwächt übertragen wird. Abbildungssysteme können Blenden, Hohlspie-
gel oder Linsen sein. Als Detektoren verwendet mam Thermoelemente oder
Thermosäulen sowie Widerstandsthermometer. Es werden aber auch Photozellen
oder Photoelemente eingesetzt, da ihre Einstellzeiten erheblich kürzer sind.
Da die Temperatur, auf der sich der Detektor befindet, in das Meßsignal
eingeht, wird er auf einer möglichst niedrigen Temperatur gehalten. Für
Präzisionsmessungen werden die Detektoren mit flüssigem Stickstoff oder
Helium gekühlt.

Bei dem Teilstrahlungspyrometer wird nur ein kleiner Wellenlängenbereich der
Strahlung zur Ermittlung der Temperatur herangezogen. Die Intensität dieses
schmalen Bereichs - im Idealfall "eine" Wellenlänge - ist nach dem Planck'-
schen Gesetz ein Maß für die Temperatur. Die vom Meßobjekt ausgehende Strah-

lung wird mit der Strahlung eines Vergleichsstrahlers verglichen, dessen Temmperatur verändert werden kann. Ein Filtersystem läßt von beiden Strahlern nur einen kleinen Wellenbereich durch. Die Temperatur des Vergleichsstrahlers wird so verändert, daß beide erfaßten Strahlenbündel die gleiche Intensität aufweisen. Dieser Abgleich auf gleiche Intensität kann durch Beobachtung mit dem Auge erfaßt werden, aber im Betrieb muß für eine kontinuierliche Messung ein objektiv arbeitender Detektor eingesetzt werden, der kontinuierliche Messungen erlaubt. Hier werden häufig Photomultiplier oder Photowiderstände verwendet.

Mit dem Farbpyrometer wird ein Intensitätsvergleich unterschiedlicher Wellenlängen vorgenommen. Nicht nur beim schwarzen Strahler sondern auch beim "grauen Strahler" ist das Verhältnis der emittierten Strahlungsleistung in zwei engen Wellenlängenbereichen $\Delta\lambda_1$ und $\Delta\lambda_2$ ein eindeutiges Maß der Temperatur. Wenn man die Mittelpunkte dieser Bereiche, λ_1 und λ_2, konstant hält, können hiermit Temperaturänderungen ebenfalls erfaßt werden. Der Vorteil des Farbpyrometers gegenüber dem Gesamtstrahlungs- bzw. Teilstrahlungspyrometer ist, daß Abschwächungen der Strahlung durch Streuung oder Absorption auf dem Weg von der Meßstelle zum Detektor das Meßergebnis nicht verfälschen, wenn diese Abschwächung in beiden Wellenlängenbereichen gleich groß ist.

Um die Nachteile der Strahlungsabschwächung zu vermeiden, werden heutzutage auch Lichtleitfasersysteme eingesetzt. Lichtleitfasern erlauben es auch, Temperaturen an Stellen zu messen, die einer direkten Beobachtung nicht zugänglich sind.

Zur Beobachtung der Temperaturfelder von ausgedehnten Oberflächen werden heute auch thermographische Kameras eingesetzt. Sie bestehen aus einem Abtastsystem, das dem einer Fernsehkamera entspricht. Ein Wärmestrahlungsdetektor wandelt die Signale um; mit einer synchron zum Abtastsystem arbeitenden Registriereinrichtung kann das Temperaturfeld als zweidimensionales Abbild dargestellt werden.

Zum Schluß der Übersicht über die Meßverfahren werden die Anwendungsbereiche der verschiedenen Thermometer dargestellt (Abb. 2).

Tabelle 3 gibt einen Überblick über die thermodynamischen Fundamental- und Fixpunkte, die zur Eichung bzw. Kalibrierung der Thermometer verwendet werden.

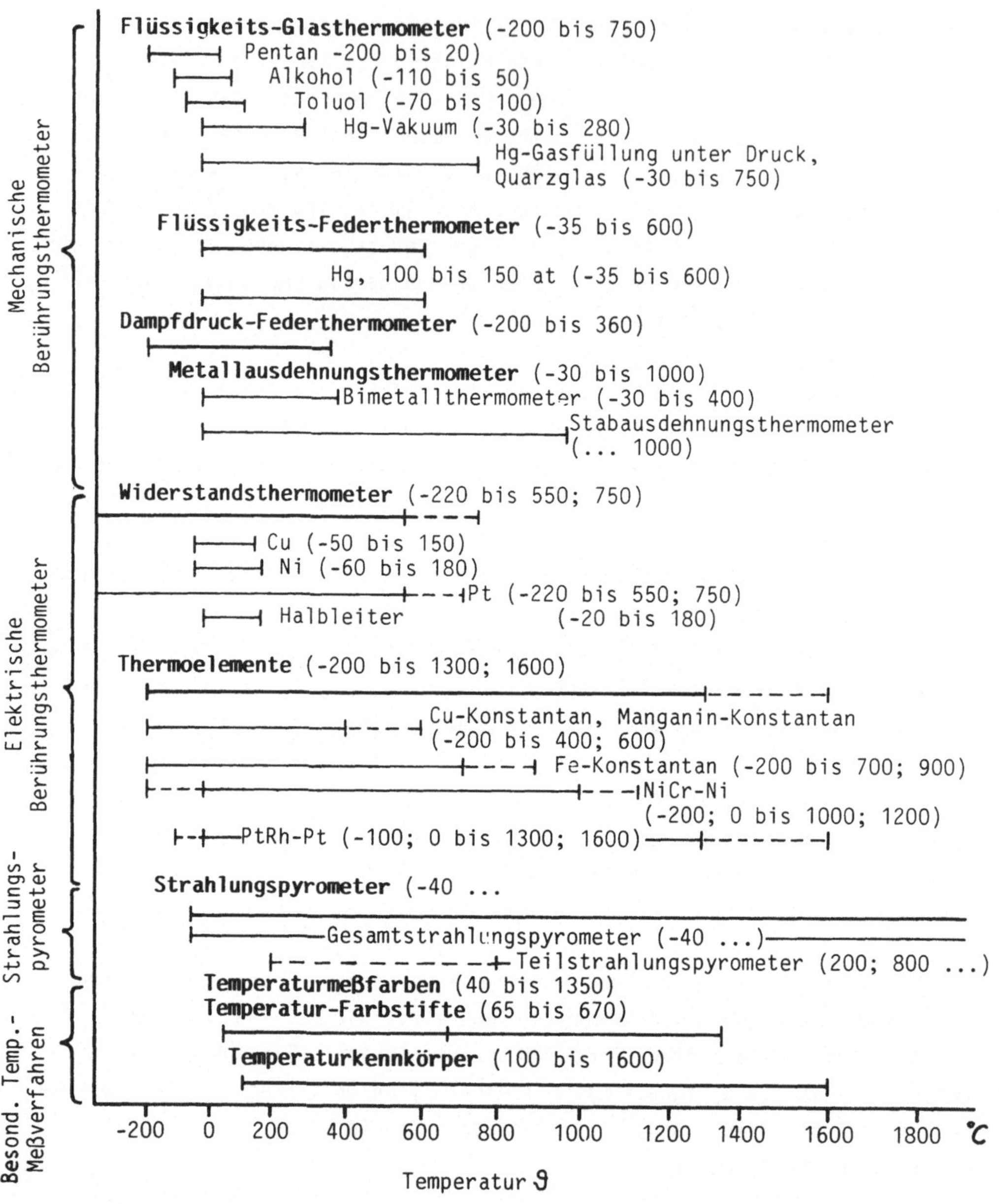

Abb. 2: Anwendungsbereiche von Temperaturmeßgeräten;
—— gesamte, —— übliche, ---- wenig verwendete Bereiche.

__Tab. 3__: Thermodynamische Fundamental- und Fixpunkte

	$°C_{int}$
__1. F u n d a m e n t a l p u n k t e:__	
Tripelpunkt des Wassers	0,01 (genau)
Dampfpunkt	100 (genau)
__2. P r i m ä r e F i x p u n k t e:__	
Gleichgewichtstemperatur zwischen flüssigem Sauerstoff und seinem Dampf (Sauerstoffpunkt)	-182,970
Gleichgewichtstemperatur zwischen festem und flüssigem Zink (Zinkpunkt)	419,505
Gleichgewichtstemperatur zwischen festem und flüssigem Silber (Silberpunkt)	960,8
Gleichgewichtstemperatur zwischen festem und flüssigem Gold (Goldpunkt)	1063,0
__3. S e k u n d ä r e F i x p u n k t e:__	
Sublimationspunkt der Kohlensäure	-78,5
Erstarrungspunkt des Quecksilbers	-38,87
Umwandlungspunkt des Dekahydrates des Natriumsulfates	32,38
Tripelpunnkt der Benzoesäure	122,36
Siedepunkt des Naphtalins	218,0
Erstarrungspunkt des Zinns	231,9
Siedepunkt des Benzophenons	305,9
Erstarrungspunkt des Cadmiums	320,9
Erstarrungspunkt des Bleis	327,3
Siedepunkt des Quecksilbers	356,58
Siedepunkt des Schwefels	444,6
Erstarrungspunkt des Antimons	630,5
Erstarrungspunkt des Kupfers in reduzierender Atmosphäre	1083
Erstarrungspunkt des Nickels	1453
Erstarrungspunkt des Kobalts	1492
Erstarrungspunkt des Palladiums	1552
Erstarrungspunkt des Platins	1769
Erstarrungspunkt des Rhodiums	1960
Erstarrungspunkt des Iridiums	2443
Erstarrungspunkt des Wolframs	3380

2   Druckmessung

Die thermodynamische Zustandsgröße Druck ist definiert als Kraft pro Flächeneinheit. Die frühere Einheit war die physikalische Normalatmosphäre, die festgelegt war als der Druck, den eine Quecksilbersäule von 760 mm Höhe bei einer Dichte des Quecksilbers von ϱ = 13,5951 g cm^{-3} bei der Normfallbeschleunigung g_n = 9,80665 m s^{-2} ausübt. Daraus folgt:

$$1 \text{ atm} = 1,01325014 \cdot 10^6 \text{ dyn cm}^{-2}.$$

Im Jahr 1948 wurde die Festsetzung mithilfe der Quecksilbersäule fallengelassen und die 9. Generalkonferenz für Maß und Gewicht legte fest:

$$1 \text{ atm} = 1,013250 \cdot 10^6 \text{ dyn cm}^{-2}.$$

Der 760ste Teil der physikalischen Atmosphäre heißt Torr und war bis zum Jahr 1978 gesetzliche Einheit. Die heutige SI-Einheit ist das Pascal nach der Definition:

Ein Pascal (Pa) ist gleich dem auf eine Fläche gleichmäßig wirkenden Druck, bei dem senkrecht auf die Fläche von 1 m^2 die Kraft 1 Newton (N) ausgeübt wird:

$$1 \text{ Pa} = 1 \text{ N m}^{-2}.$$

Für Umrechnungen gelten die Beziehungen:

$$1 \text{ Pa} = 10^{-5} \text{ bar} = 0,986923 \cdot 10^{-5} \text{ atm} = 750,062 \cdot 10^{-5} \text{ Torr}.$$

Im Prinzip ist jede Druckmessung eine Differenzmessung zwischen einem Außenraum und dem Innenraum, dessen "Druck" interessiert. Man spricht von einem Überdruck bzw. Unterdruck, wenn der Außenraum einen niedrigeren bzw. höheren Druck aufweist. Man spricht vom Barometerdruck, wenn der Außenraum, gegen den gemessen wird, den barometrischen Druck aufweist. Der Absolutdruck wird gegen den "leeren Raum" gemessen. Als Differenzdruck bezeichnet man den Druckunterschied zweier Meßstellen im Inneren des zu untersuchenden Systems.

Die wichtigsten Arten von Druckmeßeinrichtungen sind:

Flüssigkeitssäulen,
Kolbendruckmesser,
Federdruckmesser.

Zu den Flüssigkeitssäulenmeßgeräten gehören die U-Röhrenmanometer und die
Ringwaagen. Hierbei wird der hydrostatische Druck einer Flüssigkeitssäule
aus der Höhendifferenz zweier Flüssigkeitsoberflächen bestimmt.

Die Barometer zur Bestimmung des Luftdrucks gehören sehr häufig auch dieser
Klasse an. Mit einem Quecksilberbarometer bestimmt man die Druckdifferenz
zwischen dem Luftdruck und dem Dampfdruck des Quecksilbers, der von der
Temperatur abhängig ist.

Bei den Kolbendruckmanometern wird die Kraft bestimmt, die auf eine bekannte
Fläche wirkt. Die Kraft auf den Kolben verschiebt diesen soweit, bis durch
eine Feder eine gleich große Gegenkraft erzeugt wird. Die Deformation der
Feder ist bei linearer Federkennlinie direkt proportional dem zu messenden
Druck. Durch Vorbelastung des Kolbens mit Gewichten kann man eine Null-
punktsunterdrückung erreichen. Wenn der Druck durch eine Flüssigkeitsvorlage
auf den Kolben übertragen wird, muß die Kompressibilität der Flüssigkeit
berücksichtigt werden.

Die Federdruckmesser kann man in drei unterschiedliche Ausführungsformen
unterteilen. Beim Plattenfedermeßwerk wird der Außenraum vom Innenraum durch
eine Membranfeder getrennt. Durch den Einfluß des zu messenden Drucks tritt
eine Durchbiegung der Membran auf, die in der Plattenmitte ein Maximum
erreicht.

Beim Rohrfedermeßwerk ist ein gebogenes Bourdonrohr bestrebt, unter dem
Einfluß des Meßdrucks eine gestreckte Form anzunehmen.

Das Kapselfedermeßwerk enthält eine geschlossene Kapsel, die in ein Gehäuse
eingebaut ist. Im Inneren des Gehäuses herrscht ein definierter Druck. Das
Innere der Kapsel ist mit dem Meßraum verbunden. Bei Änderungen des Drucks
im Meßraum wird die Kapsel deformiert.

Die Deformationen der Meßfedern können direkt mechanisch angezeigt werden.
In den meisten Fällen wird jedoch die mechanische Verformung in ein elektrisches Signal umgewandelt. Übliche Einrichtungen zur Signalumwandlung sind

z.B. Dehnungsmeßstreifen.

Neben den vorstehend aufgeführten klassischen Meßverfahren, die auf der
Einstellung des mechanischen Gleichgewichts beruhen, gibt es auch Verfahren,
die die Druckabhängigkeit der physikalischen Eigenschaften bestimmter Stoffe
verwenden.

Es gibt Halbleiter, deren elektrische Ströme durch mechanischen Druck gesteuert werden können. Dies ermöglicht den Aufbau von Oszillatorschaltungen,
deren Frequenz druckabhängig ist.

Piezo-Kristalle aus Quarz, Turmalin, Rochellesalz und Bariumtitanat zeigen
eine ausreichend große Abhängigkeit des Piezo-Effektes vom Druck. Diese
Meßaufnehmer weisen kleine Abmessungen auf und sind besonders geeignet für
die Untersuchung schnell verlaufender Vorgänge. Sowohl der transversale als
auch der longitudinale Piezo-Effekt werden zur Meßwerterfassung herangezogen. Die Empfindlichkeit beträgt etwa 0,01 bis 500 mV bar^{-1}. Bei Wider-
standsdruckmessern und piezoresistiven Druckmessern wird die druckabhängige
Änderung des ohm'schen Widerstands zur Messung verwendet.

Zur höchstempfindlichen Messung von Druckdifferenzen, z.B. in Schallfeldern,
sind faseroptische Mach-Zehnder Interferometer entwickelt worden. Die
Druckänderung bewirkt eine Modulation des Brechungsindexes der Meßfaser und
die Veränderung der Phasenlage des hindurchgehenden Lichts im Vergleich zu
einer Bezugsfaser liefert ein Interferenzsignal, das detektiert wird und die
Druckänderungen meßtechnisch erfaßt.

3   Volumenmessung

SI-Einheit ist der Kubikmeter, Zeichen m^3, für den seit 1965 gilt:

1 Kubikmeter ist gleich dem Volumen eines Würfels mit der Kantenlänge
1 Meter.

Der tausendste Teil des Kubikmeters ist ein Kubikdezimeter und wird auch mit
einem Liter gleichgesetzt. Das Liter war früher, seit 1901, international
definiert als das Volumen von 1 kg reinen Wassers bei seiner maximalen
Dichte und bei dem Druck einer Normalatmosphäre. Messungen ergaben

1 Liter = 1,000028 dm^3. Seit 1965 gilt international 1 Liter = 1 dm^3.

Im Bereich der Betriebsmeßtechnik interessieren Volumenmessungen besonders bei der Erfassung von Vorratsbehältern, aus denen Materieströme in die Prozeßeinheiten eingespeist werden. Das Volumen des Behälters ist vor dem Einbau bestimmt worden und die Messungen beschränken sich auf eine Füllstandsanzeige.

Bei den Messungen mit Peilstab oder Peilband wird die Füllhöhe in einem Behälter an Meßlatten oder an mit Gewichten beschwerten Bändern abgelesen. Diese Meßeinrichtungen sind für eine kontinuierliche Überwachung ungeeignet. Im Zusammenhang mit der Eichpflicht von Füllstandsmeßgeräten spielen sie aber eine besondere Rolle. Dies gilt auch für die in der Behälterwand angebrachten und mit einer Skala versehenen Schaugläser.

In Behältern mit flüssigem Inhalt nehmen Standmeßgeräte mit Schwimmersystemen immer noch eine bedeutende Rolle ein. Daneben werden kapazitive Meßverfahren eingesetzt, wobei die Änderung der Kapazität eines Kondensators erfaßt wird, in dem die Füllsubstanz mit ihrer von der Luft unterschiedlichen Dielektrizitätskonstante (DK) diese Änderung hervorruft.

Diese Meßmethode kann auch bei festen Füllsubstanzen angewendet werden.

In Fällen, in denen die DK des Füllguts für eine kapazitive Messung zu gering oder in denen eine berührungslose Meßmethode erforderlich ist, verwendet man häufig Füllstandsmessungen mit Schall- oder Ultraschall-Reflexions-Methoden. Radioaktive Meßverfahren werden nur dort verwendet, wo ein alternatives Verfahren nicht möglich ist. Moderne Entwicklungen haben auch den Einsatz von Lichtleitfasersystemen ermöglicht.

Bei einer kontinuierlichen Prozeßführung sind von besonderem Interesse die Bestimmung von Volumenströmen, d.h. die Messung des in der Zeiteinheit transportierten Volumens (m^3 s^{-1}). Volumen- und Massenstrom sind über die Dichte gekoppelt. Die Durchflußmessung dient als:

Grundlage für Verrechnungen,
Einstellung von Stoffströmen und
Überprüfung von Ausbeuten.

Als Meßfühler werden hierzu verwendet:

Durchflußmesser nach dem Wirkdruckunterschied,
Schwebekörper-Durchflußmesser (z.B. Rotameter),
Induktive Durchflußmesser und Volumenmesser.

Bei den Durchflußmeßgeräten nach dem Wirkdruckunterschied wird die Bernoulli-Gleichung der Strömungsmechanik herangezogen. Das Meßprinzip beruht auf der Tatsache, daß in strömenden Medien bei einer Querschnittsverengung eine Druckdifferenz entsteht. Diese Druckdifferenz ist abhängig von der Geschwindigkeit des strömenden Mediums und somit ein Maß für den Durchfluß. Eine solche Druckdifferenz kann durch den Einbau einer Meßblende erreicht werden.

Schwebekörper-Durchflußmesser sind vertikal eingebaute Meßvorrichtungen. In dem von unten nach oben durchströmten Rohr stellt sich ein Schwebekörper in einer Höhe ein, in der die Widerstandskraft gleich dem Gewicht des Schwebekörpers, vermindert um den Auftrieb, ist.

Bei den induktiven Durchflußmessern wird durch einen Magneten ein Magnetfeld senkrecht zur Strömungsrichtung erzeugt. Voraussetzung ist, daß die strömende Flüssigkeit ein elektrischer Leiter ist. Senkrecht zur Richtung des Magnetfeldes und zur Strömungsrichtung (Dreifinger-Regel) wird eine Spannung erzeugt. Diese Spannung kann mit zwei Elektroden in dem isolierten Rohr gemessen werden. Der Volumenstrom ist in erster Näherung eine lineare Funnktion der induzierten Spannung. Die Messung ist unabhängig von der Dichte, dem Druck und der Temperatur des durchströmenden Mediums. Außerdem treten keine Druckverluste wie beim Meßblendenverfahren auf.

Zu den direkten Volumenmessern gehören die Flügelradzähler. Hierbei wird mit der Drehung eines Flügelrades direkt die Translation des strömenden Mediums (lineare Geschwindigkeit) gemessen. Die Multiplikation mit dem Querschnitt des Rohres liefert die Volumengeschwindigkeit.

<u>Danksagung</u>

Die Autoren danken dem Minister für Wissenschaft und Forschung des Landes Nordrhein-Westfalen für die institutionelle Förderung.

4   Literatur

[1] Haase R., "Thermodynamik der Mischphasen", Springer Verlag 1956.

[2] Für detaillierte Auskünfte wird verwiesen auf die folgenden Darstellungen:

Bergmann K., "Elektrische Meßtechnik", Vieweg Verlag 1981.

Eder F. X., "Arbeitsmethoden der Thermodynamik", Springer Verlag 1981

Hengstenberg J. u.a.: "Messen, Steuern und Regeln in der chemischen Technik", Springer Verlag 1980.

Henning F. und Moser H., "Temperaturmessung", Springer Verlag 1977.

Hofmann D., "Handbuch Meßtechnik und Qualitätssicherung", Vieweg Verlag 1983.

Kohlrausch F., "Praktische Physik", Teubner Verlag 1968.

Kronmüller H. und Barakat F., "Prozeßmeßtechnik", Springer Verlag 1974.

Marton L., "Methods of Experimental Physics", Bd. 1: Classical Methods, Academic Press 1959.

Merz L., "Grundlagen der Meßtechnik", Verlag Oldenbourg 1973.

Neff H., "Physikalische Meßtechnik", Bd. 1, 1976.

Niebuhr J., "Physikalische Meßtechnik", Verlag Oldenbourd 1977.

Orlicek A. F., und Reuther F. L., "Zur Technik der Mengen- und Durchflußmessungen von Flüssigkeiten", Verlag Oldenbourg 1971.

Profos P., "Handbuch der industriellen Meßtechnik", Vulkanverlag 1984.

Samal E., "Elektrische Messung von Prozeßgrößen", AEG-Handbuch 1974.

Schollmeyer E. und Hemmer E.A., "Sensoren in der textilen Meßtechnik", Springer Verlag 1985.

Siemens, "Taschenbuch für Regeln und Messen in der Wärme- und Chemietechnik", Siemens & Halske AG, 1962.

Stille U., "Messen und Rechnen in der Physik", Vieweg Verlag 1961.

Weichert L., "Temperaturmessung in der Technik", Lexika-Verlag 1979.

Weissberger A., "Physical Methods of Chemistry", Wiley-Interscience 1971.

5 Normen

DIN 16160	Thermometer, Blatt 1 bis 6.
VDE/VDI 3511	Technische Temperaturmessungen.
VDE/VDI 3512	Meßanordnungen für Temperaturmessungen.
DIN 1314	Druck, Begriffe und Einheiten.
DIN 1952	Durchflußmessungen mit genormten Düsen, Blenden und Venturidüsen.
DIN 28400	Vakuumtechnik, Benennungen und Definition.
DIN 16013	Überdruckmeßgeräte mit Kapselfedern.
DIN 16014	Überdruckmeßgeräte mit Kapselfedern.
DIN 16026	Überdruckmeßgeräte mit Plattenfedern.
DIN 16027	Überdruckmeßgeräte mit Plattenfedern.
DIN 16063	Überdruckmeßgeräte mit Rohrfedern.
DIN 16064	Überdruckmeßgeräte mit Rohrfedern.

Elektrochemische Sensoren und elektrochemische Methoden

D. Knittel und E. Schollmeyer

Deutsches Textilforschungszentrum Nord-West e.V.

- Institut für textile Meßtechnik -

Frankenring 2

4150 Krefeld 1

INHALTSVERZEICHNIS

4. <u>Voltammetrische Methoden</u>

1. **Einführung**

Dieser Beitrag will eine Übersicht über elektroanalytische und elektro-
präparative Methoden geben, die für Textilchemiker von Interesse sein
könnten. Für jedes einzelne hier angesprochene Gebiet detaillierte Ein-
sicht bringen zu wollen, würde den Rahmen dieses Artikels weit sprengen.
Es kann demnach nur beispielhaft gezeigt werden, welche Möglichkeiten sich
im Gebiet der Elektrochemie bieten. Und auch die Beispiele und Bilder
können nur eine gewisse Willkür bei der Auswahl wiederspiegeln.

Es werden diejenigen Methoden herausgestellt, die nach Meinung des Autors
die stärkste Erweiterung erfahren haben und die in Zukunft wohl auch weiter in ihrer Bedeutung wachsen werden. Obgleich auch manches davon erst
im Grundlagenstadium der universitären Forschung steht. Einige altbekannte
Methoden wie etwa die klassische Gleichspannungspolarographie werden mit
erläutert, da sich an ihrer Besprechung die Grundlagen (und auch Probleme
der Methoden) gut verdeutlichen lassen. Es werden zwar überwiegend Methoden zur Konzentrationsbestimmung elektroaktiver Stoffe besprochen, aber
auch einige Methoden, die besonders geeignet sind, Reaktionsabläufe zu
untersuchen.

Vor allem die voltammetrischen Methoden haben in letzter Zeit einen
enormen Aufschwung genommen, besonders gefördert durch den Fortschritt der
Elektronik. In diesem Artikel wird aber vermieden, auf die Möglichkeiten
einzugehen, die die Computertechnik miteinschließt.

Ein Dilemma, das bei Beschreibungen auf dem Gebiet der Elektrochemie fast
nicht vermeidbar ist, liegt darin, daß nicht einfach zu unterscheiden ist
zwischem Meßfühler und Methode. So stellt ein winziger Platindraht einen
Fühler für Redoxmessungen dar, ein großflächiges Stück Platin dient in
ganz anderer Anregung betrieben in einer technischen elektrochemischen
Darstellung von Peroxydischwefelsäure als Elektrode. Ein langsamer Span-
nungsvorschub ergibt andere Signale und andere Aussagemöglichkeiten als
ein sehr schneller, und beides ist seinerseits abhängig vom verwendeten
Material und der Anordnung der Elektrode. Es verdiente in der Voltammetrie
jede Kombination einer Elektrodenart und -bauform mit den verschiedenen
Signalanregungen einen eigenen Namen und einen eigenen Review.

Die Vielfalt gibt dem Benutzer elektrochemischer Techniken freie Wahl,
sich eigene Konstruktionen zu entwickeln, fordert aber auch seine Phantasie heraus, um die optimale Lösung für das jeweilige Problem zu finden.

Bezüglich präparativer Methoden werden nur neue Konzepte vorgestellt, die
in intensiver Entwicklung sind. Eine Rezeptur kann dafür nicht gegeben
werden. Ein Reinigungsproblem von Abwasser oder Abgas etwa, das eventuell
mittels elektrochemischer Verfahren gelöst werden soll, muß für die
jeweilige konkrete Situation angepaßt werden. Sodaß hier nur Ideen und
Anregungen gegeben werden können.

So soll dieser Beitrag für den textilen Bereich als Wegweiser zur Nutzung
der Möglichkeiten dienen, die die Elektrochemie heute bietet. Die erste
Abbildung soll verdeutlichen, in welche Bereiche der Forschung und Anwendung das wissenschaftliche Gebiet 'Elektrochemie' ausstrahlt.

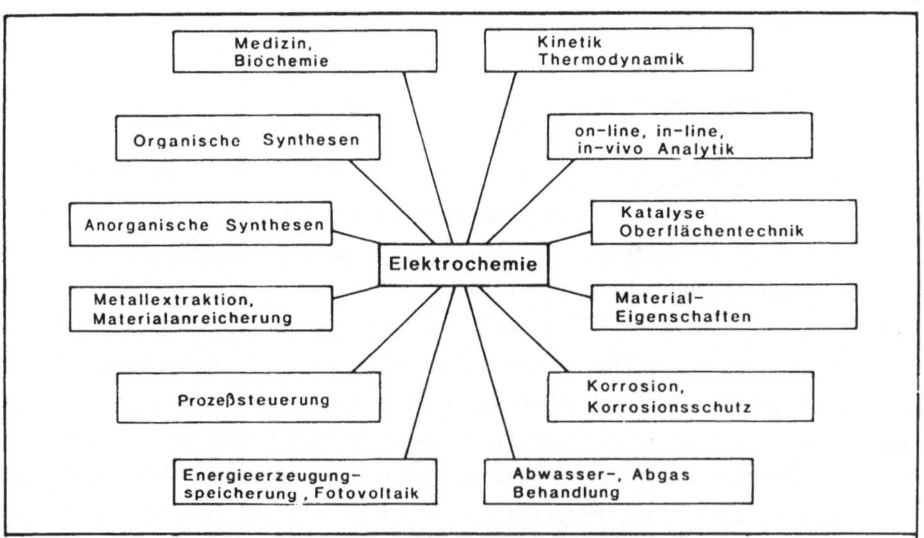

Abb. 1: Elektrochemie im Umfeld von Anwendungsgebieten (nach [1]).

Häufig verwendete Einheiten und Symbole

Soweit nicht anders angegeben, werden in Formeln die Basiseinheiten des SI-Systems verwendet.

c_L	Konzentration der elektroaktiven Spezies in Lösung (mol m^{-3})
R	allgemeine Gaskonstante (8,314 J mol^{-1} K^{-1})
F	Faradaykonstante (96480 As mol^{-1})
T	absolute Temperatur (K)
E	Elektrodenpotential (V) bezogen auf Vergleichspunkt
Q	Ladung (A s)
i	Strom (A)
j	Stromdichte (A m^{-2})
z	Zahl der umgesetzten Elektronen pro Molekül
q	Elektrodenfläche
x	Abstand von der Elektrode ins Innere der Lösung
Ox	Oxidierte Form einer Spezies
Red	Reduzierte Form einer Spezies

Häufig verwendete Abkürzungen

GKE	gesättigte Kalomelelektrode
ISE	Ionenspezifische Elektrode
DCP	Gleichpannungspolarographie
NPP	Normal-Pulspolarographie
DPP	Differentielle Puls-Polarographie
ACP	Wechselstrompolarographie
CV	Cyclovoltammetrie
LSV	Linear Sweep Voltammetry
ASV	Anodic Stripping Voltammetrie
DPASV	Differential Pulse Anodic Stripping Voltammetry
CSV	Cathodic Stripping Voltammetrie
M	Konzentrationsangabe in mol dm^{-3}

2. Potentiometrische Methoden

2.1 Definitionen und Grundlagen

Einige der in diesem Abschnitt vorgestellten Grundlagen betreffen sowohl
die zuerst beschriebene Potentiometrie als auch die voltammetrischen
Methoden des Kap. 4. Für eine ausführliche Darstellung der Disziplin
Elektrochemie sei etwa auf die Lehrbücher von J. KORYTA [2], C.H. HAMANN
und W. VIELSTICH [3] verwiesen.

Elektrode:

a) Ein Elektronen leitendes Material (etwa Metalle, Kohle, selten auch
   Halbleiter), d.h. ein Blech, ein Draht o.ä., das in die Meßlösung
   getaucht wird.
b) ein System bestehend aus 'Blech' (s.o) und der umgebenden Elektrolytlösung (diese Kombination sollte exakter 'Halbzelle' heißen). Aber im
   Sprachgebrauch meint man z.B. mit einer Kalomelelektrode, ein System,
   das aus Hg, Hg_2Cl_2 und (meist gesättigter) KCl-Lösung besteht.

Elektrolyt:

Ein Medium in dem als Ladungsträger bewegliche Ionen vorhanden sind
(Säuren oder Laugen, Lösungen von Salzen in Lösungsmitteln hoher Dielek-
trizitätskonstante, Salzschmelzen oder ionische Feststoffe bei erhöhter
Temperatur).

Zelle, elektrochemische Zelle:

Die Kombination zweier Halbzellen (s.o.), die miteinander elektrolytisch
leitend verbunden sind, (für Energiespeicherung in Batterien u.ä.: 'galvanische Zelle').
Zelle für Voltammetrie, Elektrolysezelle: eine Meßzelle, gefüllt mit
Grundelektrolyt, in die mindestens zwei Elektroden tauchen (vgl. Kap.
4.2.1). Der Elektrolyt zwischen positivem Pol (Anode, oxidierender Pol)
und negativem Pol (Kathode, reduzierendem Pol) kann durch ein ladungs-
durchlässiges Diaphragma in einen Anodenraum und einen Kathodenraum getrennt sein.

Salzbrücke:

Ein beliebig geformtes (Glas-) Verbindungsrohr zwischen zwei Halbzellen,
das mit einer Elektrolytlösung gefüllt wird, u.a. um Vermischung der
beiden Halbzelleninhalte zu vermeiden aber dennoch leitfähigen Kontakt
zwischen den Halbzellen zu ergeben.

Diaphragma
Elektrolytisch leitende Trennwand zur Verhinderung von Durchmischungen der
Lösungen in den beiden Halbzellen, i.allg. poröse Materialien oder Mem-
branen (s. Kap. 5.3).

Bezugselektrode (= Referenzelektrode = Auxiliary electrode):
Eine Halbzelle, die ihr Potential unter (fast) allen Umständen konstant
hält.

2.1.1 Potentialsprünge an Phasengrenzen

An Phasengrenzen, bei denen Ladungsträger beteiligt sind, treten elektrische Potentialsprünge wegen des unterschiedlichen chemischen Potentials
der Spezies in den beiden Phasen auf (vgl. Thermoelemente). Schematisch im
folgenden für eine elektrochemische Zelle skizziert (Abb. 2):

Die absolute Größe der Potentialsprünge an einer Phasengrenze Metall/-
Elektrolyt ist unbekannt (und für diesen Artikel unwichtig). Der Messung
zugänglich ist nur die Differenz Δ E. Daraus resultiert auch die Notwen-
digkeit der genauen Angabe des Bezugssystems. Durch Stromfluß in der Zelle
würden die Verhältnisse verzerrt werden, daher werden potentiometrische
Bestimmungen in stromlosen Zustand durchgeführt. Stromlosigkeit in der
Messung wird durch Verwendung einer Kompensationsschaltung oder durch die
Verwendung hochohmiger Meßgeräte ($> 10^{10}$ Ohm, z.B. handelsübliche pH-
Meter) für die Bestimmung der Potentialdifferenz Δ E erreicht.

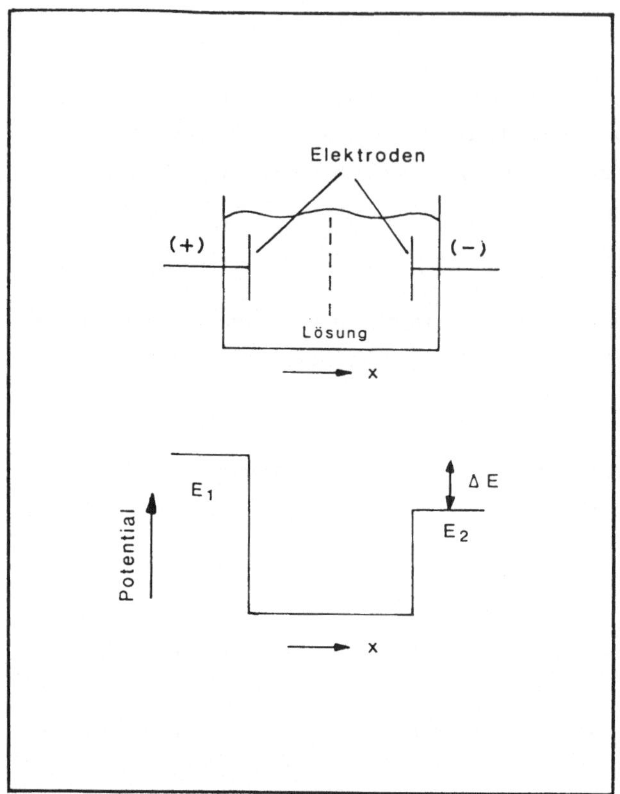

Abb. 2: Potentialverlauf durch eine elektrochemische Zelle, stromloser Zustand.

2.1.2   Nichtpolarisierbare und polarisierbare Elektroden

Das Verständnis dieser beiden Begriffe vermag die wesentlichen Unterschiede zwischen den Methoden des Kap. 2 und den voltammetrischen Methoden (Kap. 4) herauszuarbeiten.

In diesem Zusammenhang wird unter Elektrode ein System betrachtet, das aus Elektronenleiter, eingetaucht in eine Lösung eines Ionenleiters (Elektrolyt) taucht (eine 'Halbzelle'). Ein derartiges System kann wie ein elektronisches Bauelement betrachtet werden (vgl. [4]). (Es werden auch einige Schaltelemente, die derartige Strom-Spannungscharakteristika aufweisen, zu Schaltungs- und Regelungstechniken benutzt). Es sei vorausgesetzt, daß ein Bezugspunkt für die Potentialmessung existiert.

Nichtpolarisierbare Elektrode (n.pol.):

Die Kennlinie einer 'nichtpolarisierbaren Elektrode' d.h. die Auftragung von Strom gegen Potential verläuft (praktisch) linear und möglichst steil (sofern die Stromdichte nicht zu große Werte annimmt). Die Steilheit der Kennlinie ist u.a. vom System und der Elektrodenfläche abhängig.

Eine solche Kennlinie bedeutet, daß bei Strombelastung eine nichtpolarisierbare Elektrode ihr Potential nicht (oder nur unwesentlich) ändert. Derartige Systeme eignen sich daher gut als Bezugssysteme (vgl. Kap. 2.2.3). Eine von außen erzwungenen Abweichung·vom Ruhepotential E_R eines solchen Systems wird (je nach Steilheit) mit großem Stromfluß beantwortet.

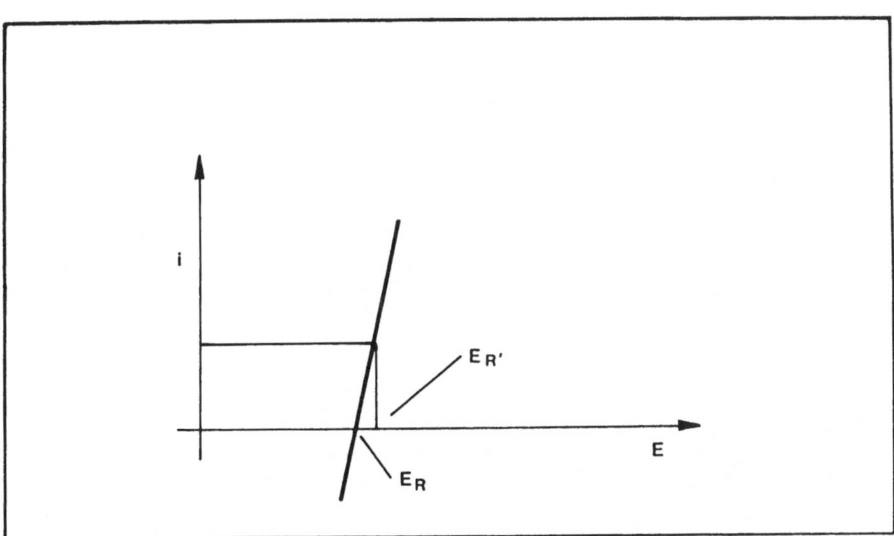

Abb. 3: Kennlinie einer nichtpolarisierbaren Elektrode.

Solche Verhältnisse liegen immer dann vor, wenn beider Partner Ox und Red eines im elektrochemischen Sinne reversiblen Redoxsystems vorhanden sind. Als Beispiel diene: ein inerter Metalldraht in einer J_2/J^--Lösung oder AgCl, an einem Silberdraht haftend.

Kombiniert man zwei nichtpolarisierbare Elektroden zu einer Meßzelle, so liegt das Meßprinzip der Potentiometrie vor (s. Kap. 1.3).

Polarisierbare Elektrode (pol.):

Fehlt ein (oder beide) Partner eines reversiblen Redoxsystems erhält man die Stromspannungskennlinie der Abb. 4, d.h. eine 'polarisierbare Elektrode'. Diese Kennlinie bedeutet, daß von außen das Potential über weite Bereiche verändert werden kann, ohne daß ein Strom fließt bzw. daß bei einem von außen erzwungenem Stromfluß i_a sich das Potential der Elektrode etwa von einem Ruhewert E_R drastisch auf die ansteigenden Äste verschiebt (z.B. auf E_R').

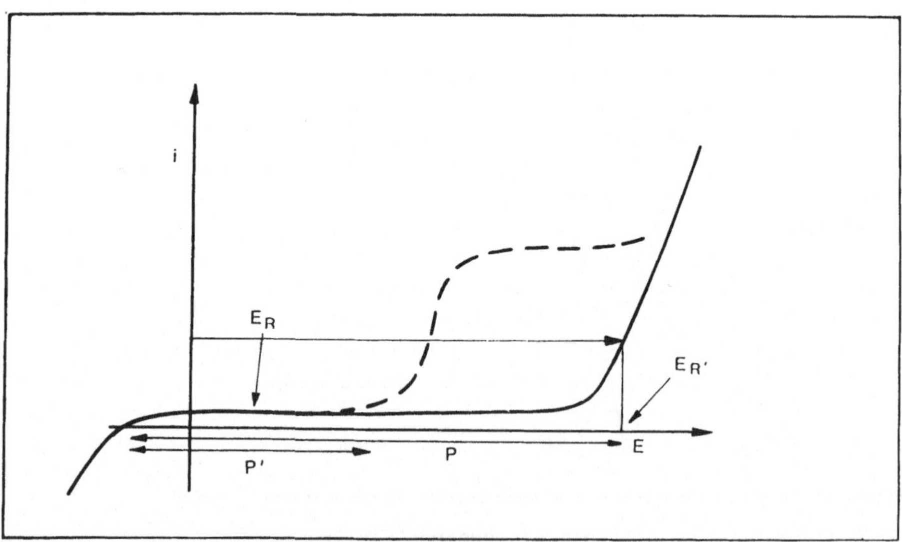

Abb. 4: Kennlinie einer polarisierbaren Elektrode;
--- mit Zusatz eines elektroaktiven Stoffes;
P,P' freier Polarisationsbereich.

Die beiden Grenzanstiege des Stroms sind dadurch bedingt, daß bei Extrem-
werten eines aufgezwungenen Potentials ein Stoffumsatz stattfindet, der
dann zur Bildung eines reversiblen Rexosystems führt (z.B. durch H_2-
Entwicklung bei der kathodischen Wasserzersetzung bildet sich das Redoxsystem H_2O/H_2 zumindest an der Phasengrenze Elektronenleiter/Ionenleiter
aus,- die Kennlinie beginnt Nichtpolarisierbarkeit zu zeigen).
Kombiniert man eine Halbzelle dieser Charakteristik mit einer Bezugshalb-
zelle vom Typ der nichtpolarisierbaren Elektrode, liegt die Meßanodnung
der Voltammetrie und i. allg. auch der Elektrolyse vor (s. Kap. 1.3).
In dem 'freien' Potentialbereich (P in Abb. 4) können elektrochemisch
aktive Stoffe untersucht werden (dies entspricht sinngemäß etwa dem
Durchlässigkeitsfenster für IR-Strahlung, die ein betreffendes in der IR-
Spektroskopie verwendetes Lösungsmittel zur Untersuchung IR-aktiver Stoffe
zuläßt). Da elektrochemisch aktive Substanzen, wenn sie einem polarisierbaren Halbzelle zugesetzt werden, den Potentialbereich der Stromlosigkeit
einengen (auf den Bereich P'), werden sie in der älteren Literatur als
Depolarisatoren bezeichnet.
Für Halbzellen (und natürlich für alle anderen Anordnungen auch) lassen
sich elektronische Ersatzschaltbilder angeben. Für eine Kombination von
Halbzellen sei ein solches Modell vorgestellt:

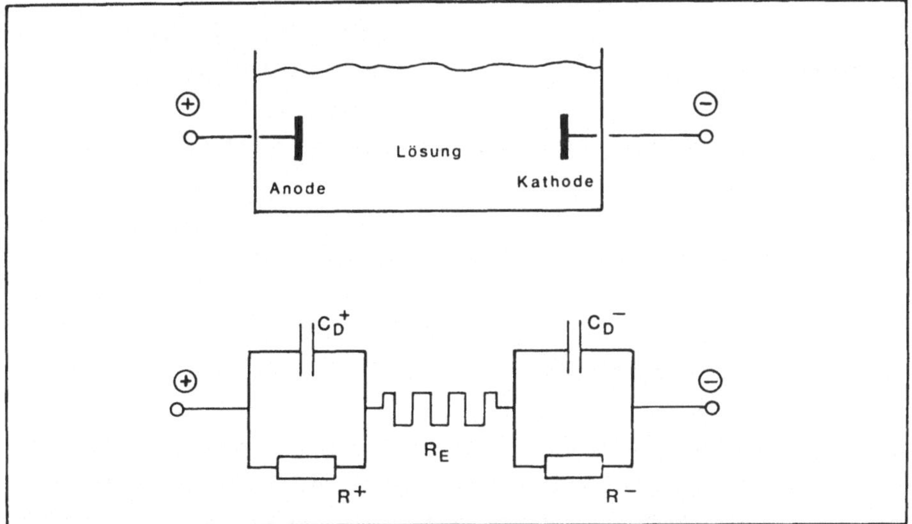

Abb. 5: Ersatzschaltbild für die Phasengrenze Elektronenleiter/Ionenleiter;
C_D Kondensator für die elektrochemische Doppelschicht, R Widerstand
für den Elektronendurchtritt, R_E Elektrolytwiderstand (nach [5]).

2.1.3 Schema der Meßanordnungen

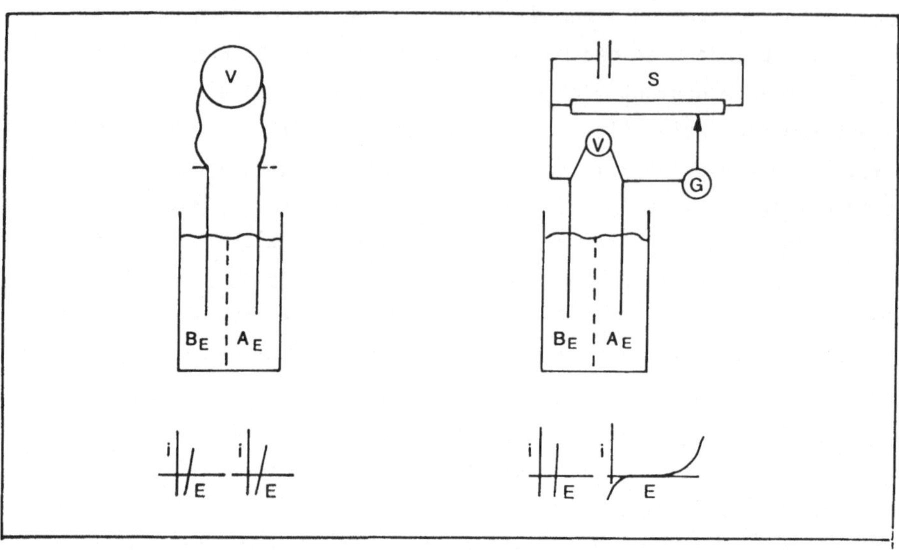

Potentiometrie:

AE Arbeits-, Meß-, Indika-
    torelektrode (n.pol.);

BE Bezugselektrode (n.pol.)

V   hochohmiges Voltmeter;

Voltammetrie:

AE Arbeits-, Meß-, Indika-
    torelektrode (pol.);

BE Bezugselektrode (n.pol);

S   Spannungsquelle, variabel;

G   Galvanometer;

- - - mögliche Trennung der beiden Halbzellen durch elektrolytleitendes
       Diaphragma.

Abb. 6: Prinzipaufbau für Potentiometrie und Voltammetrie.

2.2 Nernstgleichung

Die Grundlage für alle potentiometrischen Messungen ist im wesentlichen
nur die Nernst-Gleichung. Sie ist etwa aus der Thermodynamik ableitbar und
beschreibt einen Gleichgewichtszustand; sie ermöglicht es auch auszurech-
nen, welche Energiebeträge bei einer Oxidations-/Reduktionsreaktion maximal gewinnbar wären,- ausgedrückt in elektrisch bequem und präzise meßbaren Größen [2,3].

Da ein Gleichgewichtszustand beschrieben wird, darf im zu messenden
System kein Strom fließen.

2.2.1 Einfache Redoxsysteme

Die Nernst-Gleichung (bzw. Nernst-Peters-Gleichung) für eine Bruttoreak-
tionsgleichung $Ox + z\ e^- \longrightarrow Red$ lautet:

$$E = E^O_{ox/red} + RT/zF \ \ln a_{ox}/a_{red}$$

E Potential einer Halbzelle (für eine Kombination zweier Halbzellen ist
der Ausdruck im Logarithmus zu erweitern); E^O = Standardredoxpotential des
betreffenden Redoxsystems Ox/Red.

Das Standardredoxpotential E^O ist auf die Wasserstoffelektrode unter
Normalbedingungen bezogen; $E = E^O$, wenn die Aktivitäten a_{ox} und a_{red}
gleich sind (a = Aktivität der betreffenden Spezies).

Der Potentialwert E einer Halbzelle wird der Nernstgleichung zufolge bei
gegebener Temperatur von dem Standardwert E^O und der Zusammensetzung der
Lösung bestimmt. Die Umrechnung in den dekadischen Logarithmus und Einsetzen der Größen ergibt als Faktor für das konzentrationsabhängige Glied bei
25 ^{O}C den Wert 0,059/z (V) (50 ^{O}C: 0,064/z (V) etc.).

Das bedeutet als Merkregel, daß sich bei einer Veränderung des Verhältnis-
ses der Aktivitäten a_{ox} und a_{red} um den Faktor 10 das Elektrodenpotential
um rund 60 mV verschiebt.

Es ist hier besonders zu betonen, daß die potentiometrischen Messungen auf
die Aktivität eines Ions anprechen und nicht direkt auf die Konzentration

$$a_i = f_i\ c_i \qquad f_i \quad \text{Aktivitätskoeffizient}$$

Der Aktivitätskoefizient f_i ist nur in extrem verdünnten Lösungen = 1; er
hängt i. allg. von der Gesamtzusammensetzung der Lösung ab. Bei Lösungen

94

konstanter Ionenstärke I sind auch die Aktivitätskoeffizienten f_i konstant
($I = 0,5 \ \Sigma \ c_i \ z_i^2$; c_i = Konzentration aller in Lösung befindlicher Ionen;
z_i = Ladungszahl der betreffenden Ionen). Meist wird in Praxis so vorgegangen, daß durch Zugabe großer Mengen inerter Salze die Ionenstärke und
damit die Koeffizienten f_i konstant eingestellt werden.

2.2.2   <u>Komplexe Redoxsysteme</u>

Bei komplizierteren Bruttogleichungen,- etwa bei denen H_2O oder H^+ beteiligt sind-, sind entsprechend andere Glieder in den Logarithmusausdruck
miteinzubeziehen. Die Abb. 7 zeigt die Potentialverschiebung stark pH-
abhängiger Redoxsysteme im Vergleich zu einem einfachen wie (I_2/I^-).

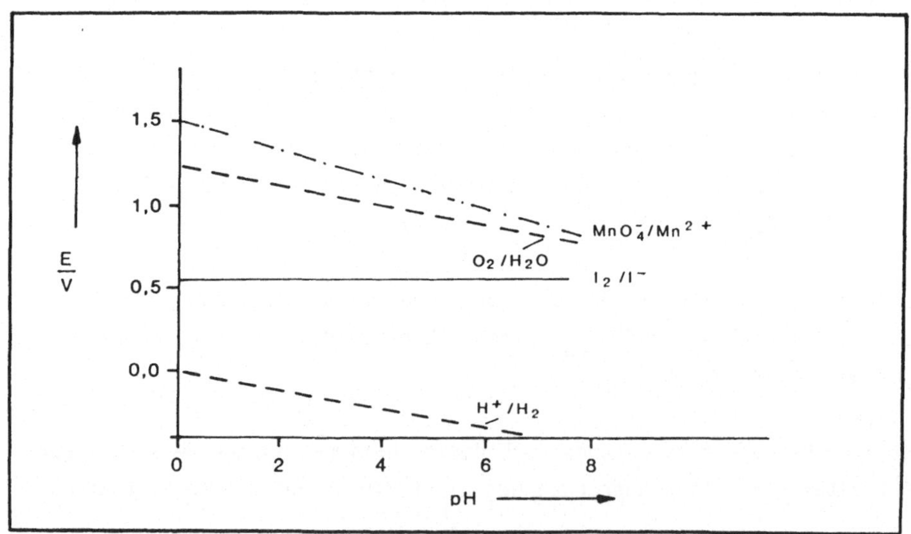

<u>Abb. 7</u>: pH-Abhängigkeit einfacher und komplexer Redoxsysteme (nach [6]).

Für einen Redoxprozeß mit H_2O/H^+-Beteiligung, z.B.

$$Ox + m \ H^+ + z \ e^- \longrightarrow Red + n \ H_2O$$

ergibt sich die pH-Abhängigkeit des Elektrodenpotentials (die Aktivität des Lösungsmittels H_2O als praktisch reiner Phase = 1) zu:

$$E = E^O + 0{,}059/z \ \log a_{ox}/a_{red} - 0{,}059 \ m \ pH \ (bei \ 298 \ K)$$

Die Standardwerte E^O für nahezu alle anorganischen Redoxsysteme sind in Tabellenwerken (z.B. [7,8]) zu finden, wobei zu beachten ist, daß viele E^O-Werte nur aus thermodynamischen Daten errechnet sind, aber durch elektrochemische Messungen nicht zugänglich sind (man denke an E^O in H_2O für das Redoxpaar Na^+/Na). Für organische Verbindungen sind relativ wenige Standardredoxpotentialdaten in wäßrigem Medium bekannt. Zum Vergleich von (Standard-) Redoxpotentialen, die in verschiedenen Lösungsmitteln ermittelt wurden, scheint sich als Bezugspunkt das Redoxpaar Rb^+/Rb oder Ferrocinium$^+$/Ferrocen durchzusetzen. Diese beiden weisen in unterschiedlichen Lösungsmitteln nahezu identische Potentialwerte auf.

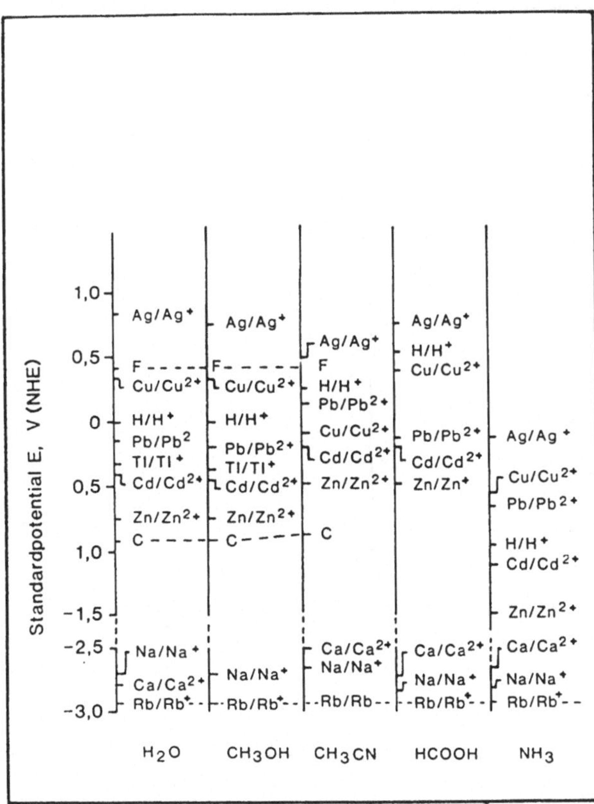

Tab. 1: Vergleich elektrochemischer Spannungsreihen in verschiedenen Lösungsmitteln; Fer = Ferrocinium$^+$/Ferrocen (nach [3]).

Für viele praktische Anwendungen ist die Angabe eines Realpotentials E^R vorteilhafter als der Standardwert E^O. Vorallem für Redoxpartner, die leicht bis stark zu Komplexbildung neigen. Realpotentiale werden bei $c < 10^{-2}$ M bei einem Verhältnis von 1 : 1 von Ox und Red angegeben. Werte in 1 M Lösung werden oft als 'Formalpotentiale' bezeichnet. Die Abb. 8 illustriert für das Redoxpaar Fe^{3+}/Fe^{2+} die Verschiebung von E^R in verschieden stark konzentrierten Säuren.

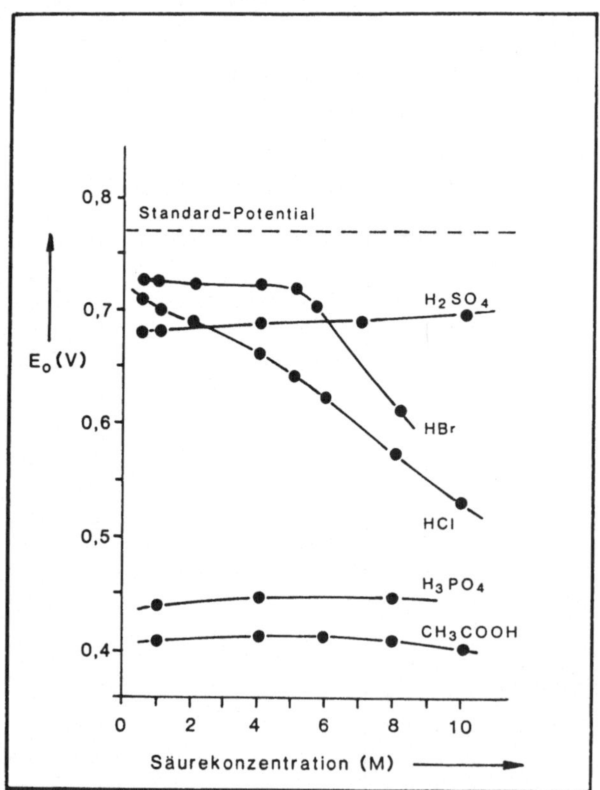

Abb. 8: Realpotentiale für das Redoxpaar Fe^{3+}/Fe^{2+} (0,03 M) in verschieden stark konzentrierten Säuren bei 20 °C (nach [9]).

2.2.3   Elektrochemische Reversibilität

Als reversibel wird in der Elektrochemie ein Vorgang bezeichnet, bei dem
Ox und Red miteinander zu allen Zeiten im thermodynamischen Gleichgewicht
stehen. Wesentlich ist hierbei die Einstellung des Gleichgewichts an der
Phasengrenze. Das bedeutet, die prinzipielle Umwandlung zwischen Ox und
Red darf keinerlei kinetischen Hemmungen unterliegen,-sie muß schnell sein
verglichen mit der Zeitskala der Untersuchungsmethode [10].

$$Ox + e^- \; \underset{k_{-e}}{\overset{k_e}{\rightleftarrows}} \; Red$$

k_e, k_{-e} Geschwindigkeitskonstanten für den Elektronendurchtritt;
k_e und k_{-e} müssen für Reversibilität groß sein.

Dieser Zeitfaktor bedeutet etwa, daß in der praktischen Potentiometrie ein
System oft noch als reversibel bezeichnet wird, das zu seiner Gleichge-
wichtseinstellung Minuten oder Stunden benötigt, während die schnelleren
voltammetrischen Methoden sehr kritisch urteilen.

Der Ausdruck 'Redoxpotential' sollte nur für tatsächlich reversible Systeme reserviert bleiben, und nicht mit einem Reduktions- oder Oxida-
tionspotential eines irreversiblen elektrochemischen Prozesses vermengt
werden.

Die Reversibiltät etwa eines anerkannt guten Systems wie Ag in Ag^+-Lösung
ist u.a. durch Isotopenmarkierung nachweisbar. Auch ohne Stromfluß findet
man rasch die Verteilung der Isotope zwischen der festen und der gelösten
Phase.

Elektrochemisch irreversible Systeme oder quasireversible Systeme können
durchaus chemisch umkehrbar sein, aber ihre Umwandlung erfordert wegen
kinetischer Hemmungen mehr oder weniger Energieaufwand.

2.2.4 Mischpotentiale

Liegen in einer Lösung etwa zwei Redoxsysteme Ox_1/Red_1 und Ox_2/Red_2 unterschiedlicher E^O-Werte in nennenswerten Mengen vor, stellt sich an der Meßelektrode ein Mischpotential E_M ein. E_M ergibt sich derart, daß die zu jedem Einzelsystem gehörenden Oxidations- bzw. Reduktionsströme ihrer Strom-Spannungscharakteristik gleich groß gegeneinander gerichtet sind (vgl. auch Korrosion, Kap. 5.5.1).

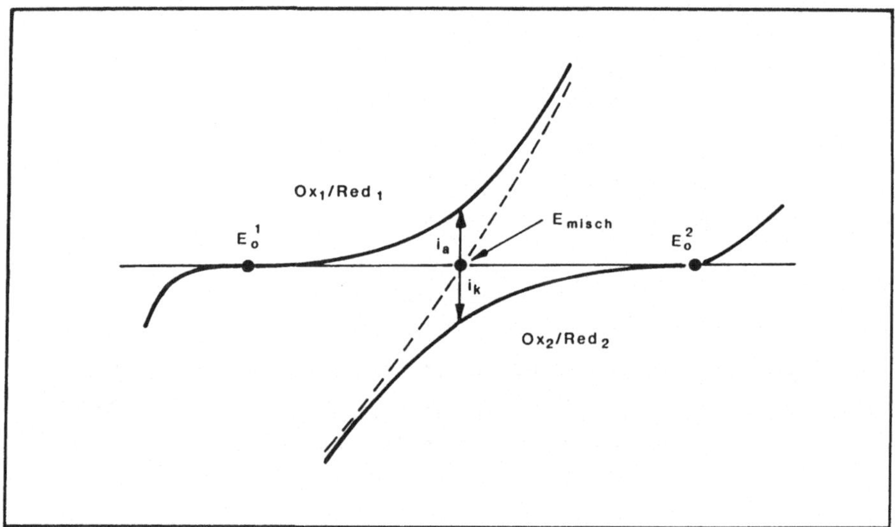

Abb. 9: Schema für das Auftreten von Mischpotentialen.
E_o^1, E_o^2 = Standardwerte für die beiden Redoxsysteme, E_{misch} = resultierendes Mischpotential;
--- Stromspannungskennlinien der beiden Einzelsysteme;
— — resultierende Kennlinie;
i_a, i_k anodische und kathodische Teilströme für die beiden Redoxsysteme

2.2.5 Flüssigkeitspotentiale, Diffusionspotentiale

Auch an der Phasengrenze zwischen verschiedenartigen Elektrolytlösungen treten kleine Potentialsprünge auf. So etwa auch an den Grenzen einer

Salzbrücke zu einer Bezugselektrode oder auch über Diaphragmen. Dieses sogenannte Diffusionspotential (E_{diff}) wird durch unterschiedliche Diffusionsgeschwindigkeiten bzw. unterschiedliche Wanderungsgeschwindigkeiten im elektrischen Feld der beteiligten Ionen verursacht und ist daher nicht thermodynamisch berechenbar.

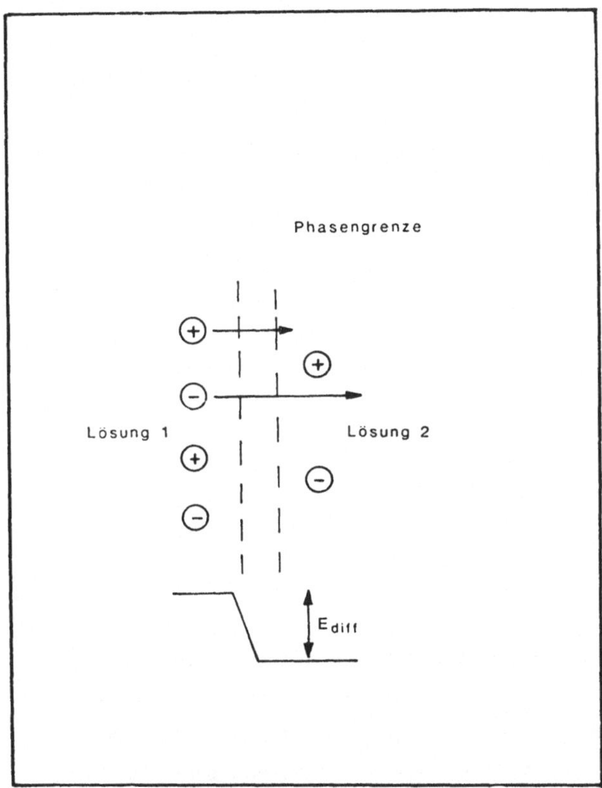

Abb. 10: Potentialsprünge zwischen unterschiedlichen Elektrolytlösungen.

Diffusionspotentiale lassen sich im Prinzip nach der Henderson-Gleichung bei bekannter Überführungszahl t_i bzw. bekannter Ionenbeweglichkeit w_i, Ladung z_i und Konzentration c_i bzw. Aktivität a_i berechnen. Für einwertige Ionen gilt zwischen Lösung I und Lösung II annähernd:

$$E_{diff} = \frac{RT}{F} \sum_i \frac{t_i}{z_i} \ln \frac{a_{i\,I}}{a_{i\,II}}$$

Aus dieser Beziehung sind folgende Konsequenzen ableitbar:

Das Diffusionspotential E_{diff} wird groß,

-- wenn die Beweglichkeiten w_i von Anion und Kation stark verschieden sind
   (wichtig bei Anwesenheit von H^+ oder OH^- gegenüber 'normalen' Ionen)
-- wenn eine Lösung sehr verdünnt ist (z.B. bei pH-Messungen in destil-
liertem H_2O).

Tab. 2: Ionenbeweglichkeiten wichtiger Ionen (10^{-8} m^2 V^{-1} s^{-1}) bei 25 °C
        (aus [3,7]).

H^+	36,25	OH^-	20,64
Li^+	4,01	Cl^-	7,91
Na^+	5,19	Br^-	8,13
K^+	7,62	NO_3^-	7,41
NH_4^+	7,62	CH_3COO^-	4,24
Ca^{2+}	6,16	SO_4^{2-}	8,25

Unterschiedliche Diffusionspotentiale von einer zur anderen Meßanordnung beeinflussen Präzisionsmessungen. E_{diff} zwischen verschiedenen Lösungen kann durch die Zwischenschaltung von Salzbrücken sehr gering gehalten werden, wenn die Brücken mit einer Salzlösung gefüllt sind, deren Anionen und Kationen gleiche Ionenbeweglichkeit besitzen (etwa von KCl, KNO_3). Dennoch sind bei extremen pH-Werten spürbare Diffusionspotentiale vorhanden. Z.B. beträgt bei 25 °C E_{diff} = 14 mV an der Grenze gesättigte KCl/1 M HCl-Lösung (entsprechend 0,24 pH-Einheiten), -8,6 mV an der Grenze gesättigte KCl/1 M NaOH-Lösung (entsprechend 0,15 pH-Einheiten) oder 53 mV an der Grenze 0,05 M KCl/0,1 M HCl-Lösung.

Bei großen Werten von E_{diff} bemerkt man in der praktischen Potentiometrie oft eine Abhängigkeit des Meßsignals von der Rührgeschwindigkeit.

2.2.4   Bezugselektroden

Obwohl die Normalwasserstoffelektrode (platiniertes Pt, umspült von H_2-Gas von 1 atm Druck in einer Säurelösung der Aktivität a_H = 1 bei 298 K) der offizielle Bezugspunkt für alle Potentialangaben ist, wird sie wegen schwieriger Handhabung nicht in der Praxis verwendet.

Soll dennoch eine H_2-Elektrode verwendet werden, ist eher auf die 'autogene H_2-Elektrode' überzugehen, bei der der benötigte H_2 elektrolytisch in der Bezugszelle hergestellt wird.

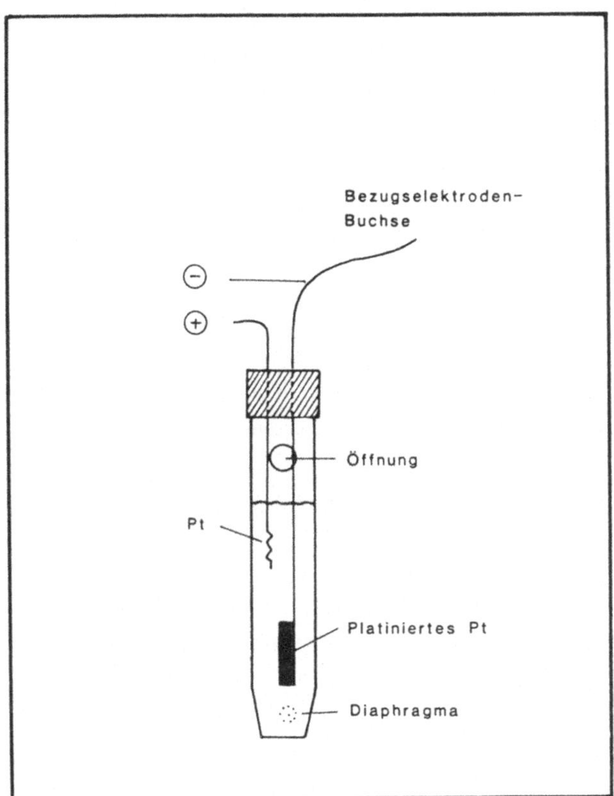

Abb. 11: Autogene H_2-Elektrode nach GINER [11].

Die in der folgenden Tabelle angeführten Bezugssysteme zeichnen sich durch Robustheit aus.

Tab. 3: Typen der wichtigsten Bezugselektroden und ihr Potential bei 298 K bezogen auf die Normalwasserstoffelektrode [12 bis 14].

Halbzelle	Elektrolyt	Potential (V)	Name
$Ag/AgCl/Cl^-$	1 M KCl	0,237	Silber-
	0,1 M KCl	0,289	Silberchlorid-
	gesättigt KCl	0,198	Elektrode
$Hg/Hg_2Cl_2/Cl^-$	1 M KCl	0,281	Kalomelelektrode
	0,1 M KCl	0,334	
	gesättigt KCl	0,242	gesättigte Kal. (GKE, engl. SCE)
$Hg/Hg_2SO_4/SO_4^{2-}$	0,5 M H_2SO_4	0,682	saure Quecksilber-
	0,05 M H_2SO_4	0,674	(I)-sulfatelektrode
	gesätt. K_2SO_4	0,640	
$Hg/HgO/OH^-$	1 M NaOH	0,140	alkalische Quecksil-
	0,1 M NaOH	0,165	berelektrode
$Tl(Hg)/TlCl/Cl^-$	3 M KCl	-0,567	Thalamidelektrode
Ag/Ag^+	0,01 M $AgNO_3$ + 0,1 M $NaClO_4$ in CH_3CN	0,495	Silber in Aceto- nitril

Von den genannten Bezugselektroden weist die Thalamidsystem das stabilste Temperaturverhalten auf. Eine umfassende Beschreibung aller Bezugssysteme findet sich bei IVES und JANZ [12].

Müssen Potentialangaben auf andere Bezugssysteme umgerechnet werden, stelle man sich etwa eine lineare Potentialskala vor, und addiere oder subtrahiere entsprechend die Entfernungen.

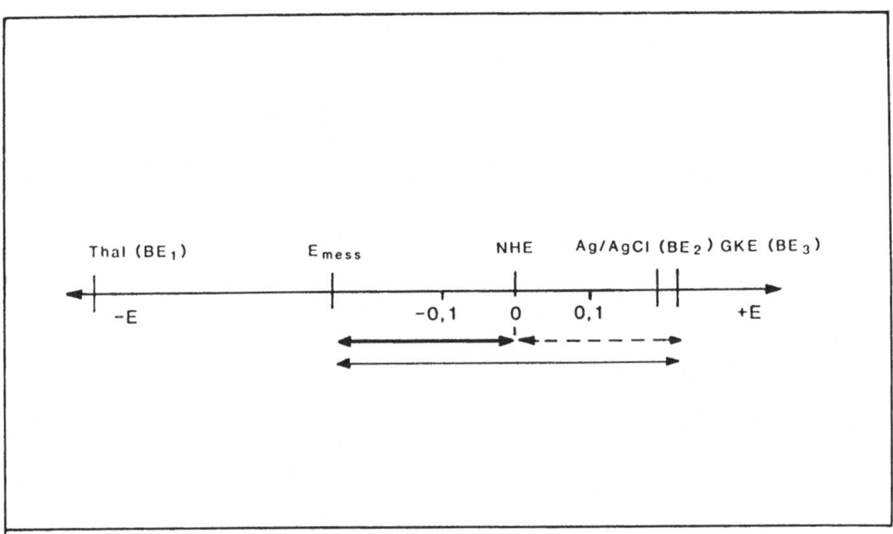

Abb. 12: Umrechnungshilfe von $E_{Meß}$-Werten vom Bezugspunkt GKE auf den
Bezugspunkt NHE (Normalwasserstoffelektrode);
BE$_1$, BE$_2$, BE$_3$ = Potentiale verschiedener Bezugssysteme;
$E_{Meß}$ = Potential des gemessenen Vorgangs.

In der folgenden Abb. 13 etwa ist die Ausführung handelsüblicher Bezugselektroden wiedergegeben.

Nichts braucht aber den Praktiker zu hindern, sich seine Bezugselektroden
selbst (billig) herzustellen. Ein Silberdraht, anodisch in salzsaurer
Lösung mit etwas AgCl überzogen und in eine KCl-Lösung gebracht, oder ein
Silberdraht in Ag^+-Lösung ergeben prächtig stabile Potentiale (es muß für
die meisten Anwendungen ja nicht der exakte thermodynamische Wert vorliegen).

Bei Bestimmungen mittels ionenselektiver Elektroden (s. Kap. 3.11.1)
werden meist größere Ansprüche an die Genauigkeit der Bezugselektrode
gestellt als bei Messungen des pH-Werts oder in der Voltammetrie (s. Kap.
4.2.2).

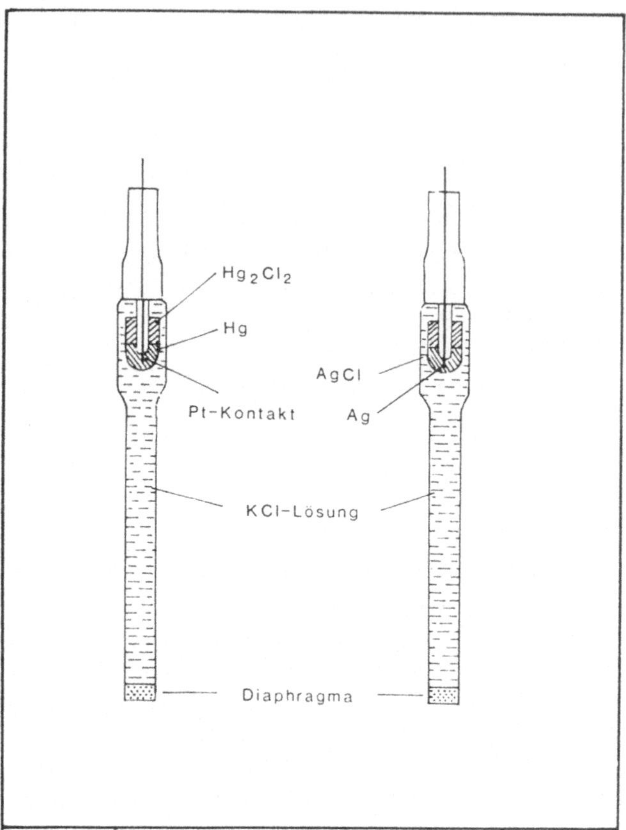

Abb. 13: Kalomel- und Ag/AgCl-Elektrode.

So muß eine Bezugselektrode (BE) bzw. die Verbindung zur Eich- bzw. Probenlösung für solche Fälle rigorosen Anforderungen genügen:

Konstantes BE-Potential,
kleines und konstantes Diffusionpotential E_{diff},
Reproduzierbarkeit und schnelle Einstellung von E_{diff},
keine Reaktionen zwischen Bezugselektroden- und Meßlösung,
geringe Verschmutzungsgefahr des Diaphragmas.

Zur Illustration von Ungenauigkeiten in der Bezugselektrode seien Zahlenbeispiele genannt [15]:

Meßfehler	Fehler in der Konzentration
$\pm$ 1 mV	$\pm$ 4 % (bei einwertigen Ionen)
	$\pm$ 8 % (bei zweiwertigen Ionen)

Den Einfluß einer fehlerhaften Berücksichtigung von Diffusionspotentialen belegen die nächsten Zahlenangaben:

E_{diff} (25 °C) von Eichproben und von Meßprobe zur Lösung der Bezugselektrode (Ag/AgCl/3M KCl) sind für ein Beispiel einer Fluoridbestimmung angegeben (nach [16]):

	ohne Vorbehandlung	mit Vorbehandlung
10^{-4} M KF	5,0 mV	0,1 mV
10^{-5} M KF	6,1 mV	0,1 mV
Trinkwasser	3,4 mV	0,1 mV

Die Vorbehandlung beinhaltet die Zugabe größerer Mengen eines 'Aktivitätspuffers' (hier NaCl/Na-acetat, Essigsäure). Dadurch wird zum einen konstante Aktivität des Meßions in Eichung und Probe gewährleistet und zum anderen werden die Transportvorgänge, die E_{diff} (s. Kap. 2.2.5) hervorrufen, minimalisiert.

Ohne Vorbehandlung der Lösungen entstünden durch die Unterschiede von E_{diff} von Eichung und Messung Meßfehler von 6 bis 11 % in der Bestimmung der Fluoridkonzentration. Weitere Fehler können durch unsaubere Diaphragmen und/oder schlechte Thermostatisierung der Bezugselektrode hervorgerufen werden.

Die beiden wichtigsten Bezugssysteme GKE und Ag/AgCl (s. Abb. 13) verdienen einige nähere Betrachtung. Das Potential der GKE ändert sich stärker mit steigender Temperatur als das der Ag/AgCl-Elektrode, über 70 °C ist das potentialbestimmende Hg_2^{2+}-Ion instabil und zerfällt in Hg und Hg^{2+}. Der Temperaturkoeffizient des Potentials der Ag/AgCl-Elektrode ist wegen der Bildung von $AgCl_2^-$-Komplexen von der Chloridkonzentration abhängig, wie es in der Abb. 14 gezeigt ist.

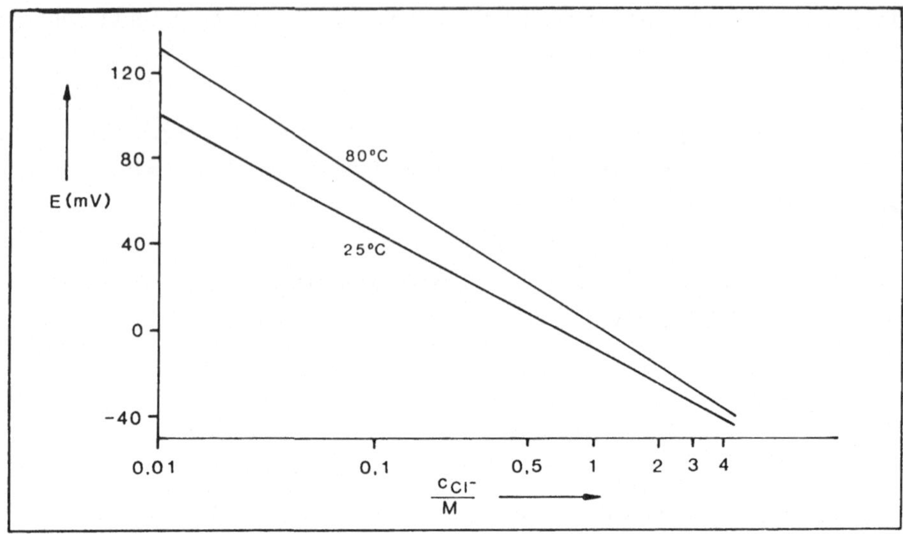

Abb. 14: Temperaturkoeffizient des Ag/AgCl-Systems als Funktion des
Chloridgehaltes (gemessen gegen GKE) (nach [17]).

Das Ag/AgCl- und das Thalamidsystem sind meist kompakter zu bauen und
werden deshalb bevorzugt in sogenannten Einstabmeßketten verwendet.

Für Präzisionmessungen ist auch die Temperaturabhängigkeit des Potentials
der Bezugselektrode zu berücksichtigen. Einige Zahlenangaben für Bereiche
um Labortemperatur sind nachstehend zusammengefaßt:

Tab. 4: Temperaturgang von Bezugselektrodenpotentialen (nach [5]).

T (°C)	E (mV) Chinhydron	E (mV) GKE	E (mV) Ag/AgCl/3,5 M KCl	E (mV) Thalamid (ges. KCl)
5	714			-0,565
10	711	254	215	-0,568
20	703	248	208	-0,576
25	699	244	205	-0,579
30	696	241	201	-0,584
40		234	193	-0,592
50				-0,600
80				-0,624

Die Strombelastung der BE ist durch die hochohmige Meßtechnik unbedeutend,
jedoch kann eine Erdschleife (fehlerhafte Erdung) in der Meßanordnung
einen unerwünscht großen Strom durch die Bezugselektrode fließen lassen,
so daß ihre aktiven Materialien langfristig u.U. völlig wegelektrolysiert
werden können (s.a. Kap. 3.11.1).

An den Elektrolyten in der Bezugselektrode werden die Anforderungen gestellt, daß er

konstante Chloridaktivität,
kleinen elektrischen Widerstand,
möglichst gleiche Transporteigenschaften von Anion und Kation aufweist,
keine Reaktionen mit dem Meßgut und
keine chemischen Reaktionen in der BE durch eindringende Probenbestand-
teile eingeht.

Vor allem zur Vermeidung des letztgenannten Störeinflusses geht man oft so
vor, daß man permanent eine winzige Elektrolytmenge der Innenlösung aus
dem Diaphragma austreten läßt. Falls dadurch Reaktionen mit dem Meßgut zu
befürchten sind, ist eine weitere, mit inertem Elektrolyt gefüllte Salzbrücke zwischenzuschalten. Bezugselektroden ohne Elektrolytaustritt benötigen weniger Wartung bezüglich etwaigen Nachfüllens, sprechen aber nur
langsam an.

Als Diaphragma wird heute meist poröse Keramik verwendet. Ein grobporiges
Diaphragma bringt schnelles Ansprechen der Meßkette, verhindert u.U. auch
Belagbildung bei Messungen in verschmutzten Medien, bedingt aber die
Notwendigkeit, öfters Elektrolyt zu ergänzen.

Belagbildungen am Diaphragma führen meist zu langsameren Meßwerteinstel-
lungen bis hin zur Unbrauchbarkeit, so daß ein Wechsel des Diaphragmas
oder der gesamten BE erfolgen muß.

2.4   Anwendungen von Redoxmessungen

Bezüglich der Ermittlung thermodynamischer Daten, Säure- oder Basendis-
soziationskonstanten, Aktivitätskoeffizienten oder der Untersuchung bio-
logischer Redoxprozesse u.v.a durch potentiometrische Messungen sei auf
Lehrbücher der Elektrochemie verwiesen [2,3]. Im folgenden wird nur
schematisch auf die wichtigsten analytischen Titrationsverfahren eingegangen, ohne selbst ein Analytikum schaffen zu wollen.

Bestimmung von Säure- bzw. Basenkonzentration, pH-Wert:

Prinzipiell ist die pH-Wertbestimmung mithilfe einer Wasserstoffelektrode
als Indikatorelektrode oder einer Oxidelektrode wie Sb_2O_3 durchführbar
(s. a. Kap. 3.12). Die Besprechung dieser Thematik wird erst im Abschnitt
über 'Ionenselektive Elektroden' ('ISE') weiterverfolgt (Kap. 3).

2.4.1   Redoxpotentiale

Präzisionsmessungen erfordern u.a. Ausschluß von O_2, Temperaturkontrolle
und sorgfältige Reinheit der Indikatorelektrode. Der Effekt einer (beliebigen) Reinigungsoperation kann durch Verwendung von 'Redoxpuffern', d.h.
Lösungen definierten Redoxpotentials sicher getestet werden. Gut geeignet
hierfür ist etwa die Molekülverbindung Chinhydron (1,4-Benzochinon + 1,4-
Dihydroxybenzol). Das Chinhydronsystem zeigt bei 25 °C folgende Potentialwerte (gültig etwa von pH 0 bis pH 9):

$$E_{Chinhydron} = 0,699 \ (V) - 0,059 \ \ pH \ (V)$$

Oftmals erfolgt die Potentialeinstellung sehr träge (vgl. Reversibilität,
Kap. 2.2.3). In solchen Fällen hilft die Zugabe geringer Mengen eines
Mediators mit ähnlichem Redoxpotential ($\pm$ 0,1 V abweichend von der Probe),
der selbst schnell mit dem zu untersuchenden System und der Indikatorelek-
trode Elektronen austauscht. Eine Liste geeigneter Mediatoren und die pH-
Abhängigkeit ihrer Potentialwerte ist in Tab. 5 und Abb. 15 gegeben.

Tab. 5: $E^{0'}$-Werte einiger Redoxmediatoren bezogen auf die Standard-
wasserstoffelektrode (nach [18]).

Nr.	Redoxmediator	$E^{0'}$ (mV bei pH 7)
1	Chinhydron	275
2	2,6-Dichlorphenol-indophenol	217
3	1-Naphtyl-2-sulfonato-indophenol	124
4	Methylenblau	10
5	Indigotetrasulfonat	- 46
6	Indigokarmin	-124
7	Brilliant-Alizarin Blau	-173
8	Neutralrot	-325

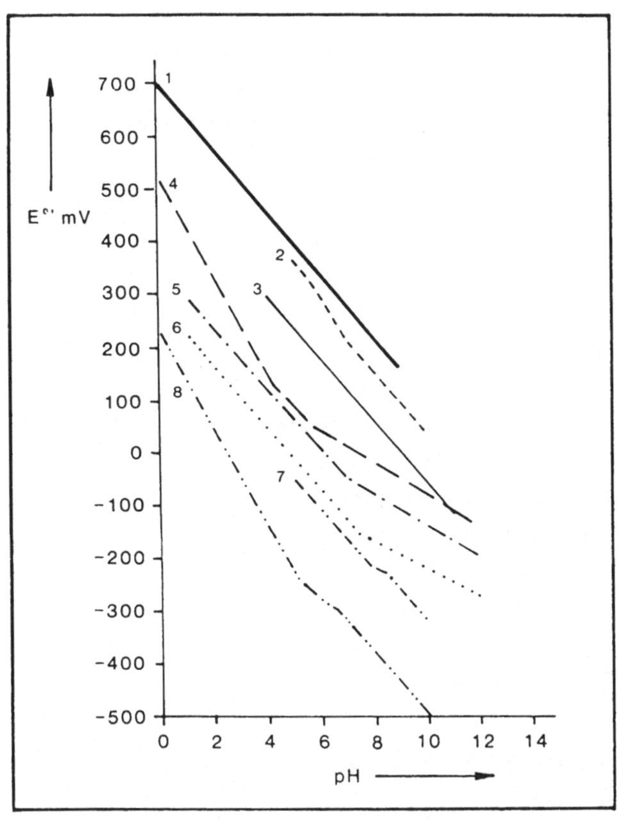

Abb. 15: Abhängigkeit von Mediatorpotentialen vom pH-Wert (nach [18]).

Ein älteres Konzept zur Charakterisierung von Redoxsystemen benutzt den rH-Wert (rH = -log p_{H_2}) als Maß für Reduktionseigenschaften. Hierbei wird letztlich ein Potentialangabe in eine Angabe über einen entsprechenden H_2-Druck umgeformt, der eine analoge Reduktionswirkung ausüben würde. Es ergeben sich dabei oft physikalisch völlig unrealistische Druckwerte. Man sollte konsequent davon abgehen, da Reduktions- und Oxidationsprozesse häufig im geschwindigkeitsbestimmenden Schritt nichts mit H_2 zu tun haben,- die Potentialangabe sagt genügend über die Reduktions- bzw. Oxidationswirkung aus (vgl. Abb. 16).

2.4.1 <u>Redoxtitrationen</u>

Viele Substanzen sind titrimetrisch mithilfe elektrochemischer Methoden quantitativ erfaßbar, da sie durch Zugabe eines Oxidationsmittels oxidiert werden können (Sinngemäßes gilt für Reduktionsreaktionen). Die potentiometrische Indikation dient dann zur Feststellung des Äquivalenzpunktes, meist verbunden mit einer Registrierung des gesamten Titrationsverlaufs. Die Reaktionen, die im Fall einer zu bestimmenden oxidierbaren Substanz Red_1 mit dem Oxidationsmittel Ox_2 zu betrachten sind, können für einen Einelektronenprozeß wie folgt dargestellt werden:

$$Red_1 - e \longrightarrow Ox_1 \quad (E_1^{o})$$

$$Ox_2 + e \longrightarrow Red_2 \quad (E_2^{o})$$

Zu Beginn der Titration, wenn nur Spuren von Ox_1 gebildet sind, wird das angezeigte Potential der Meßelektrode $E_{Meß}$ von E_1^{o} und dem stark negativen Ausdruck log a_{ox1}/a_{red1} bestimmt. Bei Halbtitration ist $E_{Meß} = E_1^{o}$, bei völliger Reaktion wird $E_{Meß}$ vom (positiveren) Redoxpotential des Oxidationsmittels bestimmt. Führt man den Oxidationsgrad $g = a_{ox}/(a_{ox} + a_{red})$ ein, stellt sich $E_{Meß}$ wie folgt dar:

$$E_{Meß} = E_1^{o} + \frac{0,059}{z} \quad log \quad \frac{g}{(1-g)} \quad (bei\ 25°C)$$

Eine Auftragung des Oxidationsgrads g ($\hat{=}$ Titrationsgrad) gegen $E_{Meß}$ zeigt den vertrauten S-förmigen Kurvenverlauf.

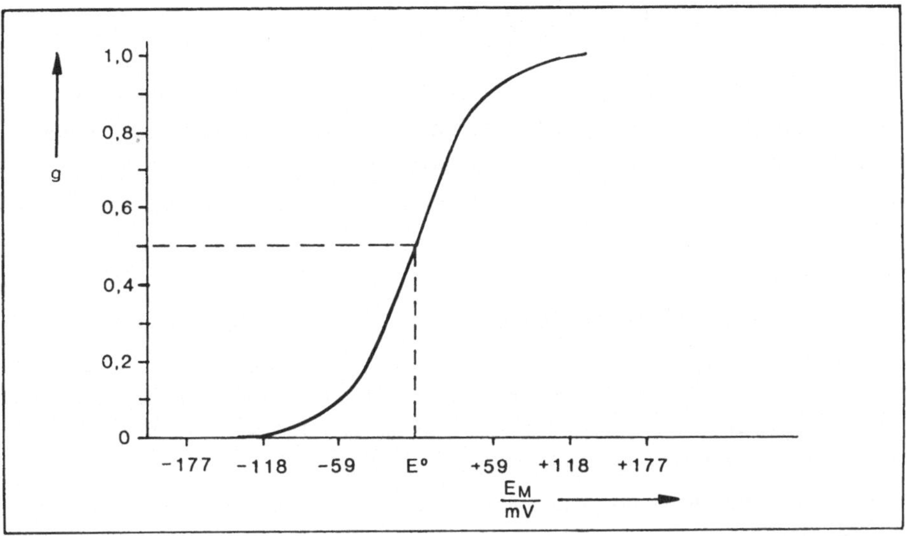

Abb. 16: Oxidationsgrad in Abhängigkeit vom Redoxpotential (nach [18]).

D.h. bereits etwa 150 mV über dem jeweiligen E^O-Wert ist völliger Umsatz erreicht. Als Indikatorelektrode genügt oft ein Stück inertes Metall (z.B. Pt, Au) beliebiger Form. Das Standardpotential des Oxidationsmittel E_2^O soll in der Regel um 0,3 bis 0,4 V positiver liegen als E_1^O der zu bestimmenden Substanz (in allen Fällen ist der Einfluß des pH-Wertes und der Temperatur durch geeignete Pufferung und Thermostatisierung zu berücksichtigen.

Die potentiometrische Endpunktserkennung bietet sich besonders dann an, wenn die Titerlösungen elektrolytisch erzeugt werden oder wegen ihrer geringen Beständigkeit elektrolytisch bei Bedarf erzeugt werden müssen (z.B. Ag^{2+}, Br_2, Ti^{3+}, Cr^{2+}). Ebenso vorteilhaft ist es, daß potentiometrische Methoden auch 'im Trüben' oder in gefärbten Lösungen einsetzbar sind, wenn viele photometrische Methoden unmöglich angewandt werden können.

2.4.3   Fällungs- und Komplexbildungstitrationen

Es wird 'nur' eine Indikatorelektrode benötigt, die selektiv auf das zu
bestimmende Verbindung oder selektiv auf das Reagens anspricht (z.B. eine
Ag-Elektrode für alle argentometrischen Bestimmungen, s.a. Kap. 3.4). Die
Überlegungen bzgl. der Titrationskurven entsprechen dem zuvor gesagten.

2.5   Moderne Analyseautomaten

Die apparative Entwicklung potentiometrischer Meßgeräte erlaubt heute eine
sehr starke Automatisierung bei großem Probendurchsatz. Als dynamische
Titration [19] wird eine rechnergesteuerte Zudosierung des Reagens mit
Verlangsamung in der Nähe des Äquivalenzpunktes und damit eine Erhöhung
der Bestimmungsgenauigkeit bezeichnet. Auch unterschiedliche kinetische
Einflüsse wie Durchmischung, Geschwindigkeit der Reaktion und/oder des Ansprechens der Elektrode werden hierbei berücksichtigt. Bei Simultanti-
trationen werden auch eng nebeneinanderliegende Endpunkte besser erkannt.
Details moderner Analysenautomaten zu beschreiben, bleibt gerne den Her-
stellerfirmen überlassen. Beispielhaft erläutert Abb. 17 den Informations-
gewinn durch selektiv gesteuerte Reagenszugabe (dynamische Titration).

2.6   Probenvorbereitung

Bei Konzentrationsbestimmungen mittels ISE's wird i. allg. mit Eichkurven
gearbeitet, sofern dafür gesorgt ist, daß die Aktivitätskoeffizienten und
der Dissoziationsgrad im Arbeitsbereich konstant sind. Man setzt daher
TISAB-Reagentien zu ('Total Ionic Strength Adjustment Buffers') oder ISA-
Reagentien ('Ionic Strength Adjustors'), um durch gleiche Ionenstärke
gleiche Aktivitätskoeffizienten zu gewährleisten (vgl. Kap. 2.2.1). Ebenso
kann ein pH-Veränderung nötig sein, um Querempfindlichkeiten zu anderen
Probenbestandteilen geringer werden zu lassen, oder es sind störende Ionen
durch Maskierungsreaktionen zu eliminieren.
Beim technischen Messen wird meist mittels Pumpen eine Konditionierlösung
zur Meßprobenlösung dosiert oder es wird, wie es die folgende Abb. 18
schematisch zeigt, eine passive Vorbereitung durch Eindiffundieren der
Reagentien durch Schlauchleitungen erreicht.

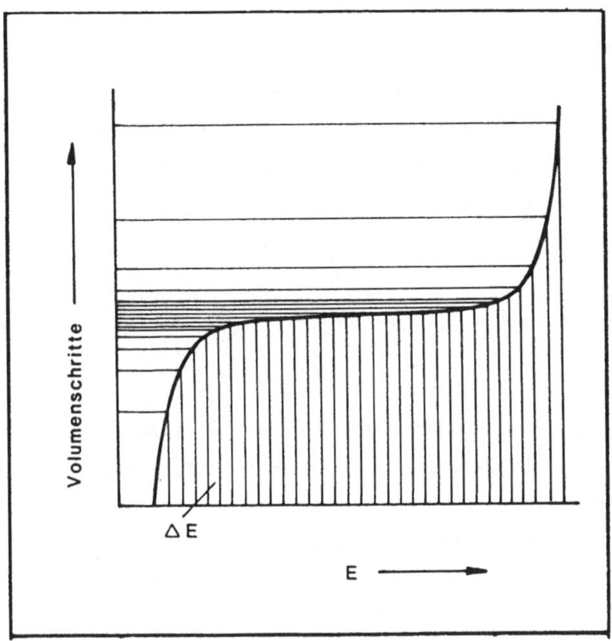

Abb. 17: Erhöhter Informationsgehalt bezüglich des Potentialverlaufs aus einer Titrationskurve durch dynamische Titration (aus [19]).

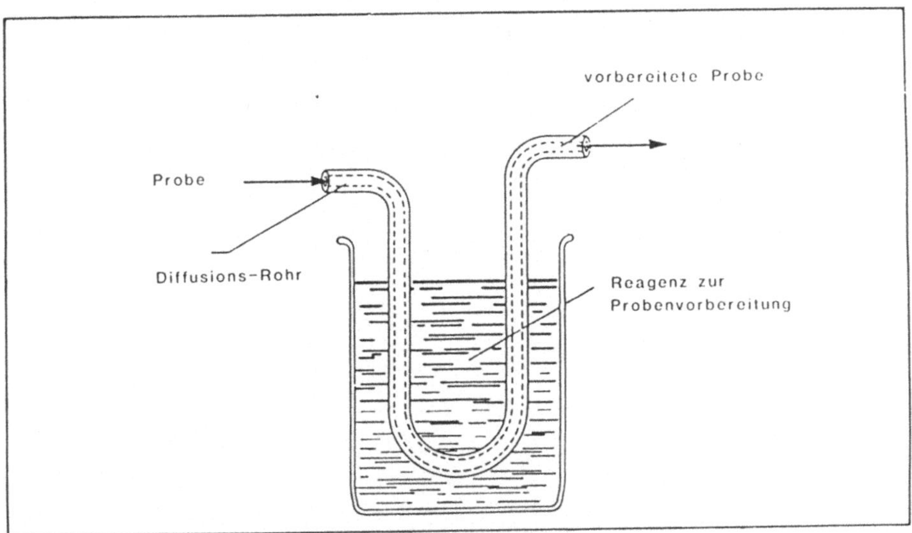

Abb. 18: Probenvorbereitung durch Diffusion [20].

Bei Verwendung von ISE's zur Konzentrationsbestimmung (s. Kap. 3) ist immer zu beachten, daß sie nur die Aktivität **freier** Ionen erfassen. Das bedeutet, daß beim Vorliegen von Komplexen eine Zerstörung des Komplexes oder eine Umkomplexierung vorgenommen werden muß (z.B. bei Bestimmungen von F^- in Fe^{3+} oder Al^{3+} haltigen Medien, muß durch Zugabe von Ethylendiaminotetraessigsäure das F^- aus den $MeF_x^{(x-3)-}$-Komplexen freigesetzt werden, vgl. [5]).

2.7   <u>Auswertung</u>

Ohne alle Möglichkeiten ansprechen zu wollen, sei auf zwei wertvolle Anwendungs- bzw. Auswerteverfahren hingewiesen, die linearisierte Meßwerte anstelle des S-förmigen Kurvenverlaufs erbringen, bei dem ja oft die Erkennung des Wendepunktes nur ungenau möglich ist.

a) Linearisierung durch chemische Veränderung des Titrationsmittels

Eine Bestimmung starker Säuren, auch in sehr großen Konzentrationen mittels eines Gemisches aus schwachen Basen, deren pK-Werte überlappen, führt zu einem (nahezu) linearen Zusammenhang zwischen pH-Wert und Menge des zugesetzten Reagenzes, wie es nebenstehend gezeigt ist. (Es handelt sich eigentlich um die Aneinanderreihung der einzelnen Titrationskurven jeder Basenkomponente). Diese Methode gilt als vorteilhaft für Durchflußmessungen [21].

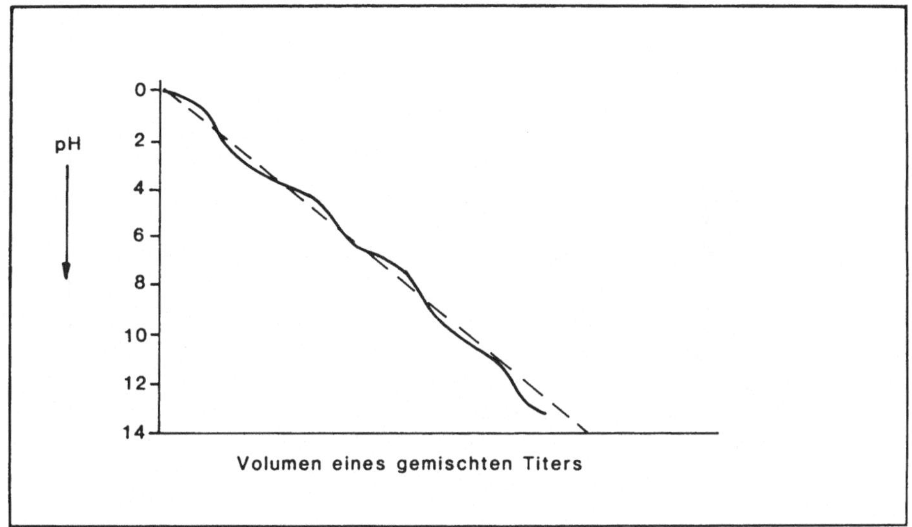

Abb. 19: 'Chemisch linearisierte' Titrationskurve.

b) Linearisierung durch rechnerische Extrapolation, Gran-Auswertung.

Da bei der Bestimmung kleiner Konzentrationen die Erkennung eines Wendepunktes in der gewohnten Titrationskurve schwieriger wird und außerdem
Störeinflüsse sich beim Endpunkt stärker bemerkbar machen, ist es wünschenswert, den Endpunkt aus einer linearen Extrapolation der verläßlich
meßbaren Potentialwerte zu Anfang der Bestimmung vornehmen zu können. Dazu
verhilft eine Auftragung nach Gran, die z.T. noch zuwenig benutzt wird
[5,22]. Eine Umformung der Nernst-Beziehung führt zum Ausdruck für die
Aktivität eines zu bestimmenden Ions als lineare Beziehung:

$$a_i = \text{antilog}(E/S) - \text{const}$$

E   Potential der Meßelektrode,
S   Nernstfaktor resp. tatsächliche Steigung der Meßelektrode,
const enthält das Standardredoxpotential des Prozesses.

Die Abb. 20 zeigt das Aussehen eines solchen Gran-Plots:

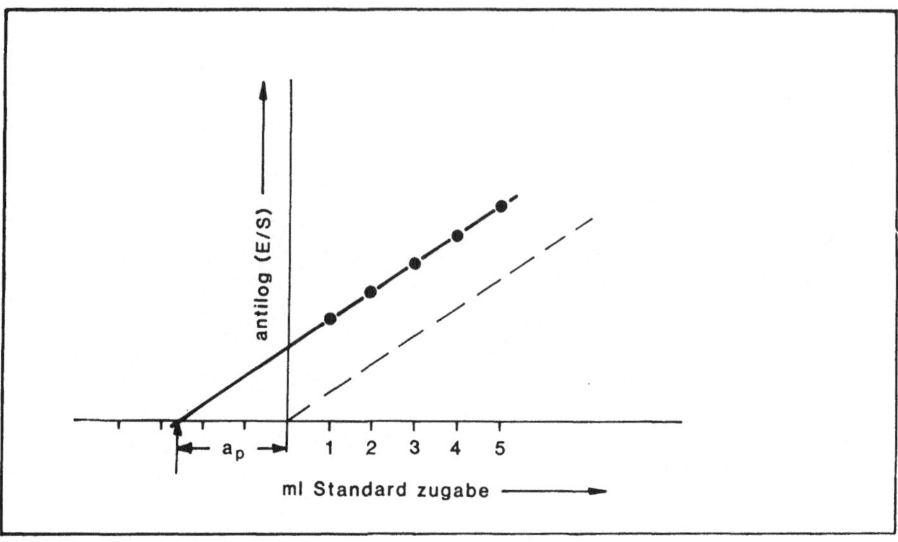

Abb. 20: Standard-Additions-Technik nach Gran-Auswertung;
         ● ● Probe enthält schon einige Ionen (entsprechend der Strecke a_p);
         - - Gran-Plot für eine meßionenfreie Lösung.

Diese Auswertemethode vermeidet u.a. Fehler, wie sie etwa durch Komplexbildner enthaltende (Puffer-)-Lösungen oder durch Alterung eines Nieder-
schlags bei Fällungsreaktionen verursacht werden können. Sie ist auch
bestens für rechnergestützte Titrationen einsetzbar.

3. **Ionensensitive Elektroden (ISE)**

Obwohl das Arbeiten mit ionensensitiven Elektroden zu den potentiometrischen Methoden gehört, verdient diese Sensorgruppe ihrer Vielfalt und der Neuentwicklungen wegen einen eigenen Abschnitt.
Der Name 'ISE' bedeutet 'ionensensitive Elektroden'. Sie werden oft auch als 'ionenselektive' oder 'ionenspezifische' Elektroden bezeichnet.

3.1 Meßprinzip

Eine Vielzahl von Elektrodensystemen, zum Teil altbekannt, zum Teil in stürmischer Entwicklung, zeigt im Prinzip eine der Nernst-Beziehung ähnliche Potentialabhängigkeit von der Aktivität a_x eines Stoffes. Voraussetzung für die Entwicklung von ISE's ist meist, daß eine Affinität einer Membranoberfläche zu bestimmten Ionen oder Verbindungen besteht und daß über die Membran eine ausreichende Ionenleitfähigkeit besteht (im Idealfall schon bei Raumtemperatur).
Grobschematisch ist dies in Abb. 21 skizziert. Der über der Membran anliegende Potentialsprung wird mit geeigneten Ableitungselektroden abgegriffen.

$$\Delta E = const \pm 0{,}059\, a_x \text{ (bei 298 K).}$$

Eine derartige Abhängigkeit ist die Grundlage der Messungen mit ISE's. In Analogie zur bekannten Glaselektrode für pH-Wert Messungen wird ein auf Na^+ ansprechender Sensor als pNa-Elektrode (oder allgemein als pIon), entsprechend einer Ionenskala $pX = -\log a_x$ bezeichnet.

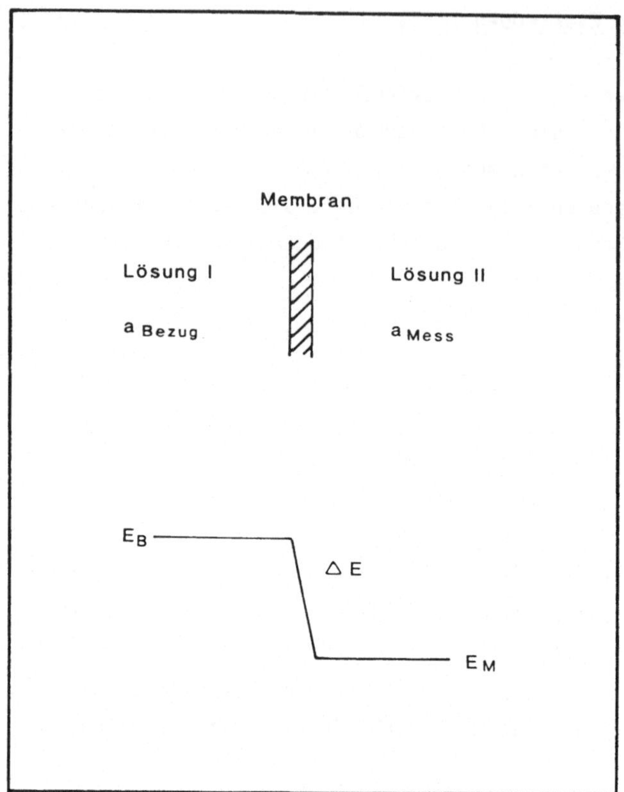

Abb. 21: Potentialsprünge an Membranen

3.2   Konstruktionsprinzipien von ISE's

Es kommen vielfältige Membranarten und -typen zum Einsatz. Es läßt sich
i. allg. folgende Einteilung treffen:

Festkörpermembran-Elektroden

Glasmembran-Elektroden,
Kristallmembranelektroden,
homogene Niederschlagsmembran-Elektroden,
heterogene Niederschlagselektroden,
sauerstoffionenleitende Membranen (Hochtemperatur).

Flüssigmembran-Elektroden

Membranen aus flüssigen Ionenaustauschern

Membranen mit organischen Komplexbildnern

Membranen mit Enzymen

Die wesentlichen Kennzeichen für eine ionensensitive Elektrode sind:

- das Ansprechen auf die Ionenaktivität a_x des zu bestimmenden Ions
- gemäß einer Nernst-Beziehung
- der Gültigkeitsbereich dieses Ansprechens
- der Störeinfluß anderer Ionen, d.h. die Selektivität
- kurze Ansprechzeit, d.h. schnelle Einstellung des Meßwerts
- mechanische Stabilität und Lebensdauer

Gewisse Membranelektroden sprechen erst nach chemischer Umwandlung des zu messenden Stoffs an. Viele neu untersuchten Membrantypen, die entprechend der oberen Formel auf Ionen reagieren, sind noch nicht über das Versuchsstadium heraus, da ihre Selektivität oder ihre Lebensdauer noch zu gering sind.

3.2.1   Selektivität

Konkret zeigen ISE's ein Potentialverhalten nach der folgenden Formel an:

$$E = E^o \pm \frac{S}{z_M} \log \left(a_M + K_{M/S} \cdot a_s^{z_M/z_S} \right)$$

Darin bedeutet S den idealen Nernstfaktor von 0,059 V für 25 ^{o}C bzw. die jeweilige experimentell zu bestimmende Steilheit, a_M die Aktivität des zu bestimmenden Ions M und a_S die des störenden Ions S; z_M und z_S sind die entsprechenden Wertigkeiten. $K_{M/S}$ wird als Selektivitätskonstante, Selektivitätsfaktor oder Querempfindlichkeitskonstante bezeichnet. Das Produkt

$$K_{M/S} \cdot a_s^{z_M/z_S}$$

bedeutet das Störglied. Störeinflüsse durch mehrere Störionen sind additiv.

3.2.2 Ansprechzeit

Als Ansprechzeit wird aus praktischen Gründen die Zeit verstanden, nach der bei einer sprunghaften Änderung der Konzentration der zu messenden Verbindung sich 90 % des theoretischen zu erwartenden Meßwertes einge-stellt haben (t_{90}). Ein Dauerbetrieb bringt meist kürzere Einstellzeiten, eine steigende Konzentrationsänderung ist meist mit kürzeren Ansprechzei-ten verbunden als bei steigender Verdünnung, wie es aus der Tabelle ersichtlich wird. Ansprechzeiten um 1 bis 2 Minuten werden als ausreichend angesehen.

<u>Tab. 6</u>: Ansprechzeiten von NH_3-Elektroden in aufsteigender bzw. in fallender Konzentrationänderung (nach [28]).

NH_3 (M)	t_{90} (s)	t_{90} (s)
10^{-4}	35 ↑	60 ↓
10^{-5}	100	400
10^{-6}	350	-

Unterschiede zwischen verschiedenen Elektroden sind teils durch die Bau-form, überwiegend aber durch Verwendung unterschiedlicher Membranmateria-lien (organische bzw. anorganische) zu erklären. Die Weiterentwicklung dieser gesamten Sensorgruppe bzgl. Selektivität und Langzeitstabilität hängt demnach in hohem Maß von den Fortschritten der Membrantechnologie ab.

3.3 Glasmembran Elektroden

3.3.1 Glaslaselektrode, pH-Elektrode

An der Oberfläche eines Glases bildet sich in Wasser nach einem Quell-vorgang eine sogenannte 'Haber-Haugaard-Schicht' (Dicke ca. 10^{-7} m) aus. Darin sind durch Ionenaustausch einige Kationen des Glases durch Protonen ersetzt.

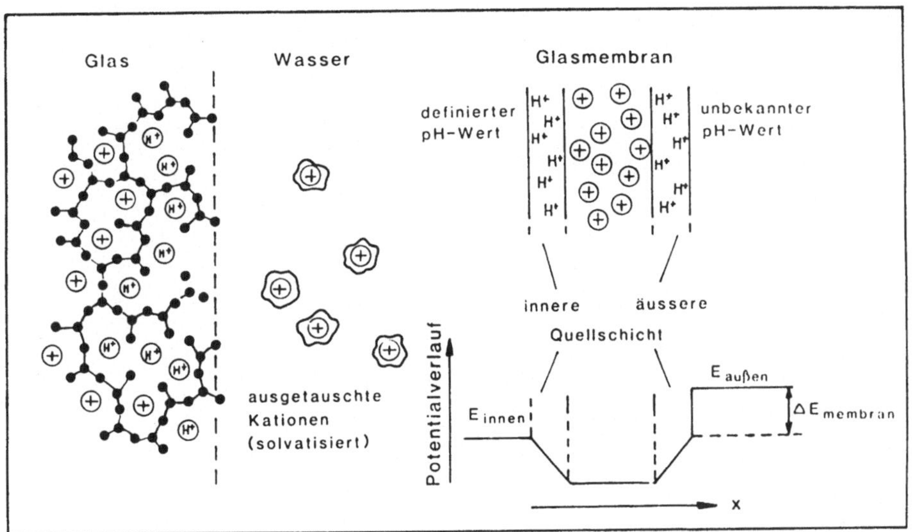

Abb. 22: Quellschicht an Glasmembranen mit Potentialsprüngen (identische Quellschichten angegeben) (nach [3]).

Im Kontakt mit einer H^+-haltigen Lösung bildet sich eine Potentialdifferenz aus, deren Größe von der H^+-Aktivität der Lösung abhängt. Bei identischen Quellschichten an einer Glasmembran liegt kein Asymmetriepotential vor. Meist besteht jedoch ein kleiner Unterschied, der aber durch die Eichung der Elektrode zu kompensieren ist. Verwendet man dünne, ausreichend leitfähige Glasmembranen (einige 10 μm dick) und hält durch Pufferung in einer Innenlösung dort den Potentialsprung an der inneren Quellschicht konstant, kann eine Glasmembran zur pH-Wert-Messung unbekannter Lösungen eingesetzt werden. Die Innenableitung besteht meist aus einer Silber/Silberchlorid Elektrode, als äußere Bezugselektrode dient meist eine GKE oder auch eine Ag/AgCl-Elektrode. Wird die Bezugselektrode konstruktiv in die Meßelektrode integriert, erhält man sogenannte Einstab-pH-Elektroden, deren prinzipieller Aufbau durch die Abb. 23 gekennzeichnet ist. Von der Ausführungsform der Glasmembran her, sind für verschiedene Anwendungen unterschiedliche Konstruktionen gebräuchlich (Abb. 24).

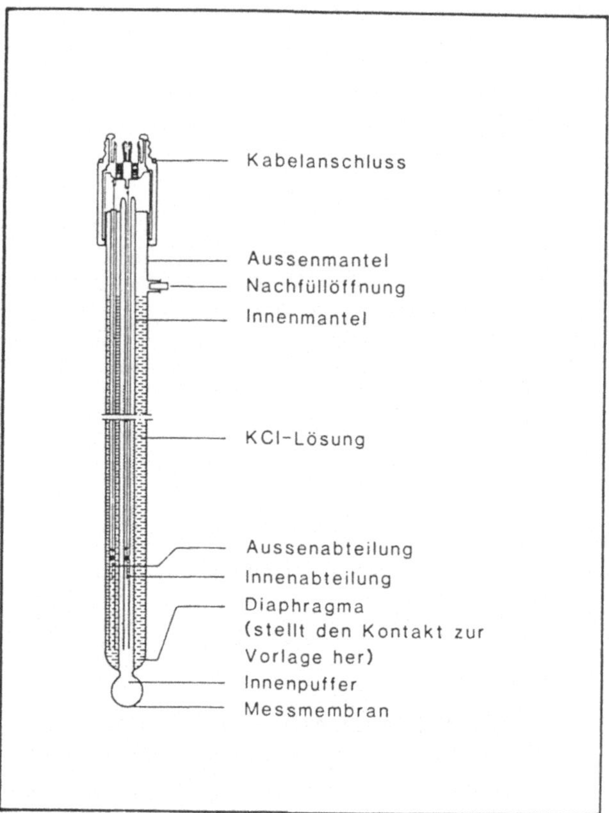

Abb. 23: Schema einer pH-Einstabmeßkette.

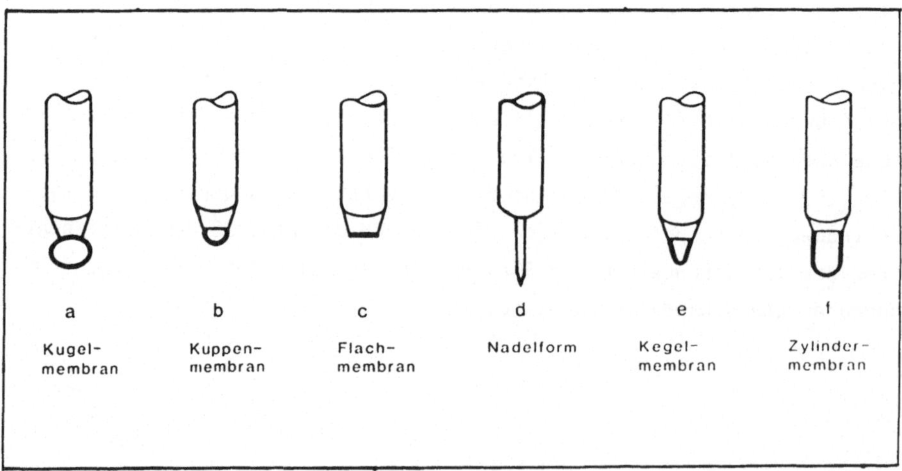

Abb. 24: Konstruktionsformen der Glasmembran.

Ähnliche potentialbildende Phänomene sind an anderen Membranen zu beobachten. Die typische Zusammensetzung von Glasmembranen für pH-Wert-Messungen liegt bei etwa 65 % SiO_2, 30 % Li_2O und 5 % Erdalkalioxid; durch Veränderung der Zusammensetzung erreicht man Selektivität bezüglich anderer Kationen (vgl. Kap. 3.3.2).

3.3.1.1   Probleme der Glaselektrode

Der großen Bedeutung des Protons wegen, soll hier über das hinausgehend, was in Kap. 3.11 über Meßtechnik erläutert wird, etwas über den Umgang mit dem pH-Sensor in Erinnerung gerufen werden. Glaselektroden sollen in Wasser vorgequollen werden und niemals austrocknen; empfohlen wird u.a. eine Aufbewahrung in 3 M KCl-Lösung. Alterungserscheinungen zeigen sich als Zunahme der Ansprechzeit, als Abnahme der Steilheit, Zunahme des Widerstands und Verschiebung des Nullpunkts.

Als Größenordnung für die Lebensdauern kann bei sachgemäßem Umgang eine Zeit von 1 bis 3 Jahren beim Einsatz bei Raumtemperatur angesehen werden,- bei 90 °C verringert sich diese Zeit auf einige Monate, bei 120 °C beträgt die Lebensdauer nur wenige Wochen. Natürlich sind diese Richtwerte auch abhängig von der Aggressivität der Meßmedien. Die früher bekannten Säure- resp. Alkalifehler (d.h. Abweichungen von der theoretischen Steilheit von 59 mV pro pH-Einheit) bei extremen pH-Werten sind heute durch Verwendung von Spezialgläsern weitgehend ausgeschalten (vgl. [17]).

Sehr oft liegen die Probleme bei Bestimmung des pH-Wertes eher an der Bezugselektrode (z.B. an verunreinigten Diaphragmen) als an der Glasmembran. Für pH-Wert-Messungen in micellaren Lösungen wird daher neuerdings vorgeschlagen, das Diaphragma der Bezugselektrode mit leitfähigem Polymer-Gel zu schützen [32].

3.3.1.2   Temperatureinflüsse auf den Meßwert

Es sollen nicht alle Punkte, die für die pH-Wert-Messung Bedeutung haben, hier ausgeleuchtet werden. Einige, nicht immer berücksichtigte Punkte im

Zusammenhang mit dem Temperaturverhalten werden aber diskutiert, so z.B.
die Probleme mit dem Isothermenschnittpunkt. Nur bei idealen Glaselektroden fällt der Schnittpunkt der pH-Wert/Potentialanzeige-Isothermen mit dem
Nullpunkt der Meßkette zusammen. Real treten Abweichungen auf, die vorallem bei automatischer Temperaturkompensation zu Meßwertfehlern führen
können. In der Abb. 25 ist gezeigt, wie sehr sich eine Abweichung des
Isothermenschnittpunkts vom Nullwert auf die Genauigkeit der pH-Messung
auswirkt. Es ist demnach häufig eine Kontrolle und Korrektur dieser Ein-
stellungen vorzunehmen. Das Problem der Isothermen ist bei Verwendung
anderer ionenspezifischer Elektroden meist noch größer.

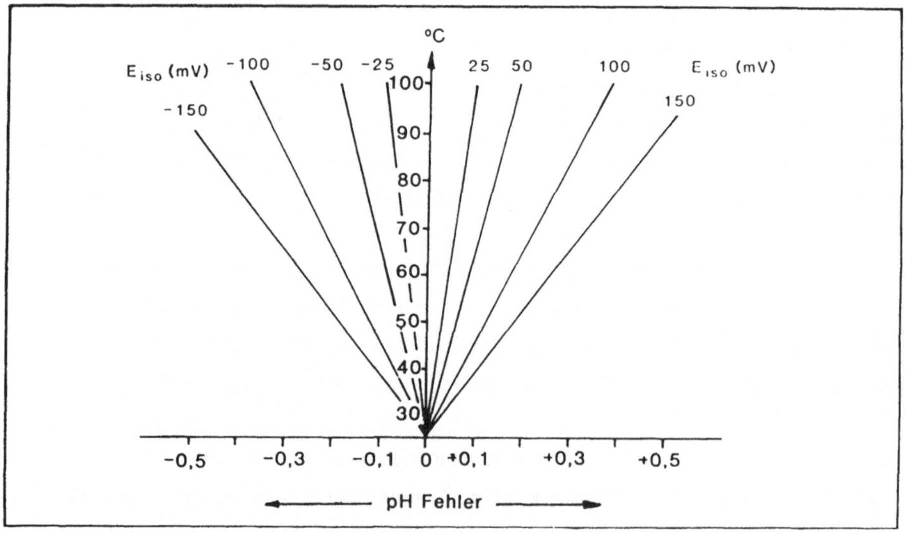

<u>Abb. 25</u>: Temperaturabhängiger pH-Wert-Meßfehler bei verschiedenen Iso-
thermenschnittpunkten (nach [28]).

Auch wegen der Änderung der Wasserdissoziation bei steigender Temperatur
können u.U. Meßfehler nicht erkannt werden. Die Lage des Neutralpunkts
verschiebt sich etwa von pH 7 bei 25 °C nach pH 6,06 bei 100 °C (vgl.
Tab. 7).

Tab. 7: Ionenprodukt K_W für die Wasserdissoziation als Funktion der Temperatur (nach [7]).

Temperatur (°C)	$- \log K_W$
10	14,7338
20	14,1669
25	13,9965
30	13,8330
40	13,5348
50	13,2617
60	13,0171
100	12,13

3.3.1.3 Reinigungsoperationen an Glaselektroden und Diaphragmen

Um einen zuverlässigen Dauerbetrieb zu gewährleisten sind verschiedene Reinigungsverfahren für die Meß- und Bezugselektrode in Verwendung. Die Abb. 26 zeigt schematisch einige gebräuchliche Methoden. Gelegentlich kann durch Anätzen mit verdünnter Flußsäure o.ä. auch eine Reaktivierung einer alternden Elektrode, eines alternden Diaphragmas erreicht werden. Reinigungsprozeduren sind aber von Fall zu Fall zu erproben.

In stark verschmutzten Meßmedien ist u.U. anstelle der pH-Glaselektrode auf eine mechanisch zu reinigende Antimonoxid-Elektrode für die pH-Wert-Messung zurückzugreifen.

Eine weitergehende Besprechungen der pH-Meßtechnik finden sich in OEHME/ JOLA [33] oder in Firmenschriften von Elektrodenherstellern (z.B. [16,28].

126

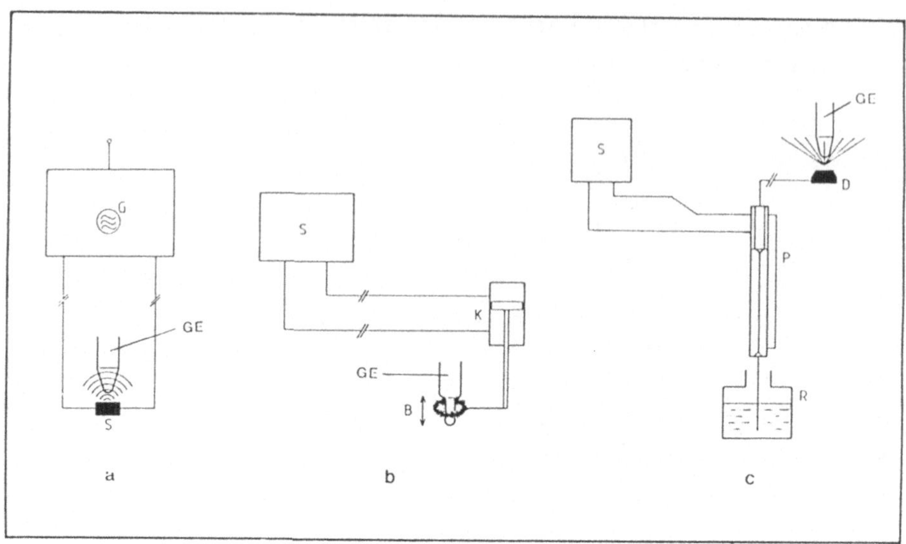

Abb. 26: Reinigungsmöglichkeiten für Elektroden bei der pH-Messung
(nach [33]).

3.3.2 Natrium- und Kalium-Elektroden

Die Eigenschaften des pNa-Sensors sollen detailierter vorgestellt werden,
da daraus allgemein Probleme der Verwendung von ISE's erkannt werden
können [34].

pNa-Sensoren bestehen aus Gläsern mit hohem Anteil an Li_2O (ca. 25 % Li_2O,
ca. 15 % Al_2O_3). Durch Verringerung des Aluminiumoxidanteils erhält man
letztlich pK-Sensoren. Die Abb. 27 gibt Potentialabhängigkeiten von katio-
nenselektivem Glas für einwertige Ionen wieder. Zur Bestimmung von K^+-
Ionen sind Glasmembranen weniger geeignet als die später erklärten Flüssigmembran-Elektroden.

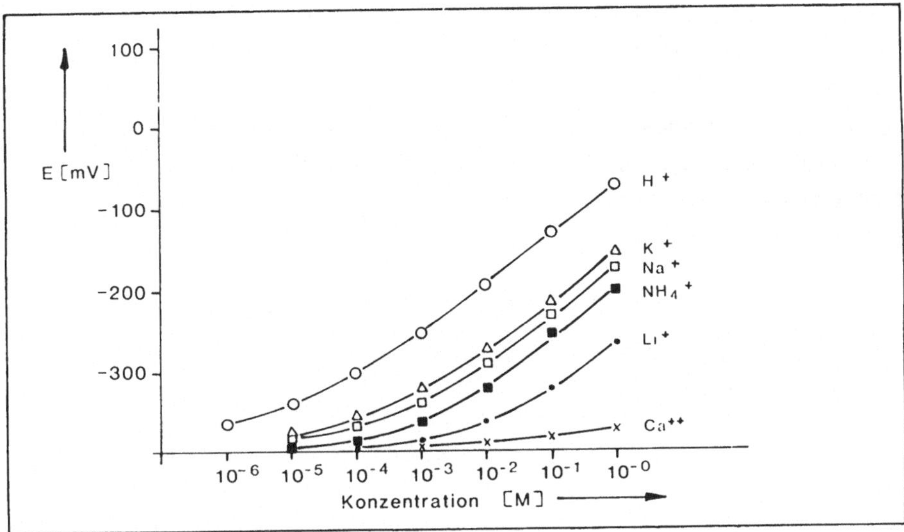

Abb. 27: Selektivitätsverhalten kationenaktiver Gläser (nach [5]).

Für den pNa-Sensor liegt einiges Zahlenmaterial über Stabilität und Lebensdauer vor. Die Tabelle gibt vergleichende Werte von Alterungsphänomenen an Elektroden verschiedener Hersteller an, ausgedrückt durch Verschiebung der $E^{0'}$-Werte [35].

Tab. 8: Anzeige verschiedener pNa-Elektroden; gerundete Werte (nach [35]).

	$E^{0'}$ (mV)	$E^{0'}$ 2,5 Monate	3,5 Monate
Beckman 39278	146/136/151	122/111/111	82/74/80
Orion 94-11	122/124/122	121/123/122	128/129/131
Radiometer G 502	217/202/191	169/163/149	163/143/126

Die Steigung in mV pro Dekade an Na^+-Aktivität differiert geringfügig
zwischen den Herstellungstypen und erreicht u.U. erst nach längerem
Gebrauch den theoretischen Wert von 59 mV.
Die Selektivität, als Maß für die Beeinflussung durch Störionen, variiert
ebenfalls von Typ zu Typ. Selektivitätswerte bzgl. H^+-Ionen können von 2
bis 4000 schwanken. Auch sind sie temperaturabhängig, wie das nachfolgende
Beispiel an einer pNa-Elektrode zeigt:

<u>Tab. 9</u>: Variation der Selektivität gegen H^+ der Beckman pNa-Elektrode
39278 (nach [35]).

Temperatur °C	K_{Na^+/H^+}
6	$3,4 \cdot 10^3$
25	$4,0 \cdot 10^3$
41	$2,8 \cdot 10^3$

Die Variation der Na^+/H^+-Querempfindlichkeit beschränkt letztlich den
Bereich ins saure Gebiet, bis zu dem die pNa-Sensoren korrekt ansprechen.
Übliche pNa-Sensoren zeigen neben der Beeinflussung durch H^+ noch starke
Störungen durch Ag^+-Ionen ($K_{M/S}$ ca. 500), aber nur geringe durch K^+ ($K_{M/S}$
ca. 10^{-3}).

Aus den gezeigten Abhängigkeiten ergibt sich, daß derzeit die Kalibrierung
und die Eichung von pNa-Sensoren noch sehr vielen Augenmerks bedürfen.

3.4   <u>Kristallmembranelektroden</u>

Ausgezeichnet mechanisch stabile Membranen aus kristallinem Material sind
etwa gepreßte Ag_2S-Scheiben und LaF_3-Einkristalle. Auf der zuletzt genannten Basis arbeitet die Fluorid-Elektrode, die im schwach sauren pH-Bereich
eine extrem gute Selektivität bzgl. F^--Ionen zeigt. Verschiedene Bauaus-
führungen zeigt schematisch nebenstehende Skizze.

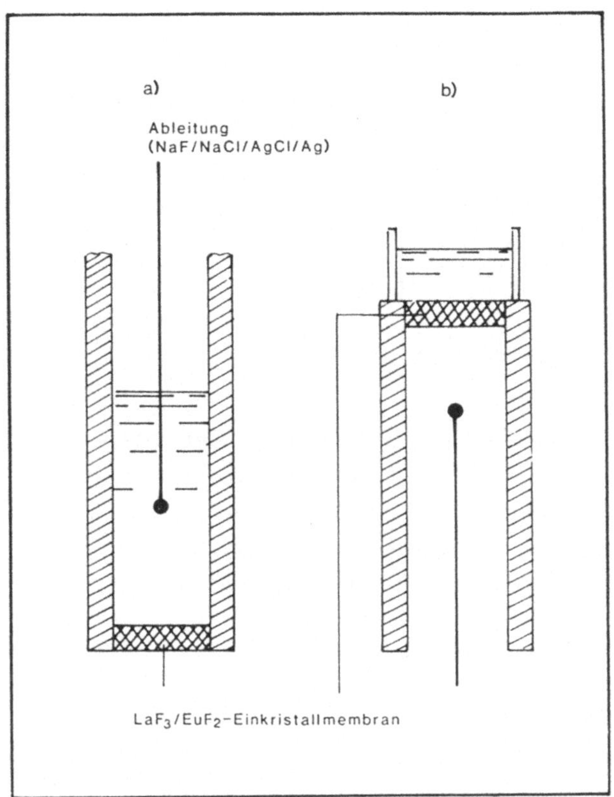

Abb. 28: Fluoridelektrode; a) Normalausführung, b) zur Messung kleinster Volumina. Innenlösung z.B. 0,1 M NaF + 1,0 M NaCl mit Ableitelektrode aus Ag/AgCl (vgl. [27]).

3.5 Heterogene Niederschlagselektroden

Läßt sich eine für die Bildung einer Membran gewünschte aktive Verbindung nicht in mechanisch stabiler Form verarbeiten, kann das aktive Material zusammen mit einer Trägersubstanz (z.B. Polyethylen oder Silikonkautschuk) zu einer heterogenen Membran verarbeitet werden. Das Einsatzgebiet solcher Membranen ist ähnlich wie bei den homogenen Typen.

3.6   Sauerstoffionenleitende Festmembranen

Einige Metalloxide, vorallem Zirkondioxid, zeigen bei erhöhter Temperatur wegen Fehlstellen in ihrem Kristallgitter eine ausgezeichnete Leitfähigkeit für O_2^-- bzw. O^{2-}-Ionen auf. Aus derartigen Oxiden lassen sich Membranen konstruieren, die in sauerstoffsensitiven galvanischen Ketten eingesetzt werden. Bekanntester Typ ist die Lambda-Sonde zur Messung und Regelung des Kraftstoffverbrauchs in Automotoren.

$$p_{O_2} \; (I), \; Pt \,/Festelektrolyt/ \, Pt, \; p_{O_2} \; (II)$$

Bei vorgegebenen O_2-Partialdruck, z.B. p_O^{II}, läßt sich aus der entstehenden Potentialdifferenz über der Oxidmembran der Sauerstoffgehalt eines die Elektrode I umspülendes Gases bestimmen. Die Anzeige erfaßt mehrere Zehnerpotenzen an p_O . Ähnliche Sensoren werden auch zur Messung in Metallschmelzen eingesetzt.

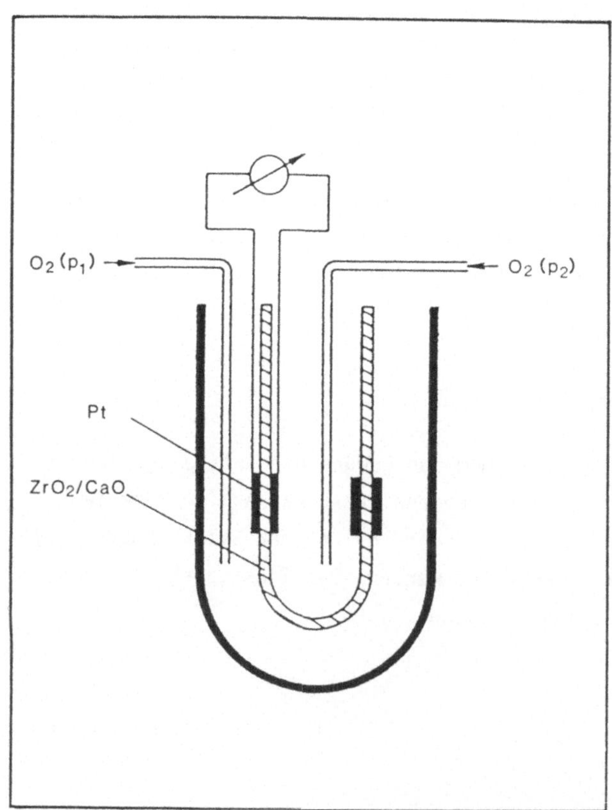

<u>Abb. 29</u>: Prinzipaufbau eines Hochtemperatur-Sauerstoff-Sensors [4,27].

3.7   Flüssigmembran-Elektroden

3.7.1   Flüssige Ionenautauschermembran-Elektroden

Flüssige Ionenaustauscher, wie etwa organische Verbindungen der Phosphorsäure, die in Wasser praktisch nicht löslich sind, können zum Aufbau von ionenaustauschenden Membranen verwendet werden. Auch in organischen Lösungsmitteln gelöste Austauscher. Nur das kleine anorganische Gegenion des flüssigen Ionenaustauschers steht im Austausch mit den umgebenden wäßrigen Phasen, das organische Ion ist praktisch fixiert. An einer Seite der Membran befindet sich eine definierte Lösung des zu bestimmenden Ions mit Ableitelektrode und eine zweite Ableitung wird in die zu messende Lösung getaucht. Das sich ausbildende Membranpotential führt zur Meßgröße. Schematisch ist dies für eine nitratsensitive Elektrode in Abb. 30 gezeigt, sowie zwei Beispiele in Tab. 10.

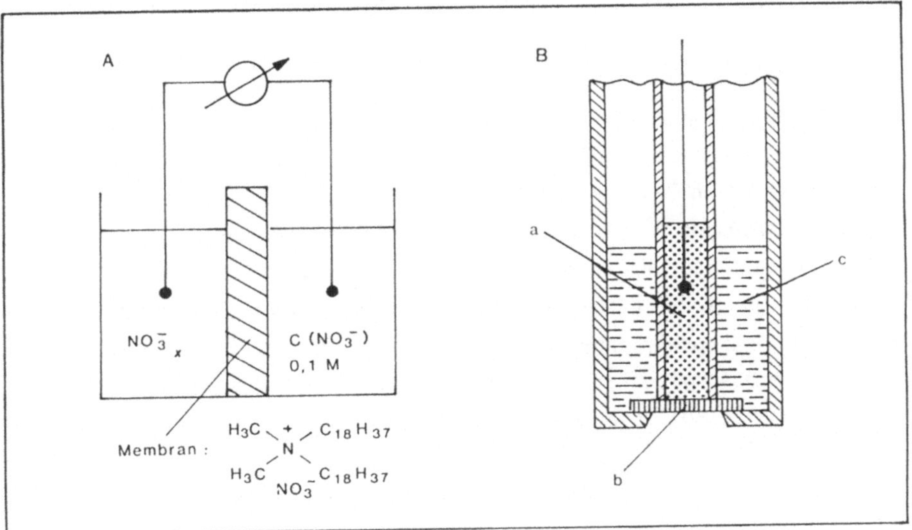

Abb. 30: A) Prinzip der Flüssigmembran-Elektroden mit Ionenaustausch;
B) Ausführung;
a = Innen- (Ableit-)- lösung;
b = Membran;
c = Nachfüllösung des flüssigen Austauschers (nach [36]).

<u>Tab. 10</u>: Beispiele für Membranelektroden mit Ionenaustausch.

Substrat	aktive Verbindung in:	Störfaktoren $K_{M/S}$	
Ca^{2+}	Didecylphosphorsäure (Ca-Salz)	K_{Ca^{2+}/Na^+}	10^{-3}
		K_{Ca^{2+}/K^+}	10^{-3}
		$K_{Ca^{2+}/Mg^{2+}}$	10^{-2}
ClO_4^-	Fe^{2+}-Komplex substituierter Phenanthroline		

3.7.2   <u>Detergens-Elektroden</u>

Sensoren, die sensitiv auf anionische resp. kationische Tenside ansprechen, beruhen ebenfalls auf dem Prinzip von ionenaustauschenden (Flüssig-) Membranelektroden. Schematisch ergibt sich etwa eine elektrochemische Zelle wie in Abb. 31 gezeigt.

Zur potentiometrischen Endpunktsbestimmung etwa bei einer Fällungstitration des Anionentensids A^- mit Py^+X^- wird ein derartiger Sensor am Endpunkt einen Potentialsprung zeigen, da alles A^- aus der Meßhalbzelle verbraucht ist. Es werden Nachweisgrenzen im Bereich von ca. 10^{-5}M für Dodecylsulfate, Tetrapropylenbenzolsulfonat und Dioctylsulfosuccinat angegeben. Auch andere Alkylsulfate lassen sich bestimmen. Auch sollen keine Störungen durch Cl^-, SO_4^{2-} oder Phosphationen auftreten.

Ableit- elektrode I	$Na^+ A^-$ in H_2O, Meß- lösung	$A^- Py^+$ feste Konz. organ. Lösung Flüssigmembran	$Py^+ X^-$ feste Konz. in H_2O	Ableit- elektrode II (Bezugsel.)

Abb. 31: Auf A^--Ionen sensitive Elektrode;

A^- = Alkylsulfonat, Arylsulfonat u.ä.;

Py^+ = langkettiges Alkylpyridiniumkation;

X^- = Cl^- oder Br^- [25].

Die in Abb. 31 gezeigte Meßanordnung zeigt Nernst'sches Verhalten, wie es
in der Abb. 32 zu erkennen ist, in der zur Kontrolle auch die korrespon-
dierenden Na^+-Titrationswerte mitaufgenommen sind. Die Abweichungen vom
linearen Verlauf treten erst oberhalb der kritischen Micellkonzentration
des Tensids auf.

Arylsulfonate lassen sich mittels einer Elektrode mit Kristallviolett oder
Ferroinkomplexen als Membrangrundsubstanz gut detektieren. Diese Elektro-
den können auch als 'coated-wire'-Konstruktionen (beschichtet Drähte, s.
Kap. 3.8) hergestellt werden.

Werden in eine Silicon-Grundmatrix kationische Stoffe, z.B. Hexadecyl-
trimethyldodecylsulfonat, eingearbeitet, können Elektroden erhalten werden, die kationische Detergentien in ähnlich empfindlichen Meßbereichen
anzeigen. In Einzelfällen sind derartige Detergenselektroden auch geeignet, aus ihrem Potentialverhalten die kritische Micellkonzentration ioni-
scher Tenside zu bestimmen.

134

Für Endpunktsbestimmungen bei potentiometrischen Titrationen nichtionischer Tenside werden neuerdings Membransensoren getestet, die als aktive
Masse einen Komplex aus ethoxylierten Tensiden, Bariumionen und Tetra-
phenylborat-Ionen enthalten [38].

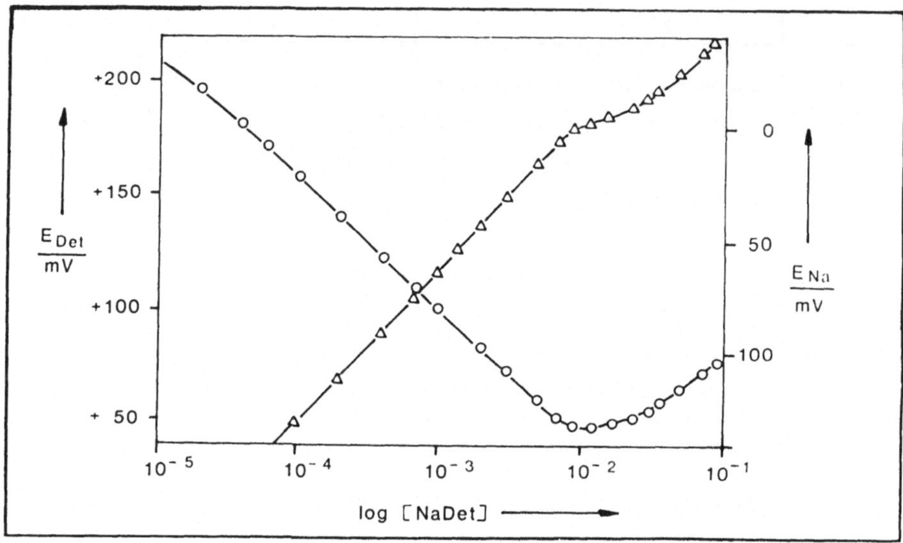

Abb. 32: Ansprechen einer Detergenz-Elektrode und der pNa-Elektrode für
pNa Natriumalkylsulfonat; ooo Dodecylsulfonat, xxx Na^+ [37].

3.7.3   Flüssigmembran-Elektroden mit organischen Komplexbildnern

Durch Einbau organischer neutraler Komplexbildner in Membranen lassen sich
viele selektive Sensoren gewinnen, von denen die pK-Elektroden am meisten
Anwendung gefunden haben [39].

Tab. 11: Beispiele von Flüssigmembranelektroden mit neutralen Komplexbildnern und ihre Selektivitätsfaktoren $K_{M/S}$ (nach [27]).

Substrat	Zusammensetzung der Membran	log $K_{M/S}$				
		H^+	Na^+	K^+	Mg^{2+}	Ca^{2+}
K^+	1 % Valinomycin 66 % Bis(2-ethylhexyl)-sebacat, 33 % PVC	-3,5	-4,1	-	-4,6	-4,6

<u>Fortsetzung Tabelle 11:</u>

Ca^{2+}	1 % Ca-Ligand-5 66 % o-Nitrophenyloctyl- ether, 33 % PVC	+1,2	-4,6	-4,6	-5,2	-
NH_4^+	72 % Nonactin + 28 % Monactin in tris-(2-Ethylhexylphosphat)	-1,8	-2,7	-0,9	-	-3,8

3.8   <u>Enzym-Elektroden</u>

Zur Bestimmung einiger Ionen und einiger organischer Stoffe können sogenannte Biosensoren eingesetzt werden [40,41]. Es handelt sich dabei um
ionensensitive Elektroden, die meist mit einer polymerfixierten enzymhaltigen Schicht überzogen sind. Das Enzym katalysiert spezifisch eine
Abbaureaktion zu einem Produkt, das von der zugrunde liegenden Elektrode
detektiert wird. So kann Harnstoff über die Hydrolyse durch Urease, die
auf einer ammoniumempfindlichen Glasmembranelektrode aufgebracht ist, bestimmt werden:

$$CO(NH_2)_2 + H_2O \longrightarrow CO_3^{2-} + 2\ NH_4^+$$

Dieser Enzymüberzug kann etwa in folgender Ausführung erfolgen:

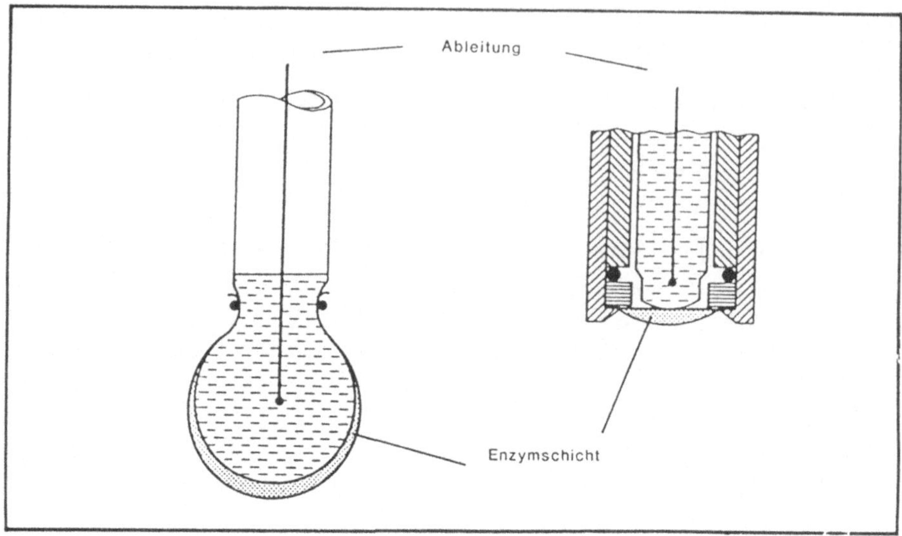

Abb. 33: Bauprinzip von Enzym-Elektroden;

    a) Enzymschicht auf Glasmembran zur Detektion gebildeter H^+-Ionen;

    b) Enzymschicht auf Flüssigmembran zur Detektion anderer Produkte einer Enzymreaktion (nach [19]).

Es werden für Biosensoren sogar Zellorganellen bzw. ganze Bakterienkulturen auf Elektroden fixiert (meist bewirkt eine geeignete Fixierung eine starke Erhöhung der Lebensdauer des Sensors). Auf derartiger Basis sind O_2-Elektroden entwickelt, die den biologischen Sauerstoffbedarf von Abwässern messen können. Eine weitere Steigerung der Substratspezifität kann über die Zwischenschaltung einer enzymhaltigen Membran, die störende Begleitstoffe enzymatisch eliminiert, vor die eigentliche Sensorschicht erreicht werden [40].

Tab. 12: Beispiele für erprobte Enzymreaktionen in einigen Biosensoren.

Substrat	Enzym	Produkte	Sensorelektrode
Glucose	Glucosidase	Gluconsäure, H_2O_2	Jodidelektrode
SO_4^{2-}	Sulfat-Reduktase	HS^-	Ag_2S-Elektrode
Glutamin	Glutaminase	NH_4^+, Glutaminsäure	NH_4^+-Glaselektrode
Aminosäure	Aminosäuredecarboxylase	Amin, CO_2	CO_2-Sensor
Harnstoff	Urease	CO_3^{2-}, NH_4^+	NH_4^+-Glaselektrode

Als Signal-Transducer (d.h. als Meßwertaufnehmer) können neben potentiometrischen Sensoren oft auch Gassensoren auf amperometrischer Basis zur
Detektion der durch die Enzymreaktion gebildeten Produkte eingesetzt
werden (vgl. Kap. 4.5.2.1).

Abweichend von dem in Abb. 33 gezeigten Konstruktionsprinzip sei noch eine
einfache Art erwähnt, die vielleicht für Meßsysteme mit geringerer Anforderung an die Lebensdauer rationell ist. Durch Beschichten eines Drahtes
mit einer PVC-Lösung, die die entsprechende aktive Substanz (Enzym, Komplexbildner, Ionenaustauscher u.ä.) enthält, können recht gut, stoffsen-
sitive Meßfühler erhalten werden ('coated-wire'-Elektroden) [42,43]. U.U.
zeigen sie nicht Nernst'sches Verhalten, aber mit Hilfe von Eichkurven
sind ja Bestimmungen auch dann möglich.

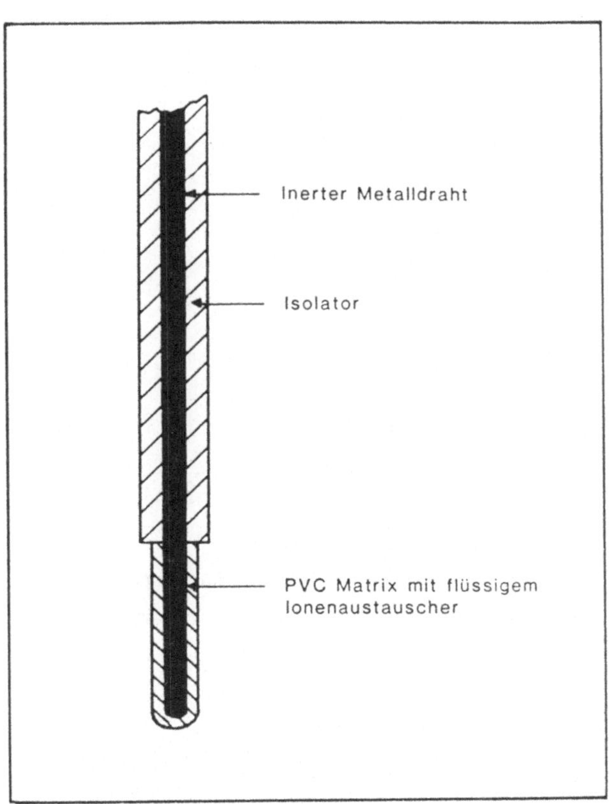

Abb. 34: Coated-Wire-Elektrode (nach [29]).

3.9   Typenübersicht bekannter ISE's

Nachstehend eine Auswahl erprobter ISE's mit Angaben über ihren Einsatzbereich. Die Daten können durch laufende Entwicklungen durchaus überholt werden.

Tab. 13: Auswahl einiger ionensensitiver Elektroden.

zu bestimmender Stoff	Membrantyp	Meßbereich $(mol\ dm^{-3})$	wichtigste Störungen durch
Pb^{2+}	fest	$10^{-7} - 1$	Ag^+, Hg^{2+}, Cu^{2+}
Br^-	fest	$>10^{-6} - 1$	S^{2-}, I^-
Cl^-	fest	$>10^{-5} - 1$	S^{2-}, I^-, Br^-
CN^-	fest	$10^{-6} - 10^{-2}$	S^{2-}, I^-, Br^-, Cl^-
F^-	fest	$10^{-6} - 1$	OH^-
I^-	fest	$>10^{-7} - 1$	S^{2-}
Cu^{2+}	fest	$10^{-7} - 1$	S^{2-}, Hg^{2+}, Ag^+
BF_4^-	flüssig	$10^{-5} - 10^{-1}$	NO_3^-, Br^-
K^+	flüssig	$10^{-5} - 1$	Cs^+, H^+, NH_4^+
Cd^{2+}	fest	$10^{-7} - 1$	Ag^+, Hg^{2+}, Cu^{2+}
Na^+	fest	$10^{-6} - 1$	Ag^+, H^+
NO_3^-	flüssig	$10^{-5} - 10^{-1}$	I^-, NO_2^-
ClO_4^-	flüssig	$10^{-5} - 10^{-1}$	I^-
S^{2-}	fest	$10^{-7} - 1$	Hg^{2+}, Ag^+
SCN^-	fest	$>10^{-6} - 1$	S^{2-}, I^-

Meßbereich bedeutet in Tab. 13 und 14 den Bereich linearer Anzeige; als Bauform ist häufig eine heterogene Membran mit in Polymeren fixierter aktiver Masse anzutreffen.

Tab. 14: Angaben zu nichtkommerziellen ISE's mit Flüssigmembranaufbau, d.h. vorläufig ist Eigenbau erforderlich.

zu bestimmender Stoff   Meßbereich (mol dm^{-3})

Ba^{2+}	10^{-5} - 0,1
UO_2^+	10^{-4} - 0,1
R_4N^+	10^{-6} - 0,1
Kationtensid	10^{-5} - krit. Mizellkonzentration
Acetat	10^{-3} - 0,1
Benzoat	10^{-3} - 0,1
SO_4^{2-}	10^{-3} - 0,1
Oxalat	10^{-4} - 0,1

Ionenselektive Elektroden zur Bestimmung dreiwertiger Ionen werden untersucht, aber ihre Zuverlässigkeit ist noch nicht sichergestellt [28]. Übersichtsarbeiten zur Analytik von Anionen, auch mehrwertiger, mithilfe von ISE's finden sich bei MIGLEY [44] und CAMANN [45].

3.10   Prinzipaufbau potentiometrischer Gassensoren

Einige der genannten Systeme lassen sich als Sensoren auch zur Messung von Gasen ausbauen. Derartige Gassensoren enthalten meist zwei Membranen. Die innere spricht im Nernst'schen Sinn auf ein Indikator-Ion an, das in der angrenzenden Außenlösung durch Reaktion mit eindiffundierendem Gas gebildet oder in seiner Aktivität verändert wird. Die äußere Membran trennt den Sensor von der Analysenlösung und läßt nur das zu bestimmende Gas durchtreten.

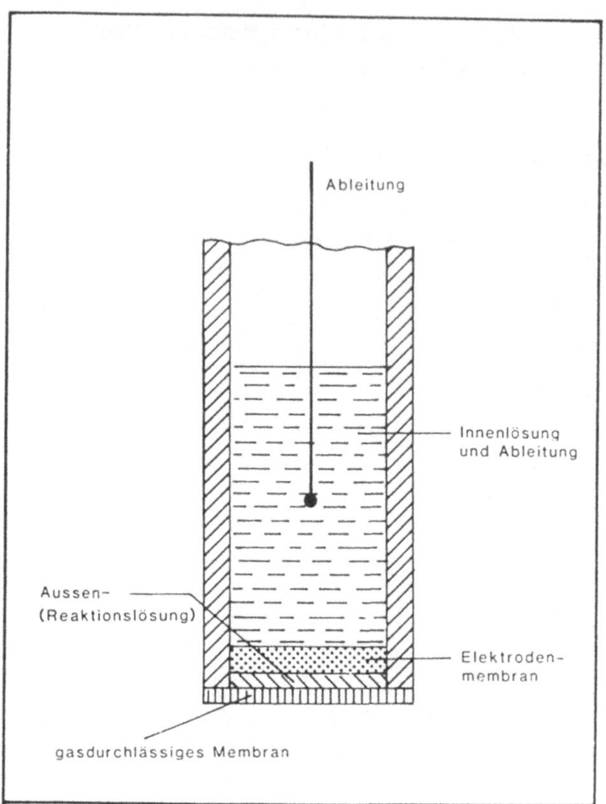

Abb. 35: Potentiometrischer Membransensor für Gasmessungen.

Als Beispiel sei die CO_2-Messung kurz erläutert. In einer Hydrogencarbonat
haltigen Lösung herrscht definierte CO_2-Aktivität durch das Dissoziations-
gleichgewicht Hydrogencarbonat/CO_2. Wenn nun CO_2 durch die Außenmembran in
die Außenlösung des Sensors eindiffundiert, kann dort durch eine Säure-
Basenreaktion etwa die H^+-Aktivität verändert werden. Diese Änderung von
$a_H{}^+$ kann mit einer Glasmembran und einem Ableitsystem detektiert werden
und entspricht dem vorliegenden CO_2-Gehalt.
Die Außenmembran soll jegliches Eindringen der Probenlösung u.a. verhindern und das zu messende Gas möglichst selektiv durchlassen. Geeignete
Mebranen bestehen etwa aus mikroporösem Celluloseacetat, Polyethylen, PVC
oder Silicongummi.
Die Potentialeinstellung an derartigen Gassensoren erfolgt relativ langsam, da der Diffusionsvorgang der zu messenden Verbindung durch die Außenmembran in die Außenlösung zeitbestimmend ist.

<u>Tab. 15</u>: Tabelle einiger Gas-Sensoren.

Gas	Außenlösung	Reaktion in Außenlösung	indizierende Elektrode
CO_2	$NaHCO_3$	pH-Wertänderung	Glaselektrode
SO_2	$NaHSO_3$	pH-Wertänderung	Glaselektrode
NH_3	NH_4Cl	pH-Wertänderung	Glaselektrode
HF	Säure		pF-Elektrode
H_2S	Puffer	S^{2+}-Aktivität	Ag_2S-Elektrode
HCN	$KAg(CN)_2$	CN^--Aktivität	pCN-Elektrode

Meist werden diese Gassensoren zur Bestimmung einzelner, gelöster Gase
benutzt, aber auch in Gasmischungen können sie eingesetzt werden. Die
Bezugselektrode ist in vielen Fällen auch schon konstruktiv in den Sensor
eingebaut, so daß auch hier Einstabmeßketten verfügbar sind.

3.11   <u>Meßtechnik bei Verwendung von ISE's</u>

3.11.1   <u>Anforderungen an ein pIon-meter (pH-Meter) und den Meßaufbau</u>

Ohne ins Detail gehen zu wollen, seien hier einige zu beachtende Meßprob-
leme für die Verwendung von ISE, - die Glaselektrode miteingeschlossen -,
diskutiert.
Es wird vorausgesetzt, daß ein entsprechend hochohmiges Meßgerät (Ein-
gangsimpedanz $> 10^{12}$ Ohm), pH-Meter, pIon-Meter oder eine kommerzielle
Meßanlage für Produktionsüberwachung, eingesetzt wird. Das Auflösevermögen
soll besser als $\pm$ 1 mV, tunlichst $\pm$ 0,1 mV betragen.
Zwar sind die meisten Probleme und der Bedienungskomfort von den Geräte-
herstellern berücksichtigt, doch sollte der Anwender über einige Vor-
sichtsmaßnahmen informiert sein.
Es sollten weitgehend abgeschirmte Kabel verwendet werden, die auch bei
Präzisionsmessungen nicht bewegt werden sollten, und die nicht in der Nähe
von stromführenden Leitern verlaufen sollen. U.U. ist auch Abhilfe gegen

142

elektrostatische Aufladung des Bedienungspersonals vorzusehen. Im Extrem-
fall kann es nötig werden, die gesamte Meßapparatur mit einem faradayi-
schen Käfig zu umgeben, um eine ruhige Anzeige zu erreichen.
Häufig sind Störungen auch dadurch bedingt, daß unbeabsichtigt Erdschleifen im gesamten Meßaufbau vorliegen, vorallem wenn mehrere Geräte gekoppelt sind. Schematisch verdeutlicht dies die folgende Abbildung:

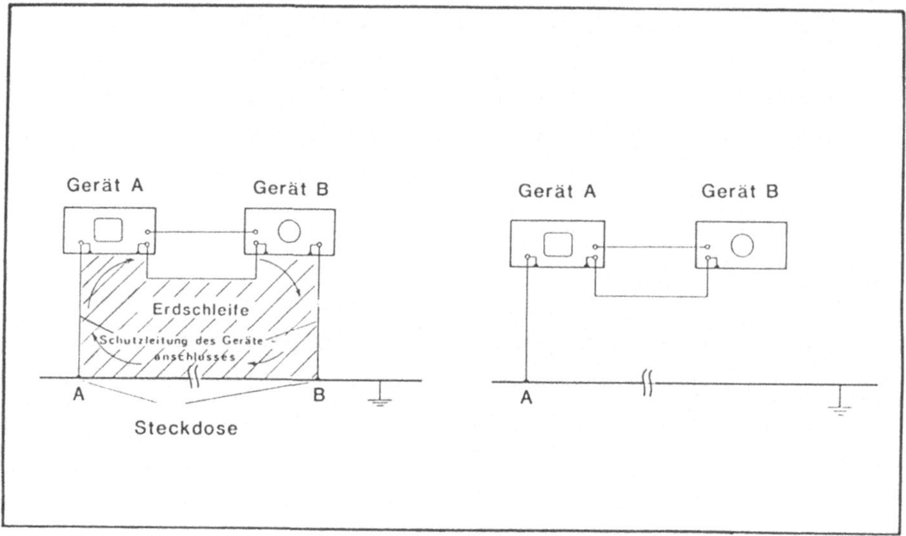

Abb. 36: Meßanordnung mit und ohne Erdschleife (nach [5]).

Im rechten Bild sind die beiden Geräte über die Schutzleitung und die
getrennten Steckdosen galvanisch verbunden, so daß als sogenannte Erdschleife ein störender Strom auftreten kann, der den Meßwert verfälscht
bzw. u.U. die Bezugselektrode zerstören kann.

Eine korrekte Kompensation des Temperatureinflusses auf die Genauigkeit
der Messung erfordert nicht nur eine Anpassungsmöglichkeit der Elektro-
densteilheit ($\triangle$ Nernstfaktor) auf die jeweilige Meßtemperatur sondern oft
auch eine Korrektur des Isothermenschnittpunkts durch eine Hilfsspannung
(beim Arbeiten mit ISE's oft bis zu 1 V Korrekturspannung nötig), da in
praxi der Schnittpunkt nicht immer mit dem elektrischen Nullpunkt der
Meßkette zusammenfällt (u.a. wegen der Asymmetriepotentiale, s. Kap.
3.3.1).

3.11.2   Ausschnitte aus der Betriebsmeßtechnik

Bei Messungen in durchströmten Rohren sollte die Bezugselektrode strö-
mungsabwärts zur Meßelektrode eingebaut werden, um Störungen der Messung
durch austretenden Elektrolyt des Bezugsystems zu vermeiden. Um Strö-
mungspotentiale, vor allem bei variablem Durchfluß auszuschalten, sollte
die Meßapparatur in einem Nebenschluß, etwa der Abb. 38 folgend, instal-
liert werden.

Ähnlich ist vor allem bei metallischen, im Erdreich verlegten, Rohren zu
beachten, daß hier keine Erdschleife zwischen der Bezugselektrode und der
metallischen Rohrwand gebildet wird (Abb. 37). Entweder ist eine zusätzliche Isolation im Meßgerät vorzusehen oder es sind großflächige Bezugselektroden einsetzen, die einem parasitären Strom ohne Veränderung ihres
Potentialwertes standhalten. Akku-betriebene Verstärker wirken dem Auftreten von Erdschleifen entgegen oder besser eine galvanische Trennung der
Meßfühler, wie es die Abb. 38 ebenfalls beinhaltet.

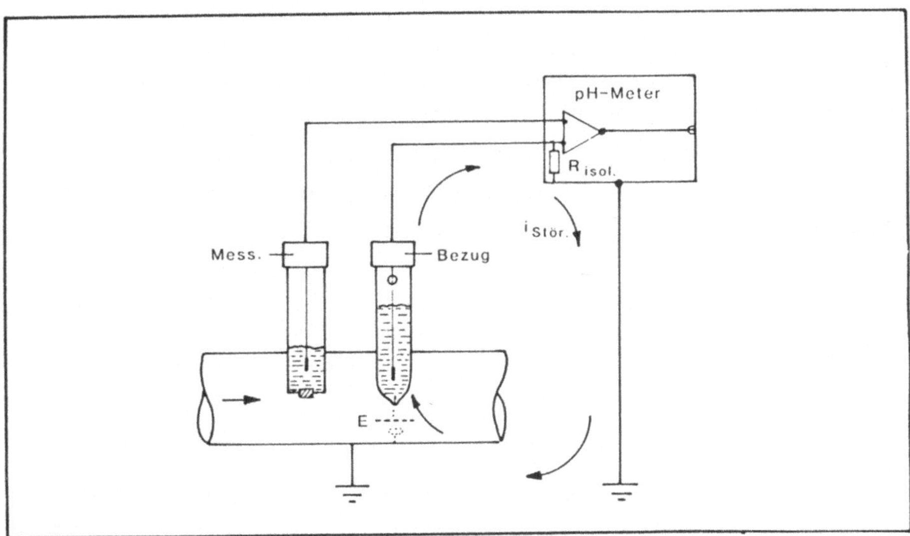

Abb. 37: Erdschleife bei geerdeten Meßlösungen (nach [5]).

144

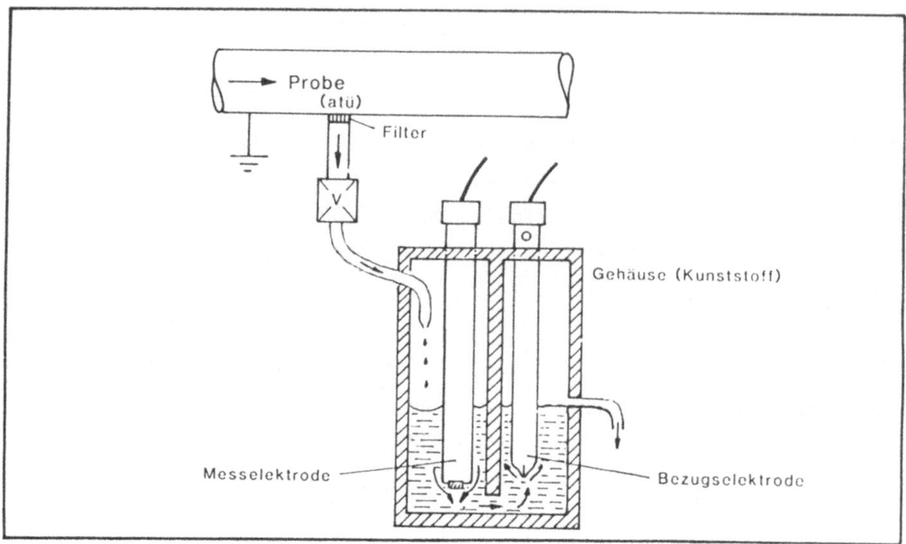

Abb. 38: Erdfreie Durchflußanordnung im Nebenschlußbetrieb (nach [5]).

In einem Durchflußsystem kann, wie nachstehend schematisch abgebildet, mit
Hilfe identischer Meßelektroden (Steilheit, Selektivität) auf die Verwendung einer Bezugselektrode verzichtet werden (Vermeidung der Störung durch
Probleme mit dem Diaphragma). Es handelt sich dabei immer um den Aufbau
einer Konzentrationskette (Konzentrationskette: 2 Halbzellen gleicher
Inhaltsstoffe, aber unterschiedlicher Konzentration). Je nach Positionie-
rung der Meßelektroden (in Positionen A/C, A/B, B/C) können die Verfahren
der direkten oder indirekten Potentiometrie, mit oder ohne Standardzugabe
angewandt werden.

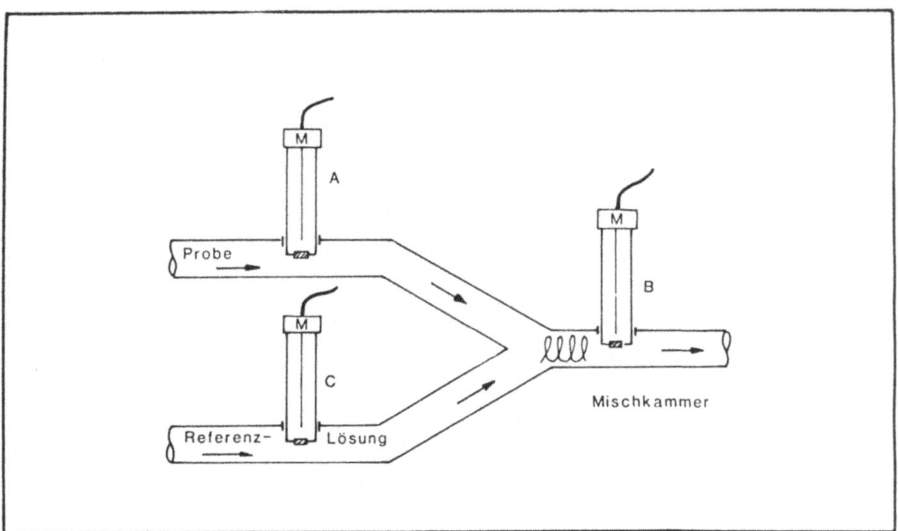

Abb. 39: Konzentrationsketten in Strömungssystemen (nach [5]).

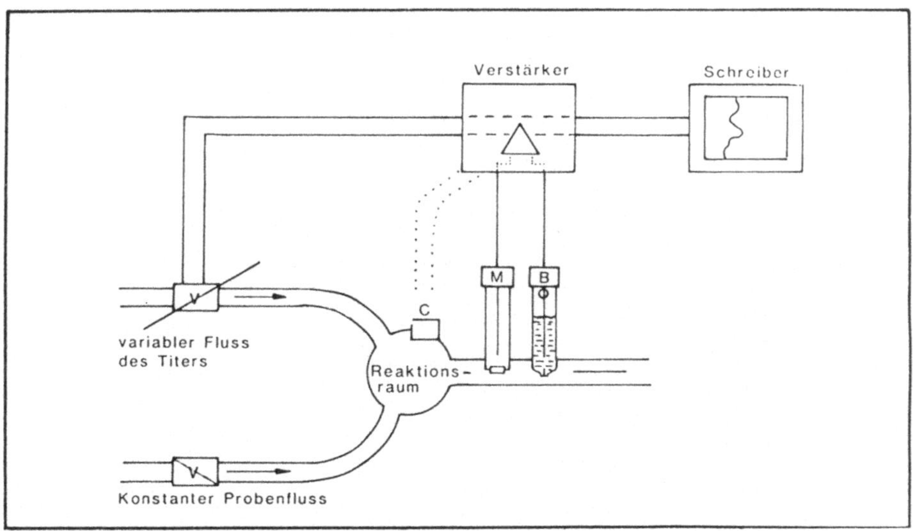

Abb. 40: Schema für eine Prozeßtitration; M = Meßelektrode,
B = Bezugselektrode, C = gegebenfalls Vorrichtung zur
coulometrischen Reagenzerzeugung (nach [5]).

Die Genauigkeit der üblichen Messungen im Durchfluß liegt etwa bei 5 %.
Falls bessere Werte erzielt werden müssen, sollte auf eine kontinuierliche, elektrochemisch indizierte, Prozeßtitration zurückgegriffen werden.
Schematisch stellt sich eine solche Anordnung wie in Abb. 40 dar. Besonders vorteilhaft ist die kontinuierliche Titration, wenn das Reagenz
coulometrisch erzeugt werden kann, da dann die exakte Regelung des Ti-
trantzuflusses keiner Ventile o.ä. bedarf.

Betriebsmonitoren auf elektrochemischer Basis sind für folgend aufgeführte
Substanzen erhältlich und erprobt:

Ammoniak, Blei, Bromid, Cadmium, Chlor, Chlorid, Cyanat, Cyanid, Fluorid,
Gesamtbase, Gesamtsäure, Hypochlorit, Jodid, Kupfer, Natrium, Nitrat,
Nitrit, Oxidationsmittel, Reduktionsmittel, Schwefeldioxid, Schwefelwas-
serstoff, Silber, Sulfid, Sulfit, Wasserhärte.

Zum Abschluß dieses kursorischen Berichts über industrielle Meßanlagen sei
noch ein Fließschema eines Analysenautomaten zur Na^+-Bestimmung angeführt:

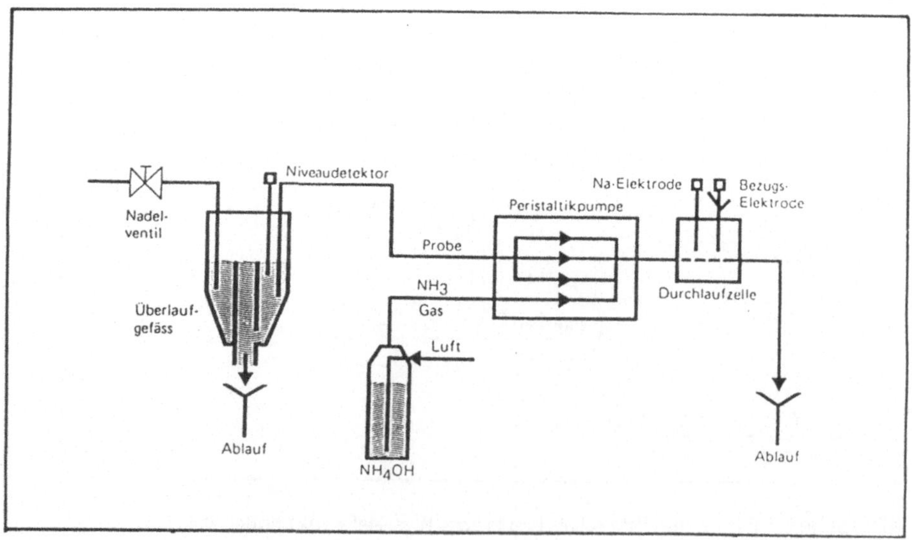

Abb. 41: Fließschema für eine Na^+-Überwachung mit Probenvorbereitung
durch NH_3 [46].

3.12 Halbleitertechnologie, CHEMFET und ISFET

Neue Impulse zur Entwicklung von Sensoren auf elektrochemischer Basis gehen von der Halbleitertechnologie aus.

Unter CHEMFET wird ein Feldeffekt Transistor verstanden, der gegenüber Chemikalien sensitiv reagiert. Ein ISFET, als Untergruppe der Chemfet's, ist ein ionenselektiver Feldeffekttransistor. Von beiden Typen wird erwartet, daß die weitere Entwicklung zu stabilen, miniaturisierbaren Sensoren führt, die völlig in integrierte Schaltungen eingesetzt werden können [28,30,47 bis 50].

Oberflächen-Feldeffekttransistoren reagieren durch Änderung des Stroms zwischen Drain und Source auf Veränderungen des Potentials, das sich an einer Schicht über dem Gate ausbildet. Schematisch ist in Abb. 42 der Aufbau eines ISFET's (ohne Bezugssystem) abgebildet.

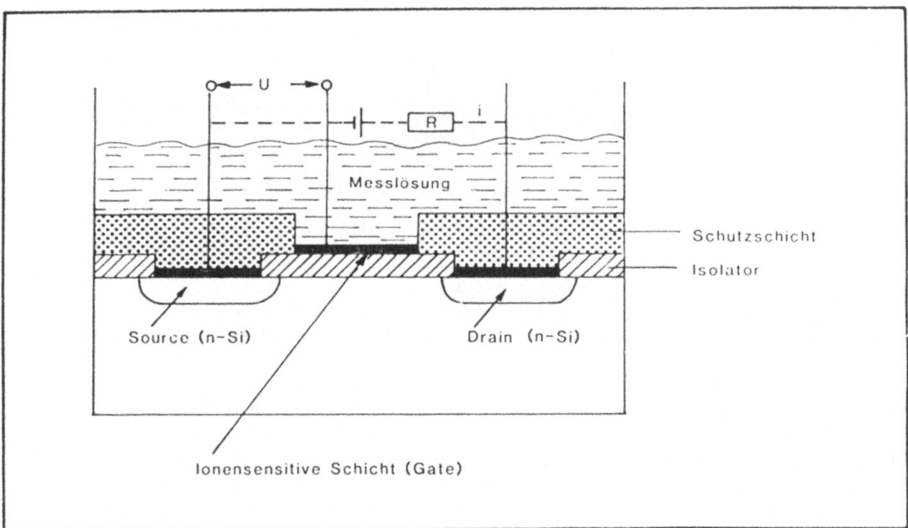

Abb. 42: Prinzipaufbau eines ISFET.

148

Ein wesentlicher Vorteil dieser Schaltungstechnik liegt u.a. darin, daß
das Signal niederohmig erhalten wird und einfacher zu verarbeiten ist.
Probleme liegen noch in der Aufbringung geeigneter Schichten auf das Gate,
im Erreichen schnellerer Ansprechzeiten und in der Auswahl geeigneter
Schutzschichten.

Die Abb. 43 zeigt einen Schichtaufbau, wie er zur Messung des pH-Werts
eingesetzt werden soll. Besonders geeignet sollen hierfür Ta_2O_5-Schich-
ten sein [52]. Andere Schichtmaterialien am Gate sollen selektiv auf
Na^+-Ionen ansprechen. Die Abb. 44 zeigt das Nernst'sche Verhalten eines
pNa-ISFET's auf Natrium-Aluminium-Silikatbasis über weite Bereiche der
Na^+-Konzentration:

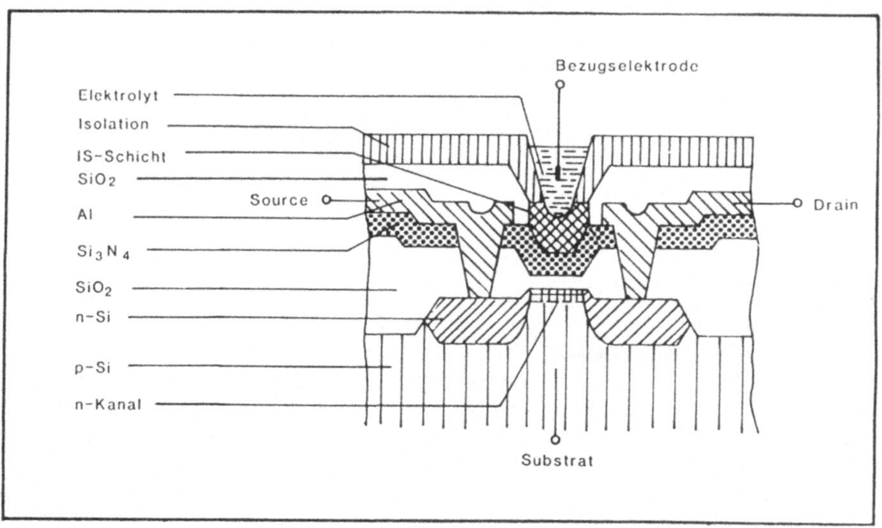

Abb. 43: Schichtenaufbau eines ISFET's zur pH-Wert-Messung (nach [51]).

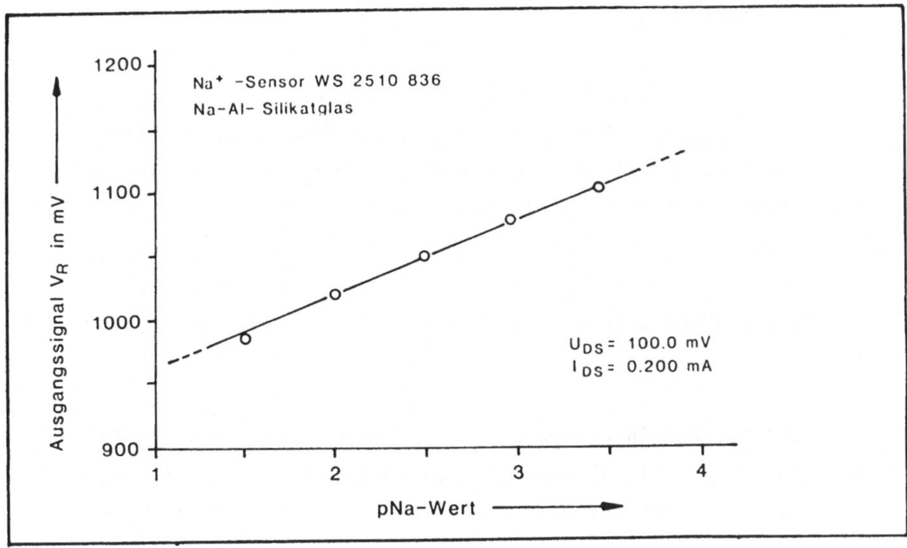

Abb. 44: Steilheit eines Na^+ sensitiven ISFET's (nach [52]).

Ebenso werden die Membrantypen, wie sie bei den ISE's beschrieben sind, zur Anzeige anderer Ionen in ISFET-Bauweise erprobt. Selbst Enzyme werden am Gate immobilisiert (z.B. Penicillinase auf einem H^+-empfindlichen Gate zur bestimmung von Penicillin [40]).

CHEMFETS haben sich zum Teil langzeitig bereits bewährt. Etwa ein Sensor, dessen Gate mit Palladium beschichtet ist, zur Messung von H_2 oder im Falle einer porösen Pd-Schicht zur Messung von Kohlenmonoxid.

4. Voltammetrie

Der Name Voltammetrie bedeutet Messung des Zusammenhangs von Spannung und
Strom (Volt-Ampere-Metrie). Voltammetrie wird zur analytischen Bestimmung
elektroaktiver Stoffe eingesetzt und zur Charakterisierung der elektrochemischen Reaktionswege an der Phasengrenze und zum Studium von Reaktionen
etwa radikalischer Primärprodukte des Elektronentransfers [2,3,14,23]. Im
folgenden werden jedoch im wesentlichen nur die analytischen Aspekte
berücksichtigt und in Erklärungen meist eine Reduktion als Beispiel
besprochen.

Durch die rasche moderne Entwicklung der Elektronik, die eine Vielzahl von
Schaltungsvarianten und Signalverarbeitungen gebracht hat, ist es gelun-
gen, die Stagnation in der traditionellen Gleichspannungspolarographie zu
überwinden, und einen breiten, nicht abzusehenden Aufschwung für voltammetrische Meßmethoden zu gewährleisten.

4.1 Entstehen des Meßsignals

Die Meßwertbildung erfolgt durch chemische Reaktionen an der Phasengrenze
zwischen einem Elektronenleiter und einem Ionenleiter (es sollen im
folgenden unter dem Ionenleiter nur Lösungen von Elektrolyten verstanden
werden,- die Ausführungen gelten aber auch sinngemäß für die Verwendung
von Salzschmelzen oder ionenleitenden Festkörpern oder für einige an
Metall haftenden Deckschichten). Elektronenleiter, Elektrolyt oder darin
gelöste Stoffe können in chemischen Reaktionen 'elektroaktiv' sein, wobei
ein Reaktionspartner immer ein (oder mehrere) Elektron(en) darstellt. Da
demnach ein Ladungstransfer zwischen verschiedenen Spezies (Elektrode/Sub-
strat) stattfindet, bedeutet elektrochemische Aktivität im Sinne der Voltammetrie immer das Ablaufen von Reduktions- und/oder Oxidationsprozessen
verbunden, mit einem zu registrierenden Stromfluß i_{far} durch die gesamte
Meßanordnung. Der dabei erfolgte ablaufende Stoffumsatz gehorcht den
Faraday'schen Gesetzen [3].

$$Ox + z\ e^- \longrightarrow Red$$
$$Red - z\ e^- \longrightarrow Ox$$

(Ox = oxidierte Form einer Spezies, Red = reduzierte Form einer Spezies).

Elektrochemische aktive Stoffe werden in der älteren polarographischen
Literatur oft als 'Depolarisatoren' bezeichnet.

In welchem Potentialbereich sich letzlich ein Stoff elektroaktiv zeigt,
wird vom Energieangebot der Elektrode bestimmt. Es sei erinnert, daß das
Produkt aus Potential und Faradaykonstante einem Energiebetrag pro Mol
entspricht. Reicht das Angebot aus, alle denkbaren Reaktionshemmungen zu
überwinden, tritt ein faraday'scher Stoffumsatz und damit ein Strom durch
die Meßanordnung auf. Für die Art des erhaltenen Signals können thermodynamische Gegebenheiten, elektrodenkinetische Hemmungen an der Phasengrenze, chemische Reaktionen in der Nähe der Phasengrenze, Kristallbildung
an der Elektrode und Transportvorgänge im umgebenden Medium bestimmend
sein.

Als Ausdruck für die verschiedenen Arten von kinetischen Hemmungen wird
gerne der Begriff 'Überspannung' herangezogen. Er soll angeben, welche
Spannungswerte zusätzlich zum thermodynamisch, reversiblen Wert aufzubringen sind, damit ein beobachtbares Signal (Stromfluß) eintritt.

a) Transport-(Diffusions-)-Überspannung
b) Reaktionsüberspannung
c) Kristallisationsüberspannung
d) Überspannung für den Durchtritt der Ladungsträger durch die
   Phasengrenze.

Im voltammetrischen Sinn gilt ein verschärfter Begriff von Reversibilität:
innerhalb der Zeitauflösung des jeweiligen Experiments ist direkt **an** der
Phasengrenze, d.h. bei der Entfernung x = 0 von der Elektrode, thermodyna-
misches Gleichgewicht zwischen der oxidierten und reduzierten Form eingestellt. Demnach hat man mit reversiblen, quasi-reversiblen und irreversiblen voltammetrischen Signalen, abhängig von der Meßmethode, zu rechnen.

4.1.1   <u>Modell der Phasengrenze Elektrode/Elektrolyt</u>

Der elektrochemische Schritt besteht immer aus einem Durchtritt von
Ladungsträgern über die Phasengrenze, meist ist es das Elektron, im Fall

152

einer oxidativen Auflösung einer Elektrode oder der Metallabscheidung sind
es die betreffenden Metallionen. Nachstehend sind die Zonen an und vor
einer Elektrode, die für die Meßwertbildung bedeutsam schematisch angeführt:

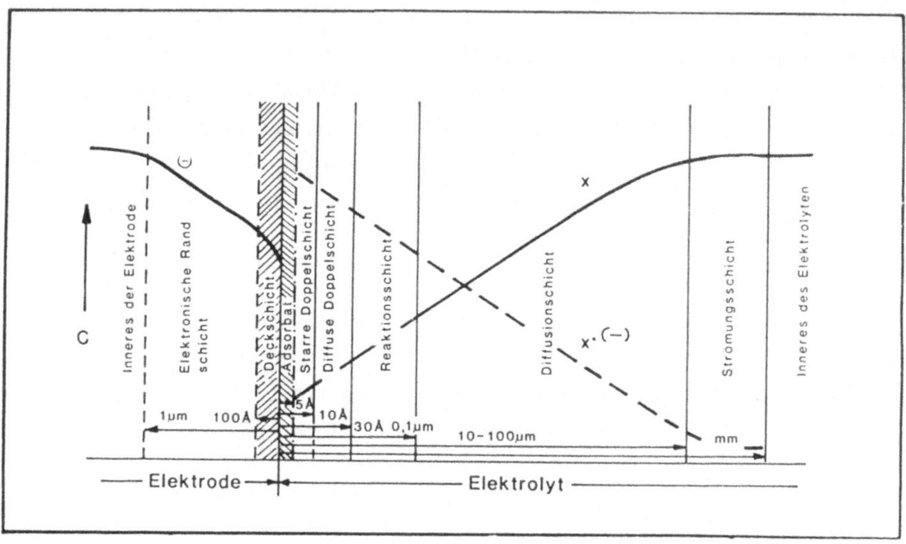

Abb. 45: Schichtenmodell der Grenze Elektrode/Elektrolyt (nach [13]).

4.1.2   Phasengrenze als Kondensator

Die elektrochemische Doppelschicht (d.h. Randzone des Elektronenleiters
und angrenzende Ionenschicht), kann vereinfacht als ein Kondensator betrachtet werden. Die Größe der Kapazität dieses Kondensators ist für ein
gegebenes System Elektrode/Elektrolyt abhängig von der Elektrodenfläche
und dem Potential- bzw. von Potentialänderungen,- sie wird als differen-
tielle Kapazität $C_{dl} = (dQ/dE)_E$ charakterisiert. Ihre Größenordnung beträgt etwa 20-50 µF/cm^2.

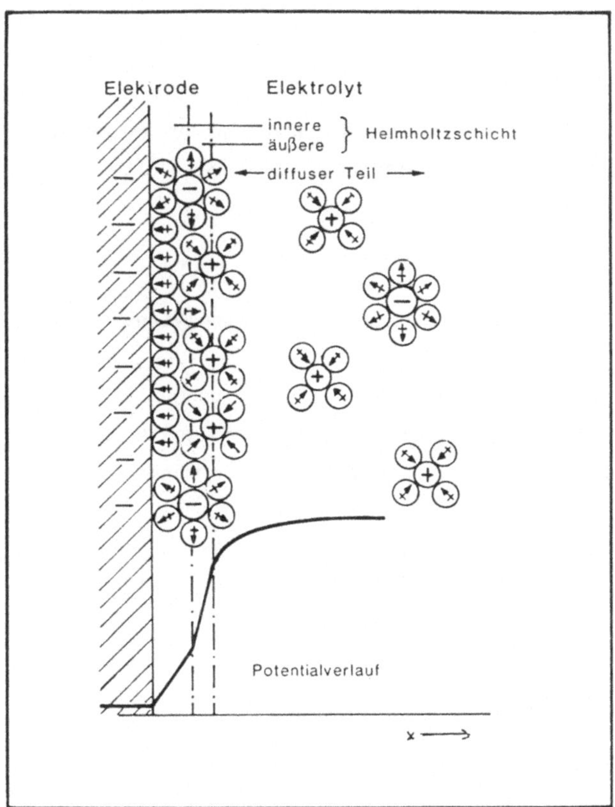

Abb. 46: Kondensatormodell der elektrochemischen Doppelschicht.

Die in der Voltammetrie wichtigsten Abhängigkeiten des sogenannten kapazitiven Stroms i_{kap}, der zur Aufladung der Kapazität dieser Doppelschicht benötigt wird, und der meist ein störendes Untergrundsignal bedeutet, sind:

i_{kap} ist proportional zu dq/dt (d.h. abhängig von Änderungen der Elektrodenfläche, vgl. Hg-Tropfelektrode, Kap. 4.3);

i_{kap} ist proportional zu dE/dt (d.h. linear abhängig von Potentialänderungen, vgl. Cyclovoltammetrie, Kap. 4.3.6).

4.1.3   <u>Ladungs- und Stofftransport</u>

Der Ladungstransport in einem Elektrolyten gehorcht dem Ohm'schen Gesetz, wobei dU die Differenz aus angelegter Zellspannung und der Summe der
Spannungssprünge an den Phasengrenzen Elektrode/Elektrolyt beinhaltet
(vgl. Abb. 2, Kap. 2.1).

$$dU = i\,R = i\ d/\varkappa\ q$$

d   = Abstand; $\varkappa$ = spezifische Leitfähigkeit des Elektrolyten.

Bei geringer Leitfähigkeit, großen Abständen und/oder sehr großen Strömen
wird letztlich der Ohm'sche Widerstand dominieren und die im weiteren zu
besprechenden Strom-Potentialbeziehungen in der Voltammetrie maskieren.

Die Stoffflußdichte (ausgedrückt in Anzahl der pro Zeiteinheit und Querschnitt transportierten Mole 1/q.dn/dt) ist für eine Spezies in ein-
dimensionaler Form wie folgt zusammengesetzt.

$$\frac{1}{q} \cdot \frac{dn}{dt} = - D \cdot \frac{dc}{dx} - w\,c.\,\frac{d\varphi}{dx} + v_x\,c + rkt$$

D   Diffusionskoeffizient (für einfache Ionen und niedrigmolekulare
        organische Stoffe in Wasser um 10^{-9} bis 10^{-10} m^2 s^{-1}, für höhermo-
        lekulare Stoffe oder viskosere Medien gut zwei Zehnerpotenzen
        geringer),

w   Beweglichkeit eines geladenen Teilchens im elektrischen Feld d φ/dx
        ($w_{\mp}$ liegt um 5.10^{-8} m^2 V^{-1} s^{-1} in H_2O),

φ elektrisches Feld,

v_x Geschwindigkeit einer Flüssigkeitsströmung,

rkt   Zusammenfassung kinetischer Terme von chemischen Reaktionen,
        die erst die elektroaktive Spezies bilden (nur bedeutsam, wenn
        derartige Prozesse relativ schnell ablaufen).

Der erste Term beschreibt die Diffusion von Teilchen aufgrund örtlicher
Konzentrationsunterschiede, der zweite die Wanderung von Teilchen im
elektrischen Feld, der dritte Stofftransport durch Konvektion, der letzte
die Bildung der elektroaktiven Substanz etwa durch vorgelagerte chemische
Reaktionen.

Handelt es sich bei der zu untersuchenden Substanz um ein Neutralmolekül,
entfällt automatisch der zweite Term. Im Falle geladener Teilchen bewirkt
ein hoher Überschuß eines Salzes (Leitelektrolyt, Grundelektrolyt), daß
der Wanderungsanteil auf vernachlässigbare Werte absinkt.
Auf alle Fälle verhindert der Leitelektrolyt weitgehend Verzerrungen des
Meßsignals durch Ohm'schen Widerstand.

In ruhender Lösung ist bei gegebenen chemisch stabilen Formen Ox bzw. Red
demnach allein Diffusion der elektroaktiven Stoffe zur Elektrode ausschlaggebend. Bei bewegten Lösungen oder bewegten Elektroden gilt 'konvektive Diffusion', wobei die Berechnung des konvektiven Teils nur in wenigen
Fällen ohne Computersimulation möglich ist. Ebenso ist die Berechnung
etwaiger chemischer Reaktionsschritte, die mit dem Elektronentransfer
gekoppelt sind, meist nur durch digitale Simulationsverfahren lösbar.

Unter stationären Bedingungen wird i.allg. ein stufenförmiges Strom-
Spannungskurve beobachtet. Im ansteigenden Teil des Signals ist die
Kinetik des Elektronentransfers bestimmend. Letztlich, wenn jedes die
Elektrode erreichende elektroaktive Molekül oder Ion dort umgesetzt wird,
dominiert der endliche Stofftransport, so daß ein potentialunabhängiger
Grenzstrom erreicht wird.

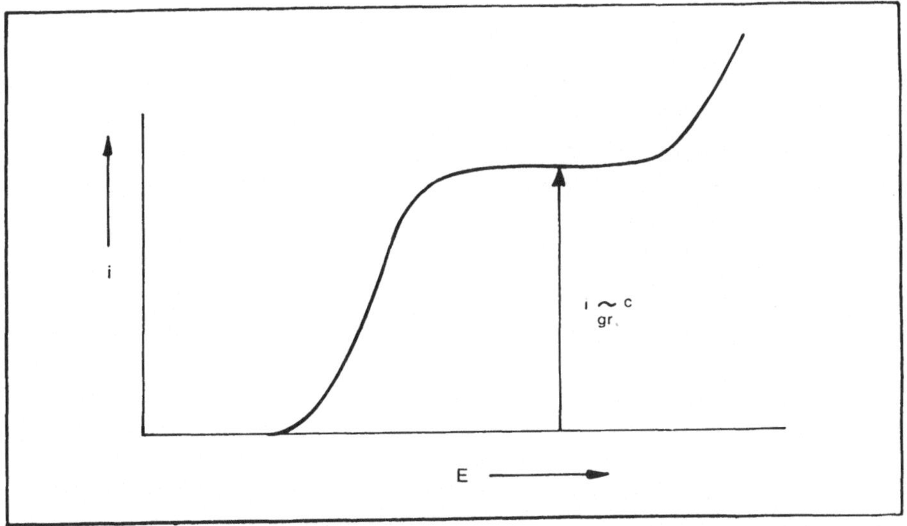

Abb. 47: Strom-Spannungskurve bei stationärer Meßmethodik.

156

Der ansteigende Teil einer stationären Strom-Spannungskurve läßt sich für
einen reversiblen Fall als folgende Funktion beschreiben:

$$i = \frac{i_{gr}}{1 + \exp\left[\dfrac{zF}{RT}\ (E_{1/2} - E)\right]}$$

$E_{1/2}$, das Halbstufenpotential, bedeutet das Potential, bei dem der halbe
Wert des Grenzstromes erreicht ist. $E_{1/2}$ dient zur Beschreibung eines
Prozesses und ist in gegebenem Medium charakteristisch für den jeweilgen
elektroaktiven Stoff. Grenzströme i_{gr} werden zur Konzentrationsmessung
herangezogen.

4.1.4   Voltammetrische Grenzströme

Die Größe eines maximal erreichbaren faraday'schen Stroms hängt für einen
einfachen elektrochemischen Umsatz von folgenden Größen ab:

- der Konzentration des elektroaktiven Stoffes,
- der Zahl der umgesetzten Elektronen pro Molekül bzw. pro Mol,
- dem Transportmechanismus des Stoffes und
- der Elektrodenfläche.

Als vereinfachtes Modell kann das Bild der Diffusionsschicht an einer
ebenen Elektrode nach Nernst dienen, bei dem das Konzentrationsprofil für
ein zur Elektrode gelangenden Teilchen als linear angenommen wird (so daß
innerhalb der Schicht δ_N die Gesetze der linearen Diffusion als Stofftransport anzusetzen sind):

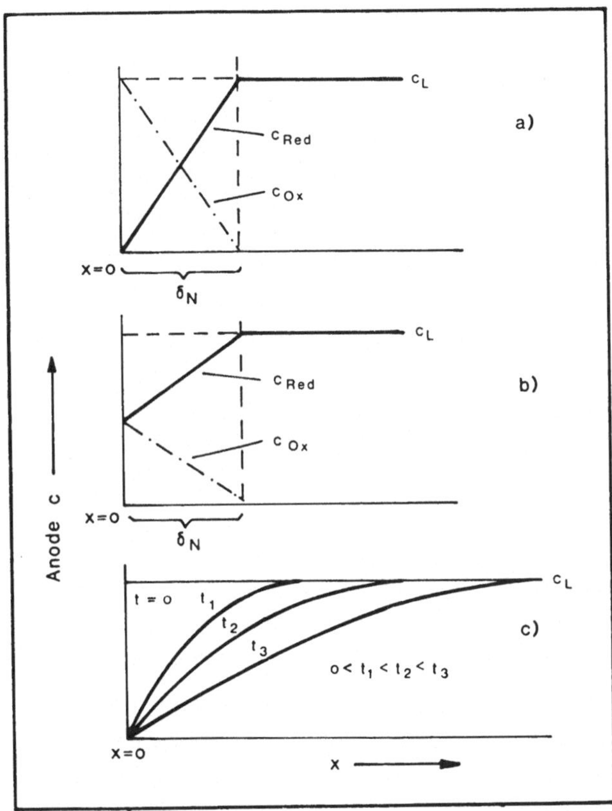

Abb. 48: Modell der Diffusionsschicht nach Nernst für den Umsatz einer
oxidierbaren Spezies.
c_L = Konzentration der elektroaktiven Substanz in der Lösung;
x = Abstand von der Elektrode; δ_N = Nernst'sche Diffusionsschicht; a) Profil beim Grenzstrom; b) Profil beim Halbstufenpotential; c) zeitliche Veränderung des Profils beim Grenzstrom.

Die Größe eines durch elektrochemischen Umsatz bedingten Stroms berechnet
sich dann nach folgender Vorgehensweise:

1) i   = z F dn/dt   (Faraday-Gesetz, Strom hier ohne Vorzeichenfestlegung)
   z   = Anzahl der pro Molekül umgesetzten Elektronen;
   dn/dt = Molzahländerung pro Zeiteinheit.

2) dn/dt = -D q dc/dx   (1. Fick'sches Diffusionsgesetz)
   q   = Elektrodenfläche

Aus 1) und 2) ergibt sich:

3) $i = z F q D (dc/dx)$

Unter Zugrundelegung des Nernstmodells und der Grenzstromsituation, d.h.
daß jedes die Elektrode erreichende Teilchen umgesetzt wird, so daß bei
$x = 0$ die Konzentration $c = 0$ vorliegt, ergibt sich ein voltammetrischer
Grenzstrom zu:

4) $$i_{gr} = \frac{z\ F q D\ c_L}{\delta_N}$$

(exakt ist für die Berechnung eines Grenzstroms nicht c_L / δ_N einzusetzen,
sondern der Konzentrationsgradient $(dc/dx)_{x\ =\ 0}$ direkt an der Elektrodenoberfläche bei $x = 0$).

Zur Verdeutlichung sollen Größenangaben vorgestellt werden. In ungerührter
Lösung breitet sich die Nernstschicht, d.h. das Gebiet einer Konzentra-
tionsverarmung mit $\delta_N = (\pi D t)^{0,5}$ ins Lösungsinnere aus. Außerhalb von
$_N$ werden Konzentrationsunterschiede durch 'natürliche' Konvektion (z.B.
durch Dichte- und Temperaturunterschiede) ausgeglichen. Die Dicke der
Nernst-Schicht beträgt etwa 100 µm bei natürlicher Konvektion, ca. 10 µm
bei schwacher Rührung. Nur extreme Druckströmungen lassen eine Schichtdicke von < 1 µm erreichen.

Es ergibt sich so etwa ein Diffusionsgrenzstrom von 50.000 A/m^2 bei $\delta_N =$
10 µm, $D = 10^{-9}$ m^2 s^{-1} und $c = 5$ Mol/dm^3, wie es in technischen Pro-
duktionsprozessen u.U. möglich ist. Bei einfachen voltammetrischen Messungen etwa im Konzentrationsbereich von 10^{-3} M liegen die Grenzströme
dann um 1 µA/mm^2. Es sei hier vermerkt, daß aufgrund dieser kleinen Ströme
und des geringen Zeitbedarfs einer voltammetrische Analyse nahezu unbe-
grenzt oft an der selben Lösung gemessen werden kann, bevor eine merkbare
Konzentrationsänderung der zu untersuchenden Spezies auftritt.
Ströme sind additiv, d.h. bei Vorliegen zweier Spezies, die beim selben
Potential umgesetzt werden, erhält man einen Grenzstrom, der durch die
Konzentrationen beider Stoffe bestimmt wird.

Liegen die Reduktionspotentiale ausreichend getrennt, kann voltammetrisch eine Simultanbestimmung mehrerer Stoffe vorgenommen werden. Oftmals können ungetrennte oder nicht ausreichend getrennte Prozesse durch Zusatz von Komplexbildnern derart in ihrer Potentiallage verschoben werden, daß eine Simultanbestimmung wieder möglich wird.

4.1.5 <u>Arten von Strömen in der Voltammetrie</u>

In dem Schichtenmodell der Phasengrenze (Kap. 4.1.1, Abb. 45) ist eine Reaktionsschicht eingezeichnet. Wenn etwa die Primärspezies des Elektronentransfers in dieser Zone schnell mit einem zugesetzten Stoff Z, der selbst keine Elektrodenreaktion eingeht, etwa im folgenden Sinn reagiert

$$Ox + z\ e^- \longrightarrow Red$$
$$Red + Z \longrightarrow Ox + Endprodukt$$

spricht man von katalytischen Strömen. Letztlich wird der Stoff Z reduziert und Ox durch einen homogenen Elektronentransfer immer wieder regeneriert. Für einige analytische Anwendungen sind derartige Prozesse hervorragend ausnutzbar. So wird z.B. die Reaktionsfolge

$$Mo^{6+} + e^- \longrightarrow Mo^{5+}$$
$$Mo^{5+} + ClO_4^- \longrightarrow Mo^{6+} + \text{Reduktionsprodukte des } ClO_4^-$$

zur Analyse des sonst schwer bestimmbaren Perchlorat-Ions herangezogen.

Ebenso beeinflussen vorgelagerte Gleichgewichte ($A \rightleftharpoons Ox$) die Potentiallage und die Grenzströme einer elektrochemischen Umsetzung. Bzgl. weiterer reaktionskinetischer Fragen muß auf die Spezialliteratur verwiesen werden [3,10].

Zusammenfassend die Arten von Strömen, wie sie in der Voltammetrie auftreten können:

a) faraday'scher Strom i_{far}, bedingt durch elektrochemischen
   Stoffumsatz

b) kinetische Ströme i_{kin}, z.B. durch die Geschwindigkeit
   einer katalytischen oder vorgelagerten Reaktion bestimmt

c) adsorptiv bedingte Ströme i_{ads} (die Möglichkeit der monomole-
   kularen Adsorption etwa eines Produktes kann energetisch die
   Reduktion eines kleinen Anteil des Substrates begünstigen, so daß
   eine kleine Vorstufe im Signal zu beobachten ist).

d) kapazitive Ströme i_{kap} (s. Kap. 4.1.2).

Die Ströme nach b) und c) bedingen letztlich auch wie a) einen Stoffumsatz. Für Details der drei letzten Punkte siehe Lehrbücher [3,14,54].

4.2   Apparative Voraussetzungen

Zur Meßwertbildung (vgl. Abb. 49) wird eine Spannungsquelle benötigt, oft
nachlässig 'Polarograph' genannt, die die Meßzelle M versorgt. Im Prinzip
handelt es sich um eine 'potentiostatische Regelungseinheit' P (s. Kap.
4.2.1), an die extern oder im Gerät integriert, ein Funktionsgenerator G
für die Erzeugung verschiedener Spannungsignale und ein Registriergerät S
angeschlossen sind.

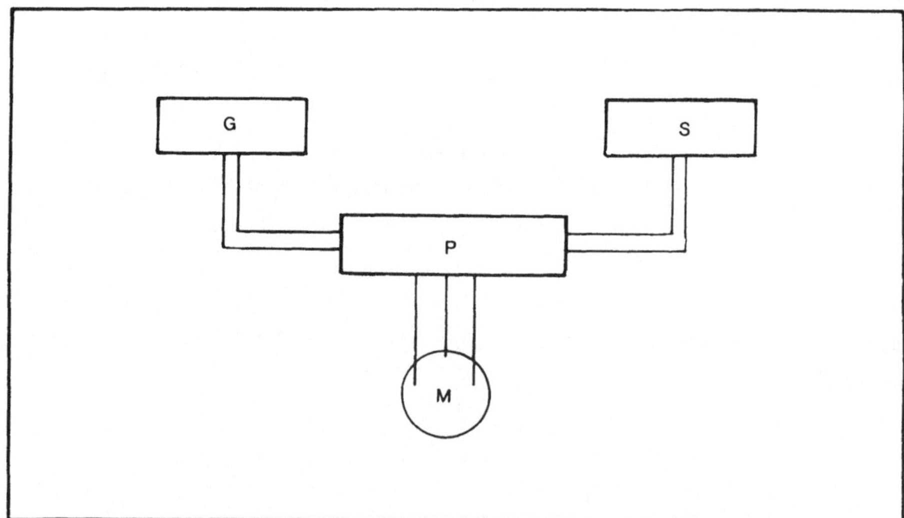

Abb. 49: Blockbild der Meßanordnung in der Voltammetrie.

Zur Meßwertverarbeitung dient ein (hoch)empfindliches Galvanometer nach
Umwandlung des Meßstromes in Spannungswerte ein Oszillograph oder ein
Spannungsschreiber S.

Meist sind Potentiostat, Funktionsgenerator und Strommessung in einem
Gerät zusammengefaßt. Modernste Geräte werden von Mikroprozessoren gesteuert und erlauben durch eine gute Menue-technik und durch die Möglichkeiten der Datenspeicherung und -verarbeitung relativ einfache Bedienung.

Die Messungen verlaufen wie ein Frage- und Antwortspiel. Als Frage wird an
die Phasengrenze meist eine Funktion von Potential und Zeit (gegebenfalls
auch von Strom und Zeit) gerichtet, und die Antwort des Meßsystems als
Strom in Abhängigkeit vom angelegten Potential registriert (oder genauer
von der Zeit bei definierter Spannungsvorschubgeschwindigkeit).

Da die Form der 'Frage' vielfältig variierbar ist und da Reaktionen an der
Phasengrenze durch Transportvorgänge mit dem Inneren der zu messenden
Lösung angekoppelt sind, ergeben sich dadurch viele methodische Meßvarian-
ten.

4.2.1 Potentiostatische Regelschaltung

Der von einer äußeren Spannungquelle vorgelegte Wert der Zellspannung U_Z
(ohne Berücksichtigung etwaiger Zuleitungswiderstände) verteilt sich über
einer elektrochemischen Meßzelle auf die Potentialsprünge an der Arbeits-
und Gegenelektrode, E_{AE} und E_{GE}, und ein Ohm'sches Glied i R (R = Elektrolytwiderstand):

$$U_Z = E_{AE} - E_{GE} + i R$$

Da nur U_Z vorgegeben werden kann, aber nur der Potentialsprung an der
Arbeitselektrode für die Messung ausschlaggebend ist, würde Stromfluß in
einer einfachen Meßzelle mit nur zwei Elektroden wegen des Terms i R Verfälschungen des Arbeitselektrodenpotentials bedeuten (selbst wenn eine
großflächige Gegenelektrode ein stromunabhängiges, stabiles Bezugspoten-
tial aufweist).

Durch den Übergang zur Dreielektrodenanordnung ('potentiostatische Regelung') wird über einen Rückkopplungskreis von einer stromunbelasteten Elektrode (hochohmiger Geräteeingang), der Bezugselektrode, der an der Arbeitselektrode tatsächlich vorliegende Potentialwert abgegriffen und Differenzverstärkern zur Kompensation etwaiger Abweichungen vom Sollwert zugeführt.

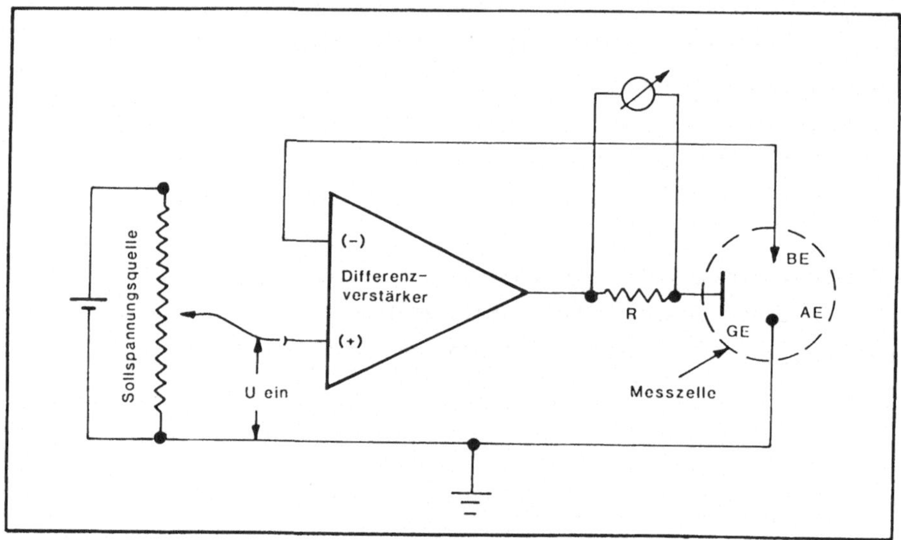

<u>Abb. 50</u>: Prinzip der potentiostatischen Schaltung (nach [55,56]).
AE = Arbeitselektrode, BE = Bezugselektrode,
GE = Gegenelektrode, R = Meßwiderstand für Strommessung.

Für exakteste Messungen ist demnach die Bezugselektrode möglichst nahe an der AE zu positionieren. Dennoch kann ein gewisser, nichtkompensierter i R-Fehler in die Messung miteingehen, vorallem bei zu großen Strömen, da die BE nicht beliebig nahe an die Phasengrenze herangebracht werden kann (vgl. [14]). Das Potential der Gegenelektrode ist bedeutungslos geworden,- daher auch ihr Material und ihre Form. Seit Anfang der 70er Jahre sind alle handelsüblichen Geräte mit Dreielektrodenanordnung ausgerüstet.

Bei hochempfindlichen Messungen ist darauf zu achten, daß verschiedene zusammengekoppelte Geräte auf selbem Massepotential liegen und daß nur abgeschirmte Kabel verwendet werden (u.U. kann die Meßzelle in einen faraday'schen Käfig gesetzt werden). Tauchen mehrere zu regelnde Elektroden in denselben Elektrolyten, sollten die Regelkreise voneinander kapazitiv abgekoppelt werden (vgl. [5]).

4.2.2   Bezugselektroden für die Voltammetrie

Es können alle in der Potentiometrie verwendeten Elektroden als Potentialbezugspunkt dienen, sofern sie nicht zu hochohmig sind.
Da häufig Salzbrücken mitverwendet werden, um zu vermeiden, daß entweder eine Komponente des Bezugssystems die Meßlösung oder ein Bestandteil der Lösung das Bezugssystem verunreinigen kann, ist bei Vergleich von Messungen, die mit oder ohne Salzbrücke ausgeführt worden sind, mit einigen mV Abweichungen in den Potentialangaben zu rechnen (Ursache Potentialsprünge an den verschiedenen Flüssigkeitsgrenzen, s. Kap. 2.2.5).

Da am häufigsten Ag- oder Hg-Bezugssysteme verwendet werden, und deren Redoxpotentiale zufällig etwa im Mittelbereich der für elektrochemische Messungen überhaupt zugänglichen Potentialskala liegen, hat sich sprachlich eingebürgert, positive Potentialwerte mit Oxidationsreaktionen und negative mit Reduktionsprozessen zu identifizieren. Es ist aber hierbei dringend Vorsicht geboten, vor allem wenn das Bezugssystem nicht angegeben ist.

4.2.3   Elektrodenmaterialien, Lösungsmittel

Die Art des Elektrodenmaterials übt oft einen starken Einfluß auf die Elektroaktivität eines Stoffes aus (man denke an aktive, den Elektronenaustausch katalysierende Zentren an der Oberfläche). Potentialwerte sind demnach nicht von einer zur anderen Elektrodenart unbesehen zu übertragen.

Tropfende Quecksilber-Elektrode: jeder Tropfen besitzt eine neue, saubere Oberfläche. Es besteht keinerlei 'Erinnerung', da jeder Tropfen unabhängig von den folgenden als momentane Elektrode wirkt. Als Nachteil für Hg als Elektrodenmaterial gilt, daß es selbst leicht oxidiert werden kann, so daß der Meßbereich ins Anodische eingeschränkt ist. Eine Gefährdung durch Hg kann durch sachgemäßes Arbeiten ausgeschlossen werden.

Festelektroden (auch ruhende Hg-Tropfen) können durch Adsorption von Bestandteilen der Lösung und auch durch die Produkte des Elektronentransfers mit störenden Schichten überzogen werden, so daß Reinigungsope-

rationen durchzuführen sind. Als Reinigung bewährt sich oft, die Elektrode
kurzzeitig auf extrem anodische resp. kathodische Werte zu schalten, wobei
störende Verunreinigungen von der Oberfläche oxidativ bzw. reduktiv abge-
baut werden können. Die Abb. 51 zeigt etwa einen Vorbehandlungszyklus, wie
er für Pt-Elektroden verwendet wurde.

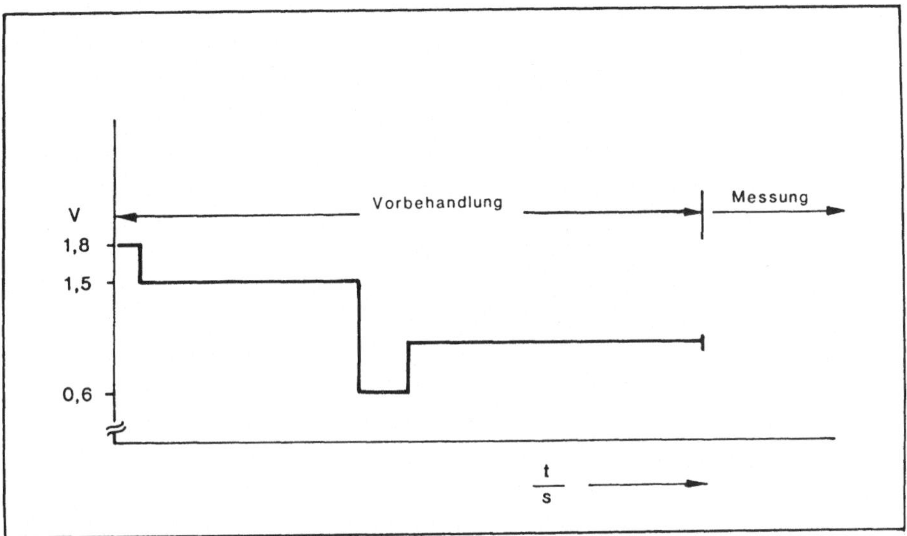

<u>Abb. 51</u>: Beispiel einer Vorpolarisation einer Pt-Elektrode vor Beginn
der eigentlichen Messung (nach [57]).

Oftmals hilft aber nur mechanische Behandlung zur Regenerierung der
Elektrodenoberfläche.

Die Verwendung von Festelektroden macht auch den stark anodischen Bereich
zugänglich. Empfehlenswert sind etwa folgende Elektrodenmaterialien:

Pt (durch eine Deckschicht von elektronenleitendem PtO_2 vor anodischer
Auflösung geschützt);
Au, Ni und Stähle (besonders in alkalischem Milieu);
Oxidelektroden wie PbO_2, Fe_3O_4, MnO_2;

Blei und Amalgamierte Metalle;

Modifizierte Elektroden (s. Kap. 5.6.2);

Graphitsorten, glasartiger Kohlenstoff ('glassy carbon'),

pyrolytischer Kohlenstoff, zu Pasten angeteigte, leitfähige

Kohlepulver etwa in folgender Ausführung:

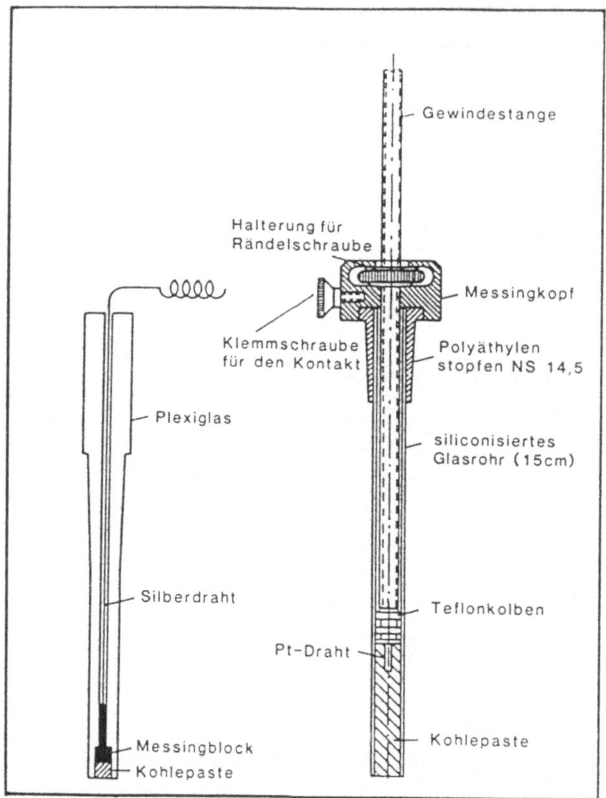

Abb. 52: Kohlepastenelektroden (vgl. [23]).

Die Potentialbereiche, innerhalb derer voltammetrische Messungen zugänglich sind, werden nach der positiven Seite entweder durch die anodische Auflösung des Elektrodenmaterials (z.B. $2\,Hg - 2e^- \longrightarrow Hg_2^{2+}$) oder durch Oxidation einer den Elektrolyten bildenden Hauptkomponente (z.B. $H_2O - 2e^- \longrightarrow 1/2\,O_2 + 2H^+$). Auf der kathodischen Seite wird etwa H_2 aus H_2O gebildet oder die Kationen des Leitelektrolyten werden reduziert.

Tab. 16 und Abb. 53 geben Potentialbereiche, die für Messungen frei sind, für einige Lösungsmittel/Elektroden-Kombinationen an. U.U können die Grenzen überschritten werden, wenn ein etwas vergrößertes Untergrundsignal tolerierbar ist.

Tab. 16: Zersetzungspotentiale E_Z einiger Lösungsmittel bei 298 K an Platin bzw. Hg; Elektrolyt 0,1 M Tetrabutylammoniumperchlorat. E_Z gibt hier das Erreichen von 100 $\mu A/cm^2$ als Untergrundstrom an; [a] $NaClO_4$ (aus [13]).

Lösungsmittel	Dielektri-trizitäts-konstante	E_Z (V) an Pt anod.	kath.	E_Z an Hg anod.	kath.
1,2-Dimethoxyethan	3,5	-	-	0,7	-3,0
Eisessig	6,2	2,0[a]	-	-	-1,7
Dichlormethan	9,1	1,8	-1,7	-	-
Pyridin	12,0	1,2	-2,2	-	-
Methanol	31,5	1,3	-	-	-2,2
Acetonitril	36,2	2,7	-2,6	-	-
N,N-Dimethyl-formamid	36,7	1,5	-2,7	-	-
Propylencarbonat	65,2	1,7	-1,9	-	-
Wasser	80	1,4	-	-	-2,9
85 - 96 % H_2SO_4	100	2,1	-	-	-1,0

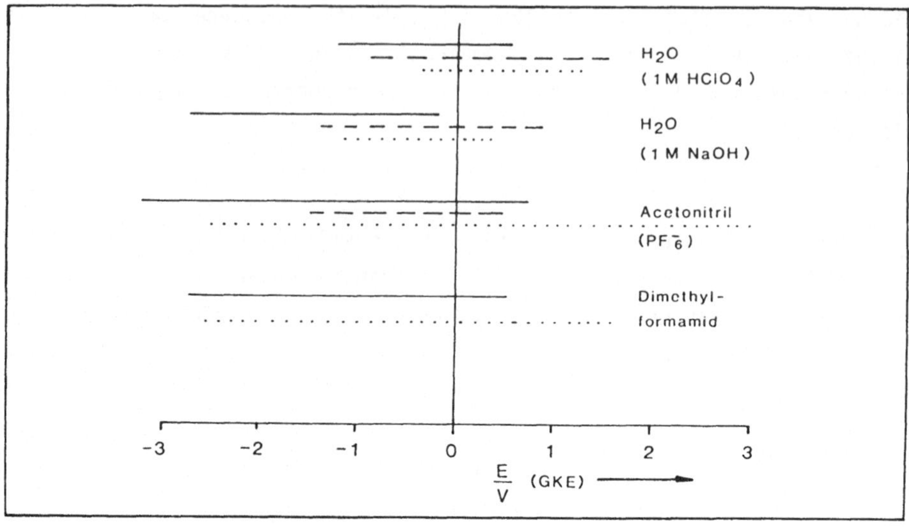

Abb. 53: Potential-Meßbereiche für die Voltammetrie in ausgewählten
Lösungsmittelsystemen; — an Hg; - - an C; ˙˙ an Pt (nach [58]).

Die Tabelle und die Abbildungen sollen als Anhalt bei der Überlegung dienen, voltammetrische Untersuchungen in unterschiedlichen Lösungsmitteln
durchzuführen. Bei Verwendung anderer Elektrodenmaterialien und/oder anderer Elektrolyte können aber andere Zersetzungsgrenzen beobachtet werden.
Ausführliche Angaben über die Eigenschaften und freien Bereiche nichtwäß-
riger Lösungsmittel finden sich in der Serie 'Electroanalytical Chemistry'
von bei A.J. BARD [59].

4.2.4   Zusammensetzung der Meßlösungen

Die zu voltammetrischen Messungen verwendeten Lösungen setzen sich üblicherweise zusammen aus:

a) dem Lösungsmittel (wäßrig, organische protonenhaltige und aprotische
   Lösungsmittel oder Gemische)
b) dem Leitelektrolyt (häufig als Puffersystem, da viele Reduktions-
   bzw. Oxidationsprozesse organischer und anorganischer Stoffe pH-
   abhängig ablaufen)
c) aus Zusätzen wie etwa Komplexbildnern
d) aus zu untersuchenden Verbindungen.

Bei reduktiven Messungen ist im allg. durch einen Inertgasstrom Sauerstoff aus der Meßlösung zu vertreiben und erneutes Eindringen durch einen Inertgaspolster über der Lösung zu verhindern, da O_2 selbst an allen Elektrodenmaterialien elektroaktiv ist. Alle voltammetrischen Messungen sollten unter streng definierten Temperaturbedingungen durchgeführt werden, da die Transportvorgänge zur Elektrode u.U. stark temperaturabhängig sind (1-2 % pro K). Kinetische Ströme zeigen noch stärkere Beeinflussung durch Temperaturschwankungen.

4.2.6 Einteilung voltammetrischer Methoden

Zur Einteilung der verschiedenen Methoden der Voltammetrie kann herangezogen werden:

a) das Elektrodenmaterial
b) die Form und Art des Anregungssignals
c) geometrische Anordnungen der Elektroden und gegebenenfalls der Bewegung der Elektroden oder des Elektrolyten.

Zur Erreichung gewisser Nachweisverbesserungen werden öfters verschiedene Anregungsarten und Strömungsverhältnisse des Elektrolyten miteinander kombiniert, ohne daß sich dadurch bereits ein neuer Name durchsetzen sollte.

Im folgenden werden die Methoden behandelt, die nach Ansicht des Autors die breiteste Anwendungsmöglichkeiten bieten bzw. die sich durchgesetzt haben oder noch durchsetzen werden.

4.3 Polarographie und ihre Varianten

4.3.1 Klassische Gleichstrompolarographie (DCP)

Der Begriff 'Polarographie' sollte nur dem Arbeiten mit einer Elektrode aus tropfendem Quecksilber zugeordnet werden, während als Oberbegriff aller Messungen, bei denen Strom in Abhängigkeit einer angelegten Spannung gemessen wird, Voltammetrie zu wählen ist.

Der Meßfühler besteht aus einer feinen Kapillare (< 0,1 mm), aus der kontinuierlich Hg-Tropfen austreten. Als besonderer Vorteil ist zu nennen, daß immer eine saubere Oberfläche neugebildet wird und daß im Gegensatz zu anderen Metallen die kathodische H_2-Entwicklung aus H^+ oder H_2O weit zu negativen Werten verschoben ist (sogenannte 'große Wasserstoffüberspannung' an Hg).

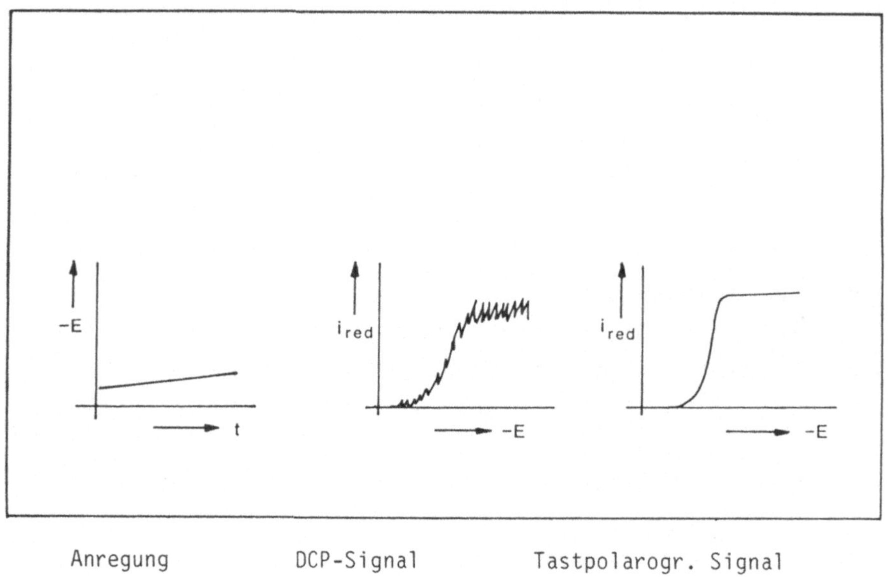

Abb. 54: Anregungssignal und Antwort in der Gleichstrompolarographie.

Der Potentialvorschub erfolgt so langsam (<< 20 mV/s), daß praktisch punktweise gemessen wird. Obwohl jeder Hg-Tropfen eine instationäre Elektrode darstellt, ergeben sich durch die Folge der Tropfen quasistationäre Verhältnisse [53,60 bis 64].
Die Zacken im Signal beruhen auf der sich verändernden Oberfläche eines jeden Tropfens. Zur Beruhigung des Meßbildes kann 'Tastpolarographie' verwendet werden, bei der nur gegen Ende eines Tropfenlebens das Stromsignal zur Meßwerterfassung geleitet wird. Die mittlere Elektrodenfläche beträgt je nach verwendeter Kapillare um 1-3 mm^2, übliche Tropfzeiten liegen um 2-5 s/Tropfen.

Eine neuartige Konstruktion der Hg-Elektrode dosiert mittels eines Magnet-
ventils periodisch einen definierten Hg-Tropfen, der derart sehr rasch
seine endgültige Oberflächengröße erreicht ('Static Mercury Drop Electrode', SMDE) [23,65]. Die Messung erfolgt erst nach Erreichen der konstanten Oberfläche. Auch alle folgend genannten polarographischen Varianten profitieren von dieser neuen Ausrüstung.

4.3.1.1 Potentialmeßbereich

In wäßrigem Elektrolyten entscheidet die Anwesenheit von Komponenten der
Lösung, die mit Hg_2^{2+} oder Hg^{2+}-Ionen schwerlösliche Niederschläge (z.B.
Cl^-, OH^-) oder Komplexe bilden, die Grenze des Meßbereichs im Positiven.
Im kathodischen Bereich begrenzt i.allg. im sauren Medium die H_2-Ent-
wicklung, im Neutralen oder Alkalischen meist die Amalgambildung aus dem
Kation des Leitelektrolyten. Zur Orientierung ist die folgende Abbildung
vorgesehen.

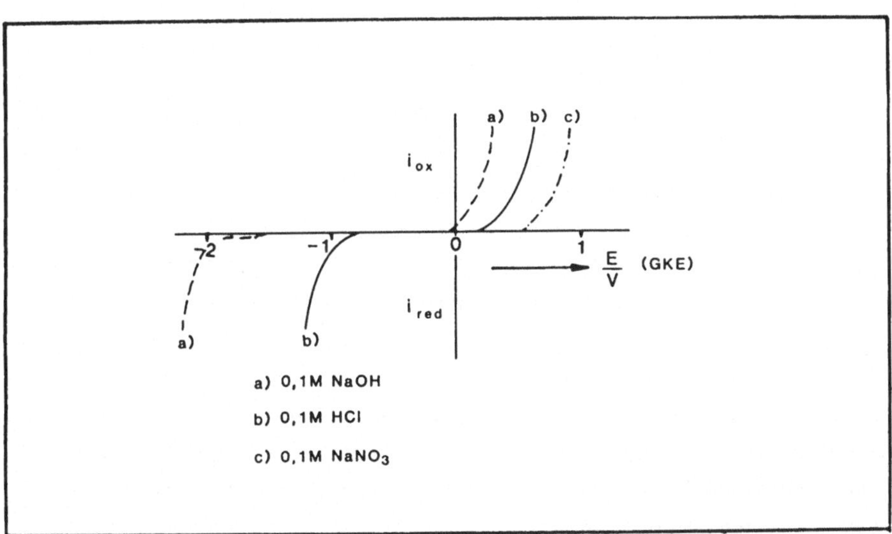

Abb. 55: Polarographische Meßbereiche in ausgewählten, wäßrigen Medien
(nach [66]).

In nichtwäßrigen Medien ist meist der Bereich ins Kathodische größer als
in H_2O (vgl. Kap. 4.2.3).

4.3.1.2   Nachweismöglichkeiten

Das Arbeiten mit Hg-Elektroden wird überwiegend für die Analyse reduzier-
barer Stoffe eingesetzt. Nur besonders leicht oxidierbare Substanzen
können untersucht werden (z.B. S^{2-}, $S_2O_4^{2-}$, einige Amalgame), da die eher
leicht erfolgende Auflösung der Elektrode den Potentialbereich ins Anodische begrenzt.
Ein Ausschnitt über die Nachweisbarkeit organischer Stoffe ist im folgenden Schema gegeben:

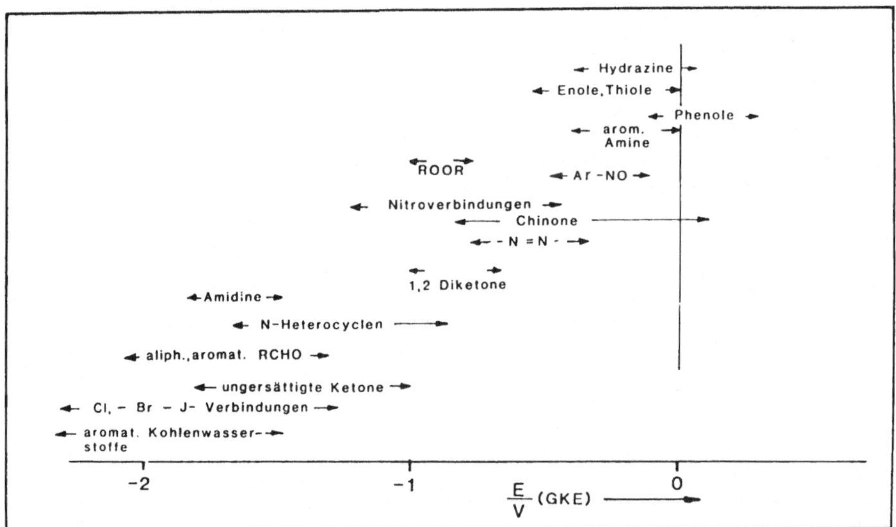

Abb. 56: Polarographisch bestimmbare organische Stoffklassen.

Die Nachweisgrenzen liegen bei etwa $\geq 1.10^{-5}$ M. Die Nachweisgrenze wird
bestimmt durch den in der DCP unvermeidlichen Untergrundstrom i_{kap}, der
auf die Aufladung der Doppelschichtkapazität der zeitlich veränderlichen
Elektrodenfläche zurückzuführen ist.

4.1.3.2   Grenzstrom in der DCP

Bei einfachen diffusionskontrollierten Vorgängen läßt sich der mittlere polarographische Grenzstrom i_{gr} nach der Ilkovic-Gleichung berechnen (bei 298 K):

$$i_{gr} = K \; z \; D^{1/2} \; m^{2/3} \; t^{1/6} \; c_L$$

t   Tropfzeit (s)

m   Massenausflußgeschwindigkeit des Hg (kg/s)

K   Konstante aus Dichte des Hg, Faradaykonstante u.a.;
     $K = 607$ As Mol^{-1} m^2 kg$^{-2/3}$
     c_L in Mol/m^3; i_{gr} in A.

Sind die jeweiligen Größen bekannt, kann mittels dieser Gleichung der Diffusionskoeffizient bestimmt werden. Konzentrationen werden meist nach Ermittlung von Eichkurven oder (wie auch in vielen anderen Methoden) durch 'standard-addition-technique' und erneuter Registrierung der Meßkurve bestimmt.

4.3.1.4   Trennvermögen der DCP

Substanzen, deren Halbstufenpotential > 150 mV unterschiedlich sind, können gut voneinander getrennt bestimmt werden. Bei kleineren Unterschieden kann die Registrierung der ersten Ableitung di/dE gegen E noch eine Simultanbestimmung ermöglichen. Für eine Simultanbestimmung mehrerer Ionen ergibt sich etwa folgendes Meßbild:

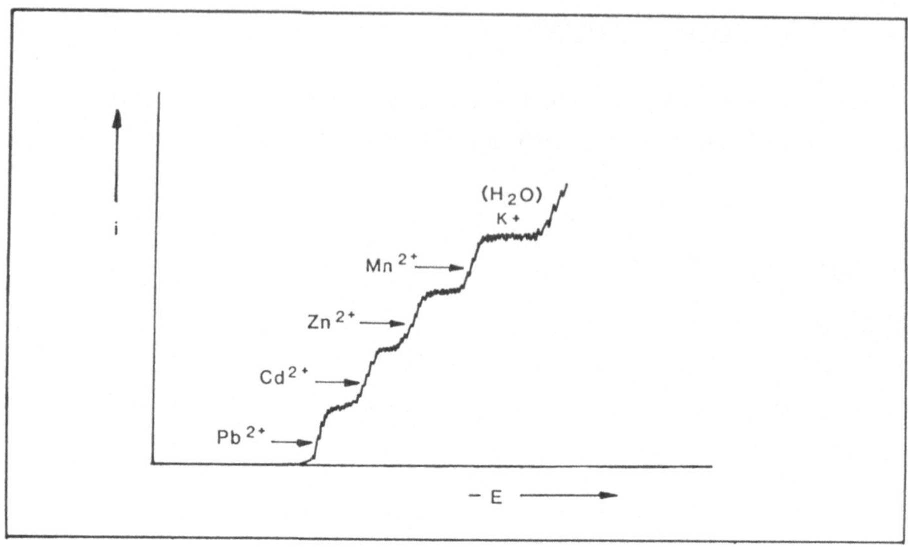

Abb. 57: Polarographische Simultanbestimmung von Pb^{2+}, Zn^{2+}, Cu^{2+}, Cd^{2+}.

Bei steigender Irreversibilität eines Elektrodenprozesses (häufig durch
Adsorption von Fremdstoffen an Elektroden bedingt) wird in der DCP der
Anstieg der Stromspannungskurve flacher, ein analytisch auswertbarer
Grenzstrom wird aber meist dennoch (vor der Zersetzung des Lösungsmittels)
erreicht. Ähnlich verflachend wirkt ein zu hoher Widerstand des Elektroly-
ten, - letztlich siegt immer das Ohm'sche Gesetz.

Die im folgenden zu besprechenden Varianten der Polarographie haben mehr
oder weniger zum Ziel, das Verhältnis aus erwünschtem stoffumsatzbedingten
Strom i_{far} und dem deoppelschichtbedingten, störenden Untergrund, i_{kap}
(oder von Anteilen beider) zugunsten des analytisch interessanten i_{far} zu
verbessern.

4.3.2 Pulspolarographie

Um zu größeren Nachweisempfindlichkeiten zu gelangen, ist es notwendig,
den störenden Untergrund des i_{kap} meßtechnisch weitgehend auszuschalten.
Hierzu bietet sich die unterschiedliche Zeitverhalten des gewünschten
Meßstroms i_{far} und des Untergrundstroms i_{kap} an. Dies wird in der Normal-
Pulspolarographie (NPP) und der Differentiellen Pulspolarographie (DPP)
ausgenutzt [53].

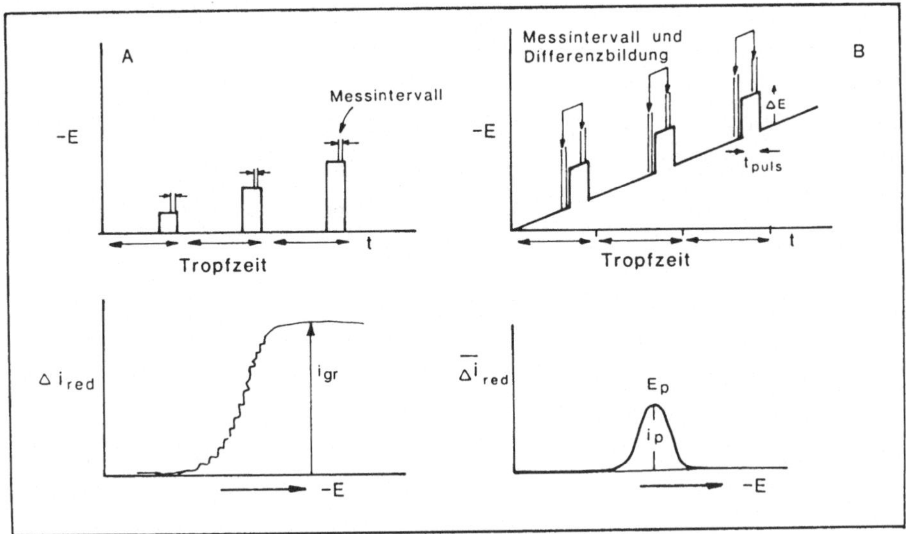

Abb. 58: Frage und Antwort in pulspolarographischen Methoden; A NPP; B DPP.

Die Pulsbreiten betragen etwa 50 ms vom Ende eines Tropfenlebens rückge-
rechnet, davon werden etwa die letzten 5-10 ms als Meßzeit t_m zur Signalverarbeitung genutzt. Abgesehen vom stark abgeklungenem Kapazitäts-
strom i_{kap} (i_{kap} klingt mit $t^{-1/3}$, i_{far} nur mit $t^{-1/2}$ ab, d.h. i_{far} ist
'langlebiger'), ist auch zu dem spätem Zeitpunkt die relative Änderung der
Hg-Oberfläche gering geworden.

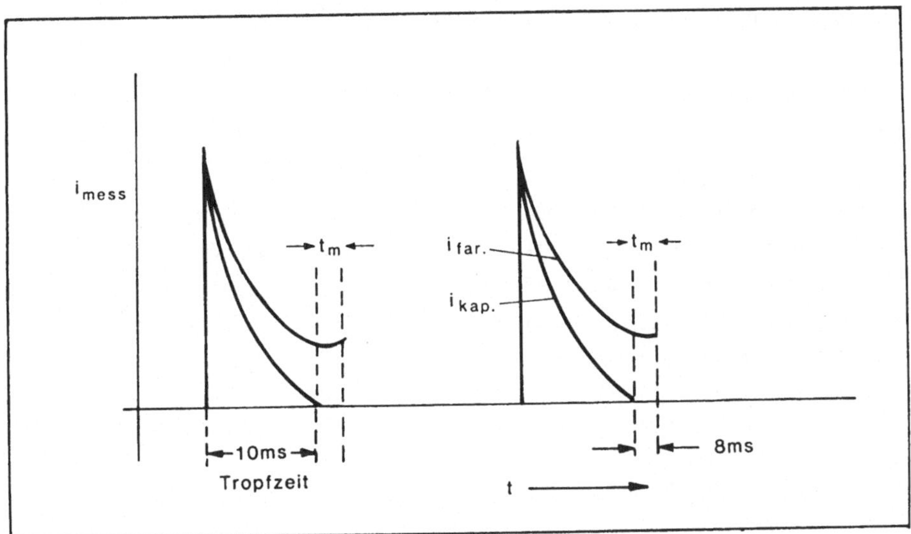

Abb. 59: Zeitlicher Verlauf von faraday'schem und kapazitiven Strom;
t_m Meßzeit.

Obwohl mehr Analysen mittels DPP durchgeführt werden, besitzt die NPP für einige Anwendungen Vorteile. Der ereichte Grenzstrom ist nicht wie das Peaksignal der DPP von dem Grad der Reversibilität abhängig. Durch die Rückkehr zwischen den Pulsen zu einem Startpotential kann ein Reinigungseffekt der Elektrode erzielt werden, so daß die Pulsanregung auch für viele Festelektroden vorteilhaft ist. NPP ist außerdem nur wenig abhängig von Konvektionsströmungen in der Analysenlösung.

Der Peakstrom in der DPP-Methode ist abhängig von der Pulsamplitude:

$$i_{max} = z \, F_q \, c_L \cdot \sqrt{\frac{D}{\pi \cdot t_m}} \cdot \frac{(s-1)}{(s+1)}$$

$s =$ $\exp(zF/RT)(p/2)$,

$p =$ Pulsamplitude.

Üblich sind Pulsamplituden von 10-100 mV,- bei Verwendung größerer Amplituden kann Auflösungsvermögen verloren gehen. Das Peakpotential liegt für einen reversiblen Reduktionsprozeß um p/2 Volt nach positiveren Werten gegenüber dem Standardrexodpotential verschoben.

Der Peakstrom in der DPP ist sehr von der Geschwindigkeit des Durchtritts der Elektronen abhängig, so daß u.U. bei stark irreversiblen Prozessen nur eine geringe Signalhöhe zu erhalten ist.

Die Nachweisgrenzen liegen für die NPP bei $\geq 10^{-7}$ M in wäßrigem Medium, bei der DPP um $\geq 10^{-8}$ M.

Hier und wie in allen folgenden Beispielen von Spurenanalytik, limitiert oft die Reinheit zugesetzter Chemikalien (Elektrolyt u.ä.) die untere Grenze des Nachweises. Die benötigte Menge an Leitelektrolyt kann aber bei Verwendung potentiostatischer Schaltung ungewöhnlich gering gehalten werden ($<10^{-3}$ M), wie es auch aus den folgenden Beispielen zu erkennen ist

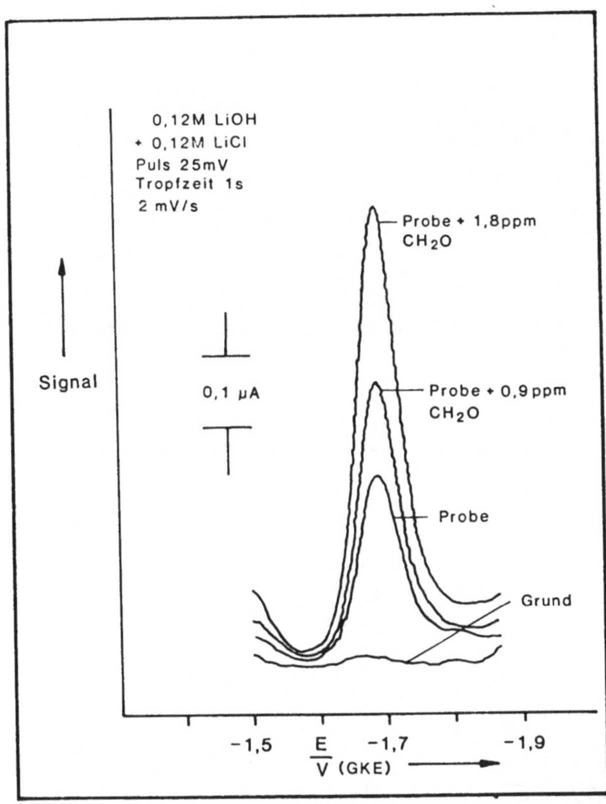

Abb. 60: DPP-Analyse von Formaldehyd (nach [68]).

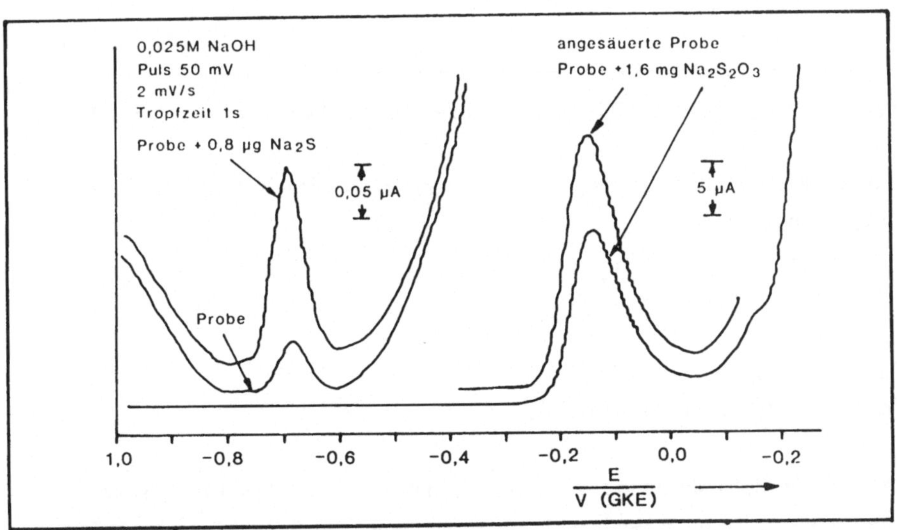

Abb. 61: DPP-Analyse von Sulfid und Thiosulfat (nach [69]).

4.3.3   <u>Wechselstrompolarographie (ACP)</u>

Einer linear anwachsenden Gleichspannungsrampe wird eine Wechselspannung (5-100 Hz) mit kleiner Amplitude (10-50 mV$_{rm}$) überlagert und als Anregung an die Elektrode geführt [53,70]. Im Potentialbereich elektrochemischer Aktivität eines Stoffes kommt es zu periodischen Konzentrationsänderungen zwischen Ox und Red an der Elektrodenoberfläche. Nur der Wechselstromanteil des Gesamtsignals wird registriert (u.U. phasensensitiv, da kapazitiver Untergrundstrom und faraday'scher Strom im Idealfall um 45° gegeneinander phasenverschoben sind).

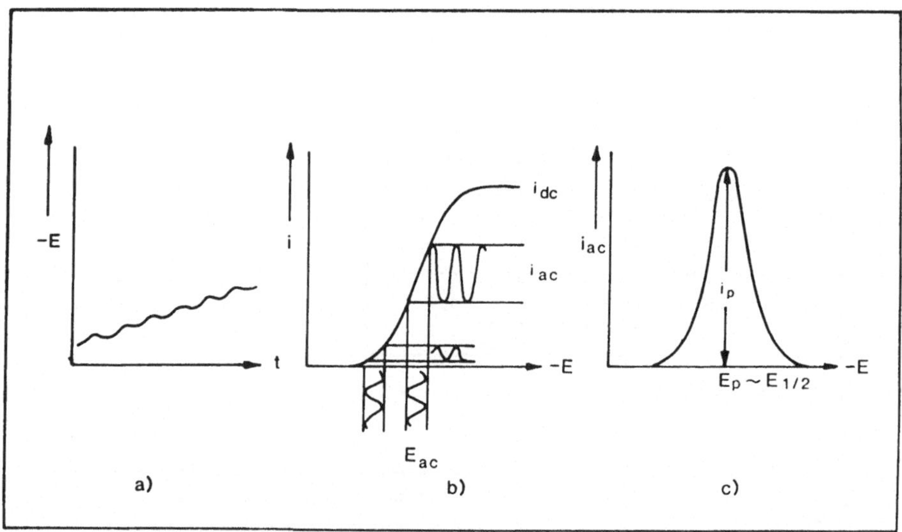

<u>Abb. 62</u>: a) Anregungs-, b) DC- und AC-Anteile; c) Meßsignal in der ACP.

Der Peakstrom i_p in der ACP für einen reversiblen Prozeß läßt sich (vereinfacht) schreiben:

$$i_p = const \; z^2 \; p \; f^2 \; c_L$$

f = AC-Frequenz,

p = Amplitude der Wechselspannung.

Ein Vorteil der Methode liegt u.U. darin, daß sie irreversible Elektrodenprozesse weitgehend unterdrückt, d.h. es kann ein Selektivitätsgewinn für die Bestimmung reversibler Prozesse eintreten.

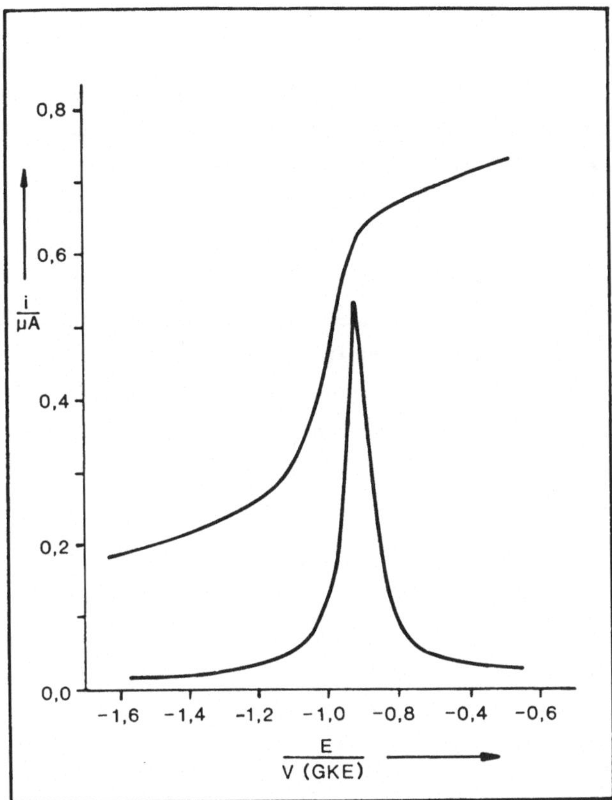

Abb. 63: ACP-Analyse des Insektizids Hexachlorophen [71].

Gelegentlich wird auch vorgeschlagen, die erste oder zweite Oberwelle des AC-Signals zu registrieren.

4.3.4   Tensammetrie

Tensammetrie (zusammengesetzt aus Tensid, Ampere und Metrie) ist eine
Methode zum Studium von Ad- und Desorptionsvorgängen an Elektrodenmaterialien. Am intensivsten wurde die Methode bisher an Quecksilber genutzt,-
an Festelektroden gestaltet sie sich deutlich schwieriger [72].
Adsorption von Stoffen an Elektroden verändert die erwähnte Struktur der
elektrochemischen Doppelschicht (Kap. 4.1.1, 4.1.2) durch Verdrängung der
Ionen des Grundelektrolyten und Änderung der Dielektrizitätskonstante an
der Phasengrenze, meist in Richtung einer Erniedrigung der Doppelschichtkapazität. Da Adsorption potentialabhängig ist, sind Bereiche beeinflußter
Doppelschicht und unbeeinflußter zu finden. Meßtechnisch ist dies am
besten durch AC-Messungen zu erkennen (auch in der DPP sind tensammetrische Kurven zu erhalten). Schematisch ergibt sich folgendes Bild:

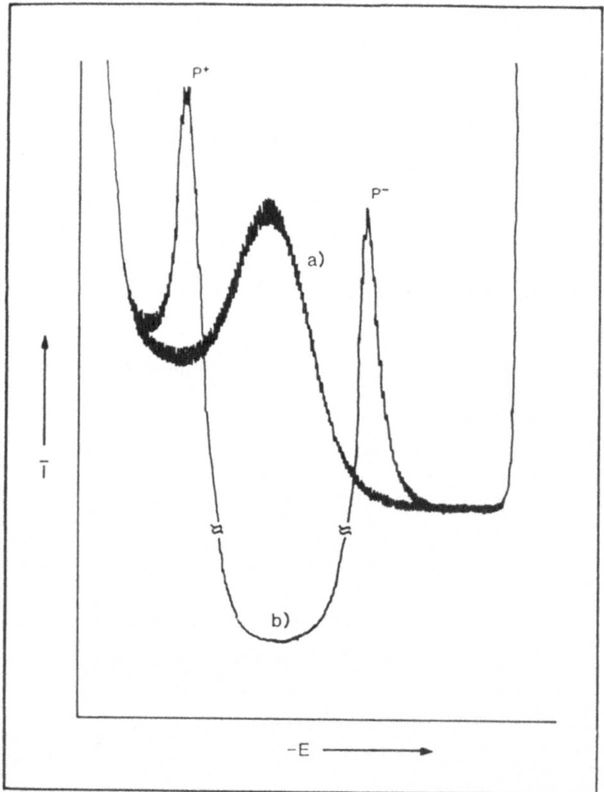

Abb. 64: Tensammetrisches Signal; a) Grundelektrolyt; b) nach Zusatz eines
stark adsorbierten Stoffes, P^+, P^- = Desorptionspeaks (nach [72]).

Im Potentialbereich starker Adsorption verläuft die tensammetrische Kurve
tiefer als die Untergrundskurve ohne adsorbierenden Stoff; der Adsorp-
tionsbereich wird von starken peakförmigen Signalen begrenzt, die durch
die Änderung der Doppelschichtstruktur im Verlauf des Ad- bzw. Desorp-
tionsprozesses bedingt sind. Die Höhe dieser Peaks wird zur Konzentrationsmessung an Tensidlösungen herangezogen (innerhalb eher kleiner
Bereiche erhält man ein Signal proportional zur Tensidkonzentration).
Meist sind Eichkurven zu erstellen. Es ist nur möglich, Gesamtgehalte an
oberflächenaktiven Stoffen zu ermitteln. Beispiele sind in der Abb. 65 und
Tab. 17 vorgestellt.

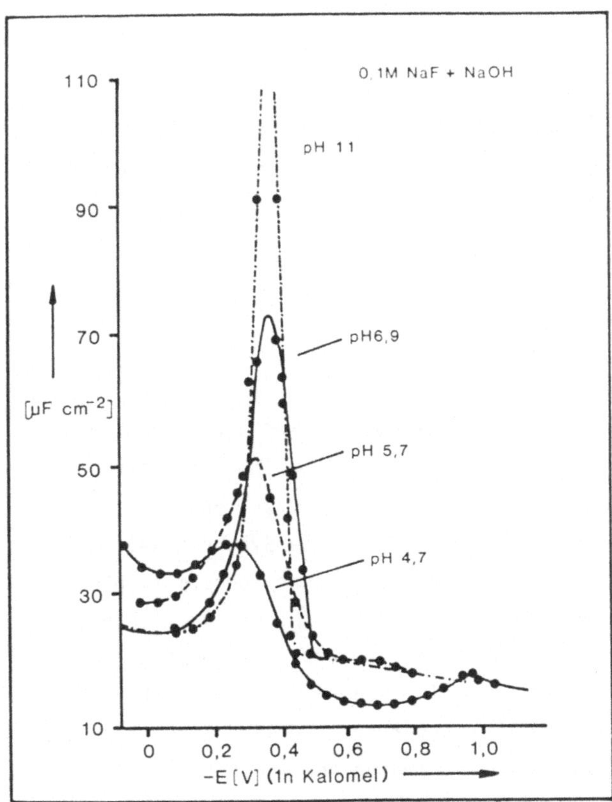

Abb. 65: Tensammetrische Analyse von Polymethacrylsäure (Polymerisations-
grad 1450) bei verschiedenen pH-Werten in NaOH/NaF (nach [73]).

Tab. 17: Beispiele tensammetrischer Bestimmungen von oberflächenaktiven
Stoffen.

Tensid	Matrix	Empfindlichkeit
Alkylsulfonate	PVC-Emulsion (nach Extraktion)	0,2 bis 0,5 %
Polyethylenglykole	photographische Lösungen	10^{-4} bis 10^{-5} M
Polyethylenglykol-1000	wäßrige Medien	> 0,2 ppm
Dodecylpolyglykolether	wäßrige Medien	ppm-Bereich

Mittels tensammetrischer Bestimmung des in Lösung verbliebenen Anteils an
Tensiden in Gegenwart von Fasermaterialien lassen sich auch gut Adsorp-
tionsisothermen von oberflächenaktiven Verbindungen an Faserstoffen ermitteln [74].

4.3.5   Linear Sweep Voltammetrie (LSV)

Im Zusammenhang mit polarographischen Varianten wird auf die Anwendbarkeit
schneller, linearer Spannungsvorschubgeschwindigkeiten (bei üblichen
Elektrodengrößen von einigen mm^2 0,02 V/s bis etwa 1 V/s) auch an
tropfenden Hg-Elektroden verwiesen. Es ist hierzu eine Synchronisation des
Spannungsdurchlaufs mit der Tropfzeit nötig, wobei eher langsam tropfende
Kapillaren (>5 s/Tropfen) verwendet werden und der Potentialvorschub erst
gegen Ende des Tropfenwachstums ausgelöst wird. Die Nachweisempfindlichkeiten werden als etwa 10-fach günstiger als in der DCP bezeichnet.
Außerdem erfolgt die Analyse erheblich rascher. Häufig wird diese Technik
aber auch an Festelektroden oder in der Stripping Analyse (Kap. 4.3.7)
eingesetzt.

Die Grundlagen und Details werden im Zusammenhang mit der Besprechung der
Cyclovoltammetrie gebracht.

4.3.6   Cyclovoltammetrie (CV), ('Dreieckspannungsmethode')

Eine der vielseitigsten Methoden zur elektrochemischen Charakterisierung
von Substanzen, zur Konzentrationsbestimmung und zur Untersuchung von
Reaktionen von Radikal-anionen bzw. Radikal-kationen stellt die "Cyclovoltammetrie" ("Dreieckspannungsmethode") dar [14,54,75 bis 77].

Cyclovoltammetrie wird an ruhenden Elektroden in ruhender Lösung durchgeführt. Als Anregungssignal in potentiostatischer Schaltung wird in der CV
eine zeitlich veränderliche Spannung von einem Startwert zu einem Umkehr-
punkt mit einer Sweepgeschwindigkeit $v = dE/dt$ in Dreieckform (s. Abb. 66)
angelegt und die Antwort der Meßanordnung als Strom-Potentialverlauf auf
einem XY-Schreiber registriert. Bei schnellen Untersuchungen kann zur
Registrierung ein Oszilloskop oder ein Transientenrecorder erforderlich
werden. Die Geschwindigkeiten der Spannungsvariation liegen im Bereich von
wenigen mV/s bis zu einigen V/s,- mit Mikroelektroden sind Messungen bis
zu etwa 10^4 V/s durchgeführt worden.

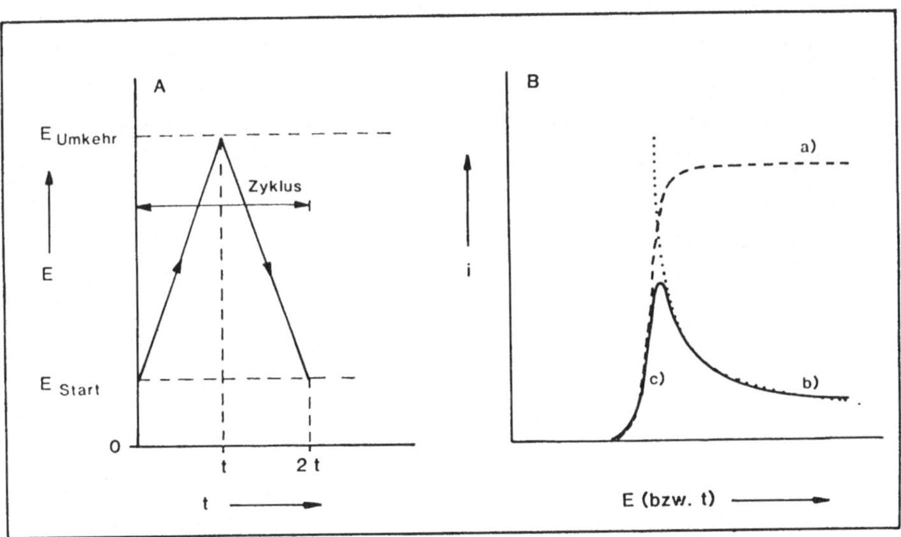

Abb. 66: A) Anregungssignal für die Meßelektrode; B) Ausbildung der
Peakform in der Cyclovoltammetrie.

184

Die auffällige Kurvenform des gesamten Meßsignals soll durch die folgende
Abbildungen für einen einfachen, elektrochemisch reversiblen Redoxprozeß
erläutert werden.

Beim Startwert des Potentialdurchlaufs soll die zu untersuchende Verbindung, z.B. eine reduzierte Form, noch elektroinaktiv sein. Bei zunehmend
positiveren Werten beginnt die Umsetzung und es fließt ein Strom durch die
Arbeitselektrode und die Konzentration der reduzierten Form in Elektrodennähe sinkt entsprechend der Nernst'schen Gleichung bis gegen Null und es
könnte sich ein durch Diffusion bestimmter Grenzwert für den Strom (s.
Kurve a in Abb. 66 B) einstellen. Da man in ungerührter Lösung arbeitet,
überlagert sich diesem Vorgang eine Verringerung des Konzentrationsgradienten für das Substrat wegen der zeitlichen Ausbreitung der Nernstschen
Diffusionsschicht (mit $\delta_N = \sqrt{\pi Dt}$) (Kurve b in Abb. 66 B). Als Summe
beider Effekte erhält man peakförmige Meßsignale (Kurve c in Abb. 66 B).
Zur Korrelation mit Halbstufenpotentialen $E_{1/2}$, die mittels stationärer
Methoden gemessen sind, dient das Potential bei 85 % des Peakstromwertes.
Die im erläuterten Aussagen bzgl. des Vorlaufpeaks betreffen sinngemäß
auch die bereits erwähnte LSV-Variante der Polarographie.

Bei völligem Durchlauf des Spannungszyklus wird eine Strom-Spannungskurve
wie in Abb. 67 registriert. Der Peak im Spannungsvorlauf entspricht der
Oxidation der Spezies. Das daraus entstehende Oxidationsprodukt befindet
sich noch in der Diffusionsschicht vor der Arbeitselektrode und wird dann
beim Spannungsrücklauf wiederum reduziert und ergibt den inversen Peak,
d.h. die Elektrode besitzt ein Erinnerungsvermögen an Prozesse, die bei
anderem Potential zuvor abgelaufen sind.

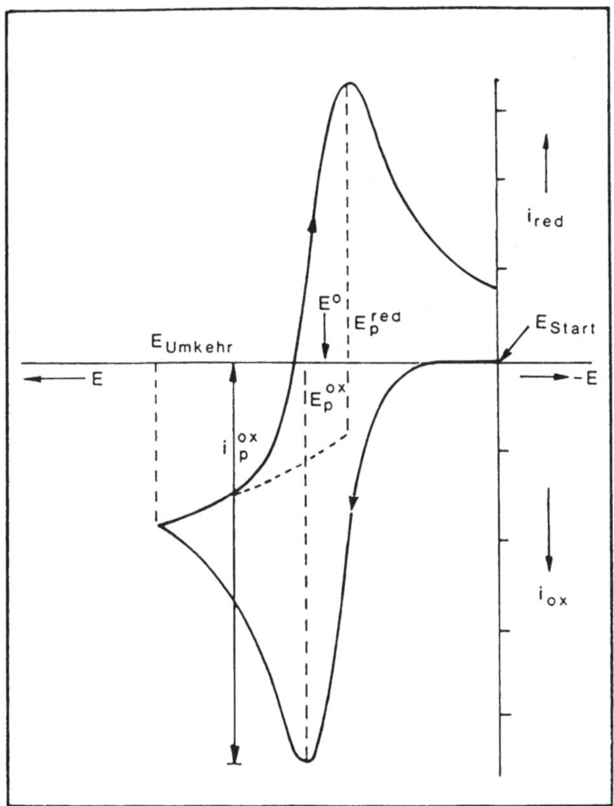

Abb. 67: Cyclovoltammogramm eines reversiblen Redoxprozesses.

Charakteristischen Meßgrößen sind E_{start}, E_{umkehr}, E_p^{ox}, E_p^{red}, sowie die Peakströme i_p^{vor} und $i_p^{rück}$. Der Peakstrom des Vorlaufs dient zur Konzentrationsbestimmung; für reaktionskinetische Aussagen ist der Strom des Rücklaufpeaks miteinzubeziehen. Das Auffinden der Basislinie für den Rücklaufpeak ist nicht einfach und bedarf einer Extrapolation (vgl. [53] und Abb. 68). Ebenso muß wie die Abb. 68 zeigt bei zwei aufeinanderfolgenden Prozessen eine Extrapolation zur Ermittlung der Basis des zweiten Signals vorgenommen werden.

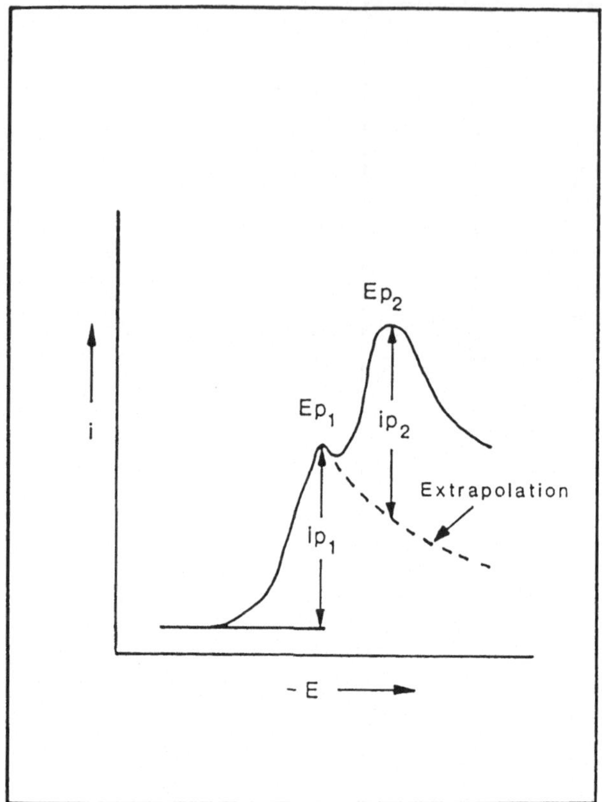

Abb. 68: Mehrstufige Reduktion einer Verbindung oder Reduktion eines Gemisches zweier elektroaktiver Stoffe in der CV.

Im reversiblen Fall liegen die beiden Peakpotentiale 28/z mV symmetrisch um das Standardredoxpotential E^0 des Systems (bei 298 K). Die Abhängigkeit der Peakpotentialdifferenz ($E_p^{ox} - E_p^{red}$) und das Verhältnis der Peakströme $i_p^{vor}/i_p^{rück}$ von der Sweepgeschwindigkeit v liefert Aufschluß über den Grad der elektrochemischen Reversibilität und/oder über die Geschwindigkeiten von chemischen Reaktionen, die an den Ladungstransfer angekoppelt sind [77].

Zur Konzentrationsmessung dient der Vorlaufpeak, dessen Peakstrom nach der Randles-Sevcik-Gleichung auszuwerten ist.

$$i_p = A \, q \, D^{0,5} \, z^{1,5} \, v^{0,5} \, c_L$$

A $\quad 2,69 \cdot 10^5$ AsV$^{-0,5}$mol^{-1},

q Elektrodenfläche,

v Spannungsvorschubgeschwindigkeit (V/s),

c Konzentration der elektroaktiven Spezies und andere Symbole wie vorher.

Die Formel bedeutet, daß das Signal i_p^{vor} linear von c_L, der analytisch - interessanten Größe, abhängt, und daß ein Diagramm i_p^{vor} gegen $v^{1/2}$ für einen einfachen Prozeß unabhängig von v zu sein hat. Es ist zu betonen, daß der störende kapazitive Untergrundstrom linear mit v wächst, so daß eine Erhöhung des Spannungsvorschubs u.U. das Signal-zu Untergrund-Verhältnis verschlechtert.

Elektrochemisch irreversible Prozesse geben kleinere Peaksignale, ebenfalls linear abhängig von c_L und $v^{1/2}$. (Für Umsätze, die durch vor- oder zwischengelagerte chemische Schritte verkompliziert werden, siehe [3,77].

Die Bedeutung der CV zur Aufklärung der Redoxvorgänge und von chemischen Folgereaktionen soll anhand der Abb. 69 kurz erläutert werden. Bei der kathodischen Reduktion des Schwefeldioxids in aprotischen Lösungsmitteln wie Acetonitril (AN) wird in einer quasireversiblen Reaktion das Monomere des Dithionits, das $SO_2^{\cdot-}$ Radikalanion gebildet, das mit einem weiteren SO_2-Molekül komplexieren kann (ausgezogene Kurve). Der Rückoxidationspeak, entsprechend der Reaktion $SO_2^{\cdot-} - e^- \longrightarrow SO_2$, ist nahezu gleich groß wie der kathodische Peak [78].

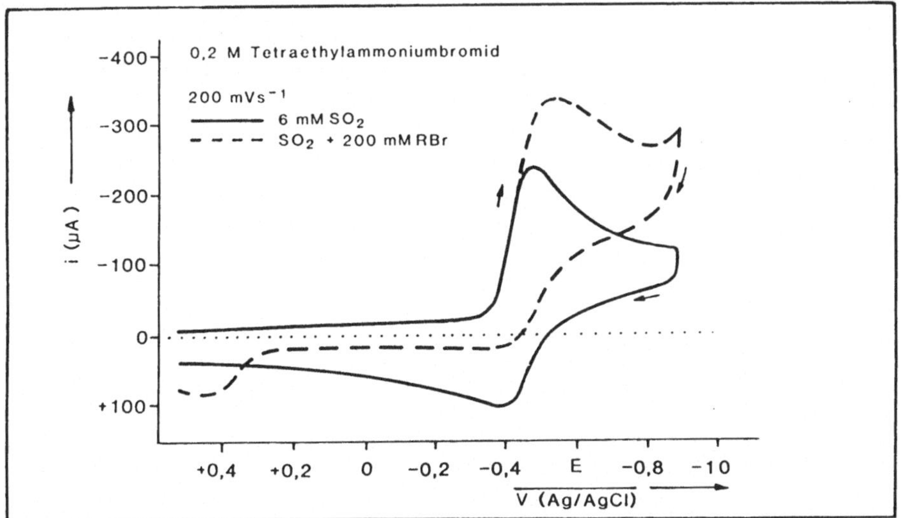

Abb. 69: Cyclovoltammogramm der SO_2-Reduktion in AN (nach [78]).

Wird nun dem Elektrolyten ein Reaktionspartner für das Radikalanion wie
etwa Allylbromid (RBr) zugesetzt (strichlierte Kurve), wird der kathodische Peak stark vergrößert und der Rückoxidationspeak verschwindet völlig.
Bei sehr positiven Werten ist ein neues schwach ausgeprägtes Oxida-
tionssignal zu beobachten. Aus diesen Befunden lassen sich bereits weit-
gehende Folgerungen für den Ablauf der Umsetzung ziehen:

$$SO_2 + e^- \longrightarrow SO_2^{\cdot -} \qquad \text{(elektrochem. Schritt)} \quad (1)$$
$$SO_2^{\cdot -} + RBr \longrightarrow RSO_2^{\cdot} + Br^- \qquad \text{(chemischer Schritt)} \quad (2)$$
$$RSO_2^{\cdot} + SO_2^{\cdot -} \longrightarrow RSO_2^- + SO_2 \qquad \text{(chem. Redoxreaktion)} \quad (3)$$

Durch die im dritten Schritt erfolgende Rückbildung von SO_2 entsteht auch
in Elektrodennähe ein Mehrangebot an reduzibler Substanz, so daß der
Reduktionspeak vergrößert wird. Dies ist auch ein Beispiel für die mehrfach erwähnten katalytischen Ströme. Die schnell ablaufenden Schritte (2)
und (3) verhindern, daß ein Signal für die Rückoxidation des Radikalanions
aufzufinden ist. Der positiv liegende neue Peak kann durch Vergleich mit
authentischer Substanz der Oxidation des gebildeten Allylsulfinat-Ions
RSO_2^- zugeordnet werden. Durch Variation der Konzentrationsverhältnisse an
SO_2 und RBr und der Spannungsvorschubgeschwindigkeit lassen sich auch
kinetische Aussagen über die Geschwindigkeit der Reaktionsschritte ableiten.

Eine Komplexierungsreaktion des SO_2 läßt sich mittels CV ebenfalls deutlich erkennen. Im zweiten Bild ist die Unterdrückung der SO_2-Reduktion
(ausgezogene Kurve) durch Zusatz von Sulfition (strichlierte Kurve) registriert. Es handelt sich um die zu elektro-inaktivem Material führende
Reaktion

$$SO_2 + SO_3^{--} \longrightarrow S_2O_5^{--}$$

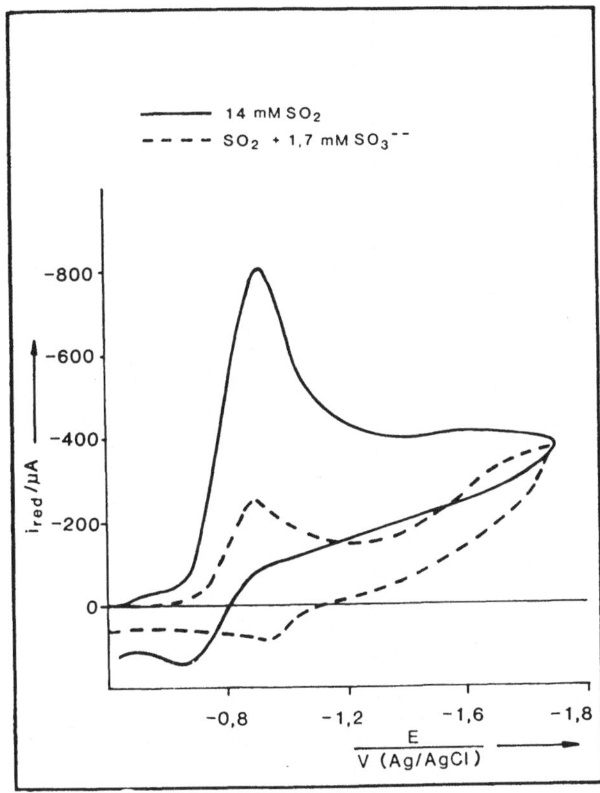

__Abb. 70__: CV der Komplexbildung von SO$_2$ mit Sulfit-Ionen [79].

4.3.7   __Stripping-Analysen ('Inverse Polarographie','Inverse__
                 __Voltammetrie')__

Am verbreitesten ist 'Anodic-Stripping-Voltammetrie' (ASV), aber auch
einige Anwendungen von 'Cathodic-Stripping'-Analysen (CSV) sind bekannt.
Den Stripping-Methoden liegt die Idee zugrunde, vor der Erzeugung des
Meßsignals einen Anreicherungsschritt vorzuschalten. Es wird etwa unter
definierten Rührbedingungen und für definierte Zeit die Arbeitselektrode
auf solch negative Werte geschalten, daß sich Metallionen z.B. in Hg als
Amalgam abscheiden. Das Meßsignal wird dann gewonnen, indem durch Poten-
tialsweep in positivere Richtung das angereicherte Metall oxidativ auf-
gelöst, aus dem Amalgam 'herausgestrippt' wird. Wegen dieses 'umgedrehten'
Potentialverlaufs auch der Name Invers-Polarographie [53,80 bis 82].
Der Zeitablauf einer Stripping-Analyse läßt sich schematisch wie folgt
darstellen:

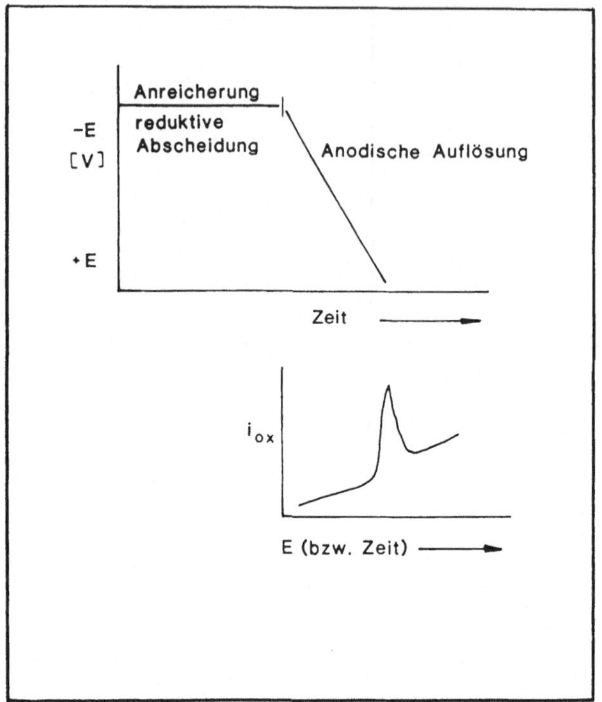

Abb. 71: Anreicherungsschritt und Stripping-Signal mit LSV-Technik.

Die Form des erhaltenen Meßsignals hängt von der Form des Potentialverlaufs für den Auflösungsvorgang ab. Die höchste Nachweisempfindlichkeit wird i. allg. mit differentieller Puls Methodik erreicht ('Differential Pulse Anodic Stripping Voltammetry, DPASV). Ein Beispiel aus der Wasseranalyse folgt (Abb. 72) sowie andere Angaben aus der Spurenanalytik (Tab. 18).

Tab. 18: Beispiele von Stripping-Analysen in verschiedener Matrix (teils Probenvorbehandlung erforderlich) (aus [80]).

Probe	Elektrode	Stripping-Mode
Chlorierte Biphenyle in Wasser	Hg	LSV
Cu^{2+} in Meerwasser	Hg-Film	DPASV
Pb^{2+}, Cu^{2+}, Cd^{2+} in Blut	Hg	DPASV
Thiole	Hg	DPCSV

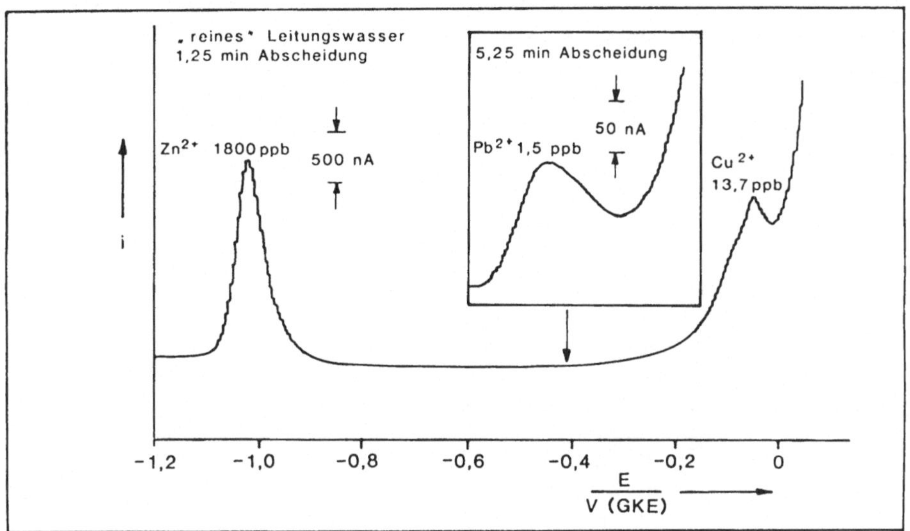

Abb. 72: Schwermetallnachweis in Trinkwasser durch DPASV (nach [83]).

Als Methoden der Anreicherung können dienen:

    a) die erwähnte Analgambildung an Hg-hältigen Elektroden,

    b) Filmbildung dünner Metallschichten

    c) Schichtbildung mit anodisch erzeugten Metall-Ionen

    d) Schichtbildung oder durch Ko-Elektrolyse mit zugesetzten Reagentien

    e) Adsorption an der Elektrode

    f) Auflösung in organischen Lösungsmittel, die zur Herstellung von Kohlepastenelektroden dienen.

    g) Anreicherung an chemisch modifizierten Elektroden (Kap. 5.6.2)

In Stripping Analysen verwendete Elektrodentypen:

- Hängender Hg-Tropfen, HMDE (aus feinen Kapillaren wird mittels Mikrometerdosierer ein Tropfen definierter, reproduzierbarer Oberfläche ausgedrückt).
- Kohle- und Graphitelektroden, teils mit Wachs imprägniert.
- Rotierende Ring-Scheibenelektroden (s. Kap. 4.4.2).
- Hg-Dünnfilmelektroden (Hg wird in dünnen Schichten kathodisch auf Kohleunterlage, vorallem auf glasartigem Kohlenstoff, abgeschieden.

192

Dieser Abscheidungsschritt kann simultan in der zu analysierenden Probe
vorgenommen werden). Die Abb. 73 zeigt eine Durchflußzelle für Stripping-
Analysen mit einer derartigen, rotierenden Elektrode.

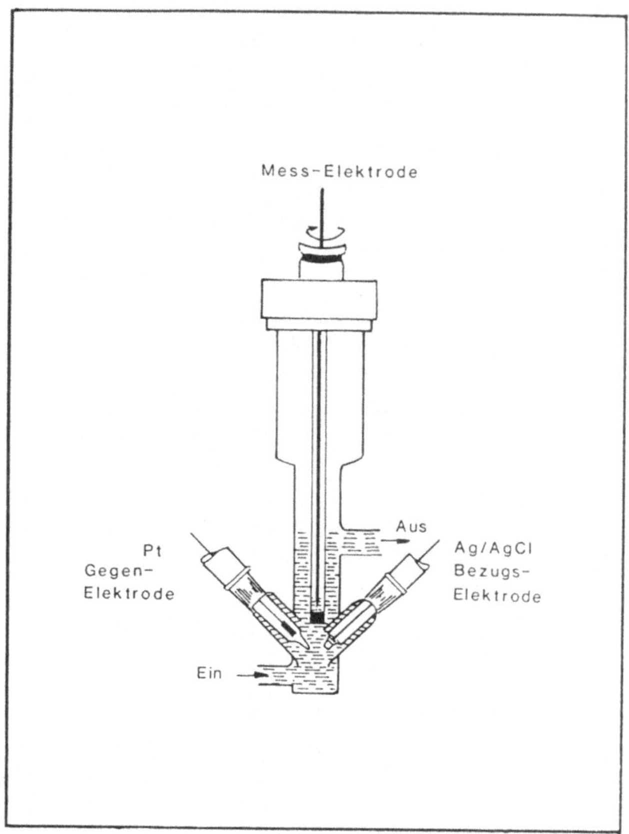

<u>Abb. 73</u>: Durchflußzelle für Stripping-Analysen (nach [84]).

Die Nachweisgrenzen liegen im Bereich von 10^{-6} M bis 10^{-10} M, - der
Empfindlichkeitsrekord erreicht etwa 10^{-12} M. Diese Empfindlichkeit bedeutet, daß die Stripping-Technik mit ihren Varianten der Abscheidung bzw.
der Form des Auflösungsvorgangs wohl zu den effizientesten Methoden der
Spurenanalyse von elektrochemisch aktiven Materialien zählt.

4.3.8   <u>Aussichtsreiche weitere Varianten voltammetrischer Methoden</u>

Square-Wave-Polarographie:

Eine Methode, die an die AC-Technik erinnert, benutzt periodische Recht-eck-Spannungsimpulse als Anregung und ebenfalls den Trick der Strommessung nur zu bestimmten Zeiten [53]. Die Square-wave-Technik ereicht ähnliche Nachweisgrenzen wie die ACP (10^{-7} M bei reversiblen Elektrodenprozessen). Sie ist ebenfalls in der Lage, zwischen reversiblen und irreversiblen Elektrodenreaktionen zu diskriminieren, so daß eine selektive Bestimmung von Komponenten eines Gemisches trotz ähnlicher $E_{1/2}$-Werte ermöglicht wird.

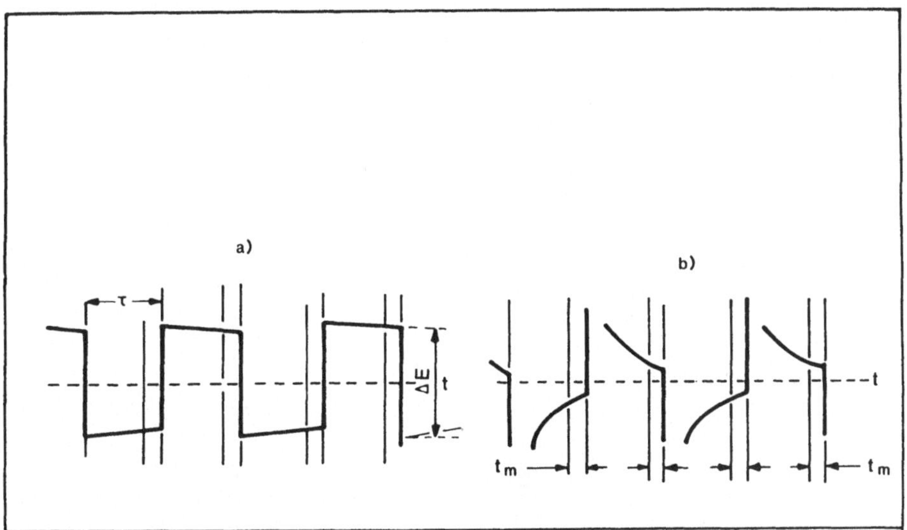

<u>Abb. 74</u>: Anregungssignal und Strom in der Square-Wave Polarographie.

Staircase Voltammetrie:

Die Anregung erfolgt mit treppenförmig verlaufendem Potential-Zeit-Verlauf und die Meßzeit liegt am Ende einer Treppenstufe, sobald i_{kap} gering geworden ist. Diese Anregungsform ist in kommerziell erhältlichen Spannungsgeneratoren noch nicht verwirklicht.

Derivative LSV bzw. CV:

Es wird die erste Ableitung der LSV-bzw. CV Kurve registriert, was einfachere Auswertung ermöglicht (von Spitze zu Spitze) und etwa 10-fache Erhöhung der Nachweisgrenzen und besseres Auflösungsvermögen naheliegender Signale bringen soll.

4.4   <u>Meßmethoden mit erzwungener Konvektion (Hydrodynamische Elektroden)</u>

4.4.1   <u>Rotierende Scheibenelektrode</u>

Eine rotierende Scheibe übt eine Pumpwirkung aus. Die daraus resultierende Flüssigkeitsbewegung auf eine in inertes Material eingebettete Elektrode (als ein Typ einer sogenannten 'hydrodynamischen Elektrode') läßt sich nach LEVICH exakt berechnen [3,14,87,88].

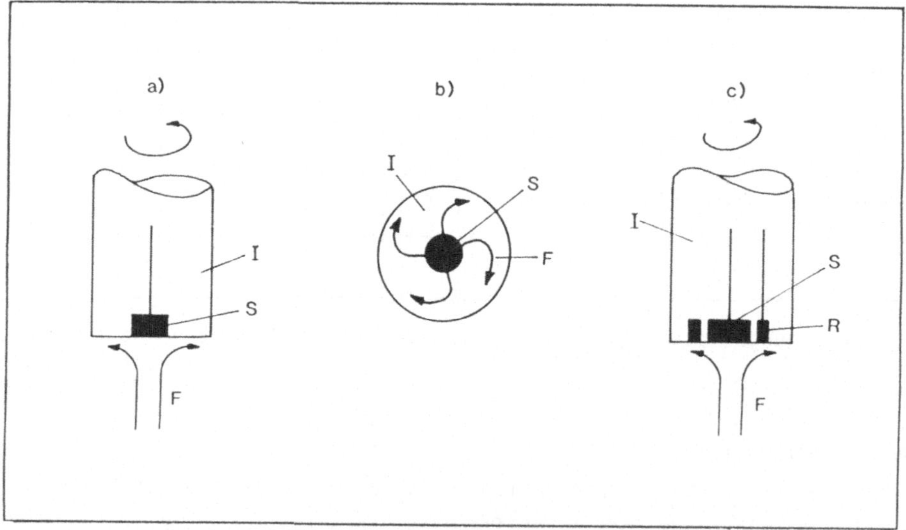

<u>Abb. 75</u>: Strömungsverhältnisse an rotierenden Scheibenelektroden;
a) Seitenansicht; b) Aufsicht; c) Seitenansicht rotierende Ring-Scheiben-Elektrode; I = Isolator, S = Scheibe, R = Ring, F = Flüssigkeitsströmung.

Es handelt sich hier demnach um konvektive Diffusion unter echt statio
nären Transportbedingungen. Eine hiermit registrierte Strom-Spannungskurve
gleicht der Abb. 47. Der Grenzstrom für eine nicht durch homogenchemische
Reaktionen gestörte Umsetzung errechnet sich nach Levich zu:

$$i_{gr} = 0,62 \; z \; q \; D^{2/3} \; v^{-1/6} \; c_L \; \omega^{1/2}$$

ω Winkelfrequenz ($\omega = 2 \; \pi \; f$),

f   Umdrehungsfrequenz,

v kinematische Viskosität (v = dynamische Viskosität/Dichte)

Demnach ist für diese Meßmethode charakteristisch, daß eine Auftragung i_{gr}
gegen $\omega^{1/2}$ linear verläuft bzw. ein Plot $i_{gr}/\omega^{0,5}$ unabhängig von ω ist.

4.4.2   Rotierende Ring-Scheiben-Elektrode

Eine Weiterführung dieses Meßfühlers ist die rotierende Ring-Scheiben-
elektrode, bei der in dünnem, isolierten Abstand um die Scheibe eine
ringförmige (oder auch aus Ringsektoren bestehende) Elektrode angeordnet
ist (s. Abb. 75 c). Beide Elektroden können aus unterschiedlichen Materialien bestehen und sind unabhängig voneinander regelbar [88].

Dieser Sensortyp wird häufig zu mechanistischen Untersuchungen herangezogen. Meist wird hierbei die Abhängigkeit eines am Ring detektierten
Stroms vom Potential der produzierenden Scheibenelektrode ausgewertet.

Für Aussagen zur Reaktionsgeschwindigkeit wird die Abhängigkeit des 'Ein-
fangfaktors' N_0 ('Collection Efficiency') des Rings von Potential der
Scheibe und von der Umdrehungszahl benutzt. N_0 gibt an, welcher Anteil
einer an der Scheibe produzierten Spezies vom Ring detektiert werden kann,
und ist im Prinzip aus den Abmessungen der Elektrode berechenbar, wird
aber meist aus Messungen an stabilen Systemen bestimmt.

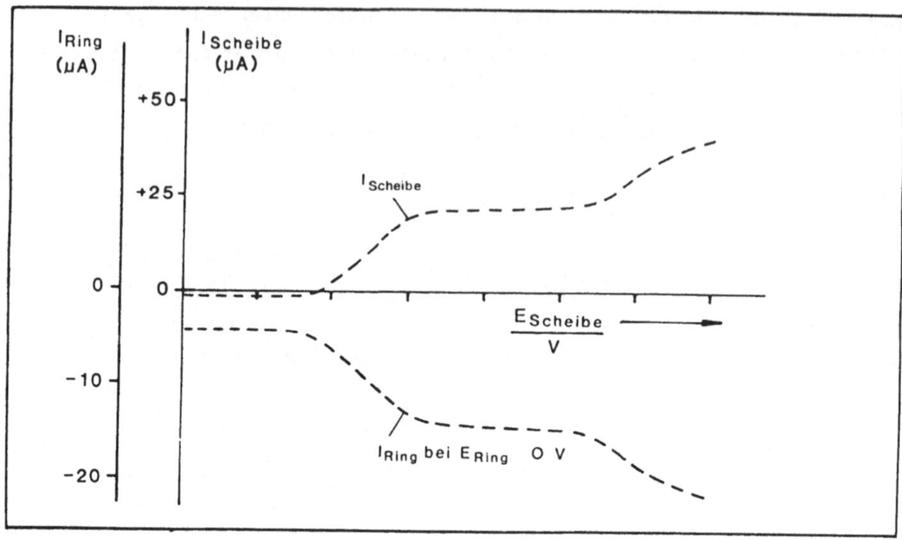

Abb. 76: Strom an der produzierenden Scheibe und Strom am Ring bei konstantem Potential der Scheibenelektrode für ein stabiles Radial-
kation (Oxidation von Phenothiazin in Acetonitril) (nach [89]).

Es ist aber denkbar, daß diese Konstruktion entweder zur Erfassung zweier
Spezies genutzt wird oder aber auch für coulometrische Analysen (Kap. 4.6).
Für invers voltammetrische Bestimmungen in strömenden Medien scheint diese
Anordnung vorteilhaft. Auch soll sie weniger von Begleitstoffen im zu
untersuchenden Medium störend beinflußbar sein.

4.4.3   Weitere hydrodynamische Elektroden

Bei einigen anderen Geometrien hydrodynamischer Elektroden für voltammetrische Messungen gelten der Levichgleichung ähnliche Formeln für den
Grenzstrom [49,90].

Plattenelektrode in laminarer Flüssigkeitsströmung:

$$i_{gr} = 0{,}77 \ z \ F \ c_L \ D^{2/3} \ v^{-1/6} \ u^{1/2} \ 1^{1/2} \ b$$

u   lineare Strömunggeschwindigkeit
b   Breite, normal zur Flüssigkeitsströmung
1   Länge der Platte in Richtung der Strömung;
     andere Symbole wie vorher.

Rotierende Konuselektrode:

$$i_{gr} = 0{,}77 \ z \ F \ q \ c_L \ D^{2/3} \ v^{-1/6} \ u^{1/2} \ 1^{1/2}$$

1   Länge der Schräge des Konus; andere Symbole wie vorher.

In Fällen anderer Geometrien (z.B. Zylinder, durchflossene Röhrenelektro-
den u.v.a) sind die Ströme nicht exakt vorausberechenbar,- es existiert
aber oft ein Zusammenhang der Form:

$$i_{gr} = const \ z \ F \ q \ D^{\beta} \ \omega^{\alpha} \ c_L .$$

Nach Erstellung von Eichkurven sind aber auch damit, selbst bei turbulen-
ten Strömungsbedingungen, hervorragend Konzentrationsbestimmungen durchführbar.

Eine Meßanordnung für strömende Medien, die zu den 'hydrodynamischen'
Elektroden zu zählen ist, besteht aus zwei konzentrischen Pt-Ringen als
Arbeits- und Gegenelektrode, über die in langsamer Drehung ein kleiner
Korundstein schleift. Dadurch sollen Ablagerungen an dem Meßfühler verhindert werden. Sie ist kommerziell erhältlich und soll etwa zum Messen
und Regeln der Reduktionsmittelkonzentration in technischen Bleichbädern
geeignet sein.

198

<u>Abb. 77</u>: Schleifender Korund über Pt-Doppelring (nach [33]).

Allgemein sind die hydrodynamischen Elektroden zum Einsatz in 'inverser
Voltammetrie', amperometrischen Titrationen, Kontrolle in strömenden
Medien in Betracht zu ziehen. Die Benutzung 'hydrodynamischer Elektroden'
ist aber noch ein Gebiet, das umfangreicher Entwicklungsarbeit bedarf.

4.4.4   <u>Wall-Jet-Zellen</u>

Der Begriff 'Wall-Jet'-Zelle bedeutet senkrechtes Auftreffen eines Flüs-
sigkeitsstrahls auf eine Wand, die als Elektrode dient, und das radiale
Abfließen der Lösung. Etwa in folgender Bauform:

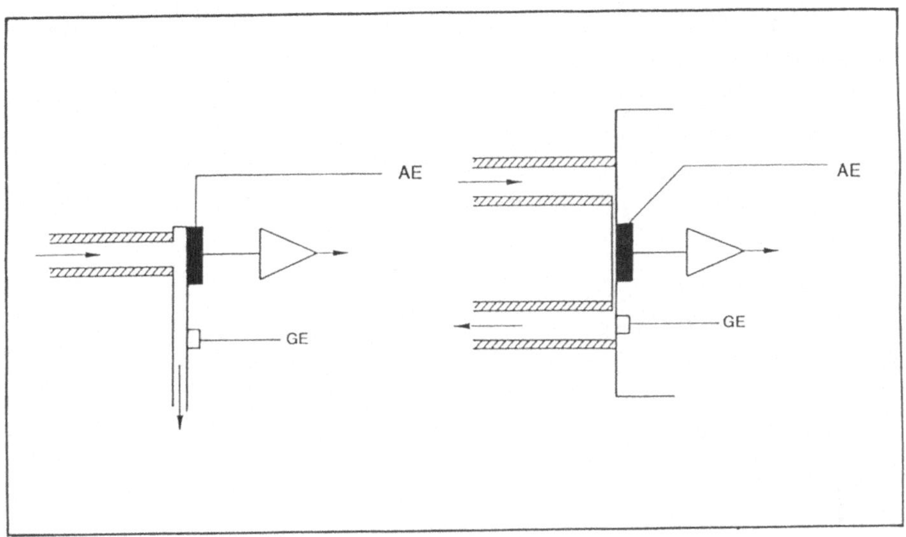

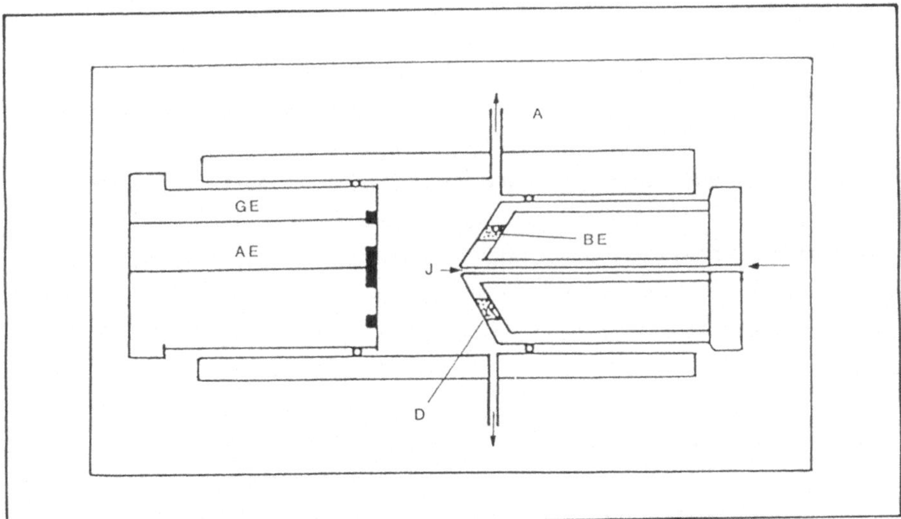

Abb. 78 a,b,c: Ausführung von Wall-Jet-Zellen; a) b) mit Zweielektroden-anordnung; c) Dreielektrodenanordnung (AE = Arbeitselektrode als Scheibe; GE = ringförmige Gegenelektrode; BE = Bezugselektrodenabteil; J = Jetdüse; A = Auslaß, D = Diaphragma (nach [47]).

Die erreichbaren Grenzströme an einer scheibenförmigen Meßelektrode gehor-
chen folgender Beziehung, solange laminare Strömung in der Zelle vorliegt
und die Arbeitselektrode bei nicht zu kleinem Zellvolumen etwa mindestens
den 10-fachen Durchmesser des Einlaßstrahls besitzt:

$$i_{gr} = z \, F \, r^{3/4} \, d^{-1/2} \, D^{2/3} \, v^{-5/12} \, V^{3/4} \, c_L$$

r   Radius der Scheibe,
d   Durchmesser des Einlasses,
V   Geschwindigkeit des Volumendurchflusses; andere Symbole wie üblich.

Wall-Jet-Elektrodenanordnungen werden häufig als Durchflußmonitoren benutzt. Um eine Verschmutzungsgefahr der Meßelektrode zu verringern, werden
sie oft auch in Verbindung mit der Flow-Injection Analysetechnik betrieben, d.h. daß durch geeignete Ventilsteuerung nur zu gewissen Zeiten die
Meßlösung in eine Strömung eines geeigneten Puffergemisches injiziert
wird.

Wall-Jet-Systeme verschiedener Form haben sich seit kurzem einen festen
Platz in der chromatographischen Analytik als elektrochemische Detektoren
für die Hoch- und Mitteldruckflüssigkeitschromatographie erobert.
Als HPLC-Detektor, der nur auf elektrochemisch aktive Stoffe anspricht,
erzielt man damit eine Selektion der anzuzeigenden Stoffe. Die Spezifität
wird noch weiter gesteigert, da zusätzlich durch die Variationsmöglichkeit
des Potentials der anzeigenden Elektrode ein weiterer selektierender Parameter zur Verfügung steht.

4.5   <u>Amperometrie</u>

4.5.1   <u>Amperometrische Titrationen</u>

Bestimmungen, die nur einen Potentialwert benutzen, werden als Amperometrie von der Voltammetrie abgegrenzt.
Da Ströme - am günstigten die Grenzströme - der Konzentration proportional
sind, fast unabhängig von der Art und Geometrie der Meßanordnung, kann
die Größe eines bei einem fixen Potentialwert ablesbaren Stroms als

Indikation für Endpunktsbestimmungen mannigfacher Titrationen dienen. Ein Beispiel ist etwa die Verfolgung einer Pb^{2+}-Bestimmung durch Titration mit Sulfat-Ionen. Der Endpunkt ergibt sich durch den Knick nach Verschwinden des Grenzstroms bei -1,0 V, nachdem alle Pb^{2+}-Ionen ausgefällt worden sind.

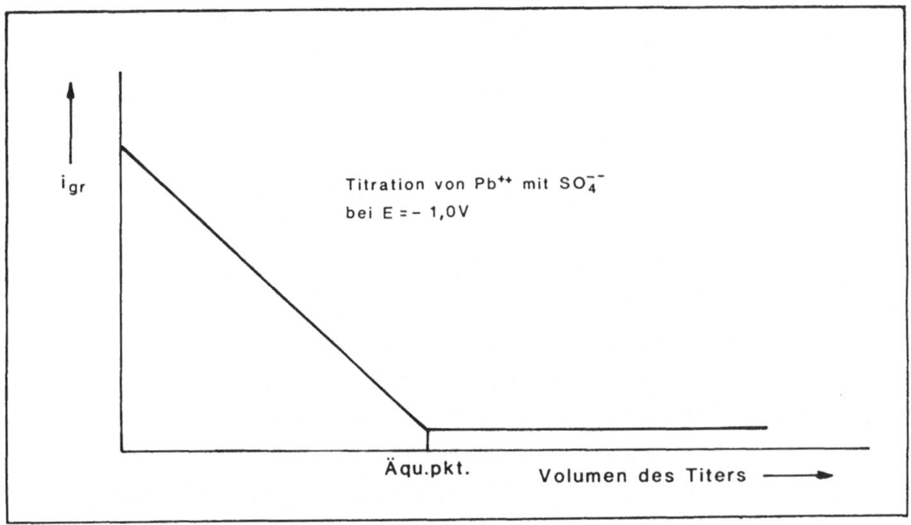

Abb. 79: Titrationsverlauf einer amperometrischen Pb^{2+}-Bestimmung.

Von amperometrischen Varianten sei noch die Dead-Stop-Methode genannt, bei der zwischen zwei (im Prinzip) polarisierbaren Elektroden eine kleine Spannungsdifferenz angelegt wird. Liegt etwa zu Beginn der Titration kein reversibles Redoxsystem vor (z.B. nur $S_2O_3^{--}$) fließt kein Strom. Titriert man mit J_2, liegt nach dem Erreichen des Äquivalenzpunktes das reversible System J_2/J^- vor und ein deutlicher Stromanstieg wird erkennbar. Man erhält ähnliche Meßkurven wie in der Amperometrie [23].

4.5.2   Amperometrische Sensoren

Ein amperometrischer Sensor besteht im Prinzip aus einer (hier meist nur
zwei Elektroden enthaltenden) Miniaturelektrolyseanordnung, die von einer
Membran von der zu messenden Lösung oder einem Gasraum abgegrenzt ist
[3,4,23].

Die Membran soll selektiv das Eindiffundieren der zu bestimmenden Spezies
zulassen. Die eindringende Spezies ergibt dann durch faraday'schen Umsatz
an den Elektroden (meist unter Grenzstrombedingungen) ein amperometrisches
Signal.

4.5.2.1   Gas-Sensoren auf amperometrischer Basis

Gasdurchlässige Membranen (etwa 10-25 µm, Teflon, PVC, Polyethylen u.a.)
sind aus der Brennstoffzellentechnolgie übernommen. Die Ansprechzeit, d.h.
die Zeit zum Erreichen von 90 bis 95 % des Meßendwertes eines derartigen
Sensors, ist abhängig von der Membrandicke (meist im Bereich einiger
Sekunden). Die Lebensdauer wird im wesentlichen von der Stabilität der
verwendeten Membran bestimmt. Bei Neuentwicklungen wird versucht, die
Sensoren mit einer potentiostatischen Schaltung zu versehen und aus der
Spannungsdifferenz zwischen Bezugs- und Gegenelektrode eine Information
abzuleiten, wann der Innenelektrolyt zu erneuern ist.

Gas-Sensoren, die auf amperometrischer Basis arbeiten, sind u.a. für die
Messung von H_2 und O_2 bekannt. Eine prinzipielle Bauform eines solchen
Sensors ist in der Abb. 80 gezeigt.

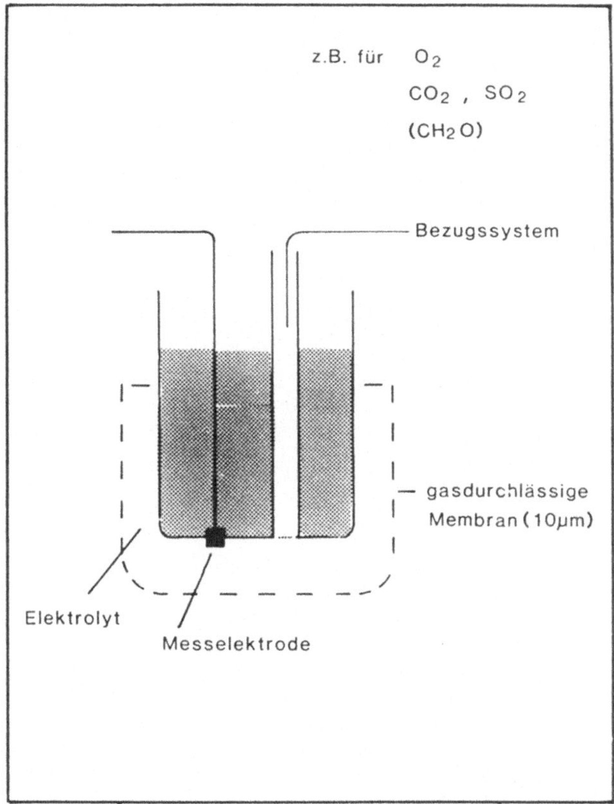

Abb. 80: Schematischer Aufbau eines amperometrischen Gas-Sensors.

Besteht die Membran aus einer dünnen Palladium-Folie, so erhält man einen
ausgezeichneten Sensor für H_2, da H_2 selektiv durch die Membran dif-
fundiert. Im Innenraum des Sensors wird H_2 an Edelmetallanoden zu H^+
oxidiert. Als Kathodenreaktion ist meist die Reduktion von AgCl zu Ag
vorgesehen. Derartige Sensoren können H_2 im Bereich von 10^{-4} bis zu
ca. 5 at mit linearer Anzeige erfassen.

Auf L.C. Clark geht einer der ältesten Gassensoren zur Messung von O_2 [91]
zurück. Sauerstoffdurchlässige Membranen z.B. aus PE, Teflon, Cellophan
u.v.a. trennen den Elektrolytraum ab. Als Anodenreaktion wird hier meist
auch die Reaktion von Ag zu AgCl in Cl^- -haltigen Medien benutzt. Die
Kathodenreaktion, die dem eindiffundierendem O_2-Gehalt entspricht, lautet
im Alkalischen $O_2 + 2\ H_2O + 4\ e^- \longrightarrow 4\ OH^-$.

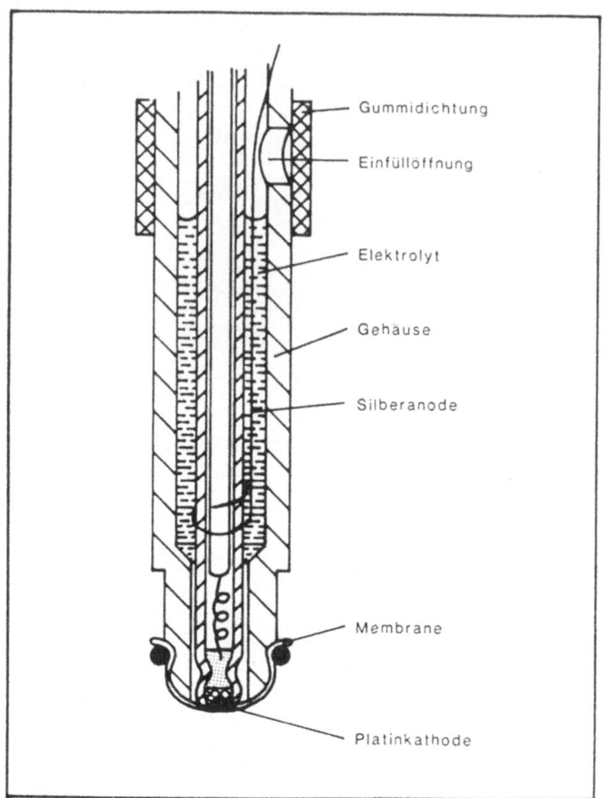

Abb. 81: Clark-Zelle zur amperometrischen O_2-Bestimmung [4,91].

Meist wird eine Clark-Zelle mit potentiostatischer Schaltung betrieben. Die Ansprechzeit beträgt je nach Membrantyp einige Sekunden. Anzeigebereiche liegen um 0-20 mg O_2/dm^3 Lösung resp. 0-20 ppm O_2/dm^3 Gas.

4.5.2.2   Andere elektrochemische Methoden zur Gasanalyse

Andere Meßprinzipien zur Bestimmung von O_2 beruhen auf der Brennstoffzellentechnik, d.h. sie arbeiten ohne Außenstromquelle [23]. Eine bewährte Ausführung benutzt ebenfalls sauerstoffpermeable Membranen. Der Sauerstoff gelangt in alkalischem Elektrolyten zu Ag oder Pt-Kathoden, an denen dieselbe Reaktion wie oben genannt abläuft. Der anodische Umsatz kann in der Bildung von PbO_x bestehen.

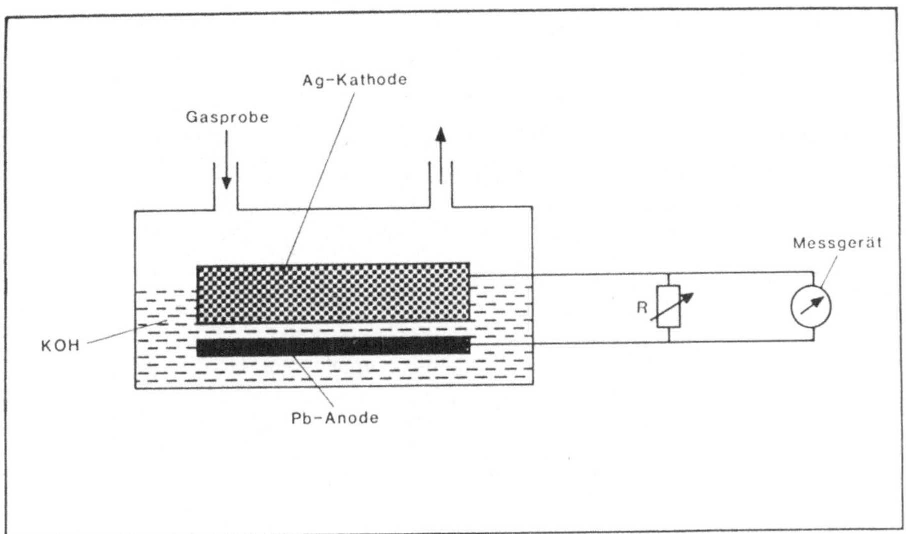

Abb. 82: Membranfreie galvanische Zelle für O_2-Messung (nach [23,92]).

Der durch den Gesamtumsatz erzeugte Strom kann u.U. zum Betrieb eines tragbaren Meßgeräts benutzt werden. Meßbereiche von 0-3000 ppm O_2 werden angegeben. Im mittleren Temperaturbereich bis zu 300°C sollen sich Dünnschichtzellen mit O_2-durchlässiger Goldmembran und einer im Hochvakuum aufgedampften Al_2O_3-Schicht als Elektroden bewährt haben.

Andere elektrochemische Oxidations- bzw. Reduktionsreaktionen, die derzeit in amperometrischen Sensoren ausgenutzt werden, beruhen auf folgenden Umsetzungen:

Reduktion von Ozon zu O_2
Reduktion von Stickoxiden (an mit Phtalocyaninen modifizierten Elektroden)
Oxidation von Methan und einfachen Kohlenwasserstoffen
(z.B. $CH_4 + 2H_2O - 8\ e^- \longrightarrow CO_2 + 8H^+$)
Oxidation von Wasserstoff zu H^+
Oxidation von CO zu CO_2
Oxidation von SO_2 zu Sulfat

Auch wenn nicht immer die volle stöchiometrische Zahl von Elektronen ausgenutzt wird, ist der erhaltene Meßstrom proportional zur Lösungskonzentration c_L bzw. zum Partialdruck des umgebenden Gases.

Saure oder basische Gase (z.B. H_2S, CO_2, NO_x, HCl) können nach Durch-
dringen einer Membran unspezifisch durch die in der Sensorlösung hervorgerufene pH-Wert-Änderung mit einer Glaselektrode bestimmt werden. Ähnlich
arbeiten konduktometrische Sensoren, bei denen nach Absorption der Gase
die Änderung der Leitfähigkeit als Meßgröße benutzt wird.

4.6   Coulometrische Analysen und Detektoren

Die nach den Faraday'schen Gesetzen gegebene Proportionalität zwischen
geflossener Ladung und umgesetzter Stoffmenge

$$Q = i\ t = z\ F\ dn \quad (dn = \text{Änderung der Molzahl})$$

dient in der potentiostatischen Coulometrie und bei der coulometrischen
Titration als Grundlage.
Potentiostatische Coulometrie wird an eher großflächigen Elektroden mit
kleinen Meßvolumina als Miniaturelektrolyse durchgeführt. Der Strom-
Zeitverlauf erfolgt für einen unkomplizierten Umsatz nach:

$$\ln i = \ln i_0 - s_0\ t$$

i_0 bedeutet den Anfangsstrom und die Massentransferkonstante s_0 gibt die
Abreaktion aufgrund des elektrolytischen Umsatzes in der Meßzelle an:

$$s_0 = D\ q/\delta_N\ V$$

d.h. ein großes Verhältnis von Elektrodenfläche q zu Arbeitsvolumen V
sowie eine kleine Diffusionsschicht δ_N, etwa durch kräftige Konvektion
erreichbar, ergeben schnelle Abreaktion (vgl. auch Kap. 5).
Die verbrauchte Ladungsmenge Q kann aus der oberen Beziehung ermittelt
werden ($Q = i_0/s_0$) oder mittels elektronischer Integratoren gezählt
werden.
Mengen herab bis zu 10^{-11} Mol sind coulometrisch bestimmt worden. Die
Hauptanwendung liegt in der Bestimmung von Metallspuren und als coulome-
trischer Detektor in der Flüssigkeitschromatographie organischer Verbindungen.

In coulometrischen Titrationen wird das Reagens durch anodische oder kathodische Reaktionen an Ort und Stelle erzeugt. Daher sind auch teure oder wenig stabile Reagentien anwendbar,- außerdem bleibt das Probenvolumen während der Analyse konstant. Der Endpunkt wird mit einer üblichen Methode angezeigt [23,82].

Anodisch erzeugte Titersubstanzen: H^+, Br_2, J_2, BrO^-, Ag^{2+}, Mn^{3+}, Ce^{4+} u.a).
Kathodisch erzeugte Titersubstanzen: OH^-, Ti^{3+}, V^{4+}, V^{3+}, Cr^{2+} u.a.
Durch anodische Auflösung können auch Fällungsreagentien (z.B. Ag^+ zur Fällungstitration von Phosphat) erzeugt werden.

Beispiele für coulometrische Säure-Basen-Bestimmungen sind in der Tab. 19 angeführt.

Tab. 19: Beispiele für coulometrische Titrationen.

Probe	Elektrolyt	Reagenserzeugende Elektrode	indizierende
organische Basen	8 M $NaClO_4$	Pt	Glaselektrode
organische Säuren	Propanol-2, $NaClO_4$	Pt	Glaselektrode
S (als H_2SO_4)	Na_2SO_4	Pt	Glaselektrode
H_2O in Lösungsmitteln	J_2 wird erzeugt	(Karl-Fischer-Titration)	

4.7 Chronoamperometrie

Die Zeit als Parameter der Messung wird in einigen voltammetrischen Verfahren als Informationsträger genutzt, am wirkungsvollsten in der Chronoamperometrie [54].

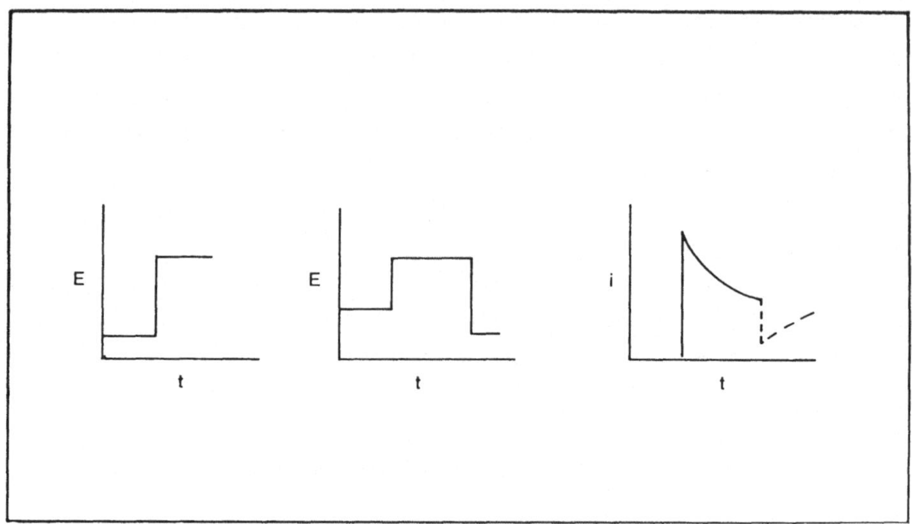

Abb. 83: Anregungssignal und Strom-Zeitantwort in der Chronoamperometrie.

Von einem Potential, bei dem kein faraday'scher Umsatz stattfindet, wird
sprunghaft auf einen Potentialwert geschalten, bei dem ein elektrochemischer Umsatz mit Grenzstrombedingungen stattfindet. Das Abklingen des
Stroms mit der Zeit trägt die kinetische Information. Mehrfache Potentialsprünge werden ebenfalls eingesetzt.
Diese Methode wird vorallem zum Studium der Reaktivität von Radikalanionen
oder Radikalkationen eingesetzt, die elektrolytisch als Zwischenstufen
vieler Reduktions- bzw. Oxidationsreaktionen gut zugänglich sind.

Die früher öfters angewandte Chronopotentiometrie, bei der nach Anlegen
eines Konstantstroms der zeitliche Verlauf des Elektrodenpotential ver-
folgt wird, hat sich als Analysenmethode nicht durchsetzen können.

4.8   Mikroelektroden und Mikromeßzellen

Mikroelektroden (Ø 0,1 bis 100 µm) sind ursprünglich für elektrochemische
Messungen in biologischem Gewebe entwickelt worden, etwa für Voltammetrie
in Zellen oder als ionensensitive, potentiometrische Sensoren zur Messung
von Membranpotentialen und/oder Konzentrationsmessung von Stoffwechselpro-
dukten [93,94] .Ein Konstruktionsbeispiel zeigt die folgende Abb. 84.

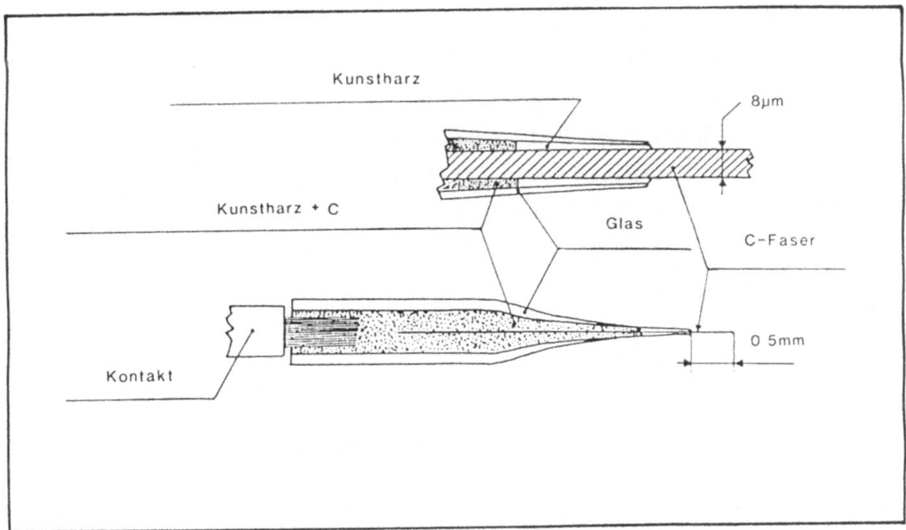

Abb. 84: Voltammetrische Mikroelektrode aus pyrolytischem Graphit
(nach [95]).

Erst später hat sich gezeigt, daß weitere enorme Vorteile mit Mikroelektroden in der Voltammetrie erzielbar sind [96,97] (die geringen Meßströme
im nA-Bereich können mit der heutigen Verstärker- und Computertechnik
bestens verarbeitet werden), u.a.:

a) schnellere elektrochemische bzw. chemische Folgereaktionen sind
   erfaßbar, da die Diffusionsverhältnisse rasch und ohne Aufwand stationär
   eingestellt werden können.
b) der kapazitive Untergrundstrom i_{kap} ist sehr gering,- es können
   mit Mikroelektroden Spannungsgeschwindigkeiten von einigen 1000 V/s
   appliziert werden.
c) da die Ströme gering sind, sind auch Signalverzerrungen durch
   ohm'schen Widerstand gering. Es kann in Medien sehr schlechter Leitfähigkeit, ohne Zusatz von Leitelektrolyt gearbeitet werden. Sogar in
   gefrorenen Lösungsmitteln sind Messungen erfolgreich durchgeführt worden.

Es sind auch Versuche bekannt geworden, kleine Elektroden (um 10-200 µm)
in Form von Arrays herzustellen, um auch räumliche Muster von elektrochemisch induzierten Reaktionen in Strömungssystemen zu untersuchen [98].

210

Mikrozellen

Die Verwendung von Dünnschichtzellen ('Thin-Layer-Cells', TLC), in denen
der gesamte Elektrolytraum auf eine Zone von 2-100 µm beschränkt ist (Abb.
85), bringt für die Bestimmung der umgesetzten Zahl von Elektronen, bei
der Untersuchung von Adsorption sowie für reaktionskinetische Messungen
Vorteile. Hier ist die Zelle dünner als die Nernst'sche Diffusionsschicht
δ_N. Bei reversiblen Reaktionen ist mit CV-Anregung der Peakstrom i_p durch
eine einfache Beziehung gegeben.

$$i_p = z^2 \, F^2 \, v \, V \, c_L / 4 \, RT$$

V   Volumen der Meßlösung; andere Symbole wie üblich.

Das Rücklaufsignal erscheint beim selben Potential wie der Vorlaufpeak (da
praktisch keine Transportwege der Spezies Ox und Red vorliegen).

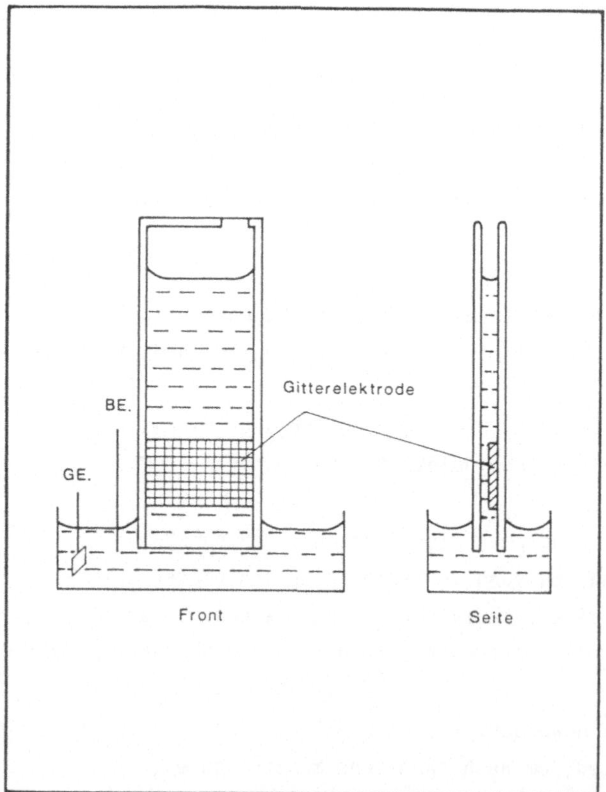

<u>Abb. 85</u>: Bauform einer TLC; GE, BE = Gegen-, Bezugselektrode,
Gitter als Arbeitselektrode (nach [14]).

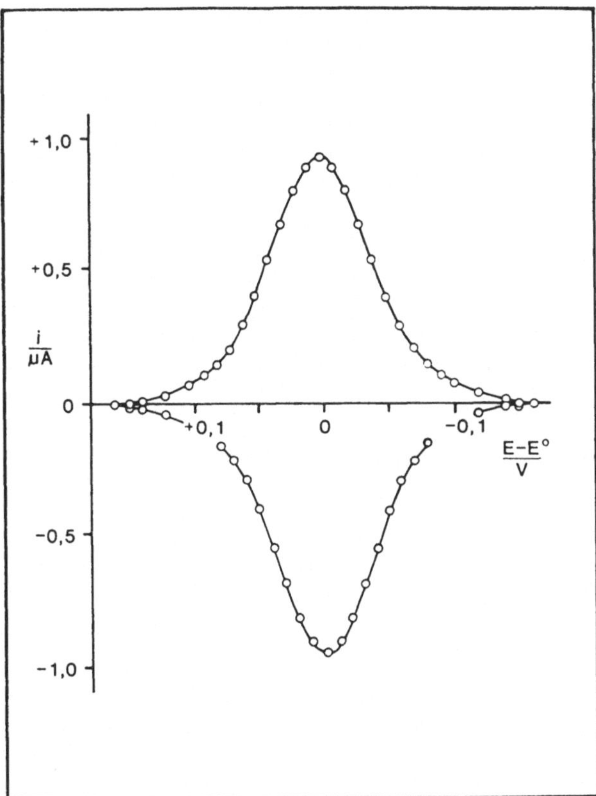

Abb. 86: Cyclovoltammogramm in Dünnschichtzelle (nach [23,99]).

4.9   Kombination elektrochemischer Techniken mit spektroskopischen
            Methoden

Zur Aufklärung von Prozessen an Elektroden und zur Untersuchung der
Reaktivität von Zwischenstufen seien einige bewährte bzw. aussichtsreiche
neue Kombinationen elektrochemischer Techniken mit spektroskopischen
Methoden angeführt:

Optisch transparente Elektroden (OTE):
Feine Metallgitter auf Quarzunterlage oder hochdotiertes, leitfähiges SnO_2
gestatten die simultane Untersuchung elektrochemisch erzeugter Spezies
mittels UV, UV-VIS-Spektroskopie [100]. Eine Abwandlung der OTE's sind
OTTLE's ('Optical Transparent Thin-Layer-Cells'). Bei ihnen ist der gesamte Elektrolytraum eine nur wenige mm dünne Schicht [101]. Dadurch ist
binnen kürzester Zeit ein völliger Umsatz der zu untersuchenden Spezies
möglich.

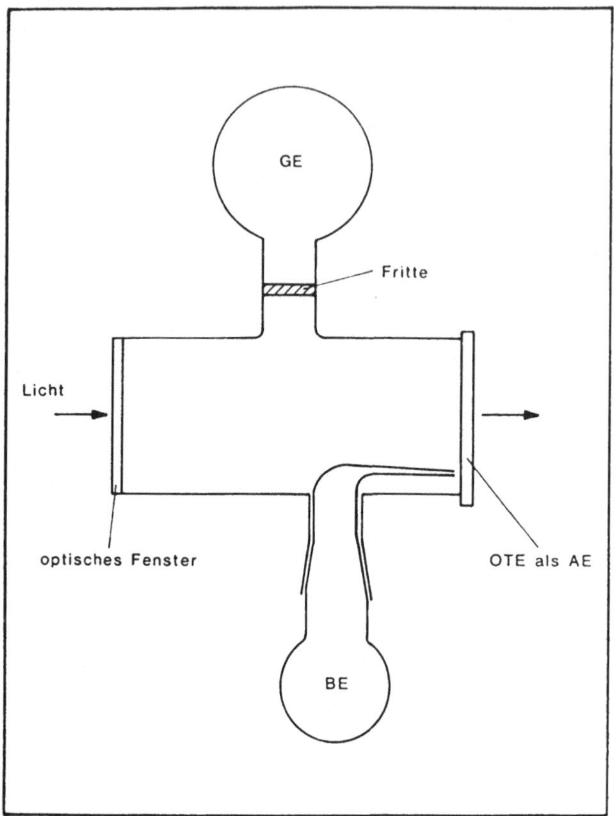

Abb. 87: Seitenansicht einer OTE-Zelle; GE, BE = Gegen-, Bezugselektro-
denraum; OTE = transparente Arbeitselektrode (nach [14]).

Elektronenspinresonanzspektroskopie (ESR) kann kurzlebige radikalische
Spezies charkterisieren, wenn die erzeugenden Elektroden direkt in der
Meßküvette eines ESR-Gerätes eingebracht sind. Längerlebige Zwischenpro-
dukte können extern elektrolytisch erzeugt werden und dann in das Spektrometer gepumpt werden [102,103].

Sehr aussichtsreich erscheint auch die Kombination eines Massenspektro-
meters mit sogenanntem Thermospray-Injektionssystem mit elektrochemischen
Untersuchungen. Es können praktisch 'in-situ' direkt aus dem Elektrolyten
Proben auch kurzlebiger Spezies massenspektroskopisch identifiziert werden
[104].

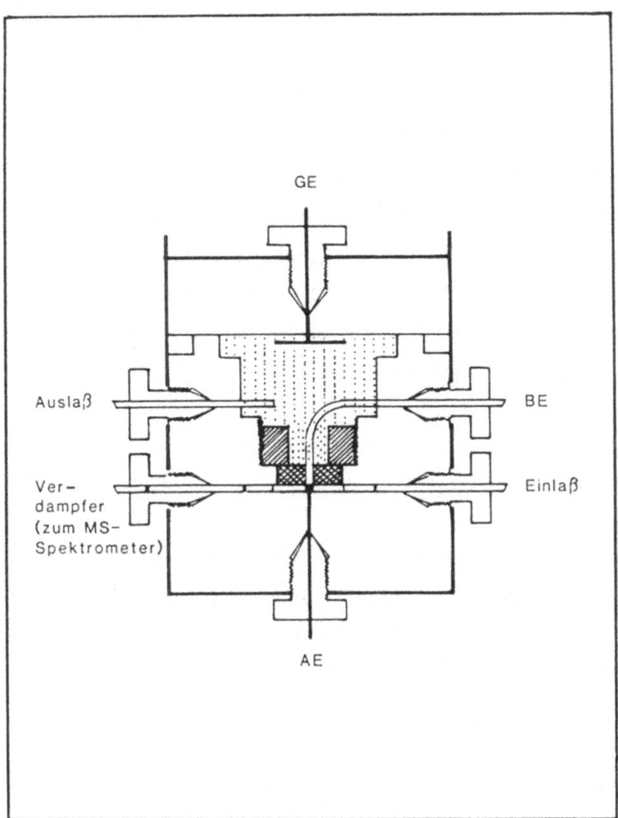

Abb. 88: Zelle mit Anschluß zu einem Massenspektrographen, AE,BE,GE
Dreielektrodenanordnung (nach [104]).

5.   Elektrolytische und präparative Methoden, nichtanalytische Verfahren

Im Kapitel über Coulometrie (Kap. 4.6) sind die im Prinzip wesentlichen Aspekte zur Durchführung elektrolytischer Produktionsmethoden angeführt (Strom, Zeit, Volumen). Es kann hier nicht auf die Einzelheiten der technischen Realisierung und des elektrochemischen Anlagenbaus eingegangen werden, der bemüht ist, für jeden einzelnen Prozeß die Raum-Zeitausbeute, die Stromausbeute, die chemische Ausbeute und die Kosten zu optimieren [105 bis 109]. Einige denkbare Anwendungsgebiete derartiger Verfahren werden hier kurz vorgestellt.

5.1   In-situ-Darstellung von Reagentien

Eine Reihe von Reagentien kann je nach Bedarf in größerem Maßstab als bei coulometrischen Titrationen direkt aus einfachen Vorstufen am Ort des Verbrauchs hergestellt werden. Die folgenden Beispiele behandeln Elektrosynthesen, für die auch technische bzw. halbtechnische Zellenkonstruktionen existieren:

a) Wasserstoffperoxid durch Reduktion von O_2 an hydrophobisierten Aktivkohle-Netzkathoden in zwei Varianten (Kopplung mit anodischer Chlorproduktion oder mit Sauerstoffentwicklung) [110].

Tab. 20: Elektrodenprozesse bei der Gewinnung von H_2O_2 aus O_2.

Kathode :

$$O_2 + H_2O + 2e^- \longrightarrow OH^- + \boxed{HO_2^-}$$

– – – – – – – – – – – – –

geteilte Elektrolysezelle (Kationenmembran)

Anode :

$$2\,KCl - 2e^- \longrightarrow 2\,K^+ + \boxed{Cl_2}$$

oder

$$H_2O - 2e^- \longrightarrow 2\,H^+ + 1/2\,O_2$$

Peroxid und Chlor

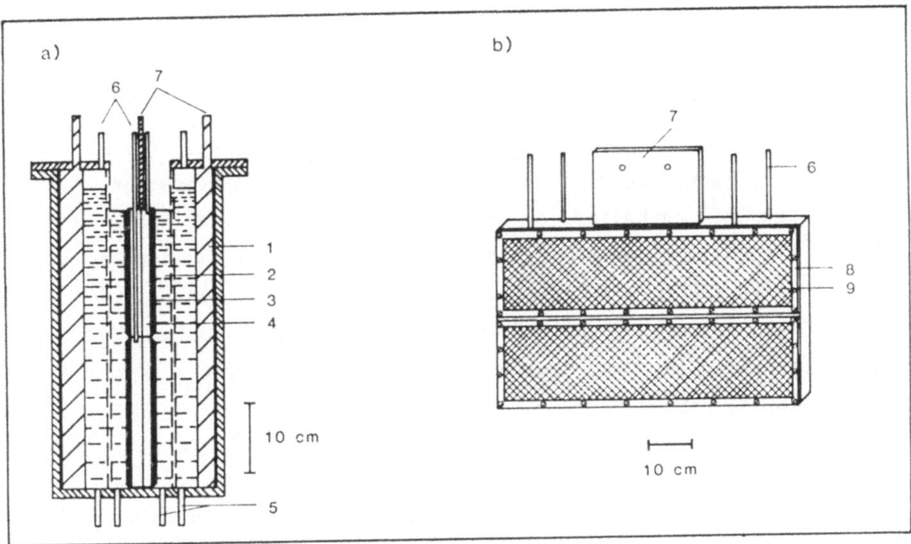

Abb. 89: Halbtechnische Zelle zur Produktion von H_2O_2 aus O_2 bzw. Luft
a) Querschnitt; 1 = Anode (Graphit), 2 = Diaphragma oder Ionen-
austauschermembran, 3 = Kathode (Kohleschicht auf Ni-Netz);
4 = Gasraum; 5 = Elektrolyt Ein-, Auslaß; 6 = Gas Ein-, Auslaß;
7 = Elektrodenterminal, b) Kathodeneinheit; 8 = Rahmen;
9 = Nickel-Trägernetz für Kohleschicht (nach [110]).

b) Hypochlorit aus H_2O und Cl^-:

Tab. 21: Gewinnung von Hypochlorit in ungeteilten Zellen.

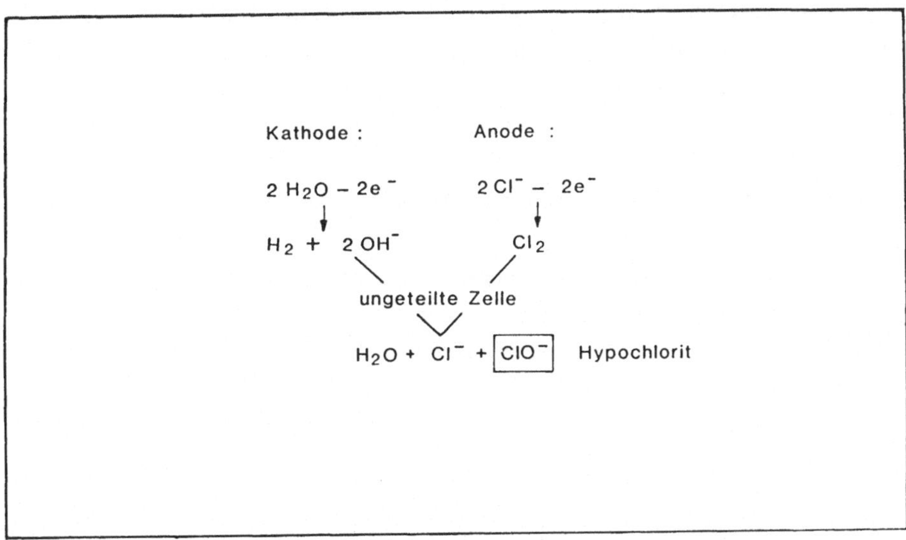

Beide Methoden könnten zur Reinigung und Desinfektion von Abwässern eingesetzt werden. Ein ausreichender Salzgehalt ist darin ohnedies vorhanden.

Für die elektrolytische Regenerierung verbrauchter Dichromatlösungen, die hohe Anteile von Cr^{3+} enthalten, durch elektrochemische Oxidation, sind Verfahren vorhanden, seitdem die Synthese von Anthrachinon aus Anthracen als technisches Verfahren eingeführt worden ist [107,108]. Verbrauchte Dichromatlösungen fallen auch beim Galvanisieren von Kunststoffen und anderen Beizverfahren an. Ohne Regenerierung stellen derartige Lösungen ein lästiges Abfallproblem dar.

Ein russisches Patent berichtet von der elektrolytischen pH-Wert-Regelung eines Färbebades. Während etwa alkalischer Reaktivfärbung wird im Färbebad kathodisch verbrauchtes OH^- ergänzt, anschließend wird durch Umpolen anodisch H^+ zum Absäuern der Ware produziert [111].

5.2   Moderne Konzepte für Elektrolysezellen

Elektrochemische Produktions- oder Reinigungsverfahren stehen seit altersher im Verruf, schlechte Raum-Zeit-Ausbeuten zu liefern bzw. zuviel elektrische Energie bezogen auf einen gewünschten Umsatz zu benötigen. Seit einigen Jahren hat aber eine starke Entwicklung auf dem Gebiet des 'Electrochemical Engineering' eingesetzt, so daß vielversprechende Neuerungen im Bau elektrochemischer Zellen entstanden sind. Bei Verwendung elektrochemischer Verfahren muß in Betracht gezogen werden, daß zwar neuartige Investitionskosten entstehen können, aber u.U. sich die Folgekosten bei Aufarbeitung und Abfallbeseitigung geringer darstellen können [1,106 bis 109].
Einige neue Konzepte sind im folgenden schematisch angeführt.

Der Vergrößerung der aktiven Elektrodenfläche dienen etwa Zellen mit gepackten kugelförmigen Elektrodenkörpern oder Wirbelschichtzellen, in denen eine Suspension leitender Teilchen durch die Flüssigkeitsströmung von der Ladeelektrode weg in das gesamte Reaktorvolumen verwirbelt wird.

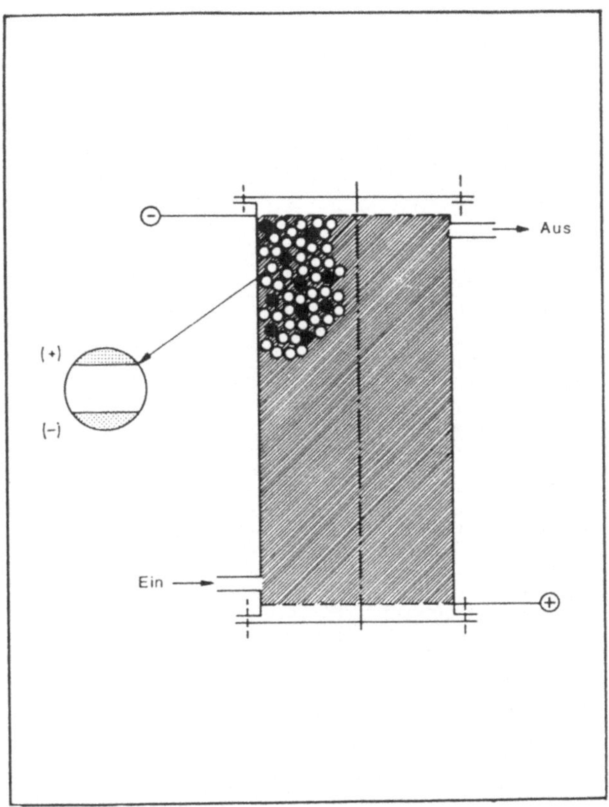

Abb. 90: Packed-Bed Elektrolysezelle (jede Kugel der Packung wirkt bipolar) [112].

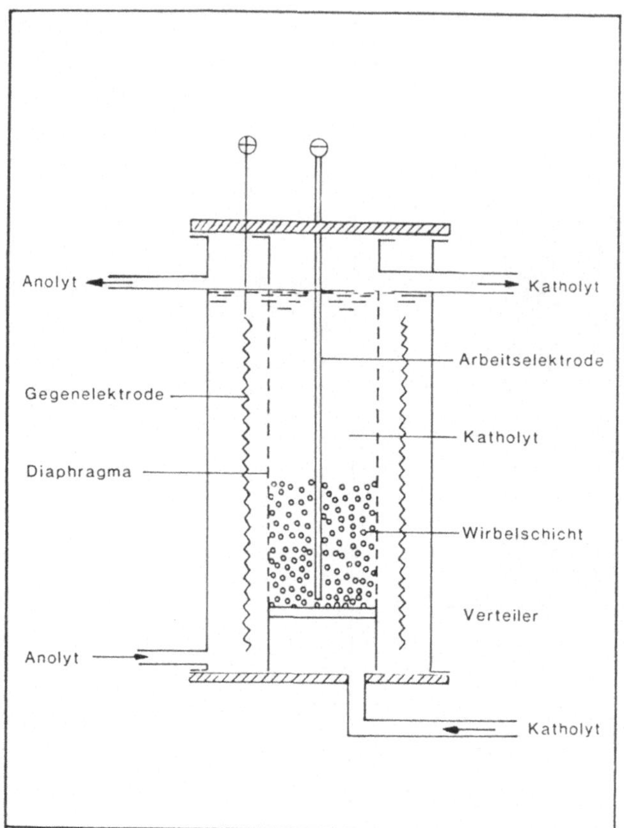

Abb. 91: Wirbelschicht-Elektrolysezelle (nach [113]).

Der Minimalisierung des ohm'schen Widerstandes, verbunden mit hohem Stofftransport, dienen etwa Konstruktionen wie die Kapillarspaltzelle [114] oder etwa die der Pumpzellen nach JANSSON [115].

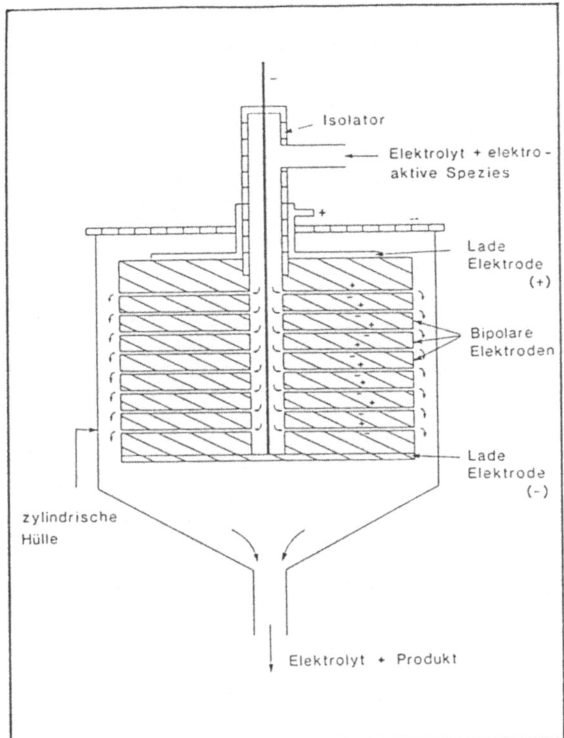

Abb. 92: Kapillarspaltzelle (nach [114]).

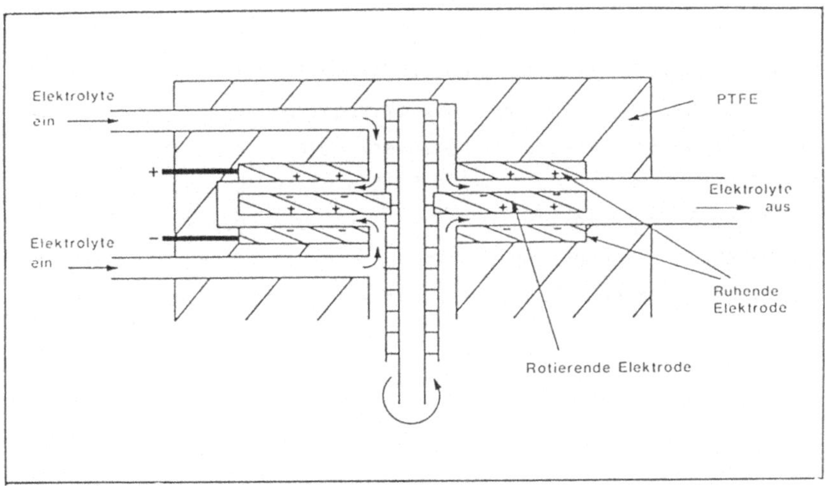

Abb. 93: Pump-Zelle nach JANSSON (nach [115]).

220

Verschiedene Arrangements bzgl. Elektroden und Elektrolytströmungen in
technischen Elektrolysezellen sind in der Abb. 94 schematisch zusammengefaßt:

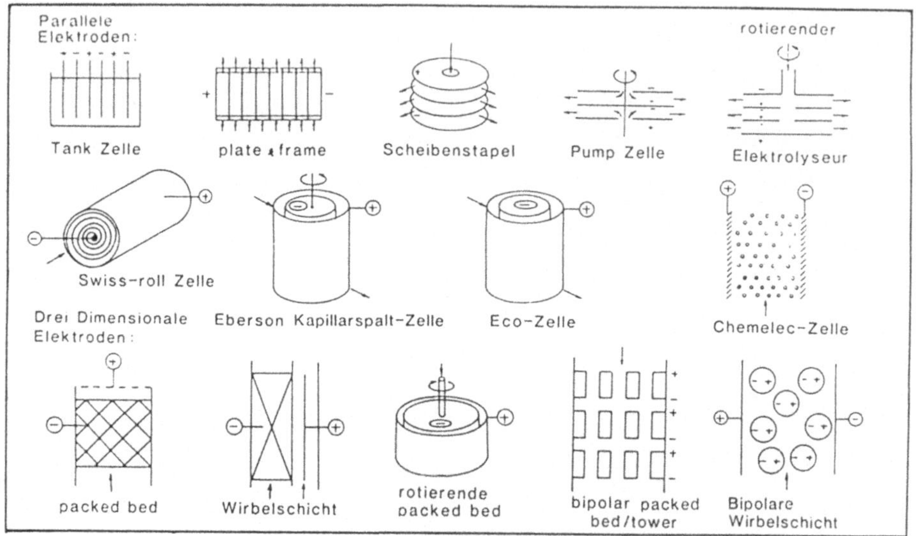

Abb. 94: Bauprinzipien in technischen Elektrolysezellen (nach [1]).

Daneben sind die Anordnungen vom Typ einer Filterpressenkonfiguration von
Anode und Kathode weiterentwickelt worden.

Eine Verringerung des Platz- und Energiebedarfs elektrolytischer Pro-
duktionszellen wird in Zukunft von der Entwicklung sogenannter 'Solid-
Phase-Electolytes' (für SPE-Elektrolysen) zu erwarten sein. Hierbei werden
in dünnen netzartigen Strukturen auf beide Seiten einer Ionenaustauscher-
membran (vgl. Kap. 5.3) Metalle als Anode und Kathode aufgebracht, [3,116].
Durch den engen Abstand zwischen den Elektroden wird geringer Ohm'scher
Widerstand und damit geringerer Energieaufwand als noch bisher erreicht.

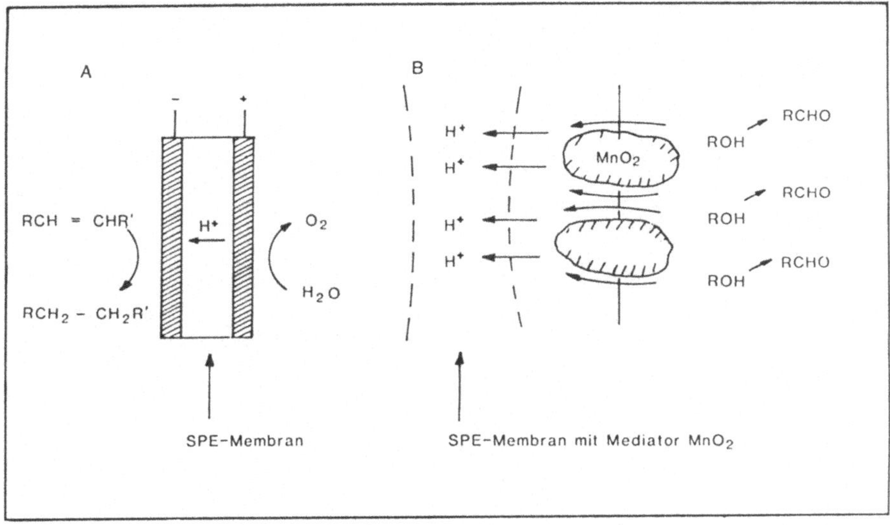

Abb. 95: Prinzip von SPE-Zellen,

    a = normal, b = mit inkorporiertem Redoxmediator.

Auch Elektrolysen in zweiphasigem System (z.B. CH_2Cl_2/wäßriger Elektrolyt) unter Verwendung von Phasentransferkatalysatoren wie R_4N^+-Salzen werden in verstärktem Umfang untersucht, um dadurch Löslichkeits- und Widerstandsprobleme zu umgehen [117].

5.3   Ionenselektive Membranen

Für die Entwicklung potentiostatischer und amperometrischer Sensoren (Kap. 4.5), für die Batterietechnik sowie für elektrolytische Produktionsverfahren spielen ionenselektive Membranen eine große Rolle [14,107,118].

Die besten Anionenaustauschermembranen besitzen Grundgerüste aus Polyolefinen mit ionischen Ankergruppen aus quartären Ammonium- oder Pyridiniumstrukturen. Sehr stabile Kationenaustauschermembranen sind Polyolefingerüste oder polymere Fluorkohlenwasserstoffe mit Carboxyl- oder Sulfonsäureankergruppen (z.B. ® Nafion, Fa. Dupont für die Chlordarstellung).

$$R_F\ SO_3^-$$

$$R_F = (CF_2 - CF_2 -)_x - (- CF - CF_2 -)_y$$
$$(OCF_2CF)_z -O(CF_2)_2-$$
$$CF_3$$

Abb. 96: Chemischer Aufbau von ® Nafion-Membranen.

Wichtige Kriterien für die Herstellung und den Einsatz derartiger Membranen sind:

a) Selektivität für die betreffende Ionensorte (dzt. > 98 % bei Anionenaustauschermembranen, > 90% bei Kationenaustauschermembranen)
b) elektrischer Widerstand (abhängig von Dicke und Temperatur)
c) Potentialsprünge über den Membranquerschnitt
d) mechanische und chemische Langzeitstabilität (und Preis).

In Tab. 22 sind einige bewährte Kationenaustauschermembranen vorgestellt:

Zum Teil sind elektrolytische Verfahren nur deshalb noch nicht konkur-
renzfähig, weil die Membrantechnologie noch nicht alle Anforderungen
erfüllen kann und den Anwendungsmöglichkeiten nachhinkt.

Tab. 22: Typische Kationenaustauschermembranen (nach [13]).

Bezeichnung	Hersteller	Dicke [mm]	Austausch-kapazität (trocken) [mval/g]	Spez. Leitfähig-keit, 25 °C, 1 M KCl [mS/cm]	Selekti-vität [%] 0,2 M/ 0,4 M KCl
Nepton 61 AZL 183	Ionics Inc., Watertown, USA	0,6	2,7	15	98
Aciplex C	Asahi Chemical Industry Co., Tokio, Japan	0,2	2,5	12	
Permaplex C 20	Permutit Ltd., London, GBR	0,8	1,3	13	97
XR (Nafion)	Du Pont Wilmington, USA	0,25	0,9	6,5	98

5.4 Elektrodialyse

Eine Stofftrennung bzw. -anreicherung läßt sich auch durch Elektrodialyse herbeiführen. Hierbei werden Elektrolytbestandteile durch Anlegen eines elektrischen Feldes dazu gebracht, aus durch ionenselektive Membranen getrennten Einspeisungsräume in Anreicherungsräume zu wandern [118 bis 120]. Die folgende Skizze zeigt schematisch eine Zelle zur Wasserentsalzung. Besonders für Salzgehalte über 500 ppm, bei denen Wasseraufbereitung mittels Ionenaustauscher sehr teuer wird, ist die Elektrodialyse ökonomischer. So soll in solchen Fällen die Gewinnung von 1 m^3 Reinwasser aus Brackwasser auf etwa 1-2 DM zu stehen kommen [120].

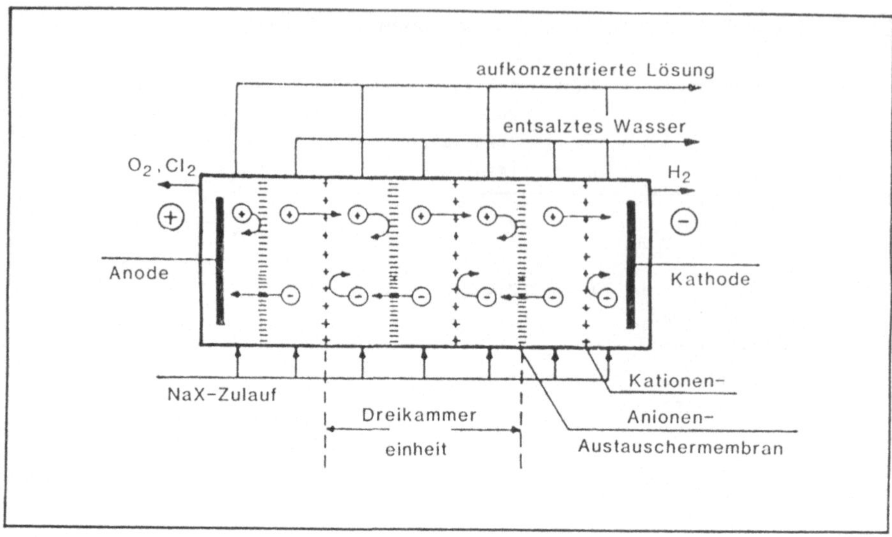

Abb. 97a: Prinzipaufbau einer elektrodialytischen Wasserentsalzungs-
anlage, Dreikammereinheit (nach [3]).

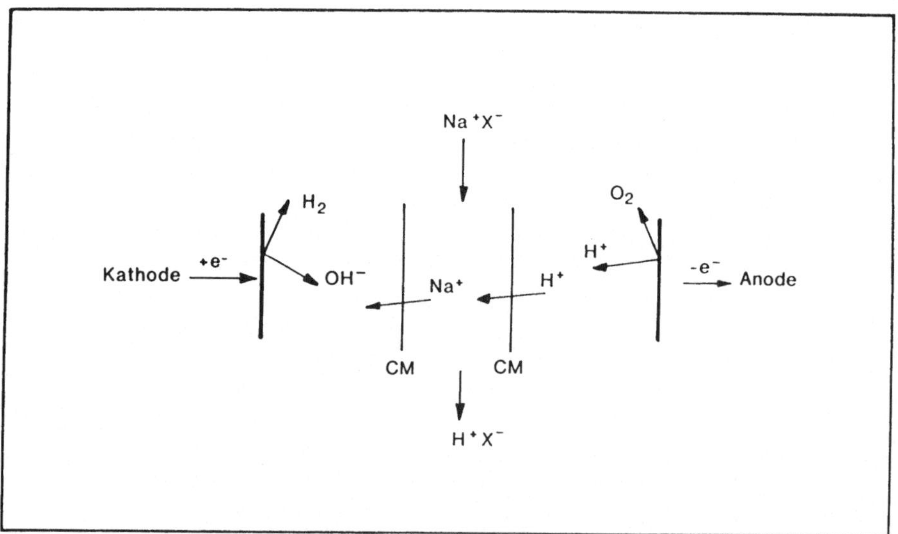

Abb. 97b): Freisetzung von Säure aus Salzen (schematisch).

Durch Vielfachaneinanderordnung (bis zu 200-fach) solcher Dreikammerbe-
reiche können auch große Mengen an Lösungen verarbeitet werden. Jeweils
jede zweite Kammer liefert reines Produkt.

Eine Auswahl bekannter elektrodialytischer Verfahren ist im folgenden
gegeben:

- Darstellung von Tetraalklyammoniumhydroxid aus Tetraalkylammoniumhalo-
  genid.
- Freisetzung organischer Säuren aus ihren Salzen (z.B. für Sebacinsäure:
  Zweikammerzelle, Anodenraum: Sebacinat + anodisch erzeugtes $H^+ \longrightarrow$
  unlösliche Sebacinsäure; Kathodenraum: Na^+ und kathodisch erzeugtes OH^-
  $\longrightarrow$ NaOH. Vorteil kein Zwangsanfall an Salz).
- Gewinnung der freien polymeren Säuren aus Carboxymethylzellulosen u.a.
  Freisetzung von Basen aus ihren Hydrochloriden
  Entmineralisierung von Glukoselösungen
  Entmineralisierung von Polyvinylalkohollösungen
  Entmineralisierung von Molke (auch ^{137}Cs wäre entfernbar)
  Anreicherung von wiedergewinnbaren Salzen aus Abwässern der Zellstoff-
  herstellung.

5.5 Diverse elektrochemische Anwendungen

5.5.1 Korrosionsschutz

Metallische Korrosion bedeutet, daß ohne äußeren Stromkreis an einem Werkstück zwei elektrochemische Prozesse gegensinnig ablaufen: eine Oxidation
des Metalls und eine Reduktion etwa von anwesendem O_2 oder von H^+ oder
H_2O. Es stellt sich am Metall ein sogenanntes Mischpotential ein, bei dem
die Stromdichte der Metallauflösung gleich der des Reduktionsprozesses
ist. Schematisch für eine durch Säure verursachte Korrosion von Zink:

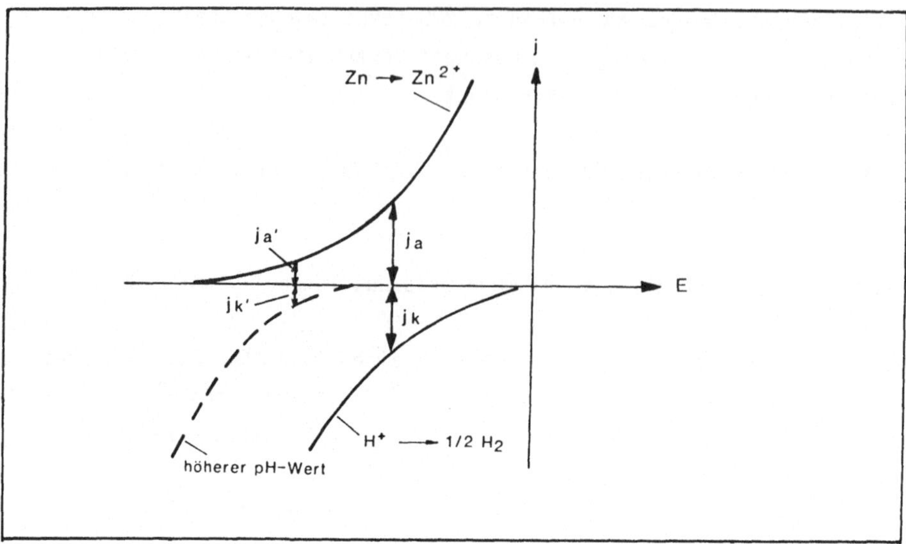

Abb. 98: Strom-Potentialbeziehung für die Säurekorrosion von Zn; j_k ist die resultierende Korrosionsstromdichte.

Ohne auf Details aller Korrosionsmechanismen einzugehen und ohne auf Korrosionsschutz durch Aufbringen resistenterer Metall-, Metalloxid- oder Lackschichten einzugehen, seien einige elektrochemische Maßnahmen zur Korrosionsverhinderung angeführt [108,121].
Anodischer Korrosionsschutz: einige Metalle (z.B. Fe) bilden durch Anlegen von positiven Potentialwerten eine passivierende Deckschicht aus, die die Metallauflösung stark herabsetzt (vgl. Abb. 99).

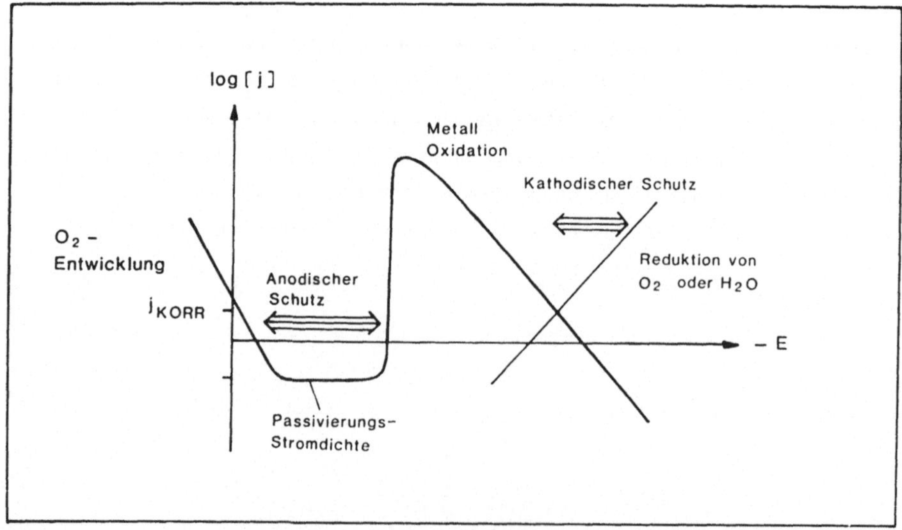

Abb. 99: Passivitätsbereiche an Eisen (nach [14]).

Kathodischer Korrosionsschutz (besonders für Rohre und Tanks im Erdreich):
das zu schützende Metall wird leitend mit einem Block unedlen Metalls
verbunden (Opferanode), das sich dann anstelle des Werkstücks auflöst.
Oder Verhinderung der Metallauflösung durch Anlegen negativer Potentiale
an das Werkstück.

Zugabe von Korrosionsinhibitoren: geringe Mengen ($< 10^{-4}$ M) einiger
anorganischer und organischer Stoffe (z.B. Nitrit, Amine) belegen durch
Physisorption diejenigen aktiven Stellen des Werkstücks, an denen der
Korrosionsprozeß bevorzugt einsetzt. Es genügt, die Stromdichte für einen
Teilprozeß um Größenordnungen herabzusetzen (anodische resp. kathodische
Inhibition).

5.5.2 Galvanoplastik

An die vielfältigen Möglichkeiten, elektrolytisch Metallschichten auf
leitende Werkstoffe als Schutz oder zur Dekoration aufzubringen, sei der
Vollständigkeit wegen erinnert [122]. Das Beschichten von Nichtleitern,
wie Acrylnitril-Butadien-Styrol Polymeren, mit metallischen Schichten
durch stromlose Galvanisierung und elektrochemische Verstärkung der
Schichten ist ein altbekanntes Verfahren [123]. Neuerdings werden auch
textile Flächengebilde mittels Metallabscheidung (z.B. einer 0,2 µm Nickel
schicht auf Polyamiden oder Polyestern nach Pd-Aktivierung) teil nach
Prinzipien der Galvanotechnik hergestellt. Diese Gewebe weisen u.a. ausgezeichnete Eigenschaften bzgl. der Abschirmung von Mikrowellen auf [124].
Detailierter soll im folgenden ein moderner Abtragungsprozeß geschildert
werden [125].
Graphit- oder Aktivkohleteilchen lassen sich in schwefelsaurer Suspension
anodisch auf knapp +0,8 V (gegen GKE) aufladen. Wird eine solche Suspension z.B. gegen ein in die Elektrolysezelle eingetauchtes Cu-Werkstück
gesprüht, auf den mit isolierendem Lack ein Muster aufgebracht ist, findet
an der Auftreffstelle der Teilchen lokal ein Ladungsausgleich statt. Cu^{2+}-
Ionen gehen in Lösung. Man erhält ausgesprochen feine Ätzmuster in dem
Werkstück. Das aufgelöste Cu^{2+} wird an der in der Aufladezelle befindlichen Kathode als Metall zurückgewonnen. Es besteht kein Abwasserproblem
in diesem geschlossenen Ätzkreis. Eine Weiterführung dieser umweltfreund-
lichen Technologie ätzt mittels des Redoxpaares Cu^{2+}/Cu^{+} [126].

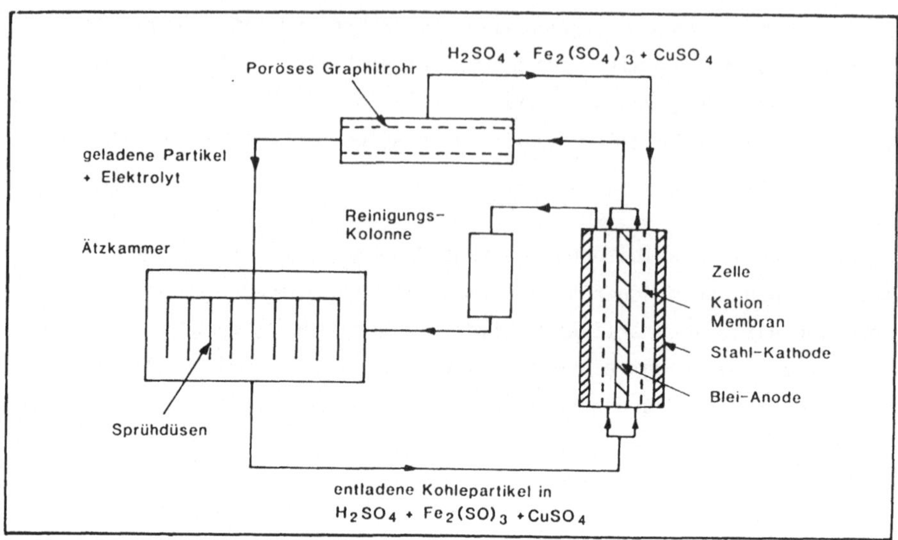

Abb. 100: Schema des Kupfer-Ätzens mit geladenen Partikeln (nach [125]).

5.5.3 Abgasreinigung

Beispiele für elektrochemische Verfahren zur Entfernung von SO_2 befinden sich im Entwicklungsstadium. So kann etwa im Gegenstrom die Abluft durch katalysatorbeschichte Aktivkohlekolonnen mit feuchtem O_2 ohne zusätzliche Elektroden behandelt werden. Es findet eine Art elektrochemischer Korrosionsprozeß des SO_2 zu H_2SO_4 statt.
Analog wurde eine Auswaschung der Schadgase in einer als elektrochemische Zelle konstruierten Adsorptionskolonne untersucht [127].

5.5.4 Brechen von Emulsionen und Elektroflokkulation

Unerwünschte Emulsionen können 'gebrochen' werden, wenn die stabilisierende Oberflächenladung durch Kontakt mit Elektroden entfernt werden (vgl. [128]).

In der Abwasserbehandlung werden viele (polymere) Stoffe durch Fällung mit mehrwertigen Ionen ausgeschieden (Flokkulation) [129,130]. Selektive Dosierung diese Ionen kann durch anodische Auflösung durchgeführt werden (Fe^{3+} aus Eisen-, Al^{3+} aus Aluminiumanoden; kathodisch erzeugte OH^--Ionen können ebenfalls koagulierend wirken). So wird von japanischen Patenten berichtet, daß Abwässer von Färbereien zu 99 % durch Elektroflokkulation entfärbt werden können [131].

5.5.5 Elektroflotation

Zur Phasentrennung in Abwässern (Öle, Stäube) ist Flotation ein bewährtes
Verfahren. Zur Trennung werden feinverteilt Gasblasen in die Lösung
geleitet, die sich an suspendierten Teilchen anlagern und sie zum Auf-
schwimmen bringen, wo sie abgeschöpft werden können. Die elektrolytische
Version erzeugt die benötigten Gase feinverteilt (u.U. wird der Flota-
tionsprozeß dadurch begünstigt, daß die Gasblasen elektrostatische La-
dungen tragen und wie beim Brechen von Emulsionen den Trennprozeß unter-
stützen).

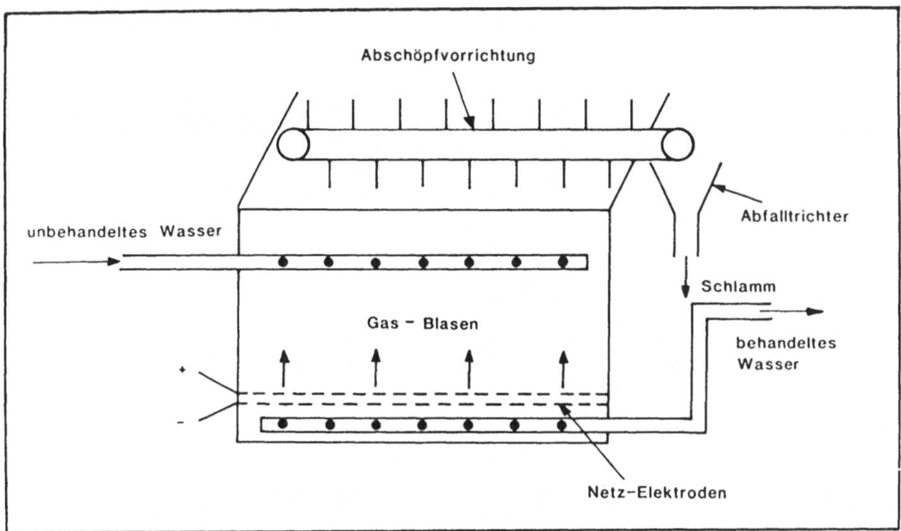

<u>Abb. 101</u>: Schema der elektrolytisch unterstützten Elektroflotation (nach
[108]).

Es sind Anlagen bekannt, die bis zu 150 m^3 Abwasser pro Stunde verarbeiten
können.

5.6 Entwicklungstendenzen für elektrochemische Methoden und Verfahren

5.6.1 Indirekte Elektrolysen und Analysen, Mediatoren

Wird etwa bei einem elektrolytischen Produktionsverfahren ein Hilfsstoff,
Mediator genannt, zugesetzt, der an der Elektrode reagiert und anschließend
in Lösung mit dem umzusetzenden Substrat Elektronen austauscht und wiederum an der Elektrode zur aktiven Form regeneriert wird, spricht man von
'indirekter Elektrolyse'(vgl. Mediatoren bei Redoxbestimmungen Kap. 2.4
und die 'katalytischen Ströme' in Kap. 4.1.5) [132,133].

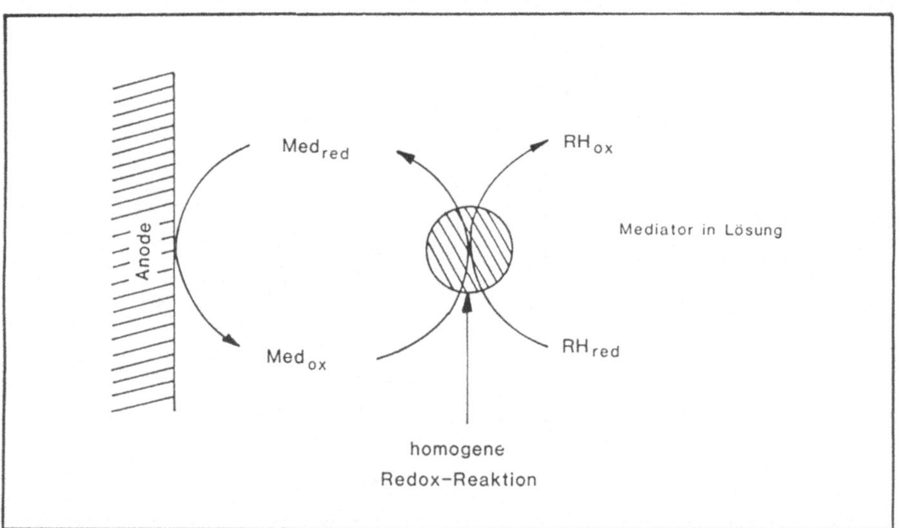

Abb. 102: Schema der Wirkungsweise von Mediatoren in 'indirekten
Elektrolysen'.

Neben mehreren Vorteilen vermeidet man derart oft störende Belagbildungen
an den Elektroden, auch kann eine günstigere Raum-Zeitausbeute erzielt
werden. Viele Fälle von indirekten, elektrochemischen Oxidationen organischer Verbindungen verlaufen über an der Elektrode haftenden Mediatoren.
So etwa die Oxidation von Toluol zu Benzaldehyd an Pb/PbO$_2$ Elektroden.

Zu analytischen Zwecken wird das 'indirekte' Arbeiten in der Richtung
ausgebaut, daß oberflächenmodifizierte Elektroden mit speziellen Ankergruppen entwickelt werden (s.Kap. 5.6.2).

5.6.2   Modifizierte Elektroden:

Zur Neugestaltung elektrochemischer Sensoren wird vielfältig versucht, die
Oberfläche der Elektrode selektiv zu modifizieren [1,134,135].
Beispielsweise kann durch Tauchimprägnierung einer Elektrode aus pyrolytischem Graphit in Polyvinylpyridinlösungen ein Sensor geschaffen werden,
der bei leicht saurem pH-Wert aus einer Lösung etwa komplexe Anionen wie
$Fe(CN)_6^{3-}$ in dieser Schicht anreichert, so daß anschließend ein hohes
Nachweissignal zu erhalten ist [136].

Ähnlich können an der Oberfläche haftende polymere Redoxsysteme den
Elektronenaustausch mit reduzierbaren oder oxidierbaren Substraten be-
werkstelligen [137]. So zeigt schematisch die Abb. 103 die reduktive
Dimerisierung von CO_2 zu Oxalat durch das gebundene Redoxsystem Ru^{3+}/Ru^{2+},
die ohne das Mediatorsystem nur schwierig elektrochemisch zu erreichen
ist.

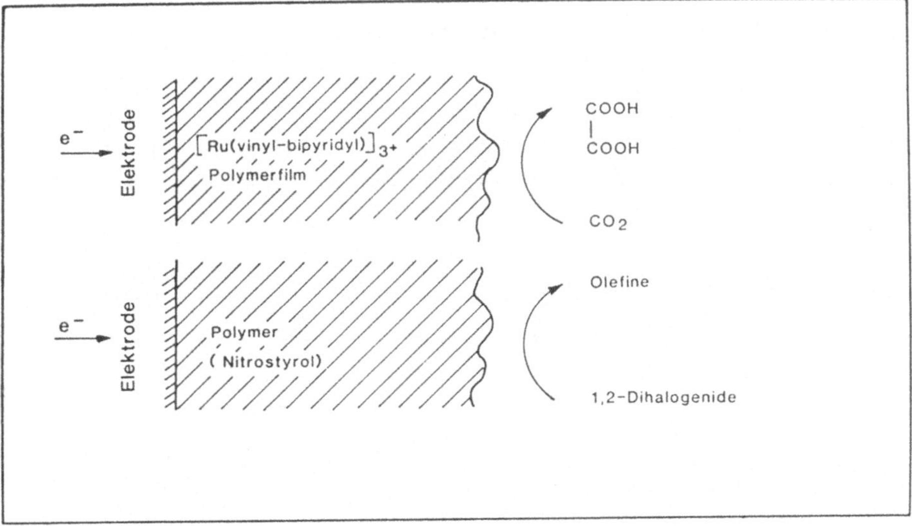

Abb. 103: Oxalatbildung und reduktive Enthalogenierung an modifizierter
Elektrode.

Auch Systeme, die die Wirkung von Enzymen nachmodellieren sind bekannt
geworden. Die Elektrode überträgt Elektronen auf einen haftenden oder
gelösten Mediator, der weiterhin ein Enzym aktiviert, das dann die gewünschte chemische Umsetzung bewirkt [40] (Enzyme allein werden ohne
Mediatoren meist adsorptiv an den Elektroden durch die Wirkung des elektrischen Feldes denaturiert).

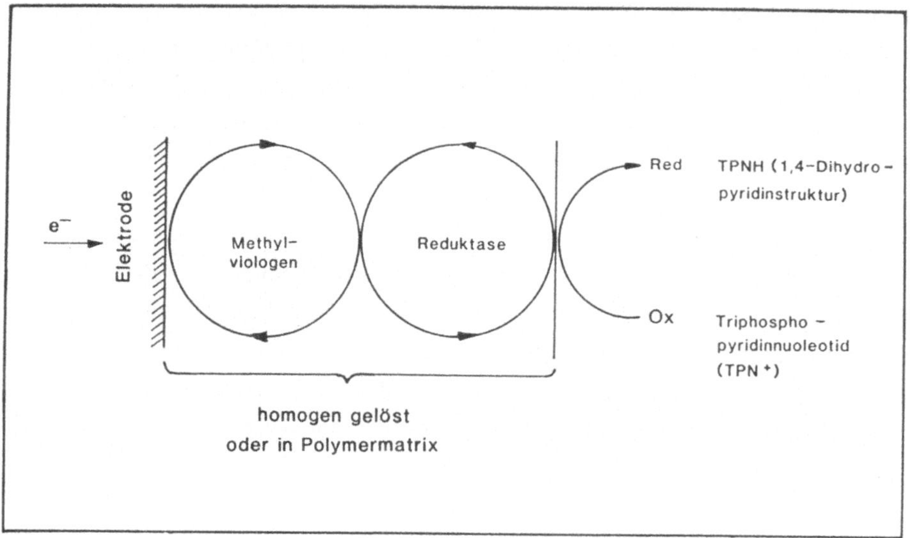

__Abb. 104__: Als Enzymmodell modifizierte Elektrode.

Ob derartig modifizierte Elektroden nur in der Analytik Eingang finden
oder auch in Syntheseverfahren zu verwenden sind, muß die weitere Entwicklung zeigen.

Die im Kap. 5 genannten Produktionsverfahren und Neuentwicklungen mögen
für sich allein nicht immer geeignet sein, Wasser- oder Stoffgewin-
nungsprobleme zu lösen. Aber als Vorstufen oder als Endstufen in Kombination mit anderen Methoden ist ihr Einsatz erwägenswert.

6.   <u>Zusammenfassung</u>

An dieser Stelle sei eine kurze finanzielle Abschätzung bzgl. des Einsatzes elektrochemischer Analysenmethoden skizziert.

Wird der Aufwand verschiedener Analysenverfahren miteinander verglichen, schneiden elektrochemische Methoden ausgezeichnet ab, so daß sie breite Anwendung finden sollten. Letztlich muß aber das zu analysierende Meßproblem über die Wahl der Methoden entscheiden.

Gute potentiometrische Geräte, pH-Meter u. dgl., erhält man ab DM 2000,-, Preise für Laborelektroden liegen um DM 100,- bis zu DM 1500,-- für hochspezielle ionenselektive Elektroden.

Eine gute Vielzweckapparatur für voltammetrische Analysen ist ab DM 12.000 bis 25.000,- zu erhalten (durch gesteigerte Automatisierung und Datenverarbeitungswünsche beliebig ausbaubar). Eine mittlere potentiostatische Regelung ist ab DM 5000,- erhältlich. Die Preise für einzelne Sensoren, wie etwa für rotierende Elektroden bewegen sich um DM 4000,- (Präzisionsantrieb) und um DM 400,- bis 1500,- für verschiedene Elektrodentypen und -materialien [138].

Kosten für Regelungs- und Produktionsprozesse sind hier nicht angebbar, da sie zusehr von den jeweiligen Anforderungen bestimmt werden.

Die vorangehende Besprechung der wichtigsten potentiometrischen, voltammetrischen oder präparativen Methoden sollte kein Spezialwissen für jede der vielen Varianten erbringen. Es sollte gezeigt werden, welches Instrumentarium zur Verfügung steht und keinesfalls in rein elektrochemische Grundlagenforschung eingestiegen werden. Auch die technisch-kommerziellen Aspekte müssen anderen Autoren vorbehalten bleiben.

Nicht immer ist es möglich gewesen, Methode und Meßfühler separat zu behandeln. Es konnte auch nicht in jedem Abschnitt, jede verschiedene Potential-Zeitfunktion als Frage an eine Elektrode und die etwaige Signalverbesserung besprochen werden (etwa DPP-Anregung an Festelektroden). Es überschneiden sich zusehr die Einsatzmöglichkeiten. Für eine weitere

Anzahl von neuen Varianten der Voltammetrie existieren vorläufige Berech-
nungen und Untersuchungen an Modellsubstanzen. Ob sie sich in realen
Meßproblemen den hier geschilderten Methoden überlegen zeigen, bleibt
abzuwarten.

Wenngleich bisher die Entwicklung der Potentio- und Voltammetrie überwiegend in Richtung auf Spurenanalytik vorangetrieben worden ist, so liegt
es nun daran, technischen Einsatz dieser Methoden in Angriff zu nehmen.
Durch Phantasie etwa bei der Wahl neuartiger Elektrodenmaterialien, durch
Phantasie bei der Konstruktion von Meßzellen, Meßfühlern, die den spezifischen Anforderungen angepaßt sind, sowie durch Ausnutzung der Anregungs-
und Signalverarbeitungsmöglichkeiten der modernen Elektronik und durch
systematische Untersuchungen sollte dieses Ziel erreichbar sein.

Danksagung

Wir danken dem Forschungskuratorium Gesamttextil für die finanzielle
Förderung dieses Forschungsvorhabens (AIF-Nr. 6661), die aus Mitteln des
Bundeswirtschaftsministeriums über einen Zuschuß der Arbeitsgemeinschaft
Industrieller Forschungsvereinigungen (AIF) erfolgte.

Gleichzeitig bedanken wir uns beim Fonds der Chemischen Industrie.

Literatur

[1]   M. Fleischmann und D. Pletcher,
        in "Electrochemistry in Research and Development",
        Hrsg. R. Kalvoda, R. Parsons, Plenum Press, New York, 1985.

[2]   J. Koryta, J. Dvorak und V. Bohackova,
        "Lehrbuch der Elektrochemie",
        Springer Verlag, Wien, 1975.

[3]   C.H. Hamann und W. Vielstich,
        "Elektrochemie I, II", Taschentext 41,42,
        Verlag Chemie, Weinheim, 1975, 1981.

[4]   A.F. Bogenschütz und W. Krusemark,
        "Elektrochemische Bauelemente",
        Verlag Chemie, Weinheim, 1976.

[5]   K. Cammann,
        "Das Arbeiten mit ionenselektiven Elektroden",
        2.Aufl., Springer, Berlin, 1977.

[6]   U.R. Kunze,
        "Grundlagen der quantitativen Analyse",
        Thieme Verlag, Stuttgart, 1986.

[7]   "Handbook of Chemistry and Physics",
        Hrsg. R.C. Weast, CRC-Press, Cleveland, Ohio.

[8]   J.A. Goldmann,
        Oxidation-Reduction Equilibria and Chemistry"
        in 'Treatise on Analytical Chemistry', Part I, Vol. 3; Wiley,
        New York, 1983. (s.a. Vol. 4; 1984);
        "Encyclopedia of Electrochemistry of the Elements",
        Hrsg. A.J.Bard, Marcel Dekker, New York, 1975.

[9]   R. Bock,
        "Methoden der Analytischen Chemie",
        Bd. 2, Teil 2, Verlag Chemie, Weinheim 1984.

[10]   K.J. Vetter,
        "Elektrochemische Kinetik",
        Springer, Berlin, 1961.

[11]   J. Giner,
        J. Electrochem. Soc. 111 (1964) 376.

[12]   D.H.G. Ives und G.J. Janz,
        "Reference Electrodes", Acad. Press, New York 1961.

[13]   F. Beck,
        "Elektroorganische Chemie", Verlag Chemie, 1974.

236

[14]   Southampton Electrochemistry Group,"Instrumental Methods
        in Electrochemistry", Ellis Horwood, Chichester, 1985.

[15]   H. Bühler,
        SLZ 33 (1976) 143.

[16]   "Ionenselektive Elektroden",
        Firmenschrift W. Ingold KG, D-6000 Frankfurt.

[17]   "Grundlagen und Probleme der pH-Messung",
        Firmenschrift W. Ingold KG, D-6000 Frankfurt.

[18]   G.K. Kokholm,
        "Redox Measurements",
        Firmenschrift Radiometer, Kopenhagen, 1966.

[19]   K. Camann,
        Fresenius Z. Anal. Chem., 287 (1977) 1.

[20]   Orion Res. Inc., DP 2820709 (1978).

[21]   F. Oehme und L. Dolzalova,
        Z. Anal. Chem. 251 (1970) 1; 264 (1973) 168.

[22]   G. Gran,
        The Analyst 77 (1952) 661.

[23]   G. Henze und R. Neeb,
        "Elektrochemische Analytik",
        Springer Verlag, Berlin, 1986.

[24]   P.L. Bailey,
        "Analysis with Ion-Selective Electrodes", Heyden, London, 1976.

[25]   G.E. Baiulescu und V.V. Cosofret,
        "Application of Ion-Selective Membrane Electrodes in Organic Analysis",
        Ellis Horwood Publ., Chichester 1977.

[26]   M.E. Meyerhoff und Y.M. Fraticelli,
        "Ion-selective Electrodes",
        Anal. Chem. 54 (1982) 27R.

[27]   R. Bock,
        "Methoden der Analytischen Chemie",
        Bd. 2, Teil 2, Verlag Chemie, Weinheim 1984.

[28]   F. Oehme,
        "Ionenselektive Elektroden",
        Hüthig-Verlag, Heidelberg 1986.

[29]   H. Galster und W. Ingold,
        CLB, Chem Labor Betr. 36 (1985) 438.

[30]   "Ion-Selective Electrodes in Analytical Chemistry",
       Vol. 1, Hrsg. H. Freiser, Plenum Press, New York, 1978.

[31]   A.K. Covington,
       "Ion-Selective Electrode Methodology", Vol. I,II,
       CRC-Press, Boca Raton, Florida, 1979.

[32]   A. Berthod und C. Saliba,
       Analusis 13 (1985) 437.

[33]   F. Oehme und M. Jola,
       "Betriebsmeßtechnik",
       Hüthig-Verlag, Heidelberg 1982.

[34]   D.C. Cowell, D.M. Browning, S. Clarke, D. Kilshaw, J. Randell und
       R. Singer,
       Med. Lab.Sci. 42 (1985) 252.

[35]   M.F. Wilson, E. Haikala und P. Kivalo,
       Anal. Chim. Acta 74 (1975) 395, 411.

[36]   J.W. Ross
       in "Ion Selective Electrodes",
       Hrsg. R.A. Durst, NBS Spec. Publ. 314 (1969).

[37]   B.J. Bird und D.E. Clarke,
       Anal. Chim. Acta 67 1973) 387.

[38]   C.P. Kurzendörfer und M. Schlag,
       Dechema Monographie, Vol. 102 (1986) 561.

[39]   P. Oggenfuss, W.E. Morf, U. Oesch, D. Ammann, E. Pretsch und W.Simon,
       Anal. Chim. Acta 180 (1986) 299.

[40]   R.D. Schmid,
       "Biosensoren",
       Nachr. Chem. Techn. Lab., 35 (1987) 910.

[41]   W.J. Albery, P.N. Bartlett, A.E. Cass, D.H. Craston und B.G.D. Haggett,
       J. Chem. Soc., Faraday Trans. I, 82 (1986) 1033.

[42]   L. Cunningham,
       Anal. Chim. Acta 180 (1986) 271.

[43]   H. Freiser,
       J. Chem. Soc., Faraday Trans. I, 82 (1986) 1217.

[44]   D. Migley,
       Ion-Sel. Electrode Rev. 8 (1986) 3. Chem.Abstr. 105, 14038s.

[45]   K. Cammann,
       Fresenius Z. Anal. Chem. 320 (1985) 429.

[46]   Fa. Polymetron AG, CH-8634 Hombrechtikon, Schweiz.

[47]   J. Janata,
       Anal. Chim.Acta $\underline{180}$ (1986), 323.

[48]   F. Oehme,
       GIT Fachz. Lab. $\underline{30}$ (1986) 595, 600.

[49]   W.H. Ko, C.D. Fung, D. Yu und Y.H. Xu,
       in "Chemical Sensors", Analytical Chemistry Sympos. Ser, Vol. 17,
       Hrsg. T. Seiyama, K. Fueki, J. Shiokawa, S. Suzuki, Elsevier,
       Amsterdam, 1983.

[50]   W. Göpel,
       Technisches Messen $\underline{52}$ (1985) 47, 92, 176.

[51]   E. Nicklaus,
       in "Dünne Schichten und Schichtsysteme",
       Kernforschungsanlage Jülich, 1986.

[52]   M. Klein, M. Kuisl und T. Ricker,
       Techn. Messen $\underline{50}$ (1983) 381;

       M. Klein, NTG-Fachberichte $\underline{93}$ (1986) 66;
       M. Klein, M. Kuisl, VDI-Berichte $\underline{509}$ (1984) 275.

[53]   A.M. Bond,
       "Modern Polarographic Methods in Analytical Chemistry",
       Marcel Dekker, New York, 1980.

[54]   "Techniques of Chemistry", Physical Methods of Chemistry, Teil IIA,
       Hrsg. A. Weissberger, B.W. Rossiter, Wiley-Interscience, New York 1971.

[55]   E. Gileadi, E. Kirowa-Eisner und Penciner,
       "Interfacial Electrochemistry",
       Addison-Wesley Co., London 1975.

[56]   Firmenschrift G. Bank Elektronik, D-3400 Göttingen.

[57]   L. Formaro und S. Trassati ,
       Electrochim. Acta $\underline{12}$ (1967) 1457.

[58]   D.T. Sawyer und J.L. Roberts,
       "Experimental Electrochemistry for Chemists",
       Wiley-Interscience, New York 1974.

[59]   C.K. Mann,
       "Nonaqueous Solvents for Electrochemical Use ", in
       "Electroanalytical Chemistry", Vol. 3,
       Hrsg. A.J.Bard, Marcel Dekker, New York 1969.

[60]   J. Heyrovsky und J. Kuta,
       "Grundlagen der Polarographie",
       Akademie-Verlag, Berlin, 1965.

[61]   H.W. Nürnberg und B. Kastening,
       in: Methodicum Chimicum Bd. 1, Teil 1, 606;
       Thieme Verlag, Stuttgart, 1973.

[62]   M. Geißler,
       "Polarographische Analyse",
       Verlag Chemie, Weinheim, 1981.

[63]   D.E. Smith,
       "AC Polarography and Related Techniques" in Electroanalytical Chemistry,
       Vol. 1, Hrsg. A.J. Bard, Marcel Dekker, New York 1966.

[64]   A.J. Bard und L.R. Faulkner,
       "Electrochemical Methods", Wiley, New York 1980.

[65]   E. Pungor, Z. Feher, G. Nagy und K. Toth,
       "Automated Electrochemical Analysis",
       Part I, CRC Crit. Rev. Anal. Chem $\underline{14}$ (1980) 53.

[66]   D. Frahne, J.V. Geil, K. Geng und U. Schrader,
       Metrohm-Monographie, Herisau, Schweiz, 1982.

[68]   EG & G Princeton Applied Research, Princeton, USA;
       Application Note 153.

[69]   EG & G Princeton Applied Research, Princeton, USA;
       Application Note S-5.

[70]   B. Breyer und H.H. Bauer,
       "Alternating Current Polarography and Tensammetry",
       Chemical Analysis, Vol. 13, Interscience Publ., New York, 1963;

       D.E. Smith, "AC Polarography and Related Techniques"
       in "Electroanalytical Chemistry", Vol. 1,
       Hrsg. A.J. Bard, Marcel Dekker, New York 1966.

[71]   E. Jacobsen und Rojahn,
       Anal. Chim. Acta $\underline{61}$ (1972) 320.

[72]   H. Jehring,
       "Elektrosorptionsanalyse mit der Wechselstrompolarographie",
       Akademie Verlag, Berlin, 1974.

[73]   I.R. Miller und D.C. Grahame,
       J. Amer. Chem. Soc., $\underline{79}$ (1957) 3006.

[74]   H. Jehring, H.J. Jacobasch und U. Schumann,
       Faserforsch. u. Textiltechn., $\underline{23}$ (1972) 42.

[75]   J. Heinze,
       "Cyclovoltammetrie - die Spektroskopie des Elektrochemikers",
       Angew. Chem. $\underline{96}$ (1984) 823.

[76]   B. Speiser,
       "Elektroanalytische Methoden II. Cyclische Voltammetrie",
       Chemie in unserer Zeit, 15/2 (1981) 62.

[77]   R.S. Nicholson,
       Anal. Chem., 37, (1964) 1351-1355.

[78]   D. Knittel und B. Kastening,
       J. Appl. Electrochem., 3 (1973) 291.

[79]   D. Knittel,
       J. Electroanal. Chem., 195 (1985) 345.

[80]   J. Wang,
       "Stripping Analysis",
       Verlag Chemie, Weinheim, 1985.

[81]   E. Bahrendrecht,
       "Stripping Voltammetry", in "Electroanalytical Chemistry", Vol. 2,
       Hrsg. A.J. Bard, Marcel Dekker, New York 1967.

[82]   R. Neeb,
       "Inverse Polarographie und Voltammetrie",
       Verlag Chemie, Weinheim, 1969.

[83]   EG & G Princeton Applied Research, Princeton, USA;
       Application Note.

[84]   J. Wang und M. Ariel,
       Anal. Chim. Acta 99 (1978) 89.

[85]   J. Osteryoung und J.J. O'Dea,
       "Square-Wave Voltammetry" in "Electroanalytical Chemistry", Vol. 14,
       Hrsg. A.J. Bard, Marcel Dekker, New York 1986.

[86]   M. Geißler und C. Kuhnhardt,
       "Square-wave-Polarographie",
       VEB Verlag für Grundstoffindustrie, Leipzig, 1970.

[87]   V.G. Levich,
       "Physicochemical Hydrodynamics",
       Prentice Hall, London 1962.

[88]   W.J. Albery und M.L. Hitchman,
       "Ring Disc Electrodes", Clarendon Press, London, 1971.

[89]   J.R. Tacussel und J.J. Fombon,
       Firmenschrift Solea, Lyon, Frankreich.

[90]   R.G. Compton und P.R. Unwin,
       J. Electroanal. Chem. 205 (1986) 1.

[91]   L.C. Clark, R. Wolf, D. Granger und Z. Taylor,
       J. Appl. Physiol., $\underline{6}$ (1953) 189;

       K.H. Mancy, D.A. Okun und N. Reilley,
       J. Electroanal. Chem., $\underline{4}$ (1962) 65.

[92]   P. Hersch,
       Anal. Chem. $\underline{32}$ (1960) 1030.

[93]   R.C. Thomas,
       "Ion-sensitive Intracellular Microelectrodes",
       Academic Press, London, 1978.

[94]   D. Ammann,
       "Ion-Selective Microelectrodes",
       Springer-Verlag, Berlin, 1986.

[95]   Firmenschrift Solea, Lyon, Frankreich,
       "Microelectrodess a fibre de carbone".

[96]   M.I. Montenegro,
       Portugalia Electrochim. Acta, $\underline{3}$ (1985) 165.

[97]   A.M. Bond, M. Fleischmann und J. Robinson,
       J. Electroanal. Chem., $\underline{168}$ (1984) 299.

[98]   N. Busscher,
       Dissertation Univ. Hamburg 1986;
       W. Thormann, P. Van den Bosch, A.M. Bond,
       Anal. Chem. $\underline{57}$ (1985) 2764.

[99]   A.T. Hubbard und F.C. Anson,
       "The Theory and Practice of Electrochemistry with Thin Layer Cells"
       in "Electroanalytical Chemistry", Vol. 4,
       Hrsg. A.J. Bard, Marcel Dekker, New York 1970.

[100] T. Kuwana und N. Winograd,
       "Spectroelectrochemistry at Optically Transparent Electrodes"
       in Electroanalytical Chemistry, Vol. 7,
       Hrsg. A.J. Bard, Marcel Dekker, New York 1974.

[101] W.R. Heinemann, F.M. Hawkridge und H.N. Blount,
       "Spectroelectrochemistry at Optically Transparent Electrodes"
       in "Electroanalytical Chemistry", Vol. 13,
       Hrsg. A.J. Bard, Marcel Dekker, New York 1984.

[102] B. Kastening,
       "Electron Spin Resonance" in
       "Comprehensive Treatise of Electrochemistry",
       Vol. 8, Hrsg. R.E. White, New York, 1984.

[103] T.M. McKinney,
       "Electron Spin Resonance and Electrochemistry" in
       "Electroanalytical Chemistry",
       Hrsg. A.J. Bard, Vol. 10, Marcel Dekker, New York, 1977.

242

[104] G. Hambitzer und J. Heitbaum,
J. Anal. Chem., 58 (1986) 1067.

[105] A. Schmidt,
"Angewandte Elektrochemie",
Verlag Chemie 1976.

[106] E. Heitz und G. Kreysa,
"Grundlagen der Technischen Elektrochemie",
Verlag Chemie, Weinheim, 1980.

[107] "Electrochemical Cell Design",
Hrsg. R.E. White, Plenum Press, New York, 1984.

[108] D. Pletcher,
"Industrial Electrochemistry",
Chapmann and Hall, London, 1984.

[109] R.E. Sioda,
"Flow Electrolysis with Extended-Surface Electrodes",
in "Electroanalytical Chemistry", Vol. 12,
Hrsg. A.J. Bard, Marcel Dekker, New York 1982.

[110] B. Kastening und W. Faul,
Chem. Ing. Tech. MS 537/77 (1977); 49 (1977) 911;
Ger. Chem. Eng. 1 (1978) 183.

[111] P.M. Ashirov, V.R. Lyuts, Z.P. Arikhbaeva und I.Y. Kalontarov,
UDSSR SU 1.183.585, 1982,
Chem. Abstr. 105, 7905u.

[112] M. Fleischmann, J.W. Oldfield und C.L.K. Tennakon,
Abstr. Symp. Electrochem. Engn. 3 (1971), Newcastle/Tyne, GBR.

[113] J.R. Backhurst, J.M. Coulson, F. Goodridge und R.E. Plimley,
J. Electrochem. Soc., 116 (1969) 1600.

[114] F. Beck und H. Guthke,
Chem. Ing. Techn. 41 (1969) 943.

[115] R.E.W. Janson, R.J. Marshall und J.E.J. Rizzo,
J. Appl. Electrochem., 8 (1978) 281.

[116] K.H. Simrock,
in "Electrochemical Cell Design",
Hrsg. R.E. White, Plenum Press, New York, 1984.

[117] H. Wendt,
Dechema Monographie 94 (1983).

[118] E. Piskin,
NATO ASI Ser., Ser.E 106 (1986), 110.

[119] J.L. Eisenmann und F.B. Leitz,
"Electrodialysis" in Physical Methods of Chemistry, Part II B,
'Electrochemical Methods', Techniques of Chemistry, Vol I;
Hrsg. A. Weissberger, B.W. Rossiter, Wiley, New York, 1971.

[120] H. Strathmann,
Sep. Purif. Methods 14 (1985) 41;
NATO ASI Ser., Ser. C 181 (1986) 197.

[121] H. Orth,
"Korrosion und Korrosionsschutz",
Wissenschaftliche Verlagsgesellschaft, Stuttgart, 1974;

A. Rahmel, W. Schwenk,
"Korrosion und Korrosionsschutz von Stählen",
Verlag Chemie, Weinheim 1977;

E.V.Schmid,
"Wetter- und Korrosionsschutz", Vincentz Verlag, Hannover 1983.

[122] "Praktische Galvanotechnik",
E.G. Leuze-Verlag, Saulgau, 1975.

[123] Firmenschrift Fa. Blasberg 32 (1979), D-5650 Solingen.

[124] H. Ebneth,
Textilbetrieb 1982, 46.;
Kunststoffe 76 (1986) 258.

[125] W. Faul und B. Kastening,
Technische Information No. 5,
Kernforschungsanlage Jülich, D-5170 Jülich;

B. Kastening und W. Faul,
Dechema-Monographie 90 (1981) 145;
Chem. Ing. Techn. 1 (1978) 183.

[126] B. Kastening und W. Faul,
Technologiepreis 1986 des Bundesministeriums für Forschung und
Technologie.

[127] G. Kreysa,
"Elektrochemische Gasreinigung"
in Dechema Monographie 94 (1983) 199; Hrsg. D. Behrens, G. Kreysa.

[128] T. Kobayashi,
Jpn. Pat. 6044035 (1985);
W. Brandenburg, J. Evers, K. Arndt, W. Klose und P. Popp,
Ger. (East) Pat. DDR 225916.

[129] N.P. Brandon, G.H. Kelsal, S. Levine und Smith,
J. Appl. Electrochem. 15 (1985) 485.

[130] K.A. Groff und B.R. Kim,
Water Pollut. Control Fed. $\underline{57}$ (1985) 585.

[131] T. Kobayashi,
Jpn. Tokkyo Koho JP 60 44 035, JP 60 44 036, 1985;
Chem. Abstr. 104, 94874d.

[132] E. Steckhan,
Angew. Chemie $\underline{98}$ 1986) 681.

[133] J. Simonet und G. Le Guillanton,
Bull. Soc. Chim. Fr., $\underline{1985}$, 180.

[134] R.A. Durst,
Anal. Chem., Symp. Ser $\underline{1985}$, 115.

[135] R.W. Murray,
"Chemically Modified Electrodes" in
"Electroanalytical Chemistry", Vol. 13,
Hrsg. A.J. Bard, Marcel Dekker, New York 1984.

[136] N. Oyama und F.C. Anson,
J. Electrochem. Soc. $\underline{127}$ (1980) 247.

[137] R.W. Murray,
Electrochem.Res.Div. (Proc. UNESCO Forum) $\underline{1984}$, (Publ. 1985) 285.

[138] Marktübersicht,
Nachr. Chem. Techn. Lab. $\underline{35/10}$ (1987).

Lasermeßverfahren zur Steuerung textiler Prozesse

E. Schollmeyer

Deutsches Textilforschungszentrum Nord-West e.V.
- Institut für textile Meßtechnik -
Frankenring 2
4150 Krefeld 1

1 Einführung

In der textilen Meßtechnik besteht er Wunsch nach berührungslos und zerstörungsfrei arbeitenden in-situ-Meßmethoden [1]. Optische Meßverfahren lassen sich so auslegen, daß sie diese Bedingungen erfüllen. Dabei erweisen sich in den meisten Fällen Laser als Lichtquellen vorteilhafter als thermische Strahler. Laserlicht ist durch folgende Eigenschaften gekennzeichnet, vgl. KÖPF [2]:

- Laser emittieren einen beugungsbegrenzten Parallelstrahl,
- Laserlicht ist sehr gut fokussierbar,
- Laserlicht ist monochromatisch,
- Laserlicht hat eine große Kohärenzlänge,
- Laser können ultrakurze Lichtblitze aussenden,
- Laserlicht entsteht meistens polarisiert und
- Laserlichtquellen stehen in einem weiten Spektralbereich zur Verfügung.

Im folgenden werden laseroptische Meßverfahren in der textilen Meßtechnik an ausgewählten Beispielen diskutiert.

2 Berührungslose Geschwindigkeitsmessung an textilen Oberflächen

In der Textilindustrie treten Prozeßabläufe auf, die über Materialgeschwin-
digkeit- oder Längenmessung gesteuert werden [3]. Als Beispiel seien hier
Warengeschwindigkeitsmessungen beim Materialdurchsatz durch Färbebäder, die
Beeinflussung von Beschichtungskomponenten durch Steuerung der Durchsatzge-
schwindigkeit oder die Ermittlung des Schrumpf- oder Dehnverhaltens von
Materialien, die eine Trocknungsanlage durchlaufen, aufgeführt.

Die technologische Entwicklung der letzten Jahre - insbesondere die Neuentwicklung von photoelektrischen Empfangselementen [4] und verbesserter
Lichtquellen (stabilisierte Laser) [5] - ermöglicht die Anwendung der Laser-
Doppler-Anemometrie (LDA) auf textile Oberflächen. Da es oftmals sinnvoll
ist, für einen bestimmten Einsatzfall einen speziell angefertigten Sensor zu
benutzen, wird ein miniaturisierter, speziell für textile Oberflächen konzi-
pierter, berührungslos arbeitender Geschwindigkeitssensor beschrieben, der
als Teil eines Meß-, Steuer- oder Regelsystems in einer Verarbeitungsmaschine eingesetzt werden kann.

2.1 Stand der Technik

Es gibt in der Textilindustrie zahlreiche bewegte Prozesse, die in einem
relativ niedrigen Geschwindigkeitsbereich zwischen 0 und 50 m/min ablaufen.
Die mit Laser-, Mikrowellen- oder Ultraschall-Doppler-Geräten gemessenen
Dopplerfrequenzen werden sehr klein und können mit handelsüblichen berührungslos arbeitenden Meßeinrichtungen nur mit großem elektronischen Aufwand
wie Frequenzanalysator, Phasenkorrelator, Frequenztracker oder Transientenrecorder erfaßt werden [6].

ZERVOS [7] beschreibt die Anwendung der Referenzstrahl-Doppler-Anemometrie
für Längen- und Geschwindigkeitsmessungen an textilen Obeflächen. Hierbei
werden die Dopplerfrequenzen mit Hilfe eines speziellen Phasenregelkreises
untersucht, der die Aufgabe hat, einen Oszillator in Frequenz und Phase so
zu regeln, daß dessen Phase mit der Phase eines Referenzsignals überein-
stimmt. Diese Technik wird in einem Frequenzbereich von 1,9 bis 2,3 MHz

angewandt. Dieser Meßbereich führt, wie eingangs beschrieben, zu Messungen
weit außerhalb des vorgegebenen Geschwindigkeitsbereiches.

2.2   Aufgabenstellung

An einem Sensor zur berührungslosen Geschwindigkeitsmessung an textilen
Oberflächen für den industriellen Einsatz zur Prozeßsteuerung werden folgende Anforderungen gestellt:

- Geschwindigkeitsmeßbereich der zu sensierenden textilen Oberfläche
  zwischen 0 und 50 m/min,
- unabhängig von der makrogeometrischen Gestalt der Oberfläche des
  Textils,
- unabhängig von der Materialfarbe,
- unabhängig vom Fremdlichteinfluß,
- unempfindlich hinsichtlich Materialflatterbewegungen,
- Minimalaufwand für die Signalwandlung,
- Minimalaufwand für die Signalaufbereitung,
- Ausführung als Sensormodul,
- Kompatibilität mit Maschinensteuerungen,
- robuste und miniaturisierte Bauweise.

2.3   Problemlösung

2.3.1   Konzeption

Die oben genannten Anforderungen an einen Sensor, der zur berührungslosen
Geschwindigkeitsmessung eingesetzt werden soll, können prinzipiell durch die
LDA erfüllt werden.

Es bietet sich als Konzept für die Problemlösung der Geschwindigkeitsmessung
ein interferometrisches Verfahren, beruhend auf der Laser-Doppler-Anemometrie, an, wobei man bei der Messung der Länge oder der Geschwindigkeit
fester Körper hinsichtlich der Meßanordnung zwischen dem Differenz-Doppler-
verfahren und dem Referenzstrahl-Dopplerverfahren unterscheidet [8]. In
Abb. 1 ist das Prinzip der Referenzstrahl-Doppler-Anemometrie dargestellt.

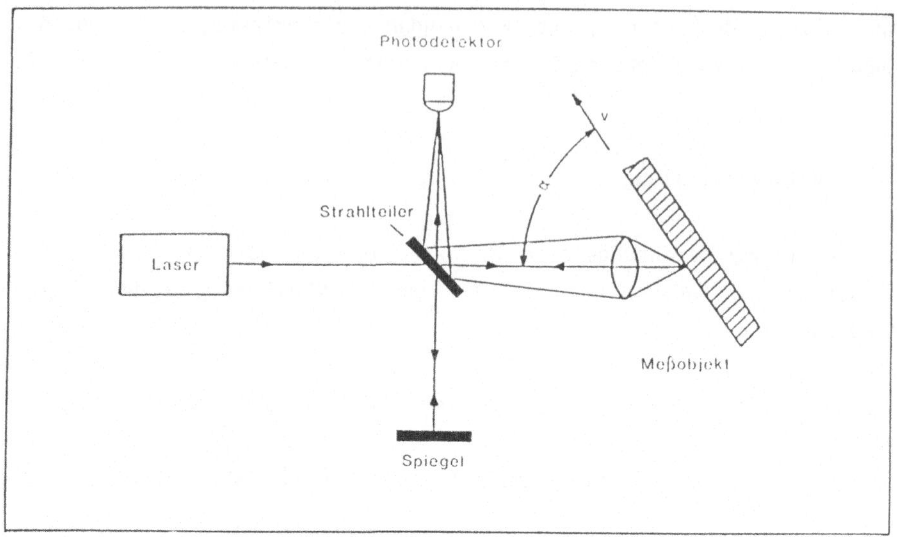

Abb. 1: Prinzipdarstellung der Referenzstrahl-Doppler-Technik zur Messung von Geschwindigkeiten.

Die Meßanordnung zur Referenzstrahl-Doppler-Anemometrie basiert auf dem Aufbau des Interferometers nach Michelson (vgl. z.B. [9]. Eine halbdurchlässig verspiegelte Glasplatte zerlegt das vom Laser ausgehende Licht in einen durchgehenden und einen senkrecht dazu verlaufenden Strahl (Referenzstrahl). Der durchgehende Strahl (Meßstrahl) trifft auf das sich mit der Geschwindigkeit v bewegende Objekt und wird von dort diffus reflektiert. Das gestreute und aufgrund des Doppler-Effektes frequenzverschobene Licht wird mit Hilfe eines Linse gesammelt und mit dem Referenzstrahl überlagert. Das daraus resultierende Schwebungssignal führt zu Intensitätsschwankungen des Laserlichtes, die von einem Photodetektor registriert und anschließend elektronisch weiterverarbeitet werden, und ist ein Maß für die Vorschubgeschwindigkeit des Meßgutes.

2.3.2 Physikalische Grundlagen der Laser-Doppler-Anemometrie

Die Laser-Doppler-Anemometrie arbeitet nach dem Prinzip des Doppler-Effektes:

Trifft ein Laserstrahl auf ein sich bewegendes Objekt, so erfährt das gestreute Licht eine von der Geschwindigkeit des Objektes abhängige Frequenzverschiebung, die sich in Abhängigkeit von der Bewegungsrichtung in einer Erhöhung oder Erniedrigung der Frequenz äußert. In Unterschied zum klassischen Doppler-Effekt kann man hier, da die Objektgeschwindigkeit sehr klein im Verhältnis zur Lichtgeschwindigkeit ist, vernachlässigen, ob sich der Sender oder der Empfänger bewegt (zur Erläuterung siehe z.B. [10]). Die Dopplerfrequenz entsteht zwischen dem vom Laser ausgesandten Licht und dem nach Reflexion am Empfänger wahrgenommenen Licht. Auf seinem Weg erleidet der ursprüngliche Laserstrahl zweimal den Doppler-Effekt, wobei die erste Doppler-Verschiebung aus der Relativbewegung des Objektes zum Lichtstrahl entsteht und die zweite resultiert, weil sich das relativ zum Empfänger bewegende Objekt einen neuen Streulichtsender darstellt. Nach ZERVOS [8] sind in Abb. 2 die geometrischen Verhältnisse zur Berechnung der Dopplerfrequenz dargestellt.

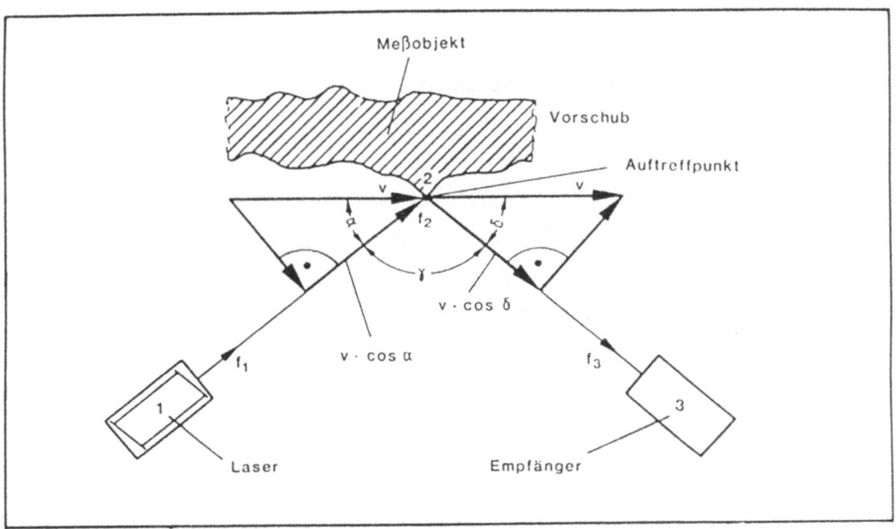

Abb. 2: Geometrische Verhältnisse zur Berechnung der Dopplerfrequenz nach ZERVOS [8]. Zu den Bezeichnungen vgl. Text.

Darin bedeuten v Objektvorschubgeschwindigkeit, α Winkel zwischen Strahlachse und v, γ Winkel zwischen Sende- und Empfangsrichtung, δ Winkel zwischen Empfangsrichtung unf v, f_1 Ruhefrequenz des Laserlichtes, f_2 dopplerverschobene Frequenz am Auftreffpunkt und f_3 dopplerverschobene Frequenz am Empfänger [8].

Für die Frequenz am Auftreffpunkt gilt:

$$f_2 = f_1(1-(v \cos\alpha /c)), \qquad\qquad (1)$$

und für die am Empfänger registrierte Frequenz gilt:

$$f_3 = f_2(1+(v \cos\sigma/c)). \qquad\qquad (2)$$

Stimmen Sende- und Empfangsrichtung überein, ist also $\gamma = 0$, so erhält man aus den Gln. (1) und (2) für die Dopplerfrequenz mit $\delta = 180^\circ -\alpha$ und $v \ll c$ folgende Beziehung:

$$f_D = f_1-f_3 = 2v \cos\alpha/\lambda, \qquad\qquad (3)$$

mit λ der Lichtwellenlänge des Laserstrahls.

2.3.2.1   Eigenschaften des Dopplersignals

Gl. (3) sagt aus, daß bei festgelegten Parametern α und λ die Dopplerfrequenz nur von der Oberflächengeschwindigkeit des reflektierenden Materials abhängt. Betrachtet man jedoch ein Oszillogramm eines Dopplersignals (Abb. 3), so fallen Amplitudenschwankungen auf, die auf die Oberflächenmikrostruktur des Materials zurückzuführen sind.

Diese Amplitudenschwankungen erklärt man dadurch, daß die vom Laser angestrahlte Materialoberfläche Rauheiten in der Größenordnung der Wellenlänge des Lichtes aufweist, die die Funktion mehrerer Elementarreflektoren haben [8]. Ein einzelner dieser Elementarreflektoren erzeugt ein sowohl frequenz- als auch amplitudenmoduliertes Dopplersignal, wobei die Frequenzmodulation durch die divergenz- oder fokussierbedingte Abweichungen von Winkel α zu einer Verbreiterung der Dopplerfrequenz führt [8]. Die Amplitudenmodulation ist auf die Gaußverteilung der Lichtintensität des Laserstrahls zurückzuführen, so daß die von den einzelnen Elementarreflektoren gestreute Energie nicht konstant ist. In der intensitätsstarken Punktmitte des Laserauftreff-

punktes ist die reflektierte Energie größer als in den Randgebieten, so daß
sich eine Schwankung der Signalamplitude ergibt [8].

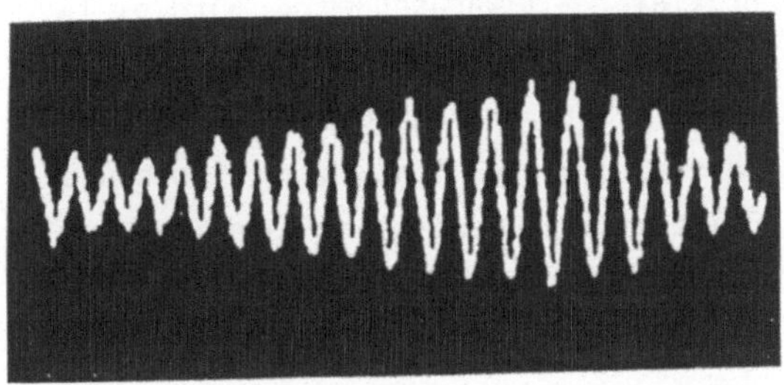

Abb. 3: Oszillogramm eines Dopplersignals mit f_D = 20 kHz ($\triangleq$ 25 m/min Materialgeschwindigkeit).

Da die Referenzstrahl-Dopplertechnik von der Lichtstreuung an der Oberfläche
des zu untersuchenden Materials abhängig ist und bei textilen Oberflächen
eine im Vergleich zur Wellenlänge des Laserlichtes sehr rauhe Meßoberfläche
vorliegt, muß beachtet werden, wie die Oberflächenbeschaffenheit der Probe
die Signalbildung beeinflußt. In Gl. (3) wird durch den Winkel α zwischen
Laserstrahlachse und dem Geschwindigkeitsvektor des Meßgutes eine Richtung
definiert, die unabhängig von der Makrostruktur der Oberfläche konstant
bleibt. Die Gestaltabweichungen führen allerdings zu Wegunterschieden der
Streuwellen gegenüber der Referenzwelle, woraus sich Phasenverschiebungen
ergeben, die während der Integrationszeit des optischen Detektors als Gleich-
anteile registriert werden [8]. Somit hat die makrogeometrische Gestalt der
Oberfläche keinen Einfluß auf die Dopplerfrequenz.

Des weiteren ist für die Signalbildung die Existenz von rückwärtsgestreutem
Licht wichtig, dessen Vorhandensein von der Rauhheit der Oberfläche im
Verhältnis zur Lichtwellenlänge abhängig ist. Je geringer die Rauhheit ist,

desto kleiner wird das Streuvermögen der Oberfläche. Eine Klassifizierung
der Oberflächenrauhheiten in Bezug auf die Lichtwellenlänge läßt sich mit
Hilfe des Rayleigh-Kriteriums (Gl. 4) durchführen [8], das für die Breite
der Streukeule ein qualitatives Maß darstellt:

$$g = [((2\pi\, R_s)/\lambda)(\cos \varepsilon_1 + \cos \varepsilon_2)]^2, \qquad (4)$$

mit ε_1 auf die Normale bezogener Einfallswinkel,
$\quad \varepsilon_2 \qquad$ "   "   "   Ausfallswinkel und
$\quad R_s$ quadratischer Mittenrauhhigkeitswert.

Für $R_s = 0$ ist $g = 0$, d.h. es tritt spiegelnde Reflexion auf. Ist $R_s \ll \lambda$, so
ist $g \ll 1$, und die Streukeule ist sehr klein. Mit wachsendem R_s wird $g \approx 1$,
und die Breite der Streukeule nimmt zu; jedoch kann noch nicht genug Licht
in die Sender-Empfänger-Richtung gelangen. Erst für sehr große Rauhheit,
d.h. $g \gg 1$, ist genug Streulicht in Sende-Empfänger-Richtung vorhanden und
die genannte Meßtechnik einsetzbar. Bei textilen Oberflächen kann man von
einer großen Anzahl Elementarreflektoren ausgehen, die viele ähnliche Ein-
zelsignale und ein stabiles und damit auswertbares Meßsignal erzeugen.

Neben der Rauhigkeit der Oberfläche ist ihr Reflexion- und Absorptionsver-
mögen für die Streulichtintensität maßgebend. Für die Messung der Geschwindigkeit mittels LDA ist ein großer Reflexionsgrad wünschenswert, so daß
ausreichend große Signal-Rausch-Verhältnisse für das Dopplersignal erreicht
werden.

Da das Meßgut in der Praxis zwischen Walzen geführt wird, kommt es aufgrund
der Vorschubbewegung des Materials zu unerwünschten Geschwindigkeitswechseln
in Laserstrahlrichtung - dem Flattern der Probe. Dabei treten neben der
Bewegung in x-Richtung Auslenkungen in y-Richtung auf, deren Einfluß abge-
schätzt werden muß. Nimmt man an, daß die Auslenkung der Probe im Verhältnis
zur Stützweite a zwischen den Walzen sehr klein ist, und daß der Meßwinkel
groß ist, so liefert eine Rechnung nach ZERVOS [8] folgenden Mittelwert für
die durch das Flattern fehlerbehaftete Dopplerfreuenz während einer Periodendauer T:

$$\langle f_D' \rangle = 1/T \int_0^T ([f_D \pm 4\pi\, \hat{y}/\lambda T \sin\alpha \cos(2\pi\, t/T)]\, dt, \qquad (5)$$

mit $\hat{y}$ maximaler Auslenkung in y-Richtung.

Die Ausführung der Integration führt zu dem Ergebnis $<f_D'> = f_D$, d.h. man
erhält beim Messen über ganze oder halbe Perioden der Flatterbewegung keinen
Meßfehler. Nur für Bruchteile einer ganzen Periode (z.B. eine Viertelperio-
de) ergeben sich Meßfehler. In [8] ist exemplarisch eine praktische Rechnung
aufgeführt. Damit sich diese Fehlerquelle nicht auf die Messung auswirkt,
muß in der Praxis die Zeitdauer der Geschwindigkeitsmessung groß gegenüber
der Periodendauer der Flatterbewegung sein, was in den Experimenten stets
erfüllt ist.

2.3.3   Realisierung

In Abb. 4 ist der nach den diskutierten Gesichtspunkten entwickelte miniaturisierte Sensor zur berührungslosen Geschwindigkeitsmessung an textilen
Oberflächen dargestellt.

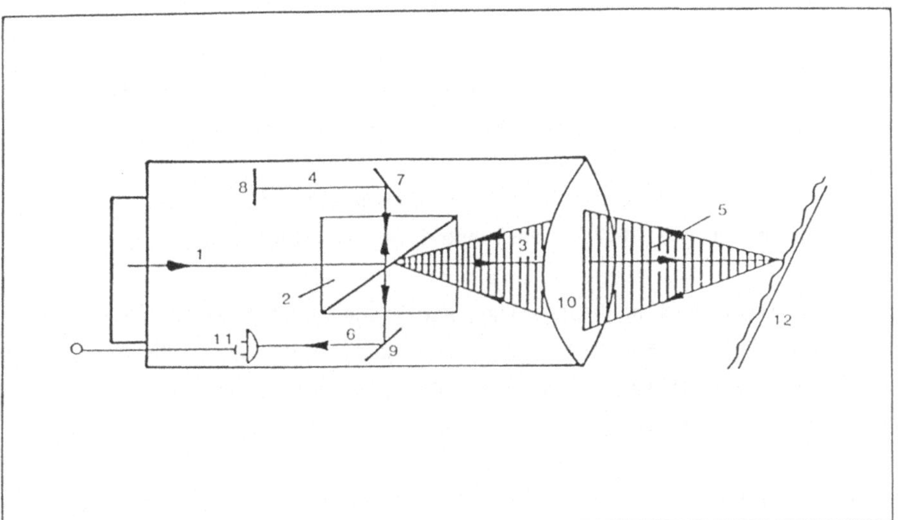

Abb. 4: Sensor zur berührungslosen Geschwindigkeitsmessung an
textilen Oberflächen. Zu den Bezeichnungen vgl. Text.

Das Referenzsstrahl-Interferometer und der Photodetektor sind in einem zy-
lindrisch aufgebauten (35 mm Durchmesser und 130 mm Länge) Hohlkörper untergebracht. Der Manipulator wird direkt oder über eine Fiberoptik an einen
HeNe-Laser angekoppelt, wobei jede optische Einjustierung entfällt, ohne daß

die Kohärenz der übertragenen Strahlung verlorengeht. Das Vergleichsstrahl-
Interferometer ist zwecks Baugrößenminimierung des Sensors derart aufgebaut,
daß der vom Strahlenteiler (2) ausgehende Vergleichsstrahl (4) durch zwei
teildurchlässige justierbare Planumlenkspiegel (7 und 8) parallel zur Laser-
einstrahlrichtung (1) versetzt ist.

Dieser optische Aufbau ermöglicht eine Feinabstimmung zwischen Vergleichs-
strahl- und Streulichtintensität, was zur Intensitätsoptimierung des Meßsignals erforderlich ist. Ebenfalls wird der überlagerte Streu- und Referenzstrahl (6) durch einen justierbaren Planumlenkspiegel (9) parallel zur
Laserlicht-Einstrahlrichtung (1) auf die Fotodiode (11) als Empfangselement
umgelenkt.

Zur Erhöhung des optischen Wirkungsgrades und zur Fokussierung des Streu-
lichtanteils (5), was zur Erhöhung der Signalleistung erforderlich ist,
wurde zwischen Strahlenteiler und Meßoberfläche (12) eine Sammellinse (10)
hoher Apertur eingebaut, die für einen Sensor-Oberflächenabstand von 10 cm
ausgelegt ist.

Durch kurze optische Wege im Interferometer wird eine hohe Meßsystemgenau-
igkeit und Meßwertstabilität gewährleistet.

Die bei der Überlagerung von Referenz- und Streulicht entstehende Schwebung
wird mit Hilfe einer kleinflächigen schnellen Si-Avalanche-Diode detektiert.

Die spezielle elektronische Beschaltung der Diode ist für einen Doppler-
frequenzbereich von ca. 500 Hz bis ca. 1 MHz ausgelegt, wobei das Verhältnis
der Signal- zur Rauschleistung innerhalb der eingangs geforderten Doppler-
frequenz-Bandbreite maximal ist.

Das Hauptproblem beim Einsatz der berührungslos arbeitenden Vergleichs-
strahl-Doppler-Technik an relativ glatten Oberflächen, sind die zeitliche
Amplitudenschwankung des Dopplersignals mit zeitweisen Signalpausen, was zu
einem ungünstigen breiten Frequenzspektrum führt, wobei die Schwebungs-
mittelfrequenzen nur schlecht lokalisierbar und zählbar sind. Dieser Effekt
führt dann zu einem leistungsschwachen Dopplersignal mit großer Meßunsicher-
heit [8]. Das bei kleiner Zeitauflösung (20 µs/cm) aufgenommene Oszillogramm (vgl. Abb. 3) zeigt, daß durch optimale Detektion des Schwebungs-

signals eine direkte Zählung der Dopplerschwingungen am Ausgang des Dioden-Verstärkers auch bei geringer Oberflächengeschwindigkeit möglich ist, vorausgesetzt, das Meßobjekt führt keine Vertikalbewegung zur Geschwindigkeitsrichtung aus.

2.3.4   Meßsignalverarbeitung

Für die Maschinensteuerung muß ein vom Sensor erzeugtes Meßsignal zu einem stabilisierten Steuersignal aufbereitet werden.

Abb. 5 zeigt das Blockschaltbild für die Signalaufbereitung zur berührungslos arbeitenden Geschwindigkeitsmessung.

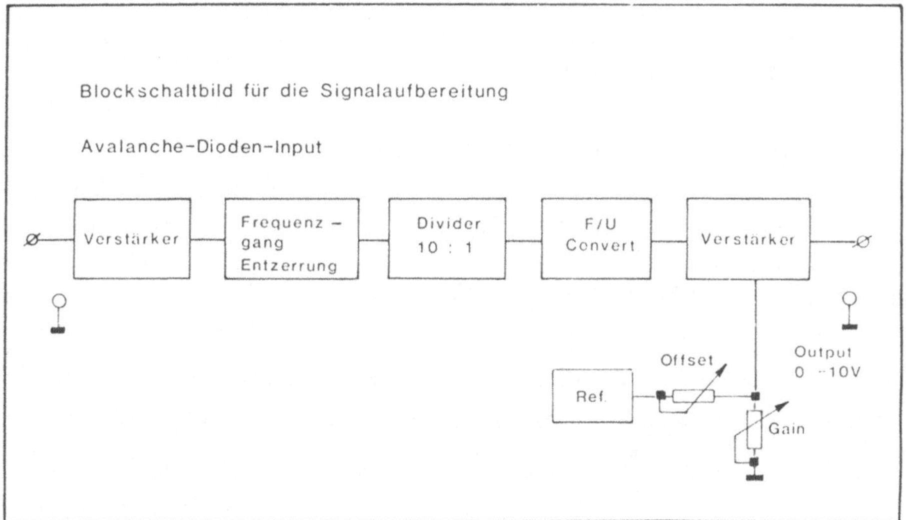

Abb. 5: Funktionsblockschaltbild der Meßsignalaufbereitung für die berührungslose Geschwindigkeitsmessung.

Das vom Detektor gelieferte Dopplersignal wird über einen rauscharmen Verstärker und eine Frequenzgang-Entzerrung einem 10:1 Divider zugeführt. Dieses verstärkte und stabilisierte Meßsignal wird über einen F/U-Wandler und Endverstärker als 0 bis 10 V Gleichspannungssignal dann für die Motorsteuerung bereitgestellt.

2.4 Simulator zur Geschwindigkeitsmessung

Die berührungslose Geschwindigkeitsmessung an ca. 20 textilen Materialien
unterschiedlicher Oberflächenstruktur und Farbe, wurden an einem umlaufen-
den Endlos-Band, das in einem Simulator über regelbare Antriebswalzen
schlupffrei bewegt wurde, untersucht. Die kontinuierliche Geschwindigkeitsmessung der Band-Transportwalzen bei konstanter Bandspannung erfolgt
optisch über einen lichtelektrischen Impulsgeber.

Die Dopplerfrequenz f_D wird über die Impulszählung innerhalb einer Schwebung in einer vorgegebenen Meßzeit mittels Speicher-Oszilloskopbilddar-
stellung mit anschließender Berechnung gemäß Gl. (1) ermittelt.

2.5 Meßergebnisse

2.5.1 Abhängigkeit der Dopplerfrequenz von der Warengeschwindigkeit
      bei konstantem Anstellwinkel

Die Abb. 6 zeigt folgende Ergebnisse:

- Orientierende Darstellung der Oszillogramme zur Dopplerfrequenzberech-
  nung, wobei die Folgefrequenzveränderung eines Schwebungsbauches bei
  Variation der Warengeschwindigkeit zu erkennen ist,

- linear funktionaler Zusammenhang zwischen Dopplerfrequenz und Warengeschwindigkeit in einem gemessenen Geschwindigkeitsbereich von 0 bis
  40 m/min und einem Frequenzbereich von 0 bis 80 kHz.

Um den Einfluß von Oberflächenstruktur und Farbe des Textils auf das Meßergebnis zu ermitteln, wurden Versuche an Stoffqualitäten wie Futterstof-
fen, Oberbekleidungsstoffen, speziellen Blusen-, Mantel- und Jeansstoffen
mit unterschiedlichen Anfärbungen sowie an technischen Geweben mit den
verschiedenartigsten Oberflächenprofilen vorgenommen.

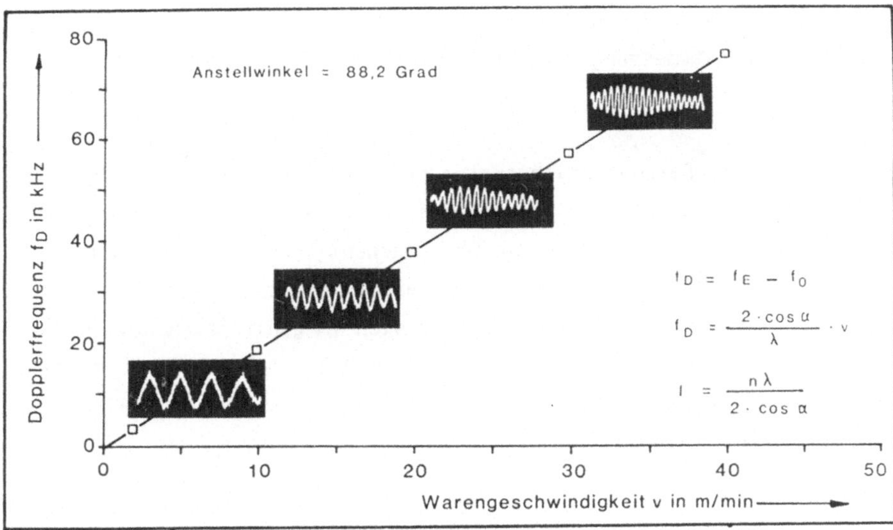

Abb. 6: Dopplerfrequenzen beim Referenzstrahl-Verfahren.

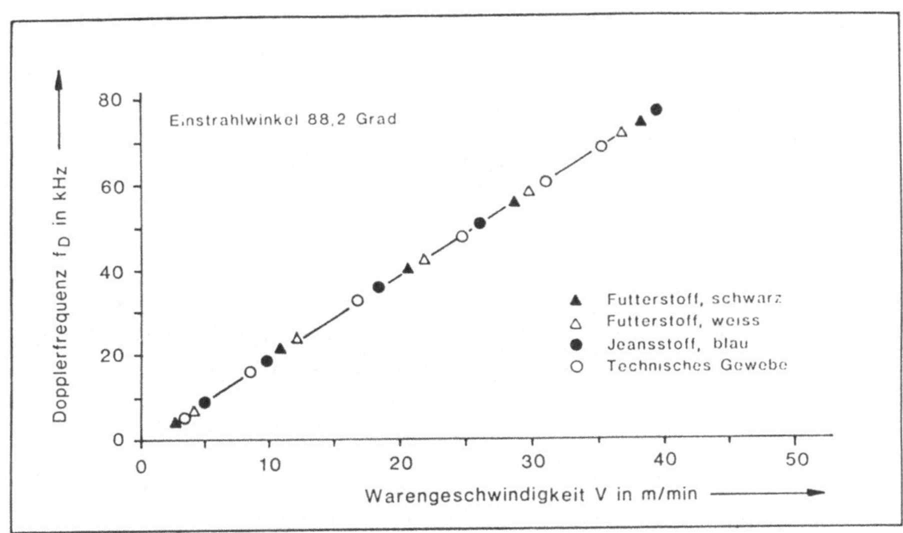

Abb. 7: Abhängigkeit der Dopplerfrequenz von der Warengeschwindigkeit
bei textilen Materialien unterschiedlicher Oberflächenstrukturen
und Farbe.

Aus Abb. 7 geht hervor, daß das beschriebene Meßverfahren zur berührungslosen Geschwindigkeitsmessung unabhängig von Struktur und Farbe der textilen
Oberfläche arbeitet.

Bei Oberflächen- und Farbvariation treten bei einer Schwebung lediglich
Amplituden-Intensitäts-Unterschiede auf, die durch materialbedingte Modu-
lationsgradänderungen, d.h. durch die Oberflächenmikrostruktur und durch
das Reflexionsverhalten des bewegten Materials verursacht werden. Aus den
bisher durchgeführten Untersuchungen ergibt sich im günstigsten Fall ein
relativer Fehler der Warengeschwindigkeit von ± 0,3 %, ermittelt über die
Dopplerfrequenzmessung während einer Meßzeit von ca. 1 s bei optimaler
Materialführung (ohne Flatterbewegung).

2.5.2 Abhängigkeit der Dopplerfrequenz vom Anstellwinkel bei konstanter Warengeschwindigkeit

In Gl. (3) ist der physikalische Zusammenhang zwischen Dopplerfrequenz f_D,
Materialgeschwindigkeit v, Anstellwinkel α und Wellenlänge λ des Laserlichtes beschrieben.

Um eine zur Warenoberfläche präzise Sensor-Meßwinkeleinstellung vornehmen
zu können, muß der Zusammenhang zwischen Dopplerfrequenz, Anstellwinkel
und Materialgeschwindigkeit experimentell untersucht werden, um für den
industriellen Einsatz die Leistungsfähigkeit des Meßsystems festzustellen.

Die Abb. 8 zeigt den Zusammenhang zwischen Dopplerfrequenz und dem Cosinus
des Anstellwinkels, wobei die Parameter die Warengeschwindigkeit 6,16 m/min
und 28,21 m/min gewählt wurden.

Aus den Meßergebnissen ist abzulesen, daß mit steigender Warengeschwindigkeit der Einfluß des Anstellwinkels auf die Dopplerfrequenz größer wird,
was zwangsläufig zu einer höheren geforderten Justierpräzision des Sensors
sowie zu einer unerläßlichen Materialführung am Meßort führt.

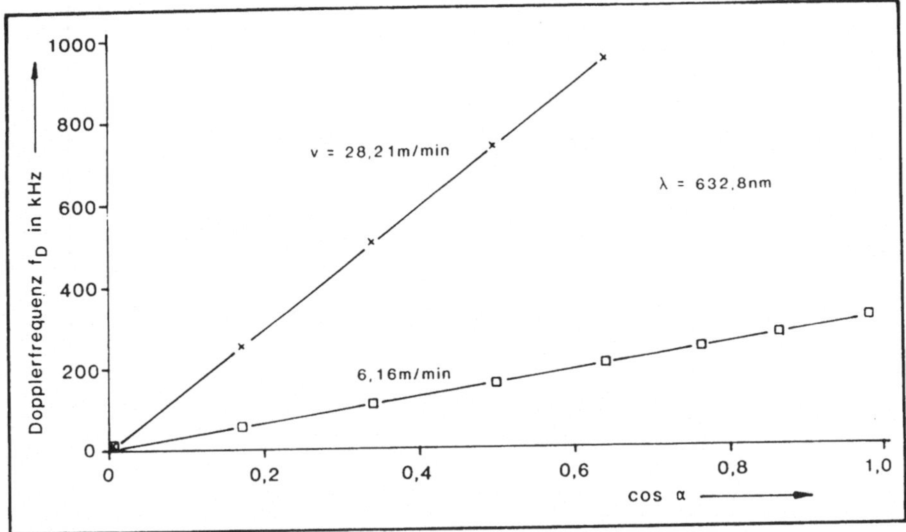

Abb. 8: Einfluß des Anstellwinkels beim Referenzstrahl-Verfahren.

2.5.3 Abhängigkeit der Dopplerfrequenz von der Warengeschwindigkeit bei verschiedenen Anstellwinkeln

Die Abb. 9 zeigt die Zusammenfassung der Meßergebnisse.

Den Meßergebnissen ist zu entnehmen, daß bei großem Anstellwinkel die Gefahr der Fehlmessung bei kleinen Geschwindigkeitsänderungen groß ist, da nur wenige Dopplerimpulse pro relativ kurzer Meßzeit vorliegen, was zu großen statistischen Meßwertschwankungen führen kann. Andererseits hat ein großer Anstellwinkel den Vorteil, daß ein großer Streulichtstrom in Laserstrahlrichtung zurückgestreut wird, was zu stabilen Dopplersignalen führt.

Die bisher durchgeführten Untersuchen erfolgten bei einem optimalen Anstellwinkel von 88 °, wobei auch bei einem Material mit geringem Reflexionsvermögen gut zählbare Impulse vorlagen.

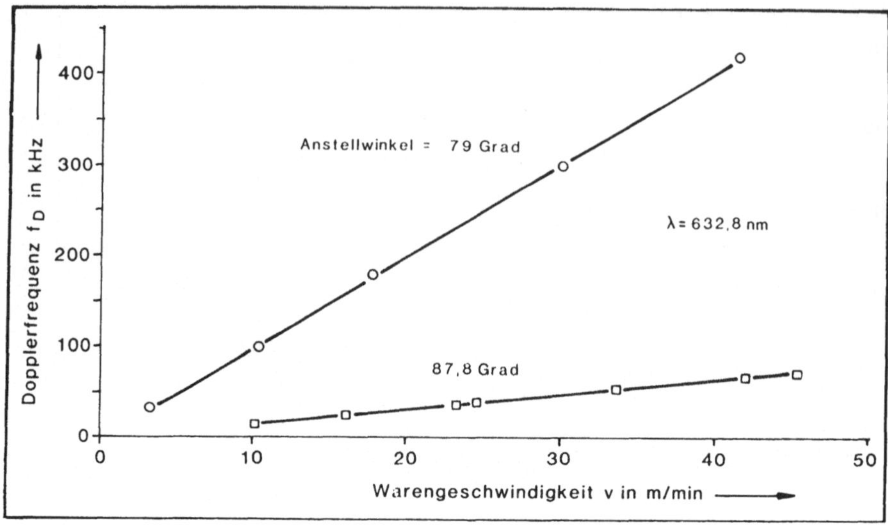

<u>Abb. 9</u>: Einfluß der Warengeschwindigkeit beim Referenzstrahl-Verfahren.

3.　　Meßtechnik zur Warenkontrolle punktbeschichteter textiler Oberflächen

Thermisch verklebbare textile Einlagestoffe werden auf vielfältige Weise in der Bekleidungsindustrie als Fertigungshilfe zum Versteifen, Formgeben u.a. eingesetzt. Für das Auftragen von thermoplastischen Klebemassen hat das Punktbeschichtungsverfahren die größte Bedeutung erlangt. Ein Qualitäts-merkmal dieser Artikel ist die Gleichmäßigkeit des Punktausdruckes in Form und Menge und die Haftung. Die vorliegende Arbeit stellt ein optisches Meßverfahren zur Erfassung der Änderung der Punktdichte vor. Dabei werden die Untersuchungen für den Fall durchgeführt, bei dem die Ware und die Punktbeschichtung optisch aufgehellt sind.

3.1　　Experimentelles

Als Untersuchungsobjekt dient ein optisch aufgehelltes Baumwollgewebe mit einer Punktbeschichtung aus Niederdruckpolyethylen (HD - PE), optisch auf-gehellt. Die Punktdichte beträgt 330 Punkte/cm^2. Zur Variation der Punkt-

dichte werden Beschichtungspunkte unter dem Mikroskop mit einem Skalpell
abgetragen. Die Glanzzahl G

$$G(\beta) = \frac{R(\beta)}{R_S}$$

mit

R (ß) winkelabhängige Remission der Probe und

R_S Remission des $BaSO_4$-Standards bei 0°,

wurde mit dem Goniophotometer GP 2 (Fa. Zeiss) bei konstantem Beleuchtungswinkel von α = 45° und bei variablem Beobachtungswinkel ß von 0° bis 75° in
Schritten von 5° zur Meßprobennormalen gemessen. Gleiche Messungen wurden
mit dem Goniophotometer durchgeführt, bei dem die Glühlampe, Linse und Be-
leuchtungskollimator durch einen HeNe-Laser und die Photozelle durch eine
Pindiode ersetzt wurden (vgl. Abb. 10).

Das Meßprinzip beruht auf der Änderung der Remissionsindikatrix in Abhängigkeit von der Anzahl der Beschichtungspunkte als Streuzentren.

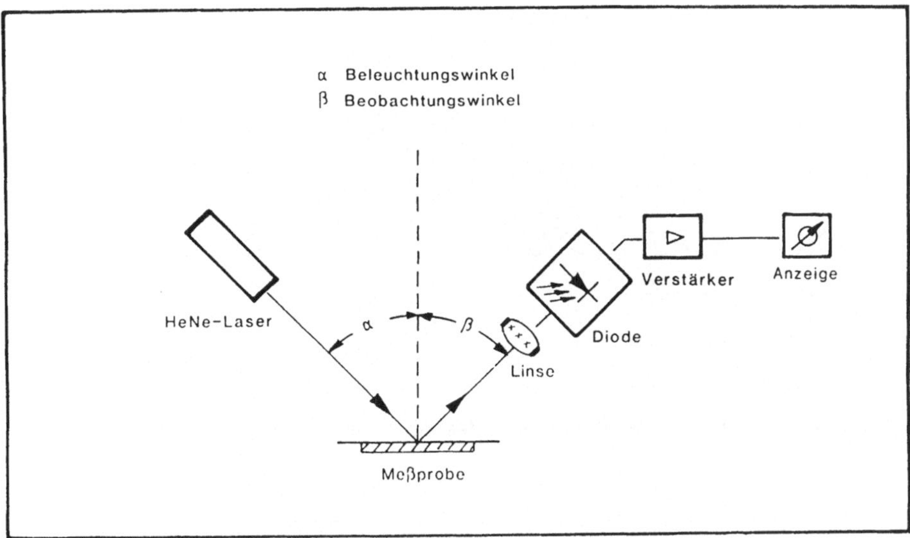

Abb. 10: Schematische Darstellung eines Laser-Goniophotometers.
Es bedeuten α Beleuchtungswinkel und ß Beobachtungswinkel.

3.2 Ergebnisse und Diskussion

Die mit dem Goniophotometer gewonnenen Remissionsindikatrices einer punktbeschichteten Baumwollprobe wurden mit dem gleichen Probenmaterial unterschiedlicher Punktdichte verglichen.

Die Abb. 11 zeigt auf, daß die Lage des Remissionsmaximum unabhängig von der
Zahl der Streuzentren registriert wird. Die Höhe des Maximum der Glanzverteilungskurven im Radialdiagramm bei einem Beobachtungswinkel von 45° ist
für eine konstante Meßfläche ein Maß für die Anzahl von Beschichtungs-
punkten.

Um empfindlicher als in Abb. 11 dargestellt messen zu können, muß die Meßfläche reduziert werden, was jedoch ohne eine Verminderung der Ausgangs-
leistung der Photozelle nicht möglich ist.

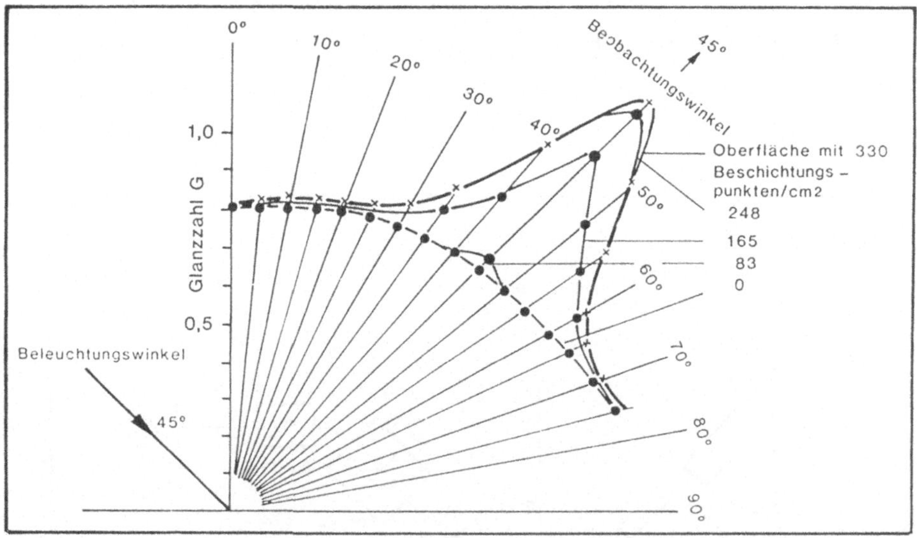

Abb. 11: Glanzverteilungskurven einer punktbeschichteten Baumwollprobe im
Radialdiagramm, gemessen mit dem Goniophotometer GP 2,
Meßfläche 400 mm^2.

Bei einem Meßaufbau als Laser-Goniophotometer zeigen die Remissionsindikatrices bei einer Meßfläche von 3 mm^2 ebenfalls ein Maximum bei einem Beob-

achtungswinkel von 45° (vgl. Abb. 12). Beobachtet wird aber eine wesentlich geringere Halbwertsbreite der Intensitätsverteilung und die größere Änderung des Maximums in Abhängigkeit von der Anzahl der Beschichtungspunkte innerhalb einer konstanten Meßfläche.

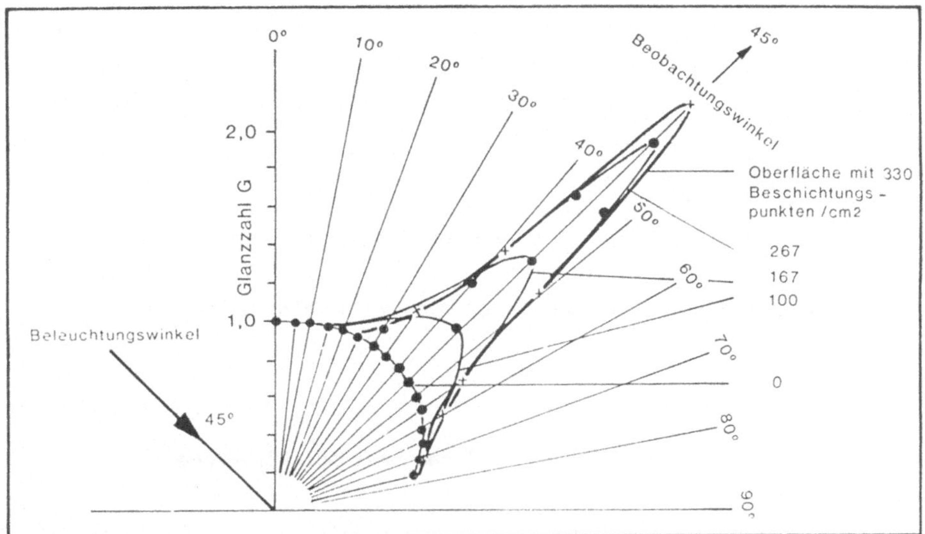

Abb. 12: Glanzverteilungskurven einer punktbeschichteten Baumwollprobe im Radialdiagramm, gemessen mit dem Laser-Goniophotometer, Meßfläche 3 mm^2.

In Abb. 13 ist die Abhängigkeit der Kennzahl G von der Beschichtungspunktdichte für Glühlampen- und Laserlicht dargestellt. Für die Gestaltung des Meßverfahrens folgt hieraus, daß Schwankungen in der Punktdichte auf textilen Oberflächen mit einem Laser als Lichtquelle mit höherer Empfindlichkeit als mit Glühlampenbeleuchtung nachgewiesen werden können. Da die Messung mit äußerster Schnelligkeit durchgeführt werden kann, ist es möglich, die Ermittlung der Punktdichte an der laufenden Waren vorzunehmen.

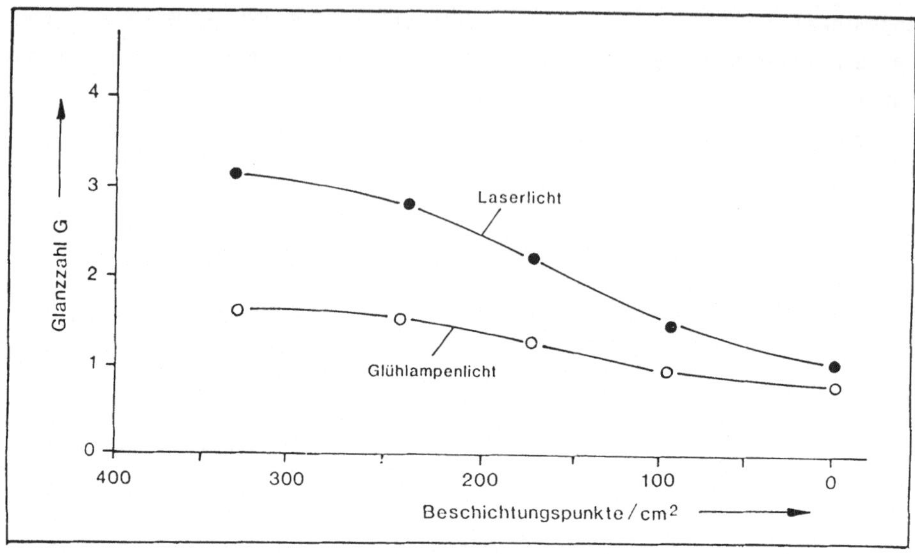

Abb. 13: Abhängigkeit der Kennzahl G von der Beschichtungspunktdichte.

4 Kennzeichnung von Faseroberflächen mit Speckle-Meßmethoden

4.1 Kennzeichnung von Faseroberflächen mit Hilfe kohärent-optischer Methoden

4.1.1 Oberflächenkonturen von Chemiefasern

Zur Darstellung der Oberflächenkonturen von Fasern im submikroskopischen
Bereich - gemeint sind im folgenden Rauhigkeitsstrukturen mit Rauhtiefen
< 1 µm - wird das Elektronenmikroskop eingesetzt.

Chemiefasern zeigen unabhängig von ihrer Querschnittsstruktur, z.B. dem
mehrfach gelappten Mantel einer Viskosefaser oder den n-lobalen Querschnit-
ten von Synthesefasern, differenzierte Oberflächenkonturen. So werden beispielsweise bei den Viskosefasern quer zur Faserachse verlaufende, verschiedene stark ausgeprägte Verwerfungsrisse beobachtet, die infolge des Faser-
verzuges beim Spinnprozeß entstehen. Durch mechanische Beanspruchungen in

Weiterverarbeitungsprozessen wird diese als eine Reihe von Spannungsrissen aufzufassende Struktur stark erweitert [11 bis 13]. Somit ist die Veränderung der Rauhigkeitsstruktur dieser Fasern ein Merkmal ihres Verstreckzustandes. Auch durch Quellungs- und Entquellungsvorgänge erfahren diese Rauhigkeitsstrukturen der Faseroberfläche deutliche Veränderungen [11].

Während die Polyester- und Polyamidfasern eine weitgehend strukturlose glatte Oberfläche besitzen, kann auch bei diesen Fasern durch chemische, thermische und mechanische Einflüsse eine mehr oder weniger stark strukturierte Oberfläche erzeugt werden [14,15]. So kann z.B. durch das Alkalisieren von Polyesterartikeln eine apfelsinenhautartige Faseroberfläche erzeugt werden. Diese Eigenschaftsänderung beeinflußt neben den anderen durch das Alkalisieren erzeugten Effekten die optischen Eigenschaften des Textils [16]. Auch durch eine Behandlung von Polyester mit Guanidin-Acetat wird - wie beim Alkalisieren - eine Titerverringerung und eine Faseroberflächenstrukturierung erzeugt [17]. Eine Oberflächenmodifizierung von Polyesterfasern durch eine Excimer-Laser-Behandlung ergibt eine Rauhigkeitsstruktur in Abhängigkeit der Strahlungsbedingungen. Aufgrund einer solchen Behandlung lassen sich Rauhigkeitsstrukturen in bestimmten Größenordnungen erzielen [18].

Polyacrylfasern, deren Spinnmaterial zunächst eine strukturlose Oberfläche aufweist, zeigen nach der Verstreckung eine ausgeprägte, in Richtung der Faserachse verlaufende Fibrillenstruktur, deren Ausprägung sich mit zunehmender Verstreckung verstärkt [15,19]. So weisen insbesondere die nach dem Naßspinnverfahren gewonnenen Polyacrylfasern eine breitere Längsstreifigkeit auf als die trocken gesponnenen Fasern; außerdem zeigen sie eine deutlich ausgeprägtere Mikroporenstruktur [15].

Auch die wegen eines besseren Tragekomforts entwickelte Polyacrylfaser Dunova® mit ihrer ausgeprägten Kern-Mantel-Struktur besitzt, wie rasterelektronenmikroskopisch abgebildete Fasern zeigen, auf der Oberfläche des kompakten Mantels eine feine Mikroporenstruktur, durch die Wasser in den porösen Kern eindringen kann [20]. Untersuchungen des färberischen Verhaltens solcher porösen Polyacrylfasern zeigen auf, daß sich die Porenstruktur im Mantel und Kern zwar nur geringfügig auf das Färbegleichgewicht, aber deutlich auf die Diffusionsgeschwindigkeit auswirkt. Die Mikroporenstruktur im Mantel ist für das färberische Verhalten insofern von Bedeutung, als über die Oberflächenstruktur die Diffusionsgeschwindigkeit wäßriger Medien beeinflußt wird [21].

4.1.2 Kennzeichnung von Faseroberflächen mit Speckle-Meßmethoden

Zur objektiven Kennzeichnung von Rauhigkeitsstrukturen im submikroskopischen
Bereich diffus reflektierender Oberflächen finden Laser-Specklemeßmethoden
bei unterschiedlichem Versuchsaufbau Anwendung [22 bis 24]. Das Erschei-
nungsbild eines Specklemusters beruht auf folgender Grundlage:

Beleuchtet man nach Abb. 14 eine diffus reflektierende Fläche (z.B. eine
Faser) mit kohärentem Licht der Wellenlänge λ , so kann in der Ebene A_2 ein
Specklemuster beobachtet werden [22,23]. Das Zustandekommen des Specklemusters läßt sich aus folgender Überlegung verstehen: Jeder Punkt der Fläche
strahlt Licht mit einer für ihn charakteristischen Phasenlage kugelförmig
ab, und die Überlagerung sämtlicher von der Fläche ausgehender Kugelwellen
erzeugt ein zeitlich konstantes Interferenzmuster im Raum vor dieser Fläche.

Das Streufeld in der Beobachtungsebene, das Specklemuster, enthält die
Informationen über die Oberflächenrauhigkeit des Meßobjektes. Dabei kann die
Größe der Laser-Speckles nach GOODMAN [26] in gewissen Bereichen durch Wahl
der experimentellen Bedingungen vorgegeben werden. Es können Oberflächen-
rauhigkeiten je nach Meßanordnung:

a) kleiner als die Wellenlänge und
b) bei Anwendung eines 2-Wellenlängenverfahrens größer als die Wellenlänge
der einzelnen kohärenten Lichtquellen λ_1 und λ_2, und zwar nach
$\lambda_1 \lambda_2 / \lambda_1 - \lambda_2$ erfaßt werden [27].

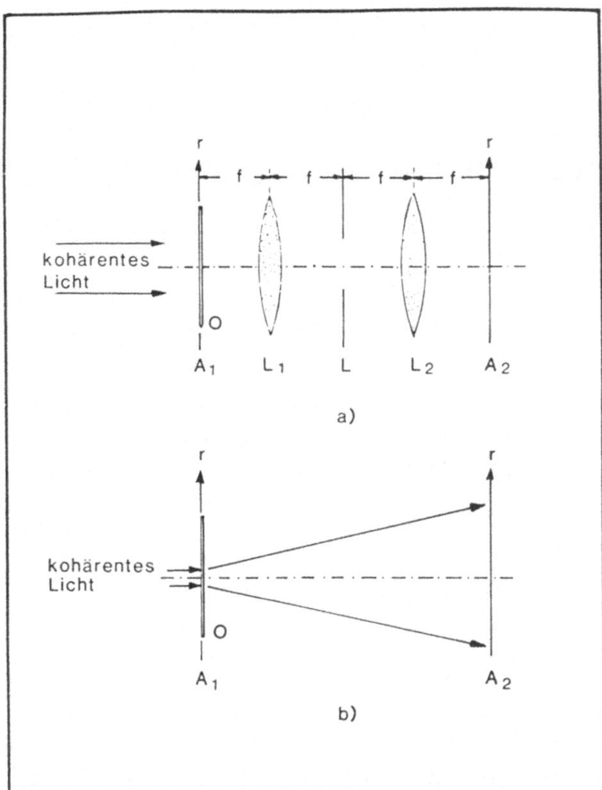

Abb. 14: Anordnungen zur Entstehung von Specklemustern in der
a) Abbildungsebene, b) Bewegungsebene nach ASAKURA [25].
zu a): 0 Objekt mit rauher Oberfläche, A_2 Abbildungsebene,
L_1, L_2 Linsen der Brennweite f, L Blende in der Fourier-Trans-
formations-Ebene
zu b): 0 Objekt mit rauher Oberfläche, A_2 Beugungsebene.

Eine quantitative Analyse des Streufeldes erfolgt i.a. durch die Wahrscheinlichkeitsdichtefunktion. Für den kohärenten Fall folgt aus einer
strengen Rechnung eine Exponentialverteilung [23]:

$$p(I) = \frac{1}{\langle I \rangle} \exp\left(- \frac{I}{\langle I \rangle}\right)$$

mit I Intensität und $\langle I \rangle$ Mittelwert von I.

Diese Gl. ist die Statistik erster Ordnung der Laser-Speckle, d.h. sie gibt an, wie häufig eine bestimmte Intensität auftritt [28].

Für textile Fragestellungen lassen sich folgende Methoden einsetzen:

a) **Speckle-Fotografie**

Bei Anwendung der Specklephotographie wird das zu untersuchende Objekt von einem Laser über eine Aufweitungsoptik beleuchtet. Eine Linse (oder ein Objektiv) bildet das Objekt ab. Das Bild des Objektes wird dabei auf einem hochauflösenden holographischen Film gespeichert (Specklefotografie). Bei Anwendung der oben angegebenen Wahrscheinlichkeitsdichtefunktion ermittelt man zweckmäßigerweise die ortsabhängige Intensitätsverteilung I (x) durch Abscannen der Bildebene und digitale Erfassung der Intensität. Dabei sollte die verwendete Meßblende klein gegenüber der Specklegröße sein [22,23,29]. Für die Ermittlung der Bewegung und Deformation eines Objektes (Faser) gelten folgende Zusammenhänge:

Verschiebt sich das Objekt in der Objektebene, verschieben sich das Bild und die Speckles in der Bildebene. Wird das Specklemuster einmal vor und einmal nach einer Verschiebung des Objektes (senkrecht zur optischen Achse) auf dem gleichen Filmstück aufgenommen (inkohärente Überlagerung zweier verschiedener Specklefelder), so erhält man als Wahrscheinlichkeitsdichtefunktion die Gammaverteilung [22,23,29]. Diese Verfahrensweise wird zur Fehleranalyse, d.h. zur Auffindung von Fehlstellen und damit zur Erkennung von Materialfehlern eingesetzt [23]. Für eine Übertragung auf textile Fragestellungen kann diese z.B. zur meßtechnischen Erfassung von Spannfäden im Gewebe herangezogen werden.

Eine Variante der Verschiebungsanalyse wird von FRANÇON [29] angegeben. Danach wird anstelle der Doppelbelichtung eine Einfachbelichtung vorgenommen, wobei sich das Objekt während der Belichtungszeit gleichförmig bewegt.

b) **Speckle-Interferometrie**

Das unter a) beschriebene Verfahren der Specklefotografie ist unempfindlich gegenüber Verschiebungen des Objektes in Richtung der optischen Achse.

Solche Bewegungen können mit Hilfe der Speckleinterferometrie untersucht
werden [23].

c) Holographische Ermittlung der Änderung in der Miktrostruktur rauher Oberflächen

Für die zeitliche Verfolgung der Änderung der Mikrostruktur rauher Oberflächen eignen sich besonders holographische Verfahren [30]. Hierbei wird nach Beleuchtung der zu untersuchenden Oberfläche mit einem Laser von dem Specklemuster ein Hologramm erstellt, das mit Hilfe der Phaseninformation (Referenzstrahl des Lasers) rekonstruiert werden kann. Ändert sich die Oberflächeneigenschaft - etwa durch Dehnung, Quellung etc. -, läßt sich diese durch optische Korrelation ermitteln [31]. Dabei wirkt das Hologramm als Filter, so daß Änderungen am Objekt besonders empfindlich detektiert werden können. Bei maximaler Korrelation zur Zeit t kann dann z.B. die Intensitätsveränderung als Funktion der Ortsveränderung (durch Dehnung, Quellung etc.) bestimmt werden [25].

d) Auswerteverfahren von Speckleaufnahmen

Speckleaufnahmen lassen sich durch kohärente Methoden auswerten. Ein experimenteller Aufbau ist die optische Fouriertransformation [22,23,29]. Bei einem solchen Versuchsaufbau bildet die Linse in der Fourierebene (Brennebene) die Fouriertransformierte der Amplitudentransmission des auszuwertenden Negativs ab. Wird eine Objektverschiebung zwischen den beiden Belichtungen vorgenommen, stehen die durch die Modulation entstehenden Streifen senkrecht zur Bewegungsrichtung des Objektes, wobei der Abstand eine Aussage liefert über den Verschiebungsabstand [29,32], und falls dieser nicht analog der Verschiebung ist, z.B. aufgrund einer Materialabweichung - wie z.B. Spannfäden in einem Textil -, so lassen sich hierdurch Materialfehler kennzeichnen. Bei Verschiebungen solch inhomogener Systeme muß dann das Negativ Punkt für Punkt abgetastet werden, d.h. man fouriertransformiert kleine Bereiche, innerhalb derer Homogenität angenommen wird [33,34]. Auf diese Weise läßt sich ein unterschiedliches Deformationsverhalten bei einem Textil kennzeichnen.

Für die Untersuchungen von Fasern bedeutet dies, daß Meßanordnungen zur Auswertung herangezogen werden, die diese Nachteile des Punkt-für-Punkt-Abtastens nicht beinhalten. Eine solche Methode ist die Fourierfilterung nach GOODMAN [35]. Die Fourierfilterung eignet sich auch zur Auswertung von Negativen, die mit Hilfe der Speckleinterferometrie gewonnen wurden. Die Fourierfilterung läßt sich auch mit weißem Licht durchführen, wobei eine HeNe-Laser-Lichtquelle durch eine Quecksilberdampflampe ersetzt wird. Als Vorteil ergibt sich, daß sich kleine Änderungen in der Verschiebung des Objektes in der Bildebene als vielfarbiges Streifensystem aufzeigen.

Eine Abhandlung über den Einfluß der Oberflächenstruktur auf den Kontrast eines Specklemusters gibt GOODMAN [26]. Danach liegt in der Ermittlung des Kontrastes ein Weg, Einblick in die Oberflächenstruktur textiler Materialien zu gewinnen. Als Kontrast C wird der Quotient aus der Standardabweichung der Intensitäten dividiert durch den Mittelwert definiert [29]:

$$C = \frac{\sqrt{<I^2> - <I>^2}}{<I>}$$

Nach GOODMANN [26] läßt sich C mit der Standardabweichung der Rauhtiefe h der Oberfläche in Verbindung bringen:

$$\sigma_\theta = \left(\frac{4\pi}{\lambda}\right)\sigma_h$$

mit

$$\sigma_h = \sqrt{<h^2> - <h>^2}$$

und

σ_θ : entsprechend Standardabweichung der Phase.

Dieser Zusammenhang ist in Abb. 15 wiedergegeben. Hierbei repräsentiert der Parameter N die Anzahl der Korrelationsflächen der Oberfläche, die zur beobachteten Intensität beitragen. Man erkennt, daß für große Werte von der Specklekontrast einer Sättigung, d.h. dem Wert der "rauhen Oberfläche" von Eins, zustrebt. Für kleine Werte von σ_θ verhält sich der Kontrast asymptotisch, wie:

$$C \approx \frac{\sigma_\theta}{\sqrt{N}}, \quad \text{mit } \sigma_\theta^2 \ll 1.$$

Danach vergrößert sich der Rauhigkeitsbereich, der durch Kontrastunter-
suchungen nachgewiesen werden kann, mit Zunahme von N.

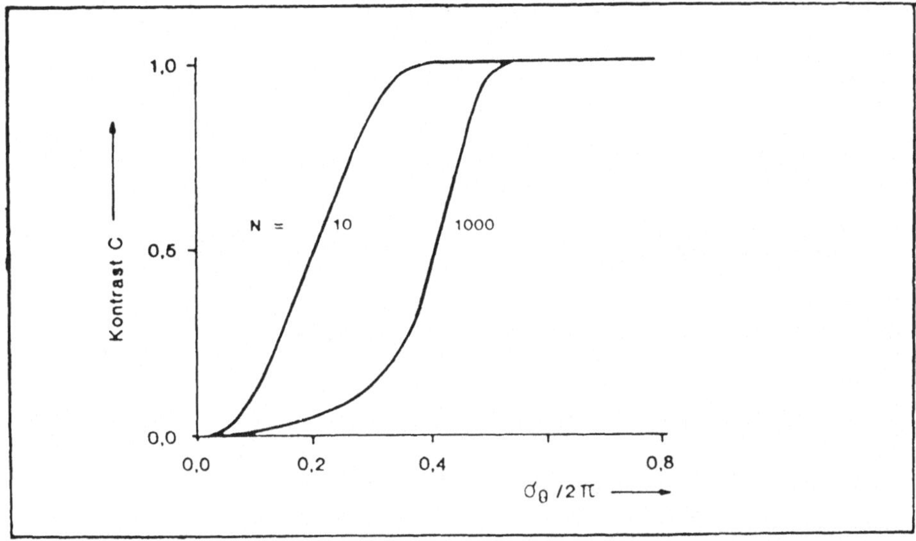

Abb. 15: Darstellung des Specklekontrastes als Funktion der Standardabweichung der Rauhtiefen nach GOODMAN [26].

5   Literatur

[1] Schollmeyer E. und Hemmer E. A. (Hrsg.):" Sensoren in der textilen
Meßtechnik", Fachberichte Messen, Steuern, Regeln, Bd. 12, herausgege-
ben von M. Syrbe und M. Thoma; Springer Verlag, Berlin, Heidelberg, New
York, Tokyo 1985.

[2] Köpf U.,
"Laser in der Chemie", O. Salle Verlag, Frankfurt, Berlin, München;
Verlag Sauerländer, Aarau, Frankfurt 1979.

[3] Beckstein, H,
textil praxis int., $\underline{41}$ (1987), 635.

[4] Herzer G. und Sick E.,
Der Konstrukteur $\underline{3}$ (1982), 43.

[5] Höfler H.,
Mitt. des Fraunhofer Instututs f. Phys. Meßtechnik (1982).

[7] Zervos P.,
PTB-Mitteilungen $\underline{88}$ (1980), 672.

[8] Zervos P.,
Dissertation 1984, TU-Braunschweig; PTB-Berichte ME-63.

[9] Bergman-Schäfer,
"Lehrbuch der Experimentalphysik", Bd. 3, Optik; 6. Aufl. 1974.

[10] Bergman-Schäfer, "Lehrbuch der Experimentalphysik", Bd. 1, Mechanik,
Akustik, Wärme; 3. Aufl. 1974.

[11] DOLMETSCH, H.,
Melliand Textilber. $\underline{51}$ (1970), 182.

[12] CUMBERBIRCH, R. J. E., DLUGOSZ, J. und FORD, J. E.,
J. Textile Inst. $\underline{52}$ (1961), T513.

[13] FORD, J. E.,
J. Textile Inst. $\underline{51}$ (1960), T429.

[14] HINRICHSEN, G., IBURG, A., EBERHARDT, A., SPRINGER, H. und WOLBRING, P.,
Melliand Textilber. $\underline{61}$ (1980), 807.

[15] BOBETH, W. und MÜLLER, U.,
Faserforsch. u. Textiltechn. $\underline{16}$ (1965), 290.

[16] MEZA ESTRADA-ASKAR, C., ZHANG, L., HEIDEMANN, G., ROUETTE, H. K. und
SCHLIEFER, K.,
Schriftenreihe des deutschen Wollforschungsinstitutes an der
Technischen Hochschule Aachen Nr. $\underline{99}$ (1986), 491.

[17] HEINRICHS, C. und SCHOLLMEYER, E.,
Melliand Textilber. $\underline{67}$ (1986), 909;
textil praxis int. $\underline{41}$ (1986), 1087.

[18] BOSSMANN, A., BAHNERS, T. und SCHOLLMEYER, E.,
Melliand Textilber. $\underline{68}$ (1987), 136.

[19] KOCH, P.-A., WEGENER, W., MERKLE, R. und ALTUNBAS, E. T.,
     Chemiefasern/Textilind. 24/76 (1974), 51; 220.

[20] KÖRNER, W.,
     Chemiefasern/Textilind. 31/83 (1981), 112.

[21] AVIV, G., SHUEI-LIN CHEN, FISICHELLA, S., MEYER, U., ZOLLINGER, H.
     und ZÜRCHER, J.,
     Textilveredlung 16 (1981), 89.

[22] ERF, R. K. (Hrsg.),
     "Speckle Metrology"; Academic Press, New York 1978.

[23] DAINTY, J. C. (Hrsg.), "Laser Speckle and Related Phenomena";
     Springer-Verlag Berlin, Heidelberg und New York, 2. Aufl. 1984.

[24] JONES, R. und WYKES, C.,
     "Holographic and Speckle Interferometry";
     Cambridge University Press, Cambridge, London, Melbourne, Sidney 1983.

[25] ASAKURA, T.,
     "Surface Roughness Measurement"; In [22].

[26] GOODMAN, J. W.,
     "Statistical Properties of Laser. Speckle Patterns"; In [23].

[27] LEGER, D. und PERRIN, J. C.,
     J. Opt. Soc. Am. 66 (1976), 1210.

[28] FERCHER, A. F.,
     "Speckleinterferometrie und Specklephotographie", in:
     Laser in Industrie und Technik (Kontakt und Studium, Bd. 13),
     2. Überarb. und erw. Aufl., expert-Verlag, Sindelfingen 1985.

[29] FRANCON, M.,
     "Laser Speckle and Applications in Optics";
     Academic Press, New York 1979.

[30] HINSCH, K. und BROKOPF, B.,
     Opt. Lett. 7 (1982), 51.

[31] van der LUGT, A.,
     "Signal detecting by complex special filtering";
     IEEE Trans. Int. Theory IT-10 (1984), 139.

[32] FRIEDEN, B. A. (Hrsg.):
     "The Computer in Optical Research";
     Springer-Verlag, Berlin, Heidelberg, New York 1980.

[33] MACH, D.,
     Diplomarbeit Universität Oldenburg, 1982.

[34] HECHT, E. und ZAJAC, A.,
     "Optics"; Addison-Verlag 1979.

[35] GOODMAN, J. W.:
     "An Introduction to Fourier Optics";
     McGraw-Hill, New York, Chap. 6, 1968.

Entwicklungstendenzen chemischer Sensoren

Prof. Dr. W. Göpel
Institut für Physikalische und Theoretische Chemie
der Universität Tübingen
Auf der Morgenstelle 8

7400 Tübingen 1

Zusammenfassung

Konzepte für die Entwicklung (bio-)chemischer Sensoren der nächsten Gene-
ration werden kurz vorgestellt. Diskutiert werden der Einsatz neuer Untersuchungstechniken, Grundlagenforschung zur Grenzflächenanalytik, neue
Materialien, die Entwicklung mikrostrukturierter Bauelemente, die Miniaturisierung von Spektrometern der analytischen Chemie und der Einsatz der
Mustererkennung.

Einleitung - Die heutige Situation

Die bisherige Entwicklung (bio-)chemischer Sensoren erfolgte überwiegend
nach dem "Trial and Error"-Verfahren für verschiedene Einsatzgebiete, die
in Tabelle 1 aufgeführt sind. Funktionsprinzipien (bio-)chemischer Sensoren lassen sich entsprechend der Tabelle 2 gliedern. Eine neuere Markt-
analyse charakterisiert (bio-)chemische Sensoren nach diesen Einteilungen
mit den Kriterien der Tabelle 3 [1] und gibt einen Überblick heute verfüg-
barer Sensoren.

Bei der Entwicklung von Sensoren muß eine große Zahl unabhängiger Parameter empirisch optimiert werden. Es zeichnet sich ab, daß systematische
Grundlagenforschung an neuen Materialien zunehmend wichtiger wird,

vor allem dann, wenn Mikroelektronik-kompatible Lösungen angestrebt werden
[2]. Die im folgenden diskutierten Gesichtspunkte werden in der Sensor-
entwicklung zunehmend an Bedeutung gewinnen.

Tabelle 1

Einsatzgebiete chemischer und biochemischer Sensoren

 1. Emissionsmessungen und Umweltschutz
 2. Immissionsmessungen
 3. Arbeitsplatzüberwachung und Personenschutz
 4. Brandmeldung und Exschutz
 5. Chemische Prozeßtechnik
 6. Wasseraufbereitungs- und Abwasser-Analytik
 7. Oberflächen- und Werkstoff-Analytik
 8. Biotechnologie
 9. Klinische Analytik
10. Atemgas-Analytik und Klimatechnik
11. Haushaltsbereich
12. KFZ-Bereich.

Tabelle 2

Funktionsprinzipien (bio-)chemischer Sensoren

 1. Flüssigelektrolyt-Sensoren (potentiometrische, amperometrische und
     konduktometrische)
 2. Festkörperelektrolyt-Sensoren
 3. Elektronische Leitfähigkeitssensoren
 4. Feldeffekt-Sensoren
 5. Dielektrische Sensoren
 6. Kalorimetrische Sensoren
 7. Optochemische und photochemische Sensoren
 8. Massensensitive Sensoren
 9. Andere Sensoren
10. Spezifische Biosensoren

Tabelle 3

<u>Charakterisierung kommerzieller (bio-)chemischer Sensoren</u>

1. Meßgröße
2. Meßprinzip
3. Firmenspezifische Produktbezeichnung
4. Allgemeine Betriebsdaten
5. Betriebsbedingungen
6. Stabilität
7. Kalibrierung
8. Benötigtes Zubehör für betriebsfertiges Sensorsystem
9. Verbrauchsmittel
10. Meßausgänge
11. Allgemeine Daten
12. Lieferanten und Vertrieb.

1.   <u>Einsatz neuer Untersuchungstechniken</u>

Die Reinigung des sensoraktiven Materials, die Präparation von Einkristallen, epitaktischen Schichten, polykristallinen Materialien und strukturierten Halbleiter-Devices, sowie die Langzeitdrifts und Alterungsprozesse unter realistischen Einsatzbedingungen der Sensoren müssen mit analytischen Meßverfahren systematisch erfaßt werden.

Ausgangspunkt für die Entwicklung neuer Sensoren ist deren empirische Optimierung unter realistischen Einsatzbedingungen, wobei die definiert hergestellten Sensoren zunächst in Bezug auf Empfindlichkeit, Querempfindlichkeit, dynamisches Verhalten, Reproduzierbarkeit, Langzeitdrifts und Alterungsprozesse charakterisiert werden. Als Meßgrößen werden i.allg. Gleichstromleitfähigkeiten, komplexe Impedanzen, Austrittsarbeiten, Kapazitäten, potentiometrische oder amperometrische Größen erfaßt. Diese phänomenologisch bestimmten und formal den Sensor charakterisierenden Parameter müssen dann mit dem atomistischen Aufbau der chemisch-aktiven Oberflächen korreliert werden. Auf diese Weise ist eine systematische Modifizierung und Optimierung von neuen Sensoren möglich.

Die entsprechenden Untersuchungsmethoden können zum Teil nur unter Ul-
trahochvakuum-Bedingungen eingesetzt werden. Vergleichende Untersuchun-
gen der Sensoren unter realistischen Einsatzbedingungen in Sensor-
Teststationen oder in Hochdruckzellen, sowie nachfolgende präparative
Optimierung der Sensoren und aufwendige Oberflächenanalytik des atomaren
Aufbaus sind möglich in Kombinationsapparaturen, für die Beispiele in
Abb. 1 und 2 angegeben sind. Damit läßt sich u.a. die chemische Zusam-
mensetzung, geo-metrische, elektronische und magnetische Struktur der
Sensoroberflächen im atomaren Bereich über Elektronen-, Photonen- und
Ionenspektrometer erfassen. Eine Liste wichtiger experimenteller Metho-
den der Grenzflächenanalytik von Sensoren ist in Tabelle 4 aufgeführt.
Wünschenswert ist es, daß die zu untersuchenden Proben ohne Unterbre-
chung des Ultrahochvakuums, bzw. der Meßbedingungen im praktischen
Einsatz des Sensors angewendet werden können. Dies ist aus technischen
Gründen jedoch i. allg. nicht möglich, so daß Kompromisse geschlossen
werden müssen. Beispiele für die technische Realisierung sind in Abb. 1
und 2 gezeigt, wobei in weiteren, separat aufgebauten UHV-Kombinations-
apparaturen auch die anderen in Tabelle 4 aufgeführten Methoden eingesetzt werden. Dabei werden u.a. auch abbildende Methoden zur Bestimmung
der geometrischen Anordnung von Atomen mit REM, SAM und ISS und Methoden
zur Bestimmung von Molekülzusammensetzungen über Molekülfragmente mit
SSIMS und TDS in Kombination mit XPS verwendet. Messungen der Leitfähigkeit, Austrittsarbeit, Kapazität, EMK oder Potentialdifferenzen
können in allen Kombinationsapparaturen durchgeführt werden, so daß
Probenmodifizierungen durch die verwendete Meßmethoden oder den Pro-
bentransport, Alterungseffekte o.ä. über irreversible Änderungen der
Resultate dieser gemeinsamen Techniken eindeutig nachgewiesen werden
können. Für Details sei auf weiterführende Literatur verwiesen [2,3].

Die spektroskopische Charakterisierung des atomistischen Aufbaus ermöglicht es, Optimierungs- und Alterungsprozesse von Sensoren systematisch
zu erfassen und nachfolgend zu optimieren. Dies gilt auch für Interdif-
fusionsbarrieren, Schutzschichten, Kontakte oder Membranen [2].

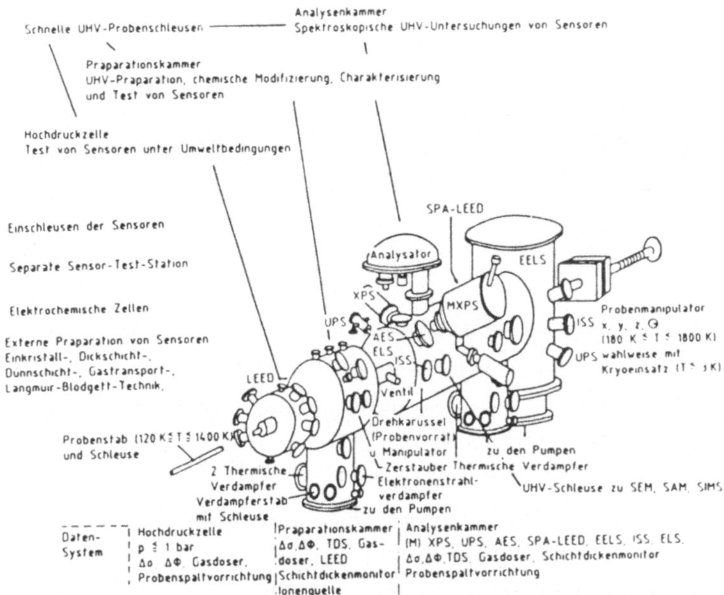

Abb. 1: Schematische Darstellung einer Apparatur chemischer Sensoren. (Institut für Physikalische Chemie, Universität Tübingen). Zur Erläuterung der Abkürzungen siehe Tabelle 4 und [2].

Abb. 2: Kombinationsapparatur chemischer Sensoren mit Schwerpunkt auf der Orts- und Element-aufgelösten Analyse über SSIMS bei gleichzeitigem XPS. (Institut für Physikalische Chemie, Universität Tübingen.

Tabelle 4

Untersuchungsmethoden der Grenzflächenanalytik
(Physikalische Chemie Tübingen)

---

1.   Geometrische Anordnung der Atome

XD	Röntgenbeugung (X-ray diffraction)
(SPA)LEED	(Reflex-Analyse bei) Beugung langsamer Elektronen (spot profile analysis in low-energy electron diffraction)
RHEED	Beugung schneller Elektronen in Reflexion (reflection high-energy electron diffraction)
SAM	Raster ("scanning")-Augerelektronen-Mikroskopie
(S)SIMS	(Raster-)Sekundärionen-Massenspektroskopie
(S)EDX	(Rastern bei) energiedispersive(r) Röntgenanalyse
(S)ESD	(Rastern bei) Elektronen-stimulierte(r) Desorption
ISS	Ionenrückstreu-Spektroskopie.

2.   Elementzusammensetzung, Vergiftungserscheinungen

AES	Augerelektronenspektroskopie
SAM	
(M)XPS	(monochromatische) Röntgenphotoemmissionsspektroskopie (monochromatic X-ray photoemission spectroscopy)
(S)EDX	
TDS	Thermische Desorptionsspektroskopie
(S)SIMS	
ISS	

3.   Elektronische Struktur im Rumpfniveau- und Valenzbandbereich

(M)XPS	
(PAR)UPS	(Winkel- und polarisationsaufgelöste) Ultraviolett-Photoemmissionsspektroskopie (polarisation- and angle-resolved ultraviolett photoemission spectroscopy)
ELS	Elektronenenergieverlustspektroskopie (electron energy loss spectroscopy)
AES	

Fortsetzung Tabelle 4

4. Dynamische Struktur, Schwingungen

HRELS oder	Hochaufgelöste Elektronenenergieverlustspektroskopie
EELS	(high resolution electron energy loss spectroscopy)
(FT)IR	(Fouriertransformations-)Infrarotspektroskopie

5. Bedeckungsgrad adsorbierter Teilchen, Haftkoeffizient S_o

ΛM	Massenänderung
TDS	
(S)ESD	
(M)XPS	

6. Stabilität von Bindungen der nachzuweisenden Teilchen an der Sensor-oberfläche, Reaktionswärmen, Desorptions-Entropie und -Energie

TDS	Thermische Desorptionsspektroskopie
(M)XPS	
HRELS	
q	Messung der Wärmetönung

7. Elektrische Eigenschaften: Volumendotierung, Partialladung und Dipolmoment adsorbierter Teilchen, Ladungsdichte-Änderungen, Spannungen und Stromleitung galvanischer Ketten

σ (T,γ)	Temperatur- und Frequenz-abhängige Leitfähigkeit
μ (T,γ)	und Beweglichkeit,
$\Delta\sigma$	Leitfähigkeits- und Austrittsarbeitsänderungen durch
$\Delta\Phi$	Wechselwirkung des Sensors mit Teilchen, nachfolgend
TDS	TDS,
Δ C	Kapazitätsänderungen
EMK	Messung von Potentialdifferenzen und
I	Strömen.

Diese Methoden, mit Ausnahme von TDS, können sowohl unter Ultrahochvakuum-
als auch unter Hochdruck- oder Flüssigelektrolyt-Bedingungen angewendet
werden, wobei die Proben in Transportboxen in die verschiedenen Experimen-
tierstationen gebracht werden können.

Wünschenswert wäre es, alle Untersuchungsmethoden in einer einzigen Apparatur unterzubringen, um beispielsweise auch den Einfluß der als Unter-
suchungssonden verwendeten Photonen, Elektronen, Atome und Ionen auf den
Sensor quantitativ erfassen zu können. Die in der Tabelle aufgeführten
Untersuchungsmethoden lassen sich in der Praxis jedoch nur in drei verschiedenen Versuchsaufbauten realisieren.

2.   Grundlagenforschung zur Grenzflächenanalytik

Unser derzeitiges Verständnis der Thermodynamik und Kinetik von Reaktionen
an Oberflächen und Grenzflächen ist relativ schlecht. Die o.g. Untersuchungsmethoden ermöglichen es nun, Triebkräfte und Reaktionsgeschwindig-
keiten von chemischen Reaktionen an sensoraktiven Oberflächen und Grenzflächen systematisch zu erfassen und automatisch zu verstehen. Damit
lassen sich allgemeine Voraussetzungen über Geschwindigkeit und Richtung
erwünschter und nicht erwünschter Reaktionen an sensoraktiven Materialien
herleiten. Abb. 3 zeigt typische Parameter, die sowohl für die Grundlagenforschung als auch für die praktische Anwendung eines Sensors von Bedeutung sind, und die beispielsweise in neueren Untersuchungen an SnO_2, TiO_2
und AgJ-Sensoren bestimmt worden sind [3-6]: Bedeckungsgrade adsorbierter
Teilchen, Haftkoeffizienten, Adsorptionswärmen, Desorptionsenergien, Par-
tialladungen und Dipolmomente. Deren Kenntnis ermöglicht es u.a., Meßtemperatur und Meßbereiche des Sensors festzulegen sowie Meßgrößen wie
Leitfähigkeitsänderungen, Austrittsarbeitsänderungen, Reaktionswärmen o.ä.
zur quantitativen Eichung von Teilchenkonzentrationen heranzuziehen [3].

Besondere Bedeutung kommt dem atomistischen Studium von potentialbildenden
Prozessen an Oberflächen und Grenzflächen zu, die unter bestimmten experimentellen Bedingungen reversibel ablaufen und durch bestimmte Materialkom-
binationen definiert eingestellt werden können.

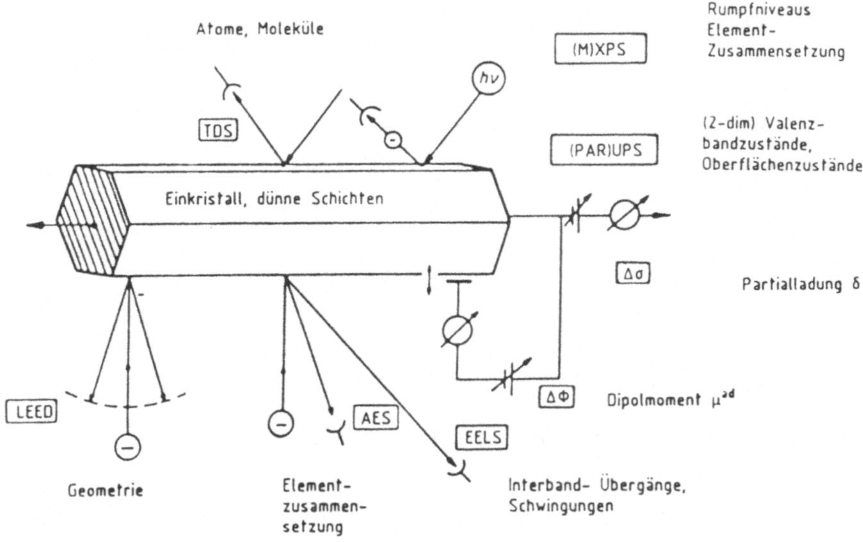

Abb. 3: Schematische Darstellung einiger in der Oberflächenanalytik
bestimmter Parameter mit Bedeutung für die praktische Entwicklung
chemischer Sensoren [3,4-6].

3.   Einsatz neuer Materialien

Eine Fülle von Materialien mit großer Bedeutung in der heterogenen Kata-
lyse, Festkörperelektrochemie, organischen Chemie oder Biochemie ist im
Prinzip geeignet für den Einsatz als chemisch-aktive Schicht eines Sensors. Eine Auflistung verschiedener im Rahmen von DFG-Sonderforschungs-
bereichen oder BMFT-Förderprogrammen intensiv untersuchter Materialklassen
ist in Tabelle 5 gegeben.

Tabelle 5

Neue Materialien der (bio-)chemischen Sensorik

---

1. Oxide mit gezielten Edelmetalldotierungen

SiO_2, Al_2O_2, SnO_2, ZnO, RhO_x, Cu_2O, $SrTiO_3$, ox. Supraleiter, ...

<u>Fortsetzung Tabelle 5</u>

2. Optimierte Katalysatorsysteme

<u>Substrate</u>:
Al_2O_3, SiO_2, TiO_2, ...
<u>Chemische Modifizierung</u>:
Oxide von Rh, Ce, Mo, Cr, Co, ...
<u>Promotoren</u>:
Pt, Rh, Ru, Ni, Pd, ...

3. Festkörperelektrolyte

ZrO_2, CeO_2, LaF_3, β - Aluminate, Nasicon, AgCl, AgJ, ...

<u>Kontakte</u>:
Pt, ...
<u>Referenzelektroden</u>:
Ni/NiO, Pd/PdO_x, Pd/PdH_x, WO_3H_x, ...

4. (Metall-)organische Verbindungen

Pb, Ru, ...-Phthalocyanine, Porphyrine, Donator/Akzeptorkomplexe, Sili-
ziumorganische Verbindungen, Langmuir-Blodgett Schichten, Polypyrrol, ...

5. Membranen

6. Enzym-Systeme, Antikörper, Rezeptoren (Proteine)
Organellen,
Mikroorganismen,
Tier- und Pflanzenzellen, Tier- und Pflanzengewebe

Der Einsatz optimierter Katylsatorsysteme und Festkörper-Elektrolyte,
sowie die Ankopplung der (Metall-)organischen Chemie an anorganische
(mikrostrukturierte) Substrate wird dabei besondere Bedeutung erlangen.

Die Ankopplung organischer Moleküle an SiO_2-Gates von Feldeffekttransistoren ermöglichen es beispielsweise, die aus der Hochdruckflüssigkeitschromatographie (HPLC) gewonnenen empirischen Erfahrungen zum selektiven Nachweis oder zur Trennung von höhermolekularen Spezies auf deren Detektion über chemische Sensoren zu übertragen. Wie Abb. 4 andeutet, lassen sich auch empirische Erfahrungen aus der Biochemie durch Integration auf Elektroden oder Feldeffekttransistoren zur Entwicklung von chemischen Sensoren für Makromoleküle ausbauen. Ein bekanntes Beispiel ist der ISFET-Glucose-Sensor [6].

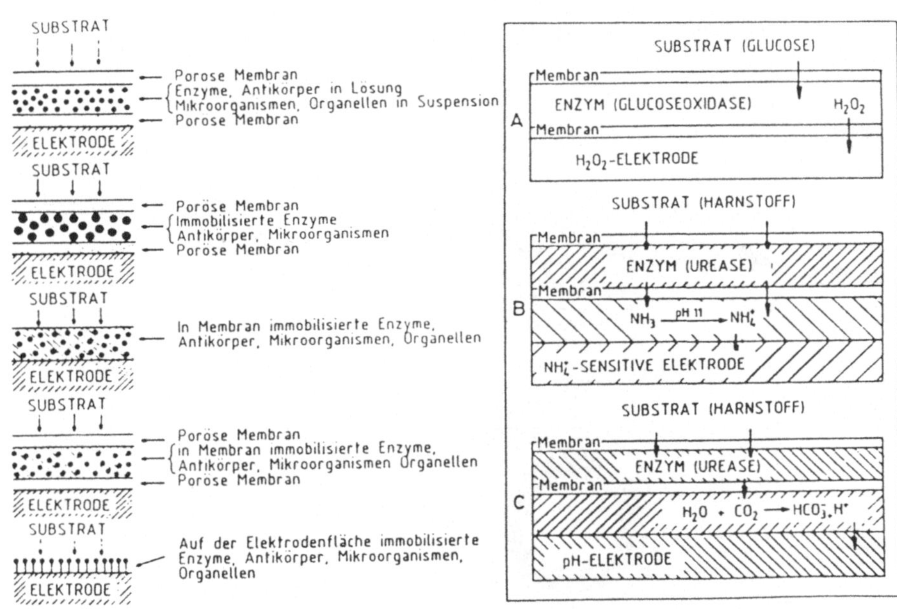

Abb. 4: Schematische Darstellung von Meßanordnungen für Bioelektroden (links) und Enzymelelektroden (rechts).

4.   Entwicklung mikrostrukturierter Bauelemente

Besonderes Interesse bei der Untersuchung neuer Materialien für Sensoranwendungen haben Materialien, die Mikroelektronik-kompatibel mit den üblichen Herstellungsschritten der Halbleiter-Mikrostrukturierung verarbeitet werden können. Damit lassen sich beispielsweise die in Abb. 5 schematisch gezeigten Beispiele für mikrostrukturierte Sensoren weiterentwickeln und

ausbauen. Dabei handelt es sich um Widerstandssensoren mit Kammkontakten
(a), Silizium-Infrarot-Bolometer (b), Festkörper-Elektrolyte in Mikrostrukturierung (die "Mikro-Ionik" wird die "Mikroelektronik" ergänzen) (c)
asymmetrische Festkörper-Elektrolyt-Sensoren (d) ISFET's modifiziert zum
Nachweis von Biomolekülen (e), Ionen-kontrollierte Dioden (f), integrierte
Gaschromatographen in Si-Mikromechanik-Technologie (g) und Sensoren mit
oberflächenakustischen Wellen (h).

Auch die integrierte Signalverarbeitung und damit der Übergang zu "smart
sensors" ist bei mikrostrukturierten Bauelementen einfach möglich und
gewinnt daher zunehmend an Bedeutung.

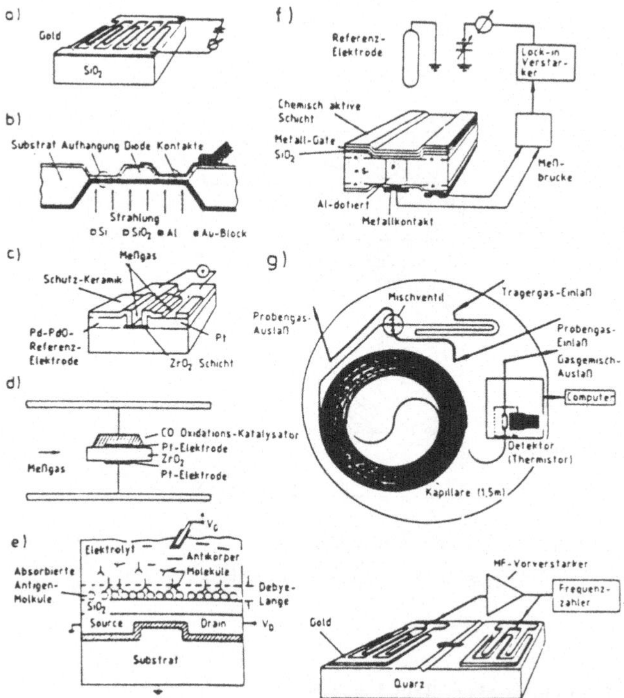

Abb. 5: Beispiele für mikrostrukturierte Sensor-Designs.

Die Tabelle 6 zeigt am Beispiel der Schwerpunkte einer Tagung über allgemeine (nicht nur (bio-)chemische) Sensoren den relativen Anteil von F- und
E-Aktivitäten zu mikrostrukturierten Sensoren. Die folgende Tabelle 7
zeigt, daß der Anteil von Beiträgen aus West-Deutschland auf dieser Tagung
relativ gering war. Dies signalisiert einen erheblichen Nachholbedarf von
F- und E-Aktivitäten zu (bio-)chemischen Sensoren in der Bundesrepublik.

Bei allen Beiträgen zu (bio-)chemischen Sensoren wurde auch auf dieser
Tagung deutlich, daß alle technologischen Probleme in der praktischen
Realisierung nicht in einer noch nicht möglichen Mikrostrukturierung
liegen (es gibt zahlreiche Labors, in denen dies mit erheblichem Aufwand
möglich ist). Die nicht verstandenen Reaktionen an den verschiedenen
Grenzflächen mit daraus resultierenden Drifts und Alterungserscheinungen
sind es vielmehr, die Probleme bereiten. Daher haben die in Abschnitt 1
und 2 diskutierten Untersuchungstechniken und Grundlagenstudien eine
zentrale Bedeutung für die weitere Entwicklung.

Tabelle 6:

TOPICS of the
4th International Conference on Solid State Sensors and Actuators,
Transducers 87, Tokyo, June 2-5, 1987

A-1,2	Interfaces
A-3	Force Sensors
A-4	Tactile Images
A-5,6	Pressure Sensors
A-7,8,9,10	Gas Sensors
B-1	Nuclear Radiation Sensors
B-2	Optical Fiber Sensors
B-3,4	SAW Sensors
B-5,6	Process Technology
B-7	Color and Optical Sensors
B-8	Amorphous and Optical Sensors
B-9	Micro Actuators
C-1	FET Gas Sensors
C-2	Oxygen Sensors
C-3,4,5,6	Ion Sensors
C-7,8	Pressure Sensors
C-9,10	Biosensors

Fortsetzung Tabelle 6:

D-1	Acceleration Sensors
D-2	Flow Sensors
D-3	Micro Actuators
D-4,5	Magnetic Sensors
D-6	Humidity Sensors
D-7	Chemical Measurement Systems
D-8	Applications
D-9	Biomedical Applications
D-10	Position, Angle and Speed Sensors

Tabelle 7:

NUMBER OF CONTRIBUTIONS FROM DIFFERENT COUNTRIES AT THE
4th-International Conference on Solid State Sensors and Actuators,
Transducers 87, Tokyo, June 2-5, 1987

1.	Japan	81
2.	USA	46
3.	Netherlands	18
4.	Switzerland	13
5.	West Germany	9
6.	China	8
7.	Canada	7
8.	Sweden	4
9.	Others (Great Britain, Belgium, Norway).	

5. Vereinfachung und Miniaturisierung von Spektrometern

Die aufgeführten Beispiele mikrostrukturierter Bauelemente zeigen den
Trend zur Herstellung kompletter Analysegeräte der analytischen Chemie

durch geeignete Vereinfachung und Miniaturisierung von aufwendigen Spektrometern. So lassen sich beispielsweise optische Spektrometer im infra-
roten, sichtbaren und UV-Bereich durch Kombination preisgünstiger Lichtquellen, Monochromatoren oder Filter mit geeigneten Detektoren zu relativ
preisgünstigen Sensordesigns optimieren. Dies gilt insbesondere für opto-
elektronische Bauelemente, photochemisch-aktive Beschichtungen oder faseroptische Komponenten.

6.   Einsatz der Mustererkennung

Ein Ziel der Sensorforschung ist die Entwicklung von extrem selektiven,
reproduzierbaren Einzelsensoren. Es ist absehbar, daß zunächst nur reproduzierbare, aber nicht unbedingt extrem Teilchen-selektive Sensoren entwickelt werden. Damit ist es im Prinzip über eine Signalverarbeitung in
nachgeschalteten Mikroprozessen möglich, die Informationen von unterschiedlichen Sensoren, die auf Partialdruck oder Konzentrationen von
Teilchen P(1)-P(i) ansprechen, so zu verarbeiten, daß diese Teilchen
nachgewiesen werden. Das dabei angewendete Prinzip der Mustererkennung ist
in Abb. 6 schematisch gezeigt. Im oberen Bild sind selektiv und im unteren
Bild unselektiv ansprechende Sensor-Elemente charakterisiert.

Die praktische Lösung für ein derartiges Sensor-Array wurde von HITACHI
vorgestellt [7], bei der die in Abb. 7 oben gezeigte Sensorstruktur verschiedener dotierter und undotierter Metallodide in Anwesenheit organischer Geruchsstoffe ein Signalpattern produziert, das mit dem aus den
Geruchsrezeptoren des Kaninchens abgeleiteten verglichen und damit als
"künstliche Nase" eingesetzt werden konnte [8].

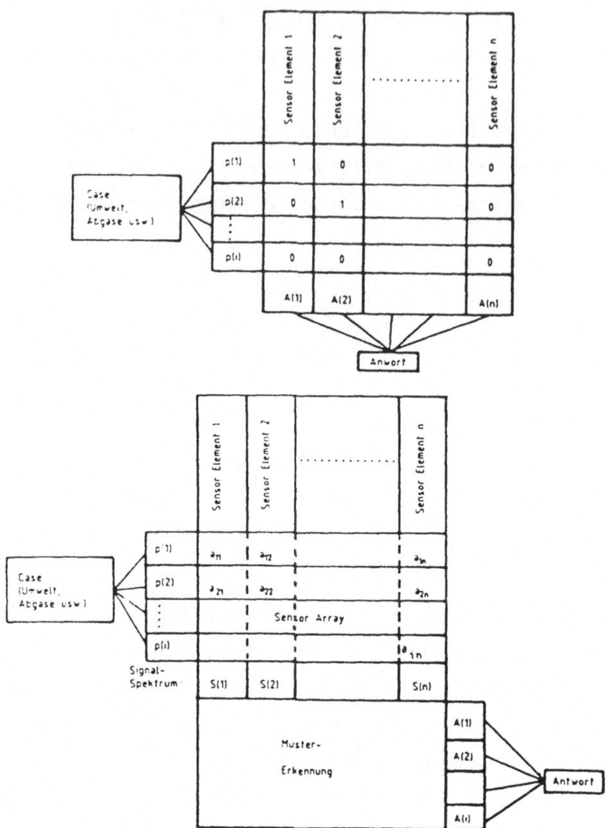

Abb. 6: Schematische Darstellung der Mustererkennung mit selektiven bzw.
unselektiven Sensorelementen.

Die bisherige Mustererkennung bezieht sich auf lineare Response-Funktionen
einfacher Systeme und muß auch auf nicht-lineare Response-Funktionen aus-
gedehnt werden [19], da zahlreiche derzeit realisierte chemische Sensoren
nicht-lineare Eigenschaften in Bezug auf Querempfindlichkeit aufweisen [10].

Monographien und Berichte der neueren Tagungen zu chemischen Sensoren
enthalten eine Fülle von Anregungen, nicht nur zu neuen (bio-)chemischen
Sensoren, sondern auch zur Mustererkennung mit Sensoren [8,11-19].

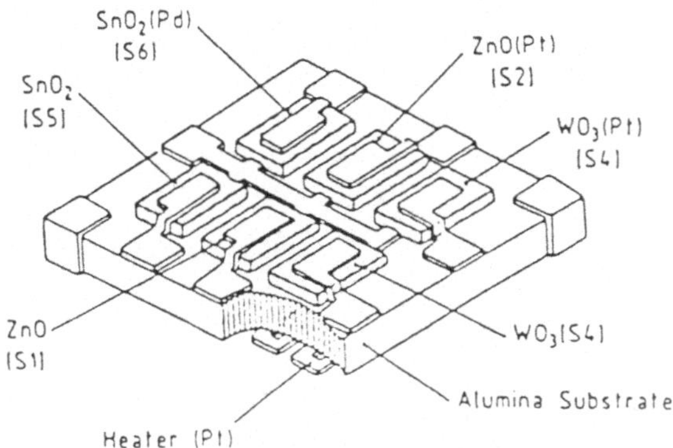

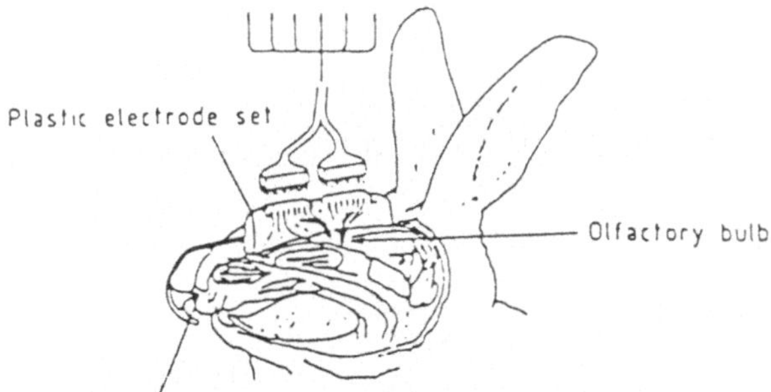

Abb. 7: Schematische Darstellung eines Sechs-Komponenten-Sensors in Dickschicht-Technologie (oben), mit dem nach Mustererkennung Signalpatterns erzeugt wurden, die mit aus den Geruchsnerven abgeleiteten Signalen eines Kaninchens (unten) verglichen wurden.

Literatur

[1] Marktübersicht: "Chemische und Biochemische Sensoren", Infratest
      Industrie München 1987 gemeinsam mit Univ. Tübingen.

[2] W. GÖPEL,
      Techn. Messen $\underline{2}$ (1985), 47;
                    $\underline{3}$ (1985), 92;
                    $\underline{5}$ (1985), 175.

[3] W. GÖPEL,
      Progress in Surface Science $\underline{20,1}$ (1985), 9.

[4] H.D. WIEMHÖFER, H. MOCKERT, D. SCHMEIßER und W. GÖPEL,
      Proc. of the 4th Intern. Conf. on Solid State Sensors and Actuators,
      Tokio 1987, S. 685.

[5] K.D. SCHIERBAUM, H.D. WIEMHÖFER und W. GÖPEL,
      Proc. of the 6th Intern. Conf. on Solid State Ionics,
      Garmisch 1987.

[6] W. GÖPEL, U. KIRNER, G. ROCKER und H.D. WIEMHÖFER,
      Proc. of the 6th Intern. Conf. on Solid State Ionic,
      Garmisch 1987.

[7] HITACHI Ltd., Tokio US Patents 4.457.161 (1984).

[8] Intern. Conf. on Solid State Sensors and Actuators,
      Philadelphia (1985), IEE. Catalog No. 85CH 2127/9.

[9] NTG-Fachbericht 93, "Sensoren: Technologie und Anwendung",
      Vorträge der Bad Nauheim-Tagung 1986, VDE-Verlag.

[10] R. KOWALKOWSKI und W. GÖPEL,
      Conf. Proc., "2nd Intern. Meeting on Chem. Sensors",
      Bordeaux (1986).
      FIGARO "Gas Sensors, TGS-Review", Tokio (1984).

[11] "Proc. of the 2nd Intern. Meeting on Chemical Sensors",
      Bordeaux 1986.

[12] "Proc. of the 4th Intern. Conf. on Solid State Sensors and
      Actuators", (Transducers 87, Tokio).

[13] "Proc. of the Eurosensors", Cambridge 1987.

[14] W. HEYWANG;
      "Sensorik", Springer Verlag (1984).

[15] P. PROFOS,
      "Industrielle Meßtechnik", Vulkan-Verlag, Essen (1974).

[16] J. YANATA und R.J. HUBER,
      "Solid State Chemical Sensors", Academic Press (1985).

[17] A.P.F. TURNER, I. KARUBE und G. WILSON,
      "Biosensors", Oxford Science Publications (1987).

[18] W. GÖPEL, J. HESSE und J.N. ZEMEL (eds.)
      "Sensors, a Comprehensive Book Series" VCH Weinheim,
      in der Planung.

[19] R. MÜLLER et al. in [8].

Einsatzmöglichkeiten mechanischer Sensoren

Dipl.-Ing. D. Boley
Fraunhofer-Institut für Produktionstechnik
und Automatisierung,
Nobelstraße 12
7000 Stuttgart 80

1.   **Einleitung**

Viele Arbeitsplätze in der industriellen Produktion erfordern neben Hand-
habungsfunktionen gleichzeitig auch Prüf- und Überwachungsaufgaben. Dabei
ist der Mensch mit seinen vielfältigen sensorischen Fähigkeiten und seiner
Lernfähigkeit einer Maschine weit überlegen. Er kann sich jederzeit anderen Randbedingungen anpassen und entsprechend den neuen Verhältnissen
handeln. Um auch bei der Anwendung von Industrierobotern eine Anpassungs-
fähigkeit zu erreichen, müssen diese mit entsprechenden Sensoren ausgerüstet werden, deren Signale bei schneller und sicherer Verarbeitung zur
Steuerung modifizierter Bewegungen geeignet sind.

Mit Sensoren zur Werkstücklagevermessung und zur Identifikation wird der
Anwendungsbereich von Industrierobotern zwar wesentlich erweitert, der
entscheidende Schritt zur vollständigen Erfassung und Analyse der Umgebung
automatisch arbeitender Maschinen ist mit den heute verfügbaren Sensoren
aber noch nicht möglich.

Aus diesem Grund gibt es bisher in der praktischen Anwendung nur sehr
wenige Einsatzfälle mit komplexen Sensoren. In vielen Industriebereichen
sind Teile von Fertigungsabläufen weitgehend automatisiert, jedoch sind
fast immer dort Menschen mit ihren sensorischen Fähigkeiten erforderlich
und in den Ablauf integriert, wo optische oder akustische Prüfungen oder
aber Zubringerfunktionen verlangt werden. Dies führt dann zu taktabhängi-
gen und einseitigen Belastungen der Mitarbeiter.

Beim Handhaben von Werkstücken und Werkzeugen verwendet der Mensch neben seinen motorischen Fähigkeiten simultan seine taktilen und visuellen Sinnesorgane zur Informationsaufnahme.

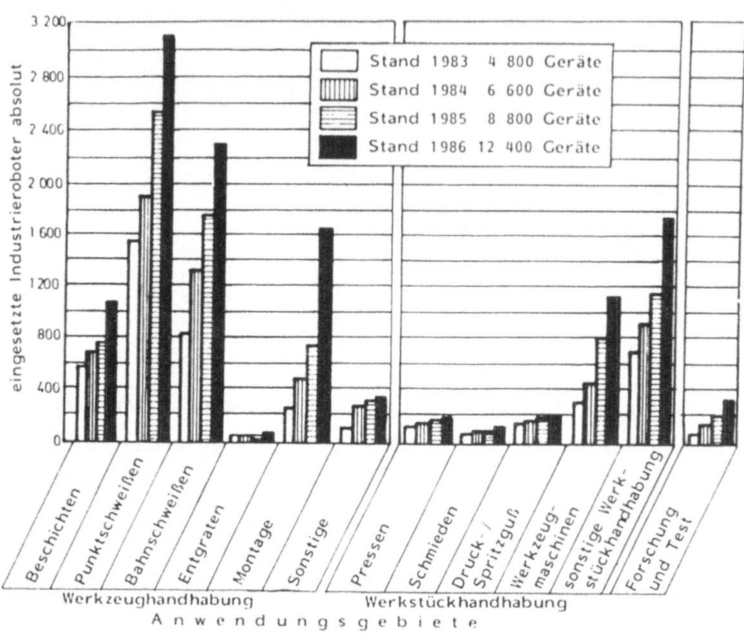

Abb. 1: Eingesetzte Industrieroboter in der BRD - Stand September 1986.

2. Anwendungsgebiete für mechanische Sensoren

Berührende (taktile) Sensoren wurden im Laufe der letzten Jahre für eine Vielzahl von unterschiedlichen Aufgaben realisiert. Die Mehrzahl der Sensoren wurde für den Bereich der Werkstückhandhabung konzipiert. Auch die in Manipulatoren verwendeten Sensoren dienen im wesentlichen der Kontrolle von Handhabungsvorgängen (z.B. Greifkraftüberwachung) oder zur Aufnahme der von der Bedienperson erzeugten Steueroperationen bei Master-Slave-Systemen.

Beim Bearbeiten mit Industrierobotern können solche Sensoren beispielsweise für folgende Aufgaben eingesetzt werden:

- zur Teile- und Positionserkennung,
- zur Greifersteuerung,
- zur Kraftüberwachung oder Regelung,
- zur Programmierung von Bewegungsbahnen und
- zur Überwachung von Werkstück- und Spanntoleranzen.

Taktile Sensorsysteme können mit unterschiedlichen Meßwertaufnehmern ausgestattet sein. Dies sind Dehnmeßstreifen, Potentiometer, leitfähige Elastomere, piezoelektrische Geber, pneumatisch/fluidische Geber, induktive Geber oder einfache Zweipunktschalter. Mit gleichartigen Meßwertaufnehmern können abhängig vom Meßverfahren und von der Art der Auswertung unterschiedliche mechanische Größen aufgenommen werden. Mit Dehnmeßstreifen beispielsweise werden direkt Kräfte und Momente sowie indirekt Längenmeßwerte über die Verschiebung und Verformung geeigneter mechanischer Übertragungsglieder erfaßt.

3. Einsatz mechanischer Sensoren aufgezeigt am Beispiel des Bearbeitens mit Industrierobotern

Ähnlich den verschiedenen Adaptiv-Control-Entwicklungen im Werkzeugmaschinenbau können bei sensorgeführten Industrierobotern zum Bearbeiten verschiedene Meßgrößen eingesetzt werden. Bekannt sind Sensoren zur Erfassung von:

- Zerspankräften und Momenten
  (Normalkraft und Tangentialkraft),
- geometrische Größen
  (Werkstücklage, Grathöhe, Gratdicke, Verschleiß) und
- Leistungsaufnahmen der Werkzeug- und Roboterantriebe.

Der Zerspanprozeß kann dabei über verschiedene Stellgrößen beeinflußt werden. Dies können sowohl die Bahngeschwindigkeit, als auch die Schnitttiefe, die Zahl der Wiederholungen von Programmteilen oder Programmverzweigungen sein.

3.1 Geometrieverarbeitende Sensoren

Werden hohe Anforderungen an die Geometrie gestellt, kann mit geometrie-
verarbeitenden Sensoren ein besseres Bearbeitungsergebnis als mit tech-
nologieverarbeitenden Sensoren erreicht werden. Abb. 2 zeigt mögliche
Meßprinzipien für tastende Sensoren.

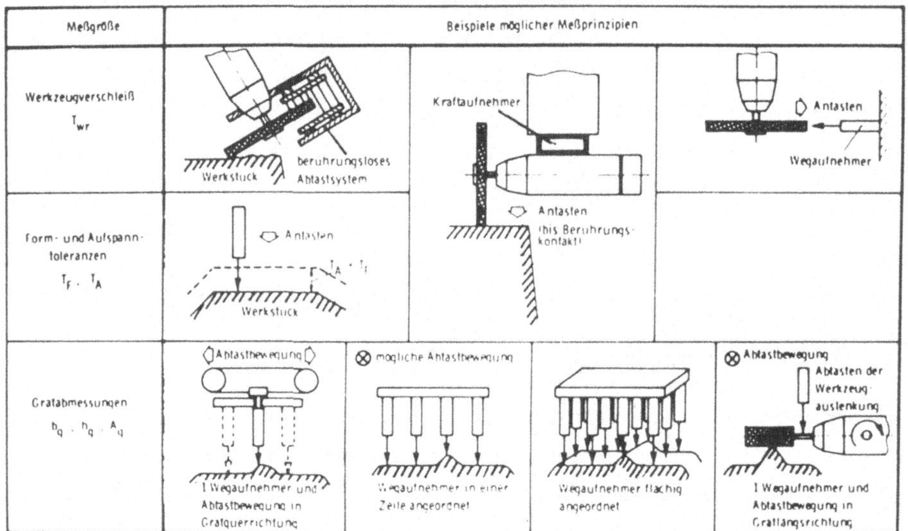

Abb. 2: Meßprinzipien taktiler Sensoren.

Parallel angeordnete Taster werden bei Zeilensensoren an eine unbekannte
Oberflächengeometrie herangeführt. Sie eignen sich ebenso wie Flächensen-
soren (vgl. Abb. 3) insbesondere für das Antasten bestimmter Punkte und
Flächen. Kritisch ist das Abfahren einer Bahn mit einem Sensor bei unre-
gelmäßiger Oberflächenstruktur, da ständig die Gefahr des Verhakens der
Taster besteht. Für prozeßbegleitende Messungen sind sie nur in den
wenigsten Fällen anwendbar.

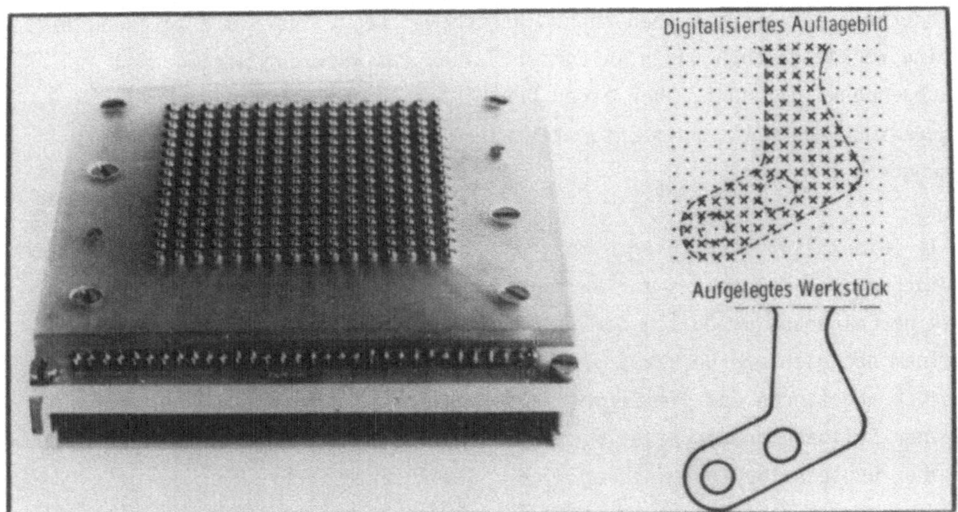

<u>Abb. 3</u>: Taktiler Flächensensor.

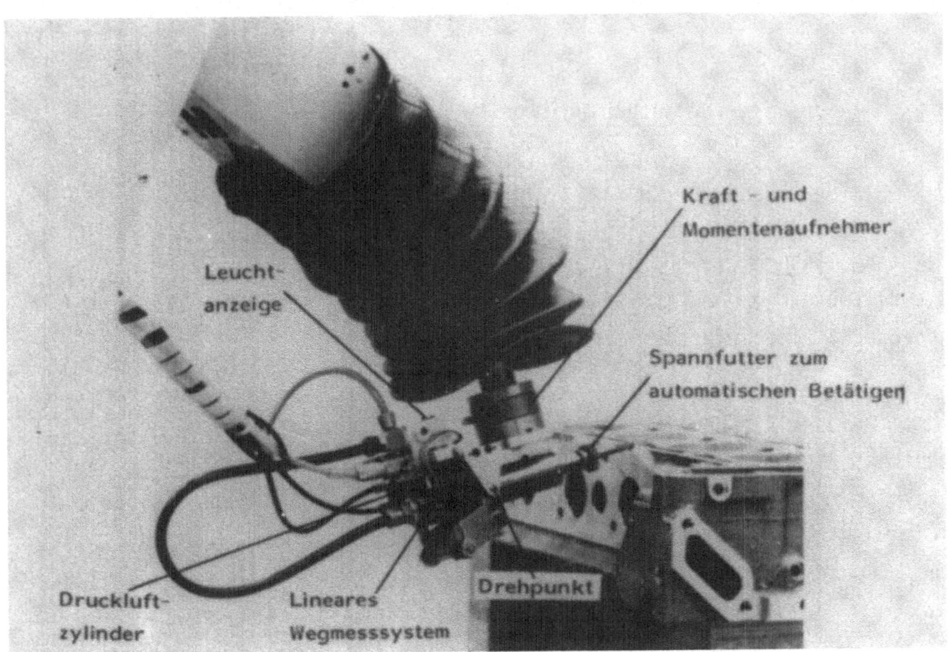

<u>Abb. 4</u>: Werkzeugaufhängung mit integrierter Sensorik.

Andersartige Informationen können Wegmeßsysteme liefern, die in nachgiebige Werkzeugaufhängungen integriert sind. Das Werkzeug wird hierzu im Schwerpunkt gelagert. Über einen Druckluftzylinder wird es gegen das Werkstück gedrückt. Beim Entgraten haben sich derartige Werkzeugaufhängungen gut bewährt.

Als Information steht hier nicht, wie beim Zeilen- oder Flächensensor, die Umgebung des Meßpunktes zur Verfügung. Es ist daher mit einer Messung noch keine Folgerung bezüglich der Geometrie möglich. Bevor Werkstücke mit einem nachgiebigen Werkzeug vermessen werden können, muß ein Musterwerkstück abgefahren und die Geometrie gespeichert werden. Das Abspeichern einer Sollbahn anhand eines Musterwerkstückes kann mit einer Sensoreinheit schon heute halbautomatisch erfolgen. Der Programmierer gibt lediglich charakteristische Punkte im Teach-In vor und die dazwischenliegenden Punkte werden dann selbständig abgetastet. Durch einen Soll-Ist-Wert-Vergleich kann außerdem während des Prozesses eine Regelung der Vorschubgeschwindigkeit, der Drehzahl oder der Anpreßkraft erfolgen.

3.2 <u>Sensoren für technologische Meßgrößen</u>

Die Leistungsaufnahme und die Schnittkräfte sind in der Fertigungstechnik wichtige Meßgrößen. Bei elektrisch angetriebenen Werkzeugen stehen für die Leistungsmessung viele geeignete Meß- und Auswertegeräte zur Verfügung. Sie bieten den großen Vorteil, daß sie nicht direkt am Industrieroboter angebracht werden müssen.

Zur Messung von Schnittkräften und Momenten können auch Kraft- und Momentensensoren im Bereich der Handachsen, in der Antriebswelle des Werkzeuges oder zur Messung der Reaktionskräfte im Aufspanntisch der Werkstücke untergebracht werden.

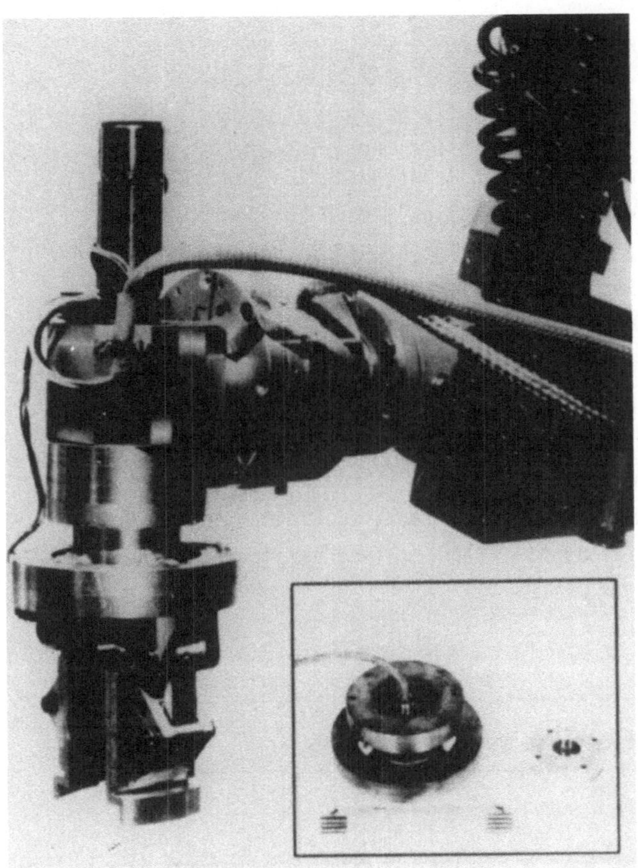

<u>Abb. 5</u>: Kraftmomentensensor an einem Industrieroboter (DFVLR).

Mit dem dargestellten Sensor können drei Kräfte und drei Momente gemessen werden. Zur Auswertung der Signale und zur Zuordnung in die einzelnen Komponenten ist ein Rechner notwendig. Die benötigte Rechenzeit liegt in der Größenordnung von weniger als 20 ms.

3.3   <u>Verkettung mit einer Steuerung</u>

Die Verkettung von Sensoren mit Steuerungen zum Aufbau von geregelten Systemen kann mit heute verfügbaren Geräten gelöst werden. Problematisch ist aber nach wie vor die Entwicklung von zugehörigen Strategien, wie aufgrund der Sensorsignale z.B. die Bewegungsbahn geändert werden soll. Zumeist sind geeignete Lösungen nur für Teile eines Roboterprogrammes möglich.

302

Die Regelung eines Industrieroboters während des Prozesses stößt bei
käuflichen Industrierobotersteuerungen immer noch an die Problematik der
Rechenzeit.

Es gibt zwar inzwischen Steuerungen mit Reaktionszeiten von ca. 40 ms, die
überwiegende Anzahl der Steuerungen benötigt jedoch zur Verarbeitung
äußerer Signale und einer anschließenden Umsetzung in die Bewegung in der
Größenordnung von 100 ms. Bei einer typischen Vorschubgeschwindigkeit von
50 mm/s kann die Reaktion frühestens nach einem Verfahrensweg von 5 mm
erfolgen. Nicht berücksichtigt ist dabei, daß gewisse Bremswege aufgrund
der Trägheit zusätzlich notwendig sind.

Häufiger angewandt wird heute die sogenannte Fließband-Synchronisation,
bei der eine kontinuierliche Bewegung von gewissen Programmteilen überlagert wird. Auch sie kann als adaptive Bahnregelung bezeichnet werden.

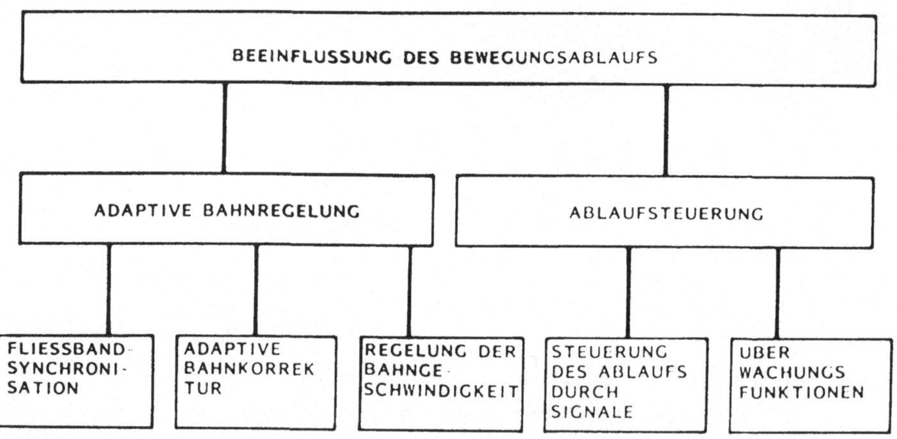

Abb. 6: Beeinflussung des Bewegungsablaufs von Industrierobotern durch
Sensoren.

Wie sich Bahnkorrekturen bei einem realen System auswirken, kann über
Versuchsreihen nachgewiesen werden, bei denen der programmierten Bewegung
eine sensorgesteuerte Korrektur überlagert wird.

Abb. 7: Versuchsaufbau zur Sensorführung eines Industrieroboters.

Über ein Linearpotentiometer oder einen binär schaltenden, berührungslosen
Taster wird während einer programmierten Bewegung die Bahnabweichung
gemessen. Die Sensorsignalverarbeitung korrigiert die programmierte Bewegung entsprechend dieser Signale. Bei unterschiedlichen Korrekturgeschwindigkeiten, die vom Programmierer vorgegeben werden, ergeben sich dabei
verschiedene Ergebnisse. Wird der Faktor zu klein gewählt, dann kann sich
ein großer Abstand ergeben. Wird diese Korrekturgeschwindigkeit jedoch zu
groß gewählt, schwingt der Industrieroboter aufgrund der Rechenzeit der
Steuerung, die bei komplexen Sensoren zusätzlich noch durch die Auswer-
teeinheit verlängert wird, um den Sollwert.

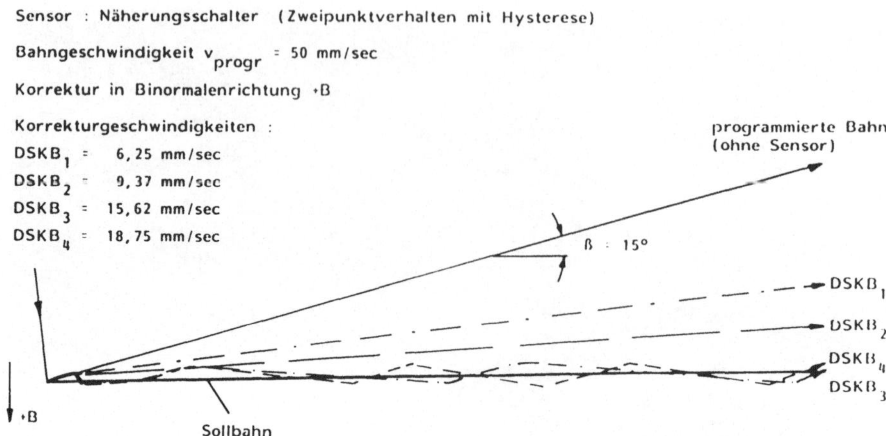

Abb. 8: Bahnkorrektur durch Abtasten einer Sollbahn mit verschiedenen Korrekturgeschwindigkeiten.

Der Einsatz von Sensoren ist damit grundsätzlich im Zusammenhang mit der Rechenzeit zur Umsetzung der Signale, der Dynamik der Antriebe als auch der Strategie zu sehen. Häufig sind inzwischen sehr gute Möglichkeiten zur sensorischen Erfassung von Zuständen vorhanden, die Rechenzeit aber ist bei schnellen Vorgängen noch immer zu lang. Stellt sich dieses Problem kurzer Reaktionszeiten nicht, kann eine Lösung aber nur dann erreicht werden, wenn hinter komplexen Sensoren teilweise sehr aufwendige Strategien realisiert werden, die letztlich in Bereiche der künstlichen Intelligenz hineinwirken. Die vielfältigen Informationen müssen verarbeitet, für alle möglichen auftretenden Situationen richtig umgesetzt und die Störanfälligkeit muß durch aufwendige Testreihen minimiert werden. Somit sollten komplexere Sensoren, wie sie beispielsweise Kraft- und Momentensensoren mit vier oder mehr Komponenten darstellen, wenn möglich konstruktiv umgangen werden. Nur wenn keine anderen mechanischen Lösungen realisierbar sind, bzw. der Aufwand erheblich groß würde, sollten die technisch möglichen, aber mit vielen Folgearbeiten verbundenen Techniken Anwendung finden.

Qualitätskontrolle durch moderne Elektronik

- Möglichkeiten und Grenzen,
dargestellt am Beispiel eines kontinuierlichen Veredlungsprozesses von
Baumwollflachgewebe.

Dr. R. Schoner
Windel Textil GmbH & Co.
Postfach 120 106

4800 Bielefeld 12

Allgemeine Definitionen; Qualitätskontrolle / Elektronik

Aufgabe einer jeden industriellen Produktion ist es, Produkte zu erzeugen,
die einem vorgegebenen Qualitätsstandard (Anforderungsprofil) in der
Prüfung standhalten [1].

Qualität kann man definieren als die Beschaffenheit, den Wert, die Güte
oder das System der Eigenschaften, die ein Ding zu dem machen, was es ist
und es von anderen Dingen eindeutig unterscheidet [2].

Beim Verkauf eines solchen Dings spielen dessen technische (objektive) und
modische (subjektive) Daten eine voneinander nicht zu trennende Rolle.

Die modischen Daten sind:

- die Aktualität,
- die Geltungs- und
- die Gebrauchsfunktion [3],

während die technischen Daten unter anderem definiert sind durch

306

- die Festigkeit,
- die Stabilität,
- die Echtheit und
- die Verarbeitbarkeit

eines Dings.

Um ein Ding, in unserem Fall ein Textil, in seinen modischen und technischen Daten über seinen Produktionsablauf hin gewährleisten zu können,
bedarf es der Kontrolle und zwar sowohl

- der Produkt- als auch
- der Prozeßkontrolle.

Nur diese Kombination führt zur Sicherung, d.h. im Rahmen des gegebenen
Anforderungsprofils an die Fertigware zum Unbedrohtsein der Produktion
eines modisch und technisch einwandfreien Artikels.

Um die Qualitäten gleichbleibend innerhalb der Textilveredlung gewährleisten und garantieren zu können, muß sich der Veredler vorher sehr genau
über artikel- und substratbezogene Toleranzen mit seinem Auftraggeber
verständigen; d.h. Festschreibung von Roh-/Fertigwaren-Anforderungsprofi-
len - was muß eine Rohware können um zu einer Fertigware mit ganz bestimmten Eigenschaften veredelt werden zu können ?

Es gilt grundsätzlich:
Die Fertigproduktplanung beginnt bei der Produktion der Rohware [1].

Ist diese Voraussetzung erfüllt, dann ist Produkt-, Prozeß- und Verfahrenskontrolle, die letztendlich in eine Qualitätssicherung münden, eine
zwingende Maßnahme um eine Produktion zu steuern, um Reklamationen in
Grenzen zu halten, um Fehler zu erkennen und abzustellen.

In Abb. 1 wird der Versuch unternommen, den Aktionsbereich der Produkt-,
Prozeß-, Verfahrens- und Qualitätskontrolle in Wechselwirkung zur Qualitätssicherung aufzuzeigen.

Dabei zeigen die Kolonnen von links nach rechts

- den Produktionsablauf und
- die zu tätigenden Produkt- sowie die Prozeß- und Verfahrenskontrollen,
  die dann in der rechten Kolonne in die Qualitätssicherung münden.

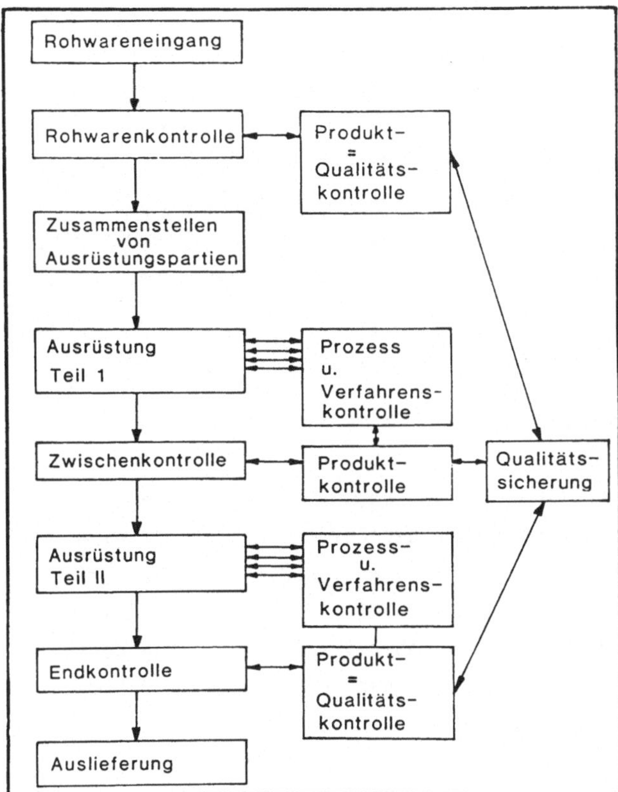

Abb. 1: Prüfablaufsplan.

Es wird deutlich, daß die Qualitätskontrolle sowohl im Anfang der Vered-
lungskette als auch am Ende derselben eine Ergebnisprüfung darstellt. Die
Produkt-, Prozeß- und Verfahrenskontrolle hingegen hat unmittelbar pro-
duktionssteuernde Funktionen, in dem sie einzelne Prozeß-Veredlungsschrit-
te auf ihren Effekt und seine Soll/Ist-Daten hin beurteilt und damit
direkt in den Veredlungsablauf eingreift.

308

Die Qualitätssicherung stellt dabei eine ordnende Kraft bezüglich der Artikel- und der Verfahrensoptimierung sowie der Verbesserung des betriebswirtschaftlichen Ergebnisses eines Veredlungsprozesses dar.

Damit dürfte der Begriff, was im folgenden unter Qualitätssicherung zu verstehen ist, ausreichend definiert sein.

Ein weiterer Bestandteil des Titels beinhaltet das Wort "moderne Elektronik". Was wird im folgenden darunter zu verstehen sein ?

Elektronik ist ein umfassender Begriff für alle Erscheinungen und Geräte, die aus den Eigenschaften und dem Verhalten von Elektronen (oder auch Ionen) beruhen. Elektronen sind ein wesentlicher Bestandteil der Materie, daher können alle elektrischen Vorgänge der Elektronik zugerechnet werden [4].

Kontinuierlicher Veredlungsprozeß

Während einer kontinuierlichen Veredlung von Baumwollflachgeweben aus wäßriger Phase - darüber wird im folgenden berichtet - durchläuft eine solche Gewebebahn eine große Anzahl von sich mehr oder minder häufig wiederholenden Prozeßschritten, deren Auswirkungen von unterschiedlichen Bedeutungen und Effekten sind, deren Summe aber letztendlich eine definierte Verfahrenstechnik zur Veredlung eines ganz bestimmten Produktes ergibt.

Die Stabilität, die Reproduzierbarkeit eines Verfahrens - d.h., die Wiederholung eines Qualitätsausfalles mit einem definierten Anforderungsprofil - ist nur dann wirtschaftlich, sicher und kontrollierbar, wenn ein Prozeß in seinen Einzelschritten definiert wird und zwar sowohl substrat-, mediums- als auch maschinenbezogen.

Zur Erreichung des Zieles einen Prozeß zu steuern, d.h., die Ergebnisse aus laufender Messung - On-line - zu erfassen und in Programmen mit Sollwerten zu vergleichen und bei Abweichungen durch das Steuerprogramm errechnete Steuersignale, Steuerimpulse und/oder Bedienungsanordnungen ausgeben zu können, ist es nach MIERZOWSKY [5] notwendig, folgenden Stufenplan abzuleisten:

Stufe 1: Produktionsdatenerfassung und -verdichtung = Datenverdichtung.

Stufe 2: Prozeßdatenerfassung und -abspeicherung für bestimmte Aufgaben =
Ergebnisverarbeitung.

Stufe 3: Prozeßdaten werden erfaßt, gespeichert und ständig mit vorgegebenen Soll-Daten (Vorgabeprofile) und deren Toleranzbereich
verglichen. Abweichungen werden z.B. mittels eines akustischen
oder lichtoptischen Signals oder auch über Schreiber angegeben.

Stufe 4: Prozeßregelung im geschlossenen Regelkreis bedeutet die kon-
sequente Verarbeitung der Stufe 3 zu Steuerimpulsen.

Erst nach Verwirklichung der Stufe 4 kann man von Prozeßsteuerung sprechen. Wendet man das eben gesagte auf einen kontinuierlichen Veredlungsprozeß an, dann ist zunächst die Frage zu stellen, welches sind die An-
forderungsprofile (Sollprofile) an eine vorbehandelte (färbebereite) und
gefärbte Ware, und was ergibt sich daraus in bezug auf die Möglichkeiten
und Notwendigkeiten einer Prozeßdatenermittlung, -kontrolle und -steuerung
innerhalb der Veredlung.

Vorbehandlung

Die Vorbehandlung eines Baumwollflachgewebes setzt sich zusammen aus den
Prozeßschritten:

- sengen (ein- oder zweiseitig),
- entschlichten (enzymatisch, oxydativ oder wäßrig),
- waschen
- brühen, mit den Einzelschritten
  * klotzen,
  * dämpfen,
  * waschen,
- bleichen, mit den Einzelschritten
  * klotzen,
  * dämpfen,
  * waschen,
  * trocknen.

Welche Parameter bestimmen nun den Wert der Vorbehandlung ?

In Abb. 2 wird der Versuch unternommen, die aus einem solchen Prozeß erzielten Ergebnisse in ihrer Auswirkung auf einen nachfolgenden Färbeprozeß zu wichten.

Dargestellt sind in der linken Spalte die Parameter, dann deren Bedeutung (1), geordnet nach gering, mittel und hoch, die Möglichkeiten zum Messen des Effektes (2) im Labor und an der Warenbahn sowie in der dritten Spalte die Produktionskontrollmöglichkeiten an der Warenbahn - direkt oder indirekt (3).

Parameter	1 Bedeutung			2 Messung des Effektes		3 Produktionskontrolle	
	gering	mittel	hoch	Labor	Warenbahn	direkt an der Warenbahn	indirekt an der Warenbahn
Saugfähigkeit	xxxx	xxxx	xxxx	Steigtest/FA	—	—	—
Festigkeit	xxxx	xxxx	xxxx	Reisskraft	—	—	—
Schädigung (Löcher)	xxxx	xxxx	xxxx	visuell	visuell	visuell	—
Alkalität	xxxx	xxxx		pH-Wert	—	—	Flotte
Weissgrad	xxxx	xxxx		FM	FM	FM	—
DP-Grad	xxxx	xxxx		Viskosität	—	—	—
tote Baumwolle	xxxx	xxxx		Anfärbung	—	—	—
Markierungen	xxxx	xxxx		visuell	—	—	—
Oberfläche	xxxx	xxxx		visuell	—	—	—
Restfeuchte	xxxx	xxxx		gravimetrisch	Leitfähigkeit Mikrowellen	Leitfähigkeit Mikrowellen	—
Resttensidgeh.[1]	xxxx			gegeben	—	—	—
Verformung	xxxx			gegeben	Photosensorik	--	—
Temperatur	xxxx			—	gegeben	—	—

[1] Als weitere Parameter u. Restschlichte,-fett, Elektrolytgehalt sowie Metallgehalt zu bestimmen

Abb. 2: Einfluß der Vorbehandlung auf einen kontinuierlichen Färbeprozeß.

Aus dieser Auflistung schälen sich zwei wesentliche Aussagen heraus, nämlich:

a) Von Bedeutung ist
   * die Saugfähigkeit, die gleichmäßig gut oder gleichmäßig schlecht
      über die Breite und Anfang/Ende sein sollte,

* die Festigkeit, ausgedrückt in Reißkraft und DP-Grad und

* die Forderung nach möglichst keiner Schädigung;

b) zeigt die Abbildung, daß eine direkte oder indirekte Meßbarkeit dieser Parameter an der Warenbahn nicht gegeben ist.

Welches sind denn nun die Soll-Profile an eine färbe- und/oder appreturbereite Ware ?

In den Abbn. 3a und 3b wird der Versuch unternommen, das Soll-Profil für eine färbe- und appreturbereite Ware aufzuzeigen. Es werden den einzelnen Parametern Grenzwerte zugeschrieben und eine Aussage über die Folgen bei deren Über- bzw. Unterschreitung gemacht.

Parameter	Grenzwerte nach der Vorb.	Färbung	Folgen bei deren Über- oder Unterschreitung
1. Saugfähigkeit (Steigtest)	< 5 sec	—	mangelhafte Benetzung/Flottenaufnahme, Durchfärbung innere Retoure
2. Festigkeit	lt. Forderung		Gebrauchstüchtigkeit
3. Schädigung	x/100 m	x/100 m	Tara $\neq$ Warenwert
4. Alkalität	< pH 10	< pH 8,5	Verschiebung des pH-Wertes von Färbe- u. Appreturflotten
5. Weissgrad	je nach Farbton		Brillanz der Färbung
6. DP-Grad	> 1800 SF = 0,4	> 1800	Gebrauchstüchtigkeit
7. tote Baumwolle	je nach Kundenforderung		fehlerhafte Färbung Nachbehandlung = Kosten
8. Markierung	x/100 m	x/100 m	Retourwaren
9. Restfeuchte	< 10%	< 15%	Beeinflussung der Flottenaufnahme
10. Resttensid	—	—	Schaumbildung in Klotzflotten

Abb. 3a: Soll-Profile für färbebereite und appreturbereite Ware
- allgemeine Aussagen -.

	< 10 cm	< 5 cm 100 m	Lange und kurze Kanten, Falten
11. Verformung	< 10 cm	< 5 cm 100 m	Lange und kurze Kanten, Falten
12. Temperatur	<	<	Temp.-Erhöhung von Klotzflotten. Unter — schiedliche Farbstoff-Diffusion im Substrat
13. Kantenablauf	—	< ΔE 0,5	Nachbehandlung, Abziehen, Umfärben
14. Längenablauf	—	< ΔE 1,0	Sortieren, Abziehen Umfärben
15. Warenbild	—	—	Preisnachlass, Retourware
16. Durchfärbung	—	—	Gebrauchseigenschaften
17. Farbgenauigkeit	—	Δ E-Angabe des Kunden	Retouren, Nachfärbung
18. Färbegleichgew. unfixierter Farbstoff	—	Echtheits- anfor - derungen	Nachbehandlung, mangelde Echtheiten, Anschmutzung von Appreturflotten, Farbablauf
19. Farbechtheit	—	Kunden - angabe	Retourwaren, Nachlass

<u>Abb. 3b</u>: Soll-Profile für färbebereite und appreturbereite Ware
- allgemeine Aussagen -.

Welche der in den Abbn. 3a und 3b aufgezeigten Parameter sind nun mit On-line-Meßmethoden auf oder an der laufenden Warenbahn meßbar ?

Listet man die bisher bekannten On-line-Meßmethoden nach den Kriterien

- vorhanden,
- fraglich,
- fehlt noch und
- notwendig

auf und stellt diesen die verwendeten Meßprinzipien gegenüber, dann erhält man die in Abb. 4 gegebenen Aussagen.

| Parameter | vorhanden | On-line-Messmethode | | | Messprinzip |
		fraglich	fehlt	notwendig	
Elektrolytgehalt			x		
Alkalität			x		
Temperatur	x				IR-Strahlung
Restfeuchte	x				Leitfähigkeit/Microwellen
Resttensid			x		
Gilbene			x		
Weissgrad	x	x			Farbmetrik
Saugfähigkeit			x	x	
Fadendichte	x	x			Beugung des Lichtes
Flächengewicht	x				B-Strahler
Reissfestigkeit			x		
Schädigung (Löcher)			x		
DP-Grad			x		
Markierungen			x	x	
tote Baumwolle			x		
Flusen			x		
Oberfläche			x		
Verformung	x				Photosensorik

Abb. 4: On-line-Meßmethode an der laufenden Warenbahn.

Es zeigt sich, daß die Meßmöglichkeiten an der laufenden Warenbahn im
Bereich der Vorbehandlung beschränkt sind auf die Messung der

- Temperatur (IR-Strahlung),
- Restfeuchte (Leitfähigkeit- und Mikrowellenmethode),
- Flächengewicht (Betastrahler) und
- Verformung (Photosensorik).

Die On-line-Meßbarkeit des Weißgrades (Weißmetrik) und der Fadendichte
sind mit einem Fragezeichen zu versehen. Bezüglich der Weißgradmessung
wird innerhalb des Abschnittes Färberei noch etwas zu sagen sein.

Die Messung der Fadendichte an laufenden Warenbahnen sind bis heute nur an
mono- und multifilamenthaltigen Geweben möglich [6].

Nachdem die für den Veredler wünschbare On-line-Messung am Substrat noch
der Entwicklung bedarf, soll die Frage untersucht werden, welche Meßregel-
techniken in dem Veredlungsmedium Wasser und an der Maschine gegeben sind.
Im wesentlichen handelt es sich um Flottennachsatzsteuerung.

Nachsatzsteuerung

Nach JOLA [7] sind dabei folgende Möglichkeiten gegeben (Abbn. 5 bis 11).

Aufgezeigt werden die Meßmöglichkeit, die Art der Nachsatzsteuerung und die Vor- bzw. Nachteile der benannten Meßmethode.

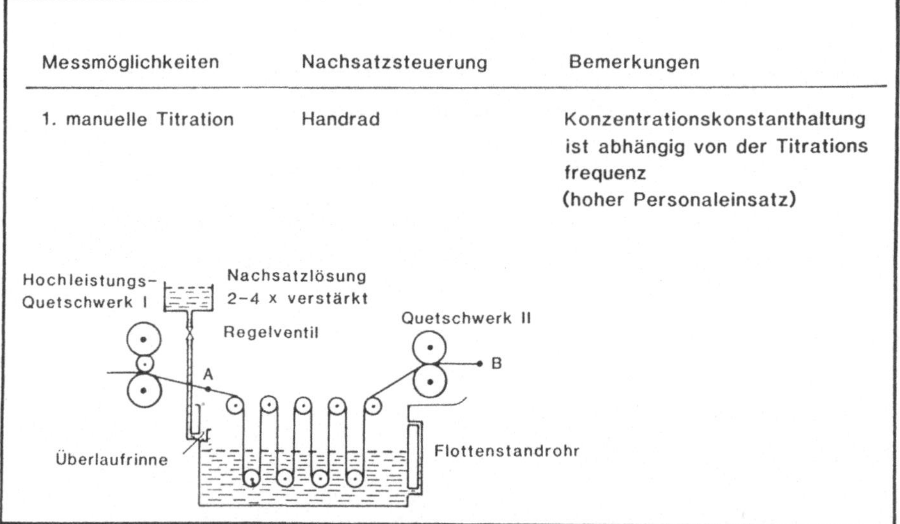

Abb. 5: Nachsatzsteuerung über manuelle Titration.

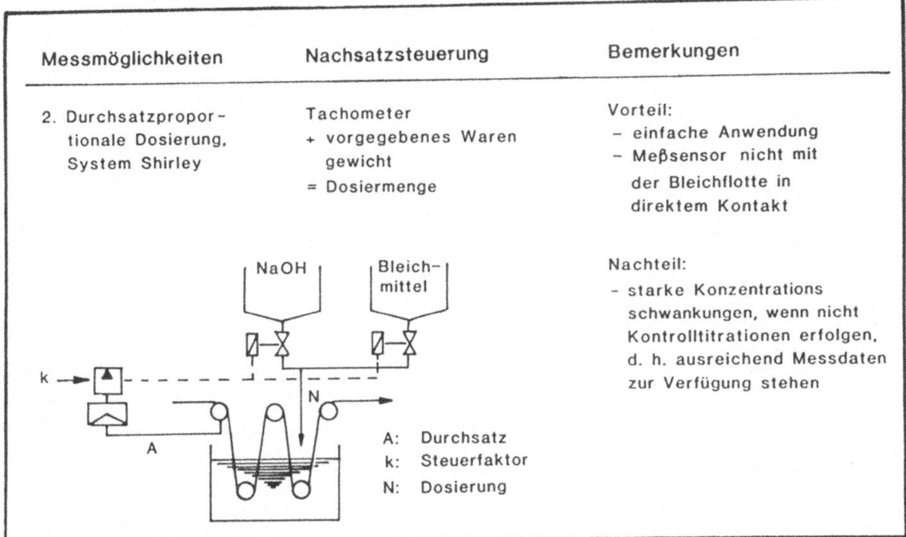

Abb. 6: Tachometersteuerung.

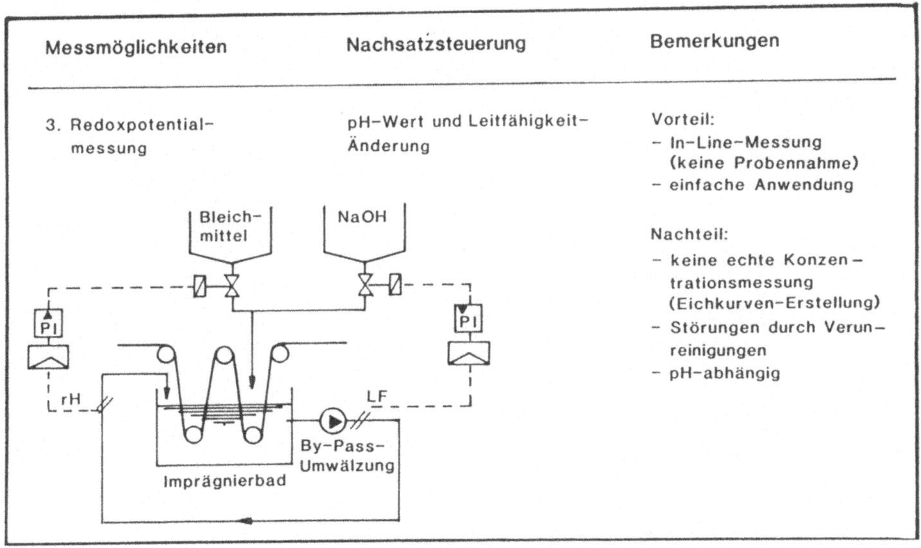

Abb. 7: Nachsatzsteuerung über pH-Wert und Leitfähigkeitsänderung.

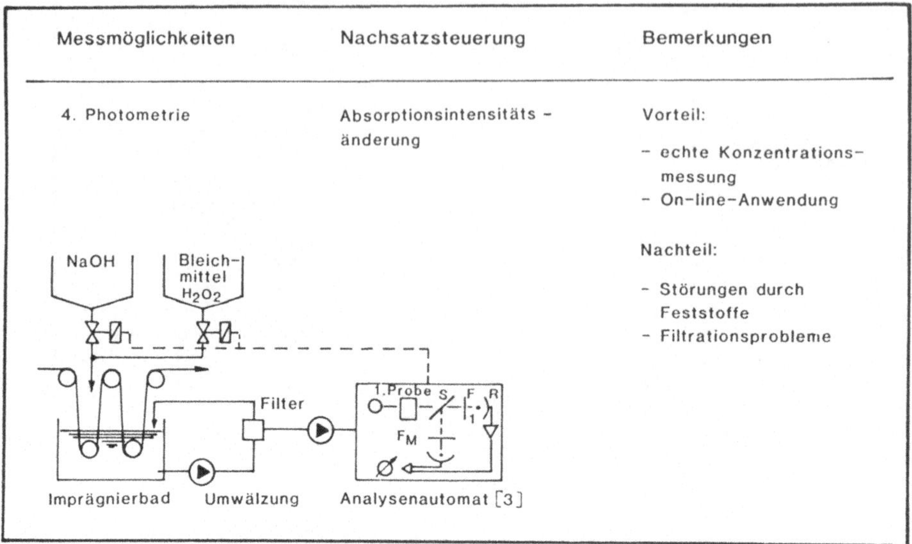

Abb. 8: Photometrische Nachsatzsteuerung.

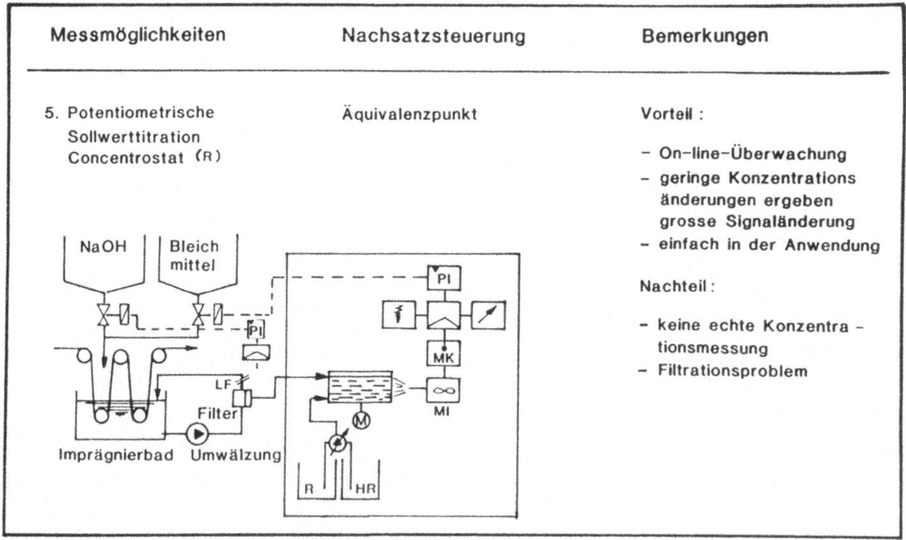

Abb. 9: Nachsatzsteuerung über potentiometrische Sollwerttitration.

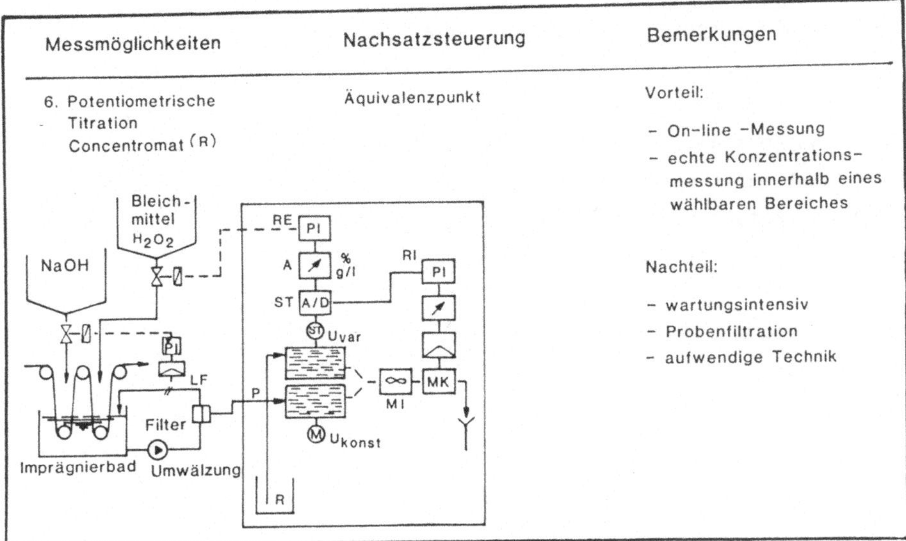

Abb. 10: Nachsatzsteuerung über potentiometrische Titration.

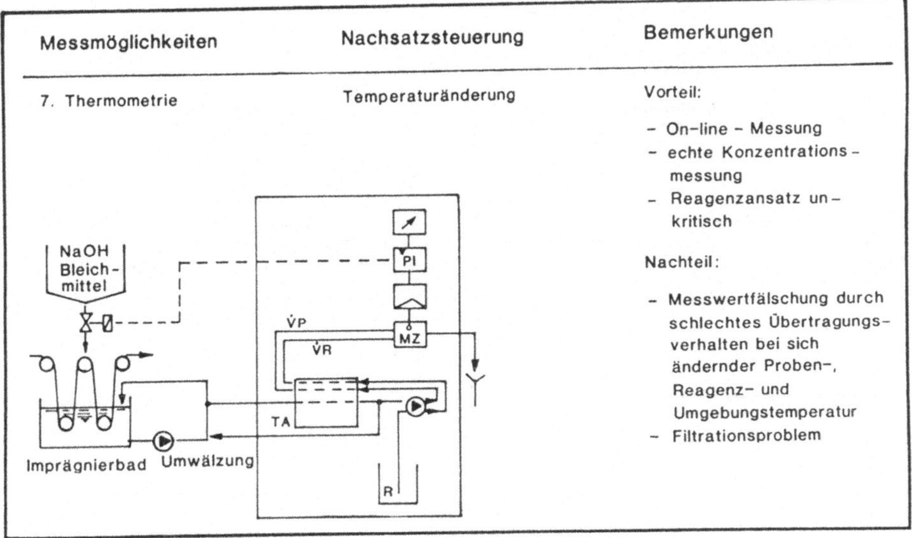

Abb. 11: Nachsatzsteuerung Thermometrie.

Kann man mit den aufgezeigten Meßmethoden klaglos arbeiten ?

Neben Natronlauge und Wasserstoffperoxid setzt sich ein Bleichrezept zusammen aus Wasserglas und/oder organischen Stabilisatoren sowie Magnesiumsulfat. Schaut man sich die zitierten Meßmethoden auf ihre Anwendbarkeit bezüglich Mehrkomponentendosierung und der Prozeßkontrolle von Bleichprozessen an, dann ergibt sich folgendes Bild (vgl. Abbn. 12 a und b).

Dargestellt sind die Meßmethoden, die Meßprinzipien und die Grenzen der Anwendbarkeit.

Methode	Prinzip	Grenzen
Redoxpotential	Messung des Redox-potentials einer Messkette bestehend aus einer Bezugs- und Redoxelektrode	- nicht selektiv - pH-abhängig - Messkettenpotential vom Verhältnis-des oxidierten und reduzierten Anteils abhängig - direkte Konzentrationsmessung nicht gegeben
Photometrie	Extinkthionsmessung bei einer bestimmten Wellenlänge im Absorp-tionsmaximum	- direkter Einsatz nur bei Verbindun-gen mit Eigensorption - Ansonsten indirekte Messung durch Probenaufbereitung - Flusen-, Schaumblasen- und Luft-blasenfreiheit muss gegeben sein - Messbereich: $10^{-5} - 1$ mol/l
Leitfähigkeit	Messen der elektr. Leit-fähigkeit von Lösungen starker und schwacher Elektrolyte	- unspezifische Reaktion, da alle Ionen zur Leitfähigkeit beitragen - zur Messung von Spülwässern bei Elektrolytwäschen geeignet - Elektrodenverschmutzung - Messbereich: $10^{-6} - 1$ S/cm

Abb. 12a): Meßmethoden.

Methode	Prinzip	Grenzen
Thermometrie	Messung der Temperaturänderung einer Reaktion	– Suche nach geeignetem Reaktionspartner für stark exo- oder endotherme Reaktionen * Neutralisationsreaktion * Redoxreaktion u.a.m. – Messbereich: 1 – 10 mol/l
pH-Messung	Messung des pH-Wertes einer aus Glas- u. Bezugselektrode bestehenden Messkette	– die Glaselektrode ist eine ionenselektive Elektrode (H^+, HO^-) – nur für starke Säuren und Laugen in reinen Lösungen als Konzentrationsmessung geeignet – Standzeit – Konzentrationsbereich $c_{H^+} = 10^{-13}$ bis 10^{-1}

Abb. 12b: Meßmethoden.

Die gemachten Aussagen zeigen, daß keine der aufgezeigten Methoden der Forderung nach einer Mehrkomponentenmessung gerecht wird. Man wird also eine Summe von Einzelmeßaussagen in der Einzelkomponentendosierung plus den Parametern Flottenvolumen, Warengeschwindigkeit, Warengewicht und/oder Breite sowie Temperatur miteinander zu einer integralen Aussage (Datenverknüpfung) bringen müssen. Die Lösung dieser Aufgabe ist dann von hoher Wahrscheinlichkeit, wenn bei konstantem Maschinenprogramm eine hohe Konstanz bezüglich der zu veredelnden Ware gegeben ist (Vertikalveredler).

Bis es aber soweit ist bedarf es der Datendokumentation und Datenverdichtung. Um Prozeßdaten erfassen, verdichten und für eine spätere Prozeßsteuerung abspeichern zu können, bedient man sich z.B. eines Mehrkanalschreibers. Welche Fehler man bei einer solchen Dokumentation machen kann sollen die Abbn. 13 und 14 demonstrieren.

Zunächst zu Abb. 13. Sie zeigt in der Ordinate die Natronlaugenkonzentration und Temperatur innerhalb eines Dämpfers und in der Abszisse die Zeit.

Die Spreizung ist so gewählt, daß ein Konzentrationsbereich von 20 bis
60 g Natronlauge pro Liter bestrichen wird, während der Temperaturbereich
eine Spreizung von 60 bis 110 °C aufweist. Man sieht, daß weder auf der
Konzentrationslinie noch auf der Temperaturlinie irgendeine Schwankung
deutlich erkennbar ist.

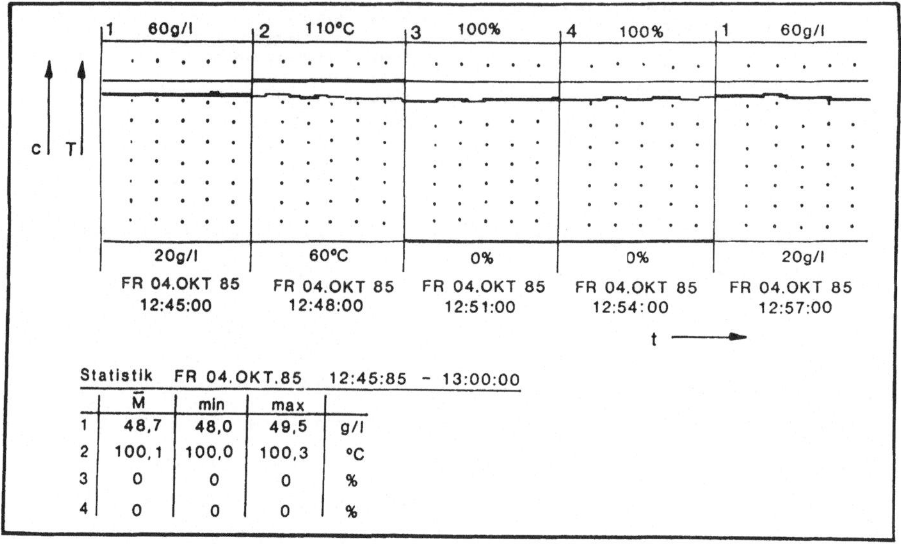

	$\overline{M}$	min	max	
1	48,7	48,0	49,5	g/l
2	100,1	100,0	100,3	°C
3	0	0	0	%
4	0	0	0	%

Abb. 13: Datendokumentation (schlechte Dokumentation).

Erhöht man die Spreizung durch Einengung des Konzentrationsbereiches
zwischen 46,5 und 49,0 pro Liter Natronlauge sowie 98 bis 103 °C (Abb.
14), dann ist bezüglich der NaOH-Konzentration deutlich ein Konzentrationsprofil zu beobachten. D.h., neben der reinen Messung spielt die Art
der Dokumentation eine, für die Prozeßauswertung und letztendlich
Prozeßkonstanthaltung, wesentliche Rolle.

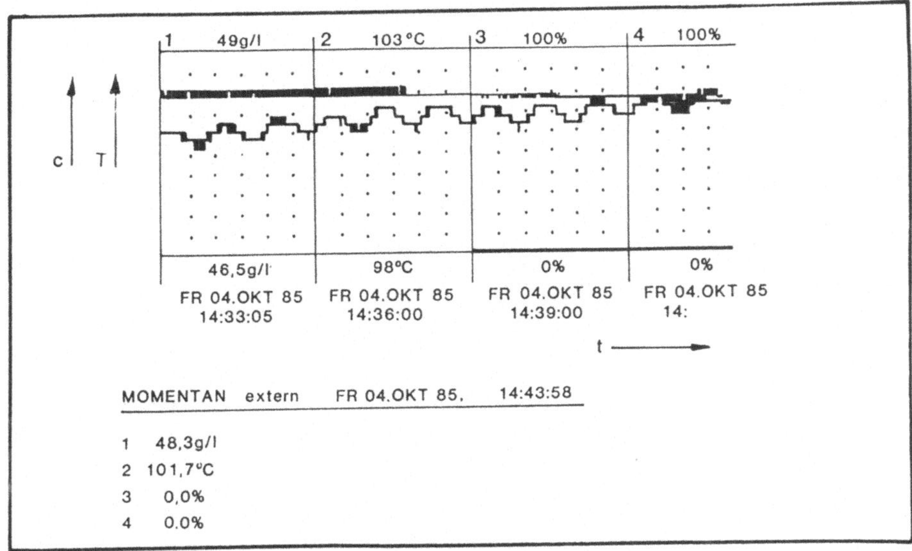

Abb. 14: Datendokumentation (gute Dokumentation).

Pad-Dry/Thermosol/Pad-Steam-Prozeß

Eine solche Anlage ist zu beschreiben in den Schritten Pad-Dry/Thermosol-
Anlage mit den Verfahrenseinzelschritten

- Einlauf,
- foulardieren und pflatschen,
- IR-Vortrocknung (2-3),
- konvektive Trocknung (3 Sektionen),
- Thermosolierung,
- Auslauf

und der Pad-Steam-Anlage mit den Verfahrenseinzelschritten

- Einlauf,
- foulardieren oder pflatschen,
- Dämpfer,
- Wasserschloß,

- spülen (3),

- pflatschen oder foulardieren,

- Luftgang,

- Oxydationsbad,

- spülen,

- seifen,

- spülen/neutralisieren,

- trocknen (kontakt oder kovektiv),

- Auslauf.

Mit dem Kauf einer solchen kontinuierlichen Färbeanlage sind, nach RÜTTIGER [8], die in Abb. 15a und 15b aufgezeigten Sensoren gegegen. Aufgezeigt sind die Meßgrößen, die üblichen Sensoren und die entsprechenden Maßeinheiten.

Messgrösse	Üblicher Sensor	Masseinheit
● Warenlaufgeschwindigkeit	Tachogeber	m/min
● Füllung, Farbflottentrog	Niveausonde	auf/zu
● Füllung, Chemikalientrog	Niveausonde	auf/zu
● Quetschdruck am Foulard (evtl. Kante–Mitte–Kante)	Manometer	bar
● Lufttemperatur in der Hotflue (meist mehrere Stellen)	Ausdehnungsthermometer	°C
● Lufttemperatur im Thermosolaggregat (evtl.meist mehrere Stellen)	Ausdehnungsthermometer	°C
○ Dampffüllung im Dämpfer	speziell angeordneter Temperaturfühler	(°C)
○ Luftgehalt im Dämpfer		
Temperatur im Wasserschloss		
○ "Küpenstand" (Reduktionsvermögen)	Küpen-Indikatorpapier	Farbumschlag

Abb. 15a: Häufige Meßgeräte für die Kontinuefärbung nach RÜTTIGER.

Messgrösse	Üblicher Sensor	Masseinheit
● Zulauf Kaltwasser	Rotameter	m^3/Std.
● Zulauf Heisswasser	Rotameter	m^3/Std.
○ Längszugspannung der Ware	Auslenkung der Tänzerwalze	Skt
○ Zulauf von Oxidationsmitteln	Rotameter	1/min
○ Zulauf von Seifhilfsmitteln	Rotameter	1/min
○ Zulauf von Säure	Rotameter	1/min
○ Stromaufnahme Antriebs- oder Ventilator-Motoren	Amperemeter	Amp

● Grundausstattung

○ häufig in der Erstausstattung

Abb. 15b: Häufige Meßgeräte für die Kontinuefärbung nach RÜTTIGER.

Als wesentliche Sensoren sind dabei zu benennen:

- Tachometer,

- Niveausonden,

- Manometer,

- Ausdehnungsthermometer,

- Rotameter,

- Spannungsregulierung über Tänzerwalzen,

- Ampèremeter.

Mit Hilfe dieser Sensoren ist es durchaus möglich eine speicherprogrammierbare Steuerung einer solchen Färbeanlage zu betreiben und von daher eine Sicherstellung der Produktqualität, der Kosteneinsparung durch Verbrauchreduzierung innerhalb der Anlage und durch Erhöhung der Produktivität durch Senkung von Reinigungs- und Rüstzeiten bei Programmablaufsteuerung zum Umrüsten zu erzielen.

Ein wesentlicher Einzelschritt innerhalb der Pad-Dry/Thermosol/Pad-Steam-Färbung ist der Farbauftrag. Für den Farbauftrag auf eine textile Warenbahn wird das in Abb. 3a aufgezeigte Sollprofil benötigt, während für die Farbware das Sollprofil in Abb. 3b gefordert wird.

Geht man davon aus, daß eine textile Warenbahn ein gleichmäßiges
Adsorptions- und Absorptionsverhalten über die Breite und Anfang/Ende
aufzeigt, dann sollte man erwarten, daß ein Farbstoffpigmentklotz
bestehend aus Tauchen, Entlüften, Quetschen, Antrocknen und Trocknen zu
einem gleichmäßigen Produkt führt. Daß dies manchmal nicht der Fall ist
hat seine Ursache

- im Foulard,
- in unterschiedlicher Kettfadendichte im Kante/Mitte/Kante-Bereich,
- in unterschiedlicher Dicke Kante/Mitte/Kante,
- in unterschiedlicher Porosität Kante/Mitte/Kante u.a.m..

Die letzten drei Fehler sind durch einen noch so guten Foulard nicht be-
hebbar, obwohl das Druckprofil des Foulards, Kante/Mitte/Kante, heute
durchaus während der laufenden Produktion gesteuert werden kann (Bicoflex).
Dies ist möglich geworden durch:

- die ortsgleiche Feuchtemessung und/oder Flächengewichtsmessung vor und
  hinter der Foulardfuge und
- durch die Entwicklung einer neuen Foulardgeneration (Bicoflex).

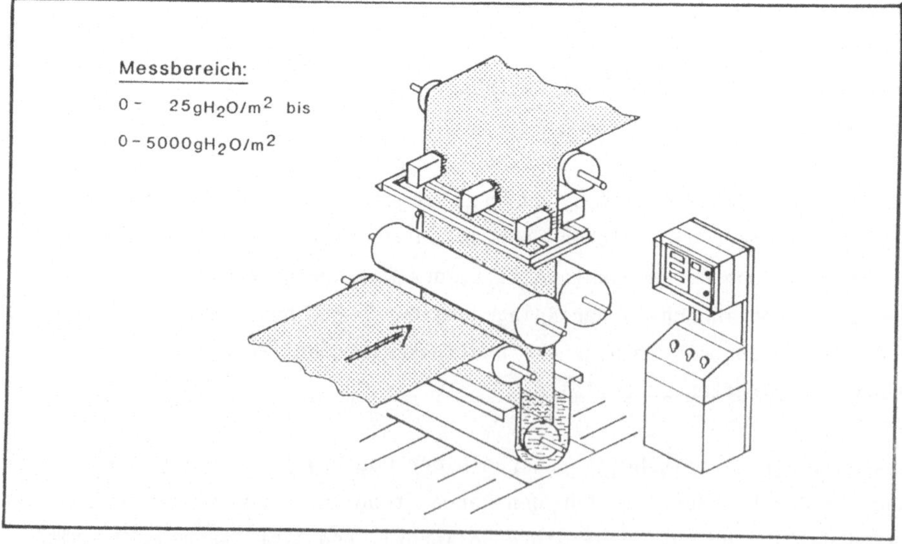

Abb. 16: Hochfeuchtemeßgerät (Werkfoto Pleva).

Abb. 16 gibt die Anordnung eines Hochfeuchtemeßgerätes (Pleva AF 310 -
Gerät) nach dem Foulard als Schemazeichnung wieder. Gegeben ist ein Drei-
kopfmeßgerät für die Feuchtemessung = Produktauftrag (Farbstoff/Wasser) im
Kante/Mitte/Kante-Bereich. (Die gleiche Systematik gilt auch für den
Betastrahler, d.h. die Flächengewichtsmessung). Nach der Geräte-Nullpunkt-
Eichung mißt man den Farbklotz im Kante/Mitte/Kante-Bereich und zwar in g
H_2O pro m². (Während der Beta-Strahler das Warengewicht pro m² mißt).

Die Steuerung des Foulards ist möglich über

- ermitteln von artikelabhängigen Ist-Daten einer gelaufenen Färbung, die
  einem Rechner vorgegeben werden. Über den Ist/Soll-Vergleich während
  der neuerlichen Produktion des gleichen Artikels erfolgt dann die
  Foulardsteuerung.

- Eine weitere Möglichkeit besteht darin, daß man nach Erreichen eines
  gleichmäßigen Produktauftrages (Nähprobe) über die Breite eine warenbe-
  zogene Nullpunkt-Eichung durchführt.

Es ist der Hinweis wesentlich, daß sowohl der Beta-Strahler als auch das
Hochfeuchte-Meßgerät die Porosität des Substrates nicht berücksichtigen,
d.h. maßgebend für die Kante/Mitte/Kante-Gleichmäßigkeit einer Färbung
bleibt weiterhin die Nähprobe.

Da weder die Photosensorik noch die Prüfung der Luftdurchlässigkeit
Kante/Mitte/Kante ein befriedigendes Ergebnis bezüglich unterschiedlicher
Porosität Kante/Mitte/Kante bis heute geliefert hat, hat man sich mit dem
Problem der Farbmessung an laufenden Warenbahnen befaßt. Es sind drei
Systeme bekannt:

1. Der Hunterlab, Textil Shade Monitor (TSM), der Hunter Association
   Laboratory Inc.

2. Das MacBeth-On-line-Meßsystem "Color Eye" von ISC.

3. Das Zweistrahl-Simultan-Spektrometer von Datacolor/Zeiss.

Laut Veröffentlichung der ICS wird das Color Eye schon seit mehr als vier
Jahren in Amerika bei Lowenstein Corp., Burlington sowie Millikan
eingesetzt.

Ziel des Einsatzes solcher On-line-Meßgeräte an der laufenden Warenbahn
ist es, eine Pass-Fail-Aussage Kante/Mitte/Kante zu erhalten, mit dem
Fernziel, den Foulard zu steuern.

<u>Ergebnis</u> der bisherigen Untersuchung:

- Eine Übereinstimmung zwischen stationärer und instationärer Messung
  ist nicht gegeben.

- Die Messungen an laufender Warenbahn waren reproduzierbar.

- Der Einfluß von Oberfläche, Bindung und Glanz ist groß. Man müßte pro
  Artikel ein Programm zur Findung einer Pass-Fail-Aussage erstellen.

- Als Ursache für das Verhalten wird die Optik sowohl beim Color-Eye als
  auch beim Zweistrahl-Simultan-Spektralphotometer gesehen. In beiden
  Fällen handelt es sich um eine 45 °/0 ° Geometrie.

Für den Rest der Pad-Steam-Anlage gilt das, was im Bereich Vorbehandlung
zu den Sensoren, pH-Messung, Redoxpotential, Leitfähigkeitsmessung und
Thermometrie gesagt wurde.

Es wurde versucht, an einigen Beispielen die Meß-, Überwachungs- und
Regelmöglichkeiten von kontinuierlichen Veredlungsprozessen in den Stufen
der Vorbehandlung und Färbung aufzuzeigen. Im Gegensatz zu der Apparate-
färberei oder der Spannrahmen-Trocknung existiert bei den zitierten Kon-
tinueprozessen noch kein, das ganze System zusammenfassender, Meß- und
Regelkreis.

Da aber in den einzelnen Prozeßschritten Messung und Steuerung bzw.
Regelung betrieben wird, sind die angesprochenen Verfahrenstechniken im
Rahmen ihrer meßregeltechnischen Toleranzen reproduzierbar. Dennoch sind
folgende Forderungen an Sensoren zur Prozeßüberwachung zu stellen:

1. Die Logik der Prozeßüberwachung von Sensoren fehlt, d.h. mangelnde
   Plausibilität oder wie erkennt man, daß ein Meßgerät nicht mehr in
   Ordnung ist.

2. Die Standzeiten der Sensoren sind zu kurz, d.h. für den textilen All-
   tag zu wenig robust.

Es ist wesentlich, darauf aufmerksam zu machen, daß neben der Prozeßbeherrschung über Sensoren die Gesamtheit der Veredlungsprozesse,
nämlich das Zusammenwirken von Maschine, Mensch, Material, Methode,
Management und Milieu nicht aus den Augen verloren werden darf. Nur
wenn diese sechs Faktoren in gesunder Weise zusammenwirken, ist eine
Prozeßbeherrschung und Qualitätssicherung auf Dauer gegeben.

Danksagung

Frau Krieger vom DTNW danke ich für die Anfertigung der Bilder. Meinem
Kollegen und Mitarbeiter Herrn Dipl.-Ing. Jürgen Reineke für die
Unterstützung zu diesen Ausführungen.

328

Literatur

[1] MEYER-STORK, F.-H. und SCHONER, R.,
Melliand Textilber. <u>64</u> (1983), 682.

[2] Meyers Großes Taschenlexikon, Bd. 18, S. 19,
Bibliographisches Institut Mannheim/Wien/Zürich 1981.

[3] THÖNE, D.,
Melliand Textilber. <u>64</u> (1983), 87.

[4] Enzyklopädie Naturwissenschaften und Technik,
Verlag Zweibergen, Weinheim, 1981, S. 1097.

[5] MIERZOWSKY, G.,
Melliand Textilber. <u>59</u> (1978), 420.

[6] BAHNERS, T. und SCHOLLMEYER, E.,
Melliand Textilber. <u>65</u> (1984), 518.

[7] JOLA, M.,
Melliand Textilber. <u>61</u> (1980), 931.

[8] RÜTTIGER, W.,
"Vom Meßwert zum computergeführten Veredlungsprozeß"
Sensoren in der textilen Meßtechnik, herausgegeben von
E. Schollmeyer und E.A. Hemmer, Springer-Verlag, Berlin,
Heidelberg, New York, Tokio., S. 155.

Meß- und Stellgrößen beim Entschlichten

Gerhard Heidemann und Sudhir Dugal
Deutsches Textilforschungszentrum Nord-West e.V.
- Textilforschungsanstalt -
Frankenring 2
4150 Krefeld 1

Zusammenfassung

Obwohl ein Großteil der in der Veredlung auftretenden Fehler auf eine un-
zureichende Vorbehandlung zurückzuführen ist, wird noch immer die Vorbehandlung und insbesondere das Entfernen von Schlichtemitteln als eine
lästige Pflicht angesehen. Ob eine einwandfreie und über die Partielänge
gleichmäßige Entschlichtung erfolgt ist, wird nicht immer kontrolliert.
Der Grund hierfür liegt darin, daß man das Vorbehandlungsergebnis, d.h.
die Vollständigkeit und Gleichmäßigkeit der Entschlichtung nicht sehen
kann und oft nur durch zeitraubende Methoden festzustellen vermag. Ziel
dieser Untersuchung war es, Meßmethoden zu entwickeln, die eine kontinuierliche Messung der Schlichtekonzentration in den Wasch- und Spülflotten
sowie der Restschlichtekonzentration auf dem gewaschenen Gewebe ermöglichen. Es sollten Regelmodelle aufgestellt werden, die unter Einsatz der
genannten Meßmethoden eine Regelung von Breitwaschprozessen gestatten.

Die Waschtemperatur wird zweckmäßigerweise konstant gehalten; ihre Höhe
wird nach verschiedenen Gesichtspunkten wie Warenschrumpf, Energieverlust
und Eigenschaften der auszuwaschenden Schlichten gewählt. Der Warenstrom
wird ebenfalls zweckmäßigerweise unter Berücksichtigung der Warenlaufeigenschaften und der Verweilzeit im Waschbad konstant eingestellt. Als
Stellgrößen kommen dann nur noch chemische Variable, wie z.B. die Laugenkonzentration im Waschbad, oder der Flottenstrom in Frage. Als Meßgröße
dient in jedem Fall die Schlichtekonzentration auf dem Textilgut oder
eine eindeutig damit verbundene Größe, das ist unter der Voraussetzung

der Einstellung eines Verteilungsgleichgewichtes die Konzentration der
Schlichte im Bad. Die Konzentration der Schlichte auf dem Textilgut läßt
sich nach dem Anfärben der Schlichten direkt photometrisch an der laufenden Warenbahn messen. Für jede Schlichte gibt es geeignete Anfärbe-
methoden, die während der Entschlichtung und insbesondere bei geringen
Schlichtekonzentrationen auf dem Textilgut anwendbar sind.

Die quantitative Bestimmung der abgelösten Schlichte im Bad wird bei anionischen Schlichten durch kooperative Chemisorption von metachromatischen kationischen Farbstoffen, wie z.B. Methylenblau, ermöglicht. Dabei
ist das Absorptionsspektrum des gebundenen Farbkations gegenüber dem des
freien Farbkations hypsochrom verschoben, so daß sich sowohl die Gesamt-
konzentration des zu einer Meßlösung zudosierten Farbstoffes als auch die
Konzentration des freien Farbkations selbst bei sehr geringen Konzentrationen genau bestimmen lassen. Gestört wird dieses Meßverfahren durch anionische Tenside dergestalt, daß Tensidmizellen ebenfalls Farbkationen
kooperativ chemisorbieren und dadurch die Summe aus anionischer Schlichte
und Anionstensid bestimmt wird. Im Waschprozeß lassen sich ggf. die anionischen Tenside durch nichtionische ersetzen.

Die verschiedenen Produkte haben abhängig von ihrem chemischen Aufbau ihr
eigenes spezifisches Farbstoffbindevermögen, das zudem durch die Dissoziation und die Gestalt der beteiligten Moleküle in der Lösung beeinflußt
wird, d.h. bei der Messung müssen der pH-Wert und die Ionenkonzentration
konstant sein. Beides ist in praxi leicht zu realisieren, da wegen der
hohen Extinktionskoeffizienten des eingesetzten Farbstoffes das Volumen-
verhältnis von Wasch- bzw. Spülflotte und Meßlösung sehr klein gehalten
werden kann.

Als weitere wasserlösliche Schlichten kommen Polyvinylalkohol und lösliche Stärkederivate in Frage. Beide lassen sich durch die Komplexbildung
mit Jod quantitativ bestimmen. Hierbei werden zwar nichtionische Tenside
grundsätzlich miterfaßt, die Extinktionskoeffizienten dieser Komplexe sind
jedoch so gering, daß bei den üblichen Anwendungskonzentrationen das Meßergebnis praktisch nicht beeinflußt wird.

Prinzipiell ist die quantitative Bestimmung der anionischen Schlichten in den Wasch- und Spülflotten auch titrimetrisch möglich, wenn sich durch eine potentiometrische Titration Alkali und Schlichte nebeneinander bestimmen lassen. Das ist bei Polyesterschlichten nicht und bei Carboxymethylcellulose nicht eindeutig möglich. Ferner muß bei Polyacrylatschlichten in Gegenwart von Natronlauge mit dem sogenannten Carbonatfehler gerechnet werden.

Die Leitfähigkeitsmessung in Wasch- und Spülflotten ist ebenfalls auf anionische Schlichten beschränkt, zudem ist kein eindeutiger Bezug zur Schlichtekonzentration gegeben. Wegen der Einfachheit der Messung bei geringem Wartungsaufwand ist aber diese Meßgröße unbedingt in die Diskussion von Regelkreisen für Breitwaschprozesse einzubeziehen.

Praxisversuche beim Auswaschen von Polyacrylatschlichten und Polyesterschlichten aus Polyestergewebe haben gezeigt, daß allein durch eine Messung der Leitfähigkeit im Spülbad und durch den Flottenstrom als Stellgröße gegenüber der heute üblichen Verfahrensweise eine erhebliche Einsparung an Wasser und Energie möglich ist. Als Stellgröße zur Regelung einer konstanten Leitfähigkeit im Waschbad könnte der Chemikalienstrom dienen, ein eindeutiger Zusammenhang zum Verbrauch der Natronlauge durch die auszuwaschende Schlichte ist jedoch nicht gegeben.

Es wurden Regelmodelle aufgestellt, wobei davon ausgegangen wird, daß die Einflüsse der Temperatur und der Chemie auf die Geschwindigkeit der Einstellung des Waschgleichgewichtes bekannt sind und eine Optimierung auf hohe Waschgeschwindigkeit bereits durchgeführt wurde. Ferner soll die Warengeschwindigkeit durch die Laufeigenschaften der Ware begrenzt und festgelegt sein. Die Modelle basieren darauf, daß entweder die Schlichtekonzentration auf der Ware oder in den Wasch- und Spülbädern gemessen wird. Als Stellgrößen werden der Flottenstrom oder der Chemikalienstrom vorgeschlagen.

1.   Einleitung

Obwohl fast 70 % aller in der Veredlung auftretenden Fehler auf eine un-
zureichende Vorbehandlung zurückzuführen sind, wird noch immer die Vorbehandlung und insbesondere das Entfernen von Schlichtemitteln als eine
lästige Pflicht angesehen. Ob eine einwandfreie und über die Partielänge
gleichmäßige Entschlichtung erfolgt ist, wird nicht immer kontrolliert.
Ein Grund hierfür mag darin liegen, daß man das Vorbehandlungsergebnis,
d.h. die Vollständigkeit der Entschlichtung, nicht sehen kann und oft nur
durch zeitraubende Methoden festzustellen vermag. Die unvollständige Entschlichtung wird dann häufig später nach den Farbgebungsprozessen sichtbar. Diese Kontrolle der Entschlichtung bzw. die Kontrolle des Waschergebnisses im Falle von wasserlöslichen Schlichten wird deshalb nicht
durchgeführt, weil es keine Methoden gibt, die während der Vorbehandlung
eine stetige Überwachung des Waschergebnisses erlauben. Wegen der höheren
Warengeschwindigkeiten wäre besonders bei der Entfernung von Schlichtemitteln in kontinuierlichen Breitwaschbehandlungen eine stetige Kontrolle
des Waschergebnisses wünschenswert. Daher sind Methoden zu entwickeln,
die eine kontinuierliche Überwachung des Waschergebnisses erlauben, um
gezielt in einen Breitwaschprozeß eingreifen zu können.

Die Waschwirkung wird durch den Waschwirkungsgrad W zahlenmäßig ausgedrückt. Definitionsgemäß ist der Waschwirkungsgrad die Menge der ausge-
waschenen Verunreinigung bezogen auf die Menge der Ausgangsverunreinigung
[1]. Die Bestimmung des Waschwirkungsgrades erfolgt in praxi durch Ermittlung der Restkonzentration der Verunreinigung auf der gewaschenen Ware.
Dies geschieht bis heute diskontinuierlich und erfordert einen großen
Zeitaufwand. Ungleichmäßige Waschwirkung über die gesamte Warenlänge, die
bei späteren Veredlungsvorgängen z.B. Farbabläufe hervorrufen kann, wird
bei der diskontinuierlichen Methode selten erfaßt, da hierfür eine größere Anzahl Proben über die Warenlänge geprüft werden muß und dadurch höhere Kosten resultieren. Ferner ist es bei dieser nachträglichen Bestimmung
des Waschwirkungsgrades nicht möglich, das Waschergebnis direkt zu beeinflussen, d.h. den Waschprozeß zu steuern bzw. zu regeln. Es wäre deshalb
zweckmäßig, bestimmte Meßgrößen, sei es in den Wasch- oder Spülflotten
oder auf der gewaschenen Ware, zu ermitteln, die einerseits eindeutig mit

dem Waschwirkungsgrad korrelieren und andererseits kontinuierlich erfaßt werden können. Solche Meßgrößen sind dann zur Regelung der Waschmaschine geeignet.

In dieser Arbeit sollen deshalb grundlegende Untersuchungen der Waschflotten einer Breitwaschmaschine bzw. der gewaschenen Ware unabhängig vom Maschinentyp durchgeführt werden. Es sollen solche Parameter erfaßt werden, die in einem eindeutigen Zusammenhang zu dem erzielten Waschwirkungsgrad stehen. Dabei ist es gleichgültig, ob dies Meßgrößen sind, die direkt oder indirekt als ein Maß für den Waschwirkungsgrad aufgefaßt werden können. Schwerpunktmäßig sollen die Untersuchungen auf das Auswaschen von wasserlöslichen Schlichtemitteln bei Baumwolle- bzw. Polyestergeweben beschränkt werden.

2. Löslichkeits- und Auswaschverhalten von Schlichten

Die wasserlöslichen Stärkeschlichten müssen vor dem Auswaschen in eine wasserlösliche Form überführt werden. Dies geschieht durch Einwirkung von Enzymen, Oxidationsmitteln oder starken Alkalien [2 bis 4]. Die entstandenen wasserlöslichen Abbauprodukte können anschließend durch einen Wasch- und Spülprozeß von der Ware entfernt werden. Der Einfluß von Temperatur, pH-Wert, Tensiden, Oxidationsmitteln und Verweilzeit auf den Stärkeabbau wurde mehrfach untersucht [4 bis 7].

Alle anderen Schlichtemittel, die mehr oder weniger wasserlöslich sind, können in wäßrigen Flotten, gegebenenfalls unter Zusatz von Tensiden und/ oder Alkalien, bei Temperaturen zwischen 40 °C bis 100 °C mit einem anschließenden Spülprozeß ausgewaschen werden [8,9]. Je nach dem chemischen Aufbau der Schlichtemittel haben Temperatur, Alkalimenge und Tensidzusätze einen großen Einfluß auf die Löslichkeit dieser Schlichten [10].

3.   <u>Bestimmung des Waschwirkungsgrades beim Entschlichten</u>

Für die Bestimmung des Waschwirkungsgrades werden in der Literatur analytische Verfahren beschrieben, die den Schlichte- bzw. Präparationsgehalt
von Textilien durch Extraktion, Messung der Gewichtsdifferenz nach einer
Waschbehandlung, Titration, Photometrie und Radiometrie ermitteln. Alle
diese Methoden basieren auf einer Bestimmung der Anfangs- und Endbeladung
des Substrates, die dann zur Berechnung des Waschwirkungsgrades herangezogen werden können [11].

Bei den Extraktionsmethoden werden die Präparationen je nach Art der Präparationen und des Substrates mit einem oder mehreren Lösungsmitteln ex-
trahiert und der Rückstand des eingedampften Extraktes gravimetrisch bestimmt [12 bis 14]. Die Gewichtsdifferenzmethode beruht auf einer Lösungs-
mittelextraktion der eingewogenen Probe, gefolgt von einer Wäsche mit
einer wäßrigen Tensidlösung und anschließender Rückwaage der getrockneten
Probe [15]. Bei Anwesenheit von Schlichtemitteln, die z.B. titrierbare
saure oder basische Gruppen enthalten, wird die Schlichteauflage durch
Titration des wäßrigen Extraktes der Probe ermittelt [16].

Die bisher beschriebenen Methoden sind jedoch sehr zeitaufwendig und für
eine kontinuierliche Erfassung der Restschlichten bei Breitwaschverfahren
nicht einsetzbar.

Die radiometrischen Bestimmungsmethoden, die für die Untersuchung des Aus-
waschverhaltens von Präparationsmitteln und Tensiden angewandt wurden [16
bis 19], setzen jedoch voraus, daß radioaktiv markierte Produkte appliziert werden, deren Konzentration dann radiometrisch bestimmt werden kann.
Diese Messungen sind sehr aufwendig und erfordern eine kostenträchtige
apparative Ausrüstung.

Bei den photometrischen Methoden werden folgende Verfahrensweisen angewandt:

a) Extraktion von Stärke und Stärkederivaten, nach Zugabe von Jod-Jod-
   kalium, Photometrie des gebildeten Jodstärkekomplexes [20,21].

b) Ausfällung von Carboxymethylcellulose aus wäßrigem Extrakt in Form von schwerlöslichen Aluminiumsalzen, anschließende Hydrolyse und Bildung eines charakteristischen Farbkomplexes mit Chromotropsäure und photometrische Bestimmung [22].

c) Anfärbung von säuregruppenhaltigen Schlichtemitteln mit einem basischen Farbstoff auf Gewebe und nach Extraktion mit Methanol oder Dichlormethan, photometrische Vermessung der gefärbten Extrakte [10].

d) Anfärbung von Stärkeschlichten bzw. Polyvinylalkoholschlichten mit Jod/Jodkaliumlösung bzw. Jod-Borsäurelösung auf Gewebe und Remissionsmessung der entstandenen Anfärbung [23,24].

Durch gewisse Modifizierung der oben beschriebenen Verfahren und durch Einsatz geeigneter Photometer wäre die photometrische Methode für eine kontinuierliche Erfassung der Restschlichten auf Geweben und somit zur Bestimmung des Waschwirkungsgrades möglich. Eine Vereinfachung dieser Meßmethode könnte durch Einsatz von farbigen Schlichtemitteln erreicht werden. In der Literatur wird jedoch diese Möglichkeit nicht beschrieben.

Der zweite Weg zur Berechnung des Waschwirkungsgrades ist die Erfassung der im Waschbad abgelösten Schlichtemittelmenge. Im Gegensatz zu der Konzentrationsbestimmung auf der Ware ist die Konzentrationsbestimmung im Waschbad weitaus problematischer. Da die Löslichkeit der meisten synthetischen Schlichtemittel, die Polyelektrolyte darstellen, vom pH-Wert der Waschflotte abhängt, werden sie unter Zusatz von Alkalien, wie Natronlauge, Natriumcarbonat etc., ausgewaschen. Ferner enthalten die Waschflotten noch anionaktive und/oder nichtionogene Tenside.

Grundsätzlich können die Titrationsmethoden und die photometrischen Methoden auch für die Konzentrationsbestimmung der Waschflotten eingesetzt werden. Voraussetzung hierfür ist jedoch, daß die Alkalien und Tenside nicht stören bzw. getrennt erfaßt werden können.

Für die Bestimmung der Lösegeschwindigkeit von Polyacrylatschlichten auf
Geweben setzt WOLF [25] die Leitfähigkeitsmessung ein. Da diese Schlich-
ten Polyelektrolyte darstellen, nimmt die elektrische Leitfähigkeit der
Lösung mit steigendem Schlichtegehalt zu und stellt somit ein Maß für die
Konzentration dar. Inwieweit die Anwesenheit von Alkalien und Tensiden
die Messung beeinflußt, wurde nicht untersucht.

Als Kontrolle für die Wirksamkeit einer Waschflotte wird in praxi häufig
eine pH-Wert-Messung durchgeführt. Da viele synthetische Schlichten, um
in Lösung zu gehen, Alkali verbrauchen, kann die pH-Wert-Messung zur Regelung einer konstanten Waschwirkung eingesetzt werden. Sie erlaubt jedoch keine quantitative Aussage über die Schlichtemenge im Bad. Eine indirekte Bestimmung wäre dagegen durch Ermittlung des Alkaliverbrauches
möglich.

Andere Methoden, wie z.B. Bestimmung der Brechungsindices, Trübungsmes-
sung, Dichtemessung, UV-Photometrie, Infrarotspektroskopie etc., die für
eine Konzentrationsbestimmung angewandt werden können, sind in der Literatur für das vorliegende Problem nicht beschrieben.

4.   Meßmethoden für die Bestimmung der Konzentration anionischer
          Schlichten in Waschflotten

4.1   Titrimetrie

Alle anionischen Schlichtemittel enthalten in der Polymerkette mehr oder
weniger stark saure funktionelle Gruppen. Je nachdem, ob diese sauren funktionellen Gruppen frei oder in neutralisierter Form vorliegen, können sie
durch Titration mit einem Titranten entsprechender Acidität bzw. Basizi-
tät zur Konzentrationsbestimmung der Schlichte herangezogen werden.

Da bei der Titration von Schlichtemitteln je nach Schlichte, Titrant und
Anwesenheit von anderen titrierbaren Substanzen, wie z.B. Alkali, ein
oder mehrere Äquivalenzpunkte zu erwarten sind, wurde für die Untersuchun-
en das potentiometrische Titrationsverfahren angewandt. Nach heutigem
Stand der Technik läßt sich zudem das potentiometrische Titrationsverfahren für eine quasi-kontinuierliche Messung einsetzen.

Bild 1 zeigt die Titrationskurve einer Polyacrylatschlichte bei der potentiometrischen Titration der freien Carboxylgruppen mit Natronlauge. Der Verbrauch an Natronlauge ist der titrierten Schlichtemenge proportional und dient somit als ein Maß für die Schlichtemenge. In Bild 2 ist die erhaltene Titrationskurve derselben Schlichte bei der Titration mit Salzsäure dargestellt. Bei dieser Titration handelt es sich um eine Verdrängungstitration, wobei die in dieser Schlichte als Natriumsalz vorliegenden Carboxylatgruppen titriert werden. Auch hierbei ist der Verbrauch an Salzsäure direkt proportional der Schlichtemenge.

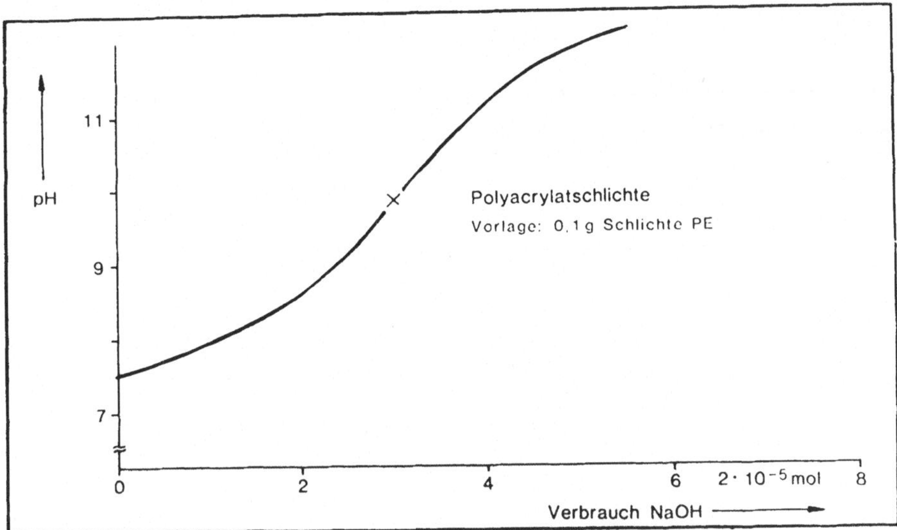

Bild 1:   Titration einer wäßrigen Polyacrylatschlichte.

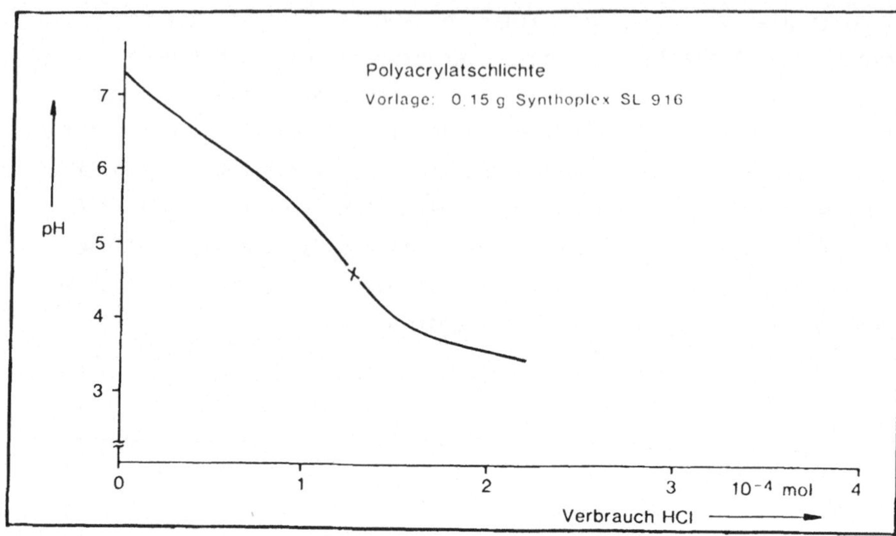

Bild 2:   Titration einer wäßrigen Polyacrylatschlichte.

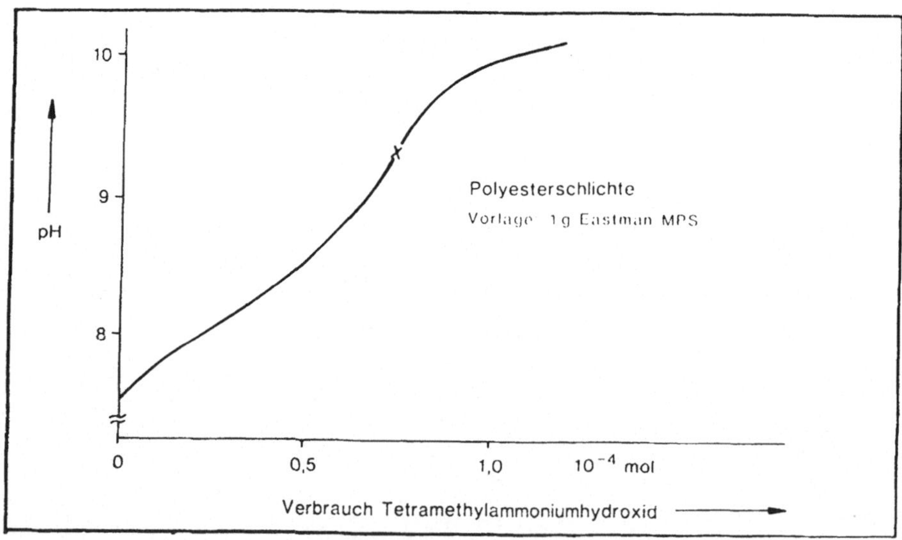

Bild 3:   Titration einer wäßrigen Polyesterschlichte.

Dagegen können die Polyesterschlichten, die als Natriumsalze einer Sulfosäure vorliegen, nur durch eine Verdrängungstitration mit einer starken Base quantitativ erfaßt werden. Ein Beispiel hierzu zeigt Bild 3.

Tabelle 1: Titration von Schlichten in wäßriger Lösung mit Natronlauge und mit Salzsäure.

Schlichte Handelsbezeichnung	Basis	Verbrauch in ml je g Feststoff der handelsüblichen Schlichtelösungen	
		0,1n Natronlauge	0,1n Salzsäure
Schlichte PE	Polyacrylsäureester	6,0	7,0
Schlichte SF	"	11,0	7,0
Synthoplex SL 916	"	3,0	8,5
Schlichte CB	Polyacrylsäure	68	67
Plexileim SL 630	"	45	75
Eastman MPS	Polyester	0	0
Eastman WNT	"	0	0

In Tabelle 1 sind die für verschiedene Schlichtemittel durch potentiometrische Titration ermittelten spezifischen Verbräuche an Basen bzw. Säuren aufgeführt. Die handelsüblichen Polyacrylatschlichten weisen erwartungsgemäß unterschiedliche Gehalte an freien Carboxylgruppen auf. Es muß jedoch dabei berücksichtigt werden, daß bei einigen Schlichten, die als Ammoniumsalze vorliegen, wie z.B. ®Schlichte SF, mit Natronlauge sowohl die freien Carboxylgruppen als auch die in Form des Ammoniumsalzes vorliegenden Carboxylatgruppen titriert werden. Bei der Titration mit Salzsäure werden dagegen bei allen Polyacrylatschlichten die Carboxylatgruppen erfaßt. Die Sulfonatgruppen der Polyesterschlichten lassen sich in wäßriger Lösung weder mit Natronlauge noch mit Salzsäure, jedoch mit einer organischen Base titrieren:

<u>Tabelle 2:</u>   Titration von Polyesterschlichten in wäßriger Lösung mit
einer starken organischen Base.

Schlichte Handelsbezeichnung	Verbrauch in ml je g Feststoff der handelsüblichen Schlichtelösungen 0,02n Tetramethylammoniumhydroxid
Eastman MPS	3,3
Eastman WNT	1,7

Aus den Ergebnissen der potentiometrischen Titration reiner Schlichten
geht hervor, daß die Titrimetrie grundsätzlich zur Konzentrationsbestimmung von Schlichten in Waschflotten eingesetzt werden kann. Die für die
Berechnung benötigten Faktoren müssen durch Titration der entsprechenden
applizierten Schlichten ermittelt werden. Da aber die Waschbäder neben
der abgelösten Schlichte in den meisten Fällen Alkalien und Tenside enthalten, soll untersucht werden, inwieweit sich in Gegenwart dieser Hilfsmittel die Titrimetrie zur Konzentrationsbestimmung der Schlichten in
Waschflotten eignet.

Als Alkali wird den Waschflotten meistens Natronlauge oder Natriumcarbonat zugesetzt. Die Polyacrylatschlichten mit freien Carboxylgruppen verbrauchen dabei einen Teil des zugesetzten Alkali zur Neutralisation dieser Gruppen. Die im Waschbad abgelöste Schlichte liegt unter der Voraussetzung eines Alkaliüberschusses in vollständig neutralisierter Form vor.
In dieser Form läßt sich die Schlichte, wie im vorherigen Abschnitt beschrieben, mit einer Säure titrieren. Bei dieser Titration mit einer Säure wird jedoch auch das überschüssige Alkali mittitriert. Damit muß bei
einer quantitativen Erfassung der Schlichte durch Titration gewährleistet
sein, daß das freie Alkali getrennt erfaßt werden kann. Wie die nachfolgend beschriebenen Untersuchungen zeigen, ist dies bei der potentiometrischen Titration gewährleistet.

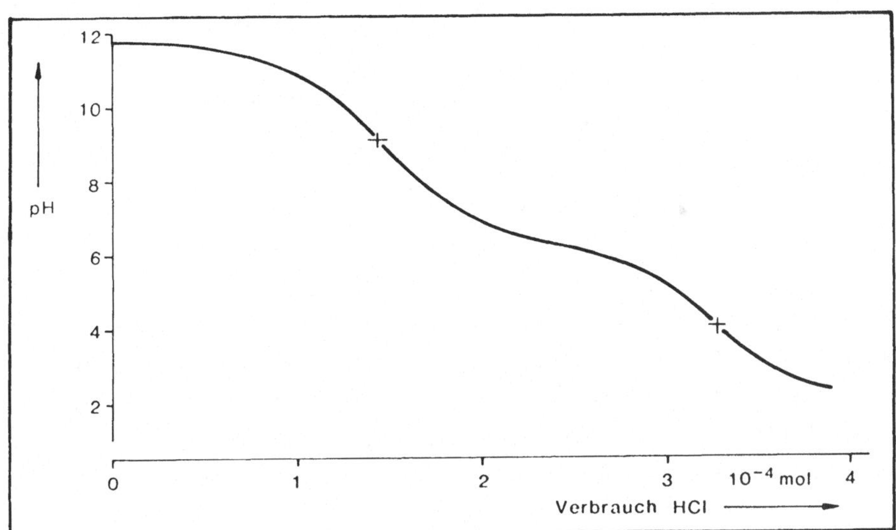

Bild 4: Titration einer Polyacrylatschlichte in Gegenwart von
überschüssiger Natronlauge.

In **Bild 4** ist der Verlauf der Titrationskurve einer Polyacrylatschlichte
in Gegenwart eines Überschusses an Natronlauge dargestellt. Der erste Äquivalenzpunkt bei pH 9 zeigt den Verbrauch an Salzsäure für die überschüssige Natronlauge. Der Äquivalenzpunkt bei pH 4 ergibt den Gesamtverbrauch
an Salzsäure für das freie Alkali und die Carboxylatgruppen der Schlichte.
Die Differenz zwischen dem Gesamtverbrauch und dem Verbrauch für die freie
Natronlauge ergibt somit ein Maß für die Schlichtemenge und könnte bei
der Konzentrationsbestimmung von Schlichte im Waschbad eingesetzt werden.
Wie die weiteren Ausführungen zeigen, ist das jedoch mit Störungen verbunden.

Natronlauge reagiert mit Kohlendioxid aus dem Wasser bzw. aus der Luft
unter Bildung von Natriumcarbonat. Bei der potentiometrischen Titration
einer Carbonat enthaltenden Natronlauge werden zwei Äquivalenzpunkte erhalten. Der erste Äquivalenzpunkt zeigt den Verbrauch an Salzsäure für
die folgenden Reaktionen:

$$NaOH + HCl \rightarrow NaCl + H_2O \qquad \text{(Reaktion a)}$$

und

$$Na_2CO_3 + HCl \rightarrow NaHCO_3 + NaCl \qquad \text{(Reaktion b)}$$

Die anschließende Reaktion:

$$NaHCO_3 + HCl \rightarrow NaCl + CO_2 + H_2O \qquad \text{(Reaktion c)}$$

wird durch den zweiten Äquivalenzpunkt angezeigt. Das Natriumbicarbonat
wird bei etwa dem gleichen pH-Wert (pH 4,2) titriert wie die Carboxylatgruppen der Schlichte. Dadurch resultiert ein scheinbar höherer Schlichtegehalt. Bei Schlichtemitteln, die einen niedrigen Gehalt an Carboxylatgruppen aufweisen, macht sich der Carbonatfehler besonders bemerkbar.

Bei Einsatz von Natriumcarbonat als Alkali im Waschbad wird beim 1. Äquivalenzpunkt (pH 8) das Natriumcarbonat (Reaktion b) bestimmt und beim
2. Äquivalenzpunkt (pH 4) die Summe aus Natriumcarbonat, Natriumbicarbonat gemäß Reaktion b und Reaktion d sowie die Carboxylatgruppen der
Schlichte. Wenn das Verhältnis der Caboxylat- und Carboxylgruppen der eingesetzten Schlichte bekannt ist, läßt sich aus den erhaltenen Daten die
Schlichtekonzentration einer Waschflotte berechnen.

$$Na_2CO_3 + R\text{-}COOH \rightarrow R\text{-}COONa + NaHCO_3 \qquad \textbf{(Reaktion d)}$$

Wie bereits aufgezeigt, lassen sich reine Polyesterschlichten mit einer
organischen Base potentiometrisch titrieren. Eine Konzentrationsbestimmung dieser Schlichten in Waschflotten, die Alkali enthalten, ist jedoch
nicht möglich.

Waschbäder enthalten neben Alkali meist nichtionische oder anionische Tenside. Vielfach werden Produkte eingesetzt, die als Gemische aus nichtionischen und anionischen Tensiden angeboten werden. Es wurde deshalb der
Einfluß dieser Tenside auf die potentiometrische Titration bei Gegenwart
von Alkali untersucht.

Die Menge der Tenside wurde so gewählt, daß die Tensidkonzentration in der Vorlage 1 g/l betrug. Es wurden folgende Tenside beispielhaft untersucht:

a) nichtionisches Tensid auf Basis Alkylarylpolyglykolether (®Lavoral 150),

b) anionisches Tensid auf Basis Alkylbenzolsulfonat (®Lavoral NBF),

c) Gemisch eines nichtionischen und eines anionischen Tensids (®Kieralon OL).

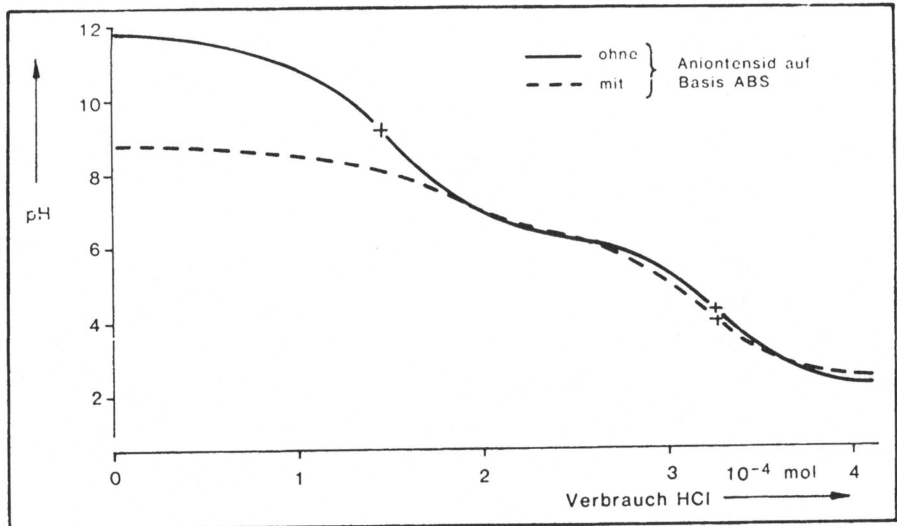

<u>Bild 5:</u>   Einfluß eines Aniontensids auf die potentiometrische Titration.

Das nichtionische Tensid (®Lavoral 150) und das Tensidgemisch (®Kieralon OL) beeinflussen die potentiometrische Titration und damit die Konzentrationsbestimmung von Polyacrylatschichten nicht. Dagegen zeigte das anionische Tensid (®Lavoral NBF) einen deutlichen Einfluß auf die potentiometrische Titration, wie <u>Bild 5</u> zeigt. Die in Gegenwart dieses Aniontensids aufgenommene Titrationskurve weist nur den Äquivalenzpunkt bei pH 4,2 auf. Der Äquivalenzpunkt bei pH 9, der bei einer Titrationskurve ohne Tensidzusatz den Verbrauch für die freie Natronlauge anzeigt,

ist bei Anwesenheit des Aniontensids nicht zu erkennen, da offensichtlich durch die Adsorption des Tensids an der Glaselektrode eine Verschiebung des gemessenen Potentials erfolgt. Die Erkennung dieses Äquivalenzpunktes ist jedoch - wie bereits bei der Diskussion des Alkaliein-
flusses aufgeführt - für die Ermittlung der Schlichtemenge in Gegenwart
von Alkali notwendig.

Die bei dem oben diskutierten Aniontensid festgestellte Verschiebung des
angezeigten Potentials hängt von der Tensidkonzentration sowie von der
Alkalikonzentration ab.

Versuche mit anderen handelsüblichen Aniontensiden auf Basis von Na-Dode-
cylsulfat, Alkylsulfonat und Aminsulfat-Alkylsulfonat zeigten, daß diese
Tenside auch bis zu einer Konzentration von 2 g/l eine nur geringfügige
Erniedrigung des von der Glaselektrode angezeigten Potentials bewirken
und die potentiometrische Titration von Polyacrylatschlichten in Gegenwart von Natronlauge nicht beeinflussen.

Die Anwesenheit von Aniontensiden kann demnach die potentiometrische Titration von Waschflotten beeinflussen. Der Grad des Einflusses hängt von
dem chemischen Aufbau des Tensids, der Tensidkonzentration und der Alkalikonzentration im Waschbad ab. Deshalb muß bei Einsatz der potentiometrischen Titration für die Konzentrationsbestimmung von anionischen Schlichten in Waschflotten der Einfluß des jeweiligen Aniontensids überprüft
werden.

4.2   Leitfähigkeit

Wie bereits bei den Titrationsverfahren aufgeführt, enthalten die anionischen Schlichten im Makromolekül freie Carboxylgruppen und/oder Carboxylatgruppen. Eine Konzentrationsbestimmung mittels Leitfähigkeitsmessung
einer Lösung setzt voraus, daß sich die Leitfähigkeit im interessierenden
Konzentrationsbereich stetig und eindeutig mit der Konzentration ändert.
In den Bildern 6 und 7 sind die Leitfähigkeiten von zwei Polyacrylatschlichten in dest. Wasser für zwei verschiedene Konzentrationsbereiche
dargestellt. Die Konzentrationen beziehen sich auf die Trockensubstanz.

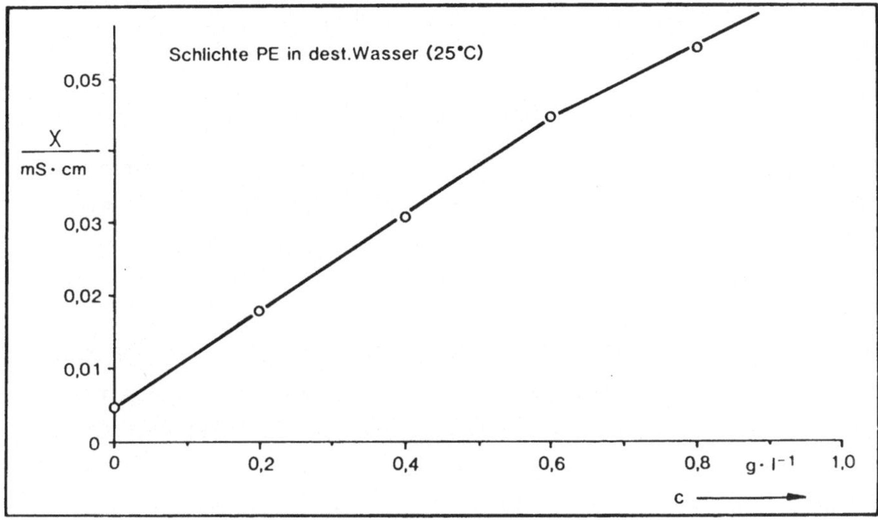

Bild 6:   Leitfähigkeit von ®Schlichte PE in dest. Wasser.

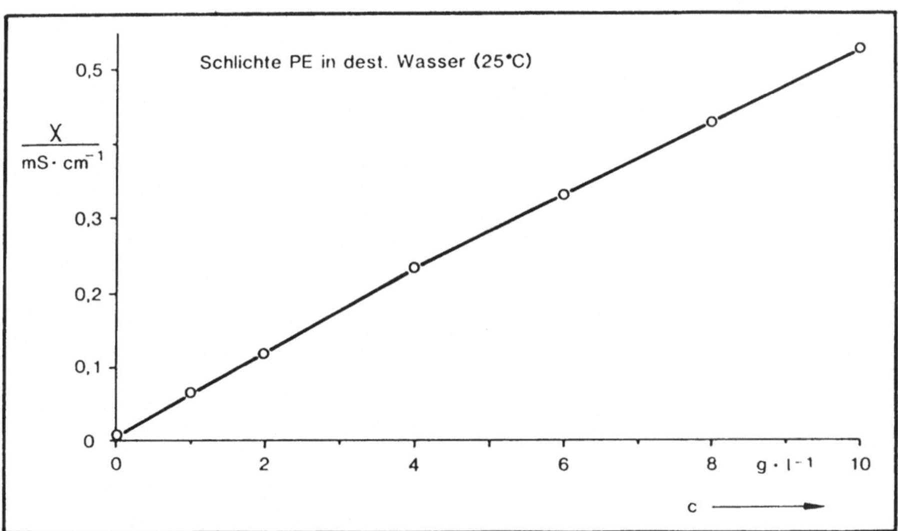

Bild 7:   Leitfähigkeit von ®Schlichte PE in dest. Wasser.

Bei der ®Schlichte PE nimmt die Leitfähigkeit in bestimmten Konzentrationsbereichen linear mit der Konzentration zu. Aus den Untersuchungen sind drei Linearitätsbereiche, nämlich 0 bis 0,6 g/l, 1 bis 4 g/l und

4 bis 10 g/l zu erkennen. Die Zunahme der Leitfähigkeit beträgt in
diesen drei Bereichen 0,065 mS·cm^{-1}·g^{-1}·l, 0,057 mS·cm^{-1}·g^{-1}·l bzw.
0,048 mS·cm^{-1}·g^{-1}·l.

Im Vergleich zu der $^{(R)}$Schlichte PE zeigt die $^{(R)}$Schlichte CB im gesamten
untersuchten Konzentrationsbereich (0 bis 1 g/l) einen linearen Zusammenhang zwischen der Leitfähigkeit und der Konzentration. Der Proportionalitätsfaktor beträgt 0,42 mS·cm^{-1}·g^{-1}·l.

Dieses unterschiedliche Verhalten der o.a. Schlichten ist auf den unterschiedlichen Carboxygruppengehalt der Schlichten sowie auf ihr Gegenion
zurückzuführen. Die $^{(R)}$Schlichte PE weist im Vergleich zur $^{(R)}$Schlichte CB
einen ca. 8-fach geringeren Gesamtcarboxygruppengehalt auf. Ferner liegt
in $^{(R)}$Schlichte PE nur ein Teil der Carboxygruppen als vollständig disso-
ziierbares Natriumsalz vor. Die Dissoziation dieses Salzes und damit die
Nettoladung und Konformation des Makromoleküls sind konzentrationsabhän-
gig. Dagegen liegen in $^{(R)}$Schlichte CB alle Carboxygruppen als Ammonium-
salz vor, das nur wenig dissoziiert ist.

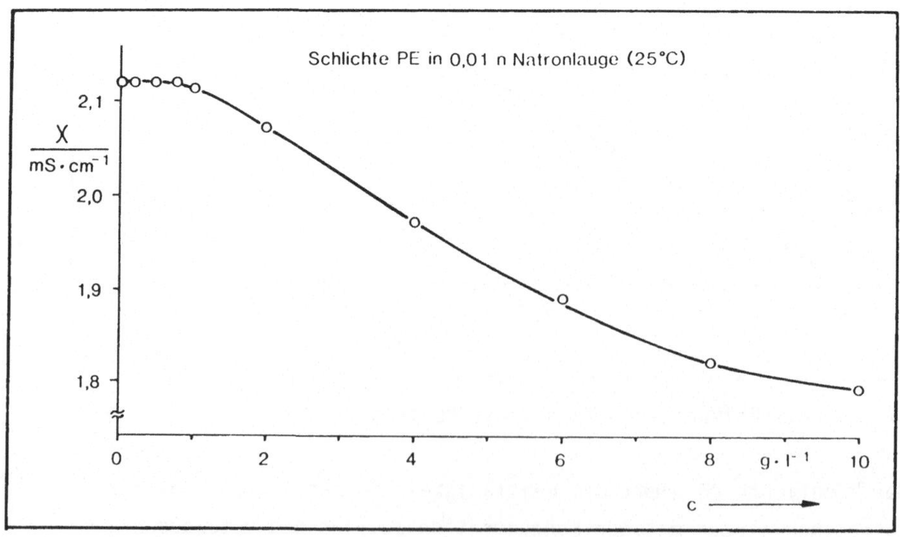

Bild 8: Leitfähigkeit von $^{(R)}$Schlichte PE in Gegenwart von 0,01n
Natronlauge.

In Gegenwart von Natronlauge bleibt die Anfangsleitfähigkeit bei [R]Schlich-
te PE bis zu einer Konzentration von 0,7 g/l unverändert und nimmt dann
bei einer weiteren Konzentrationserhöhung ab (Bild 8). Die Abnahme der
Leitfähigkeit ist darauf zurückzuführen, daß die freien Carboxylgruppen
der Schlichte einen Teil der Natronlauge zur Neutralisierung verbrauchen
und dadurch die Laugenkonzentration mit steigender Schlichtekonzentration
abnimmt. Der Äquivalenzpunkt liegt bei 16,7 g/l Schlichte. Andererseits
trägt aber die Schlichte zur Leitfähigkeit bei, wenngleich mit einem geringeren spezifischen Wert. Es besteht jedoch auch im Bereich geringer
Konzentrationen kein linearer Zusammenhang zwischen der Leitfähigkeit und
der Schlichtekonzentration, da das Schlichtemolekül mit der Konzentration
seine Konformation ändert. Bei Polyelektrolyten mit geringer Ladungsdich-
te (wie [R]Schlichte PE) liegt der Übergang vom gestreckten zum geknäuelten
Molekül bei relativ niedrigen Konzentrationen. Mit diesem Übergang ist
eine relative Erhöhung der spezifischen Leitfähigkeit verbunden. Im Falle
von [R]Schlichte CB wird wegen des hohen Carboxylgruppengehaltes von
$6,8\cdot10^{-3}$ val/g im untersuchten Konzentrationsbereich die vorgelegte Natronlauge vollständig neutralisiert. Die Leitfähigkeit nimmt daher bis
zum Äquivalenzpunkt bei 1,47 g/l Schlichte ab und danach entsprechend dem
spezifischen Beitrag der Schlichte im untersuchten Konzentrationsbereich
linear zu (Bild 9).

Ebenso verhält sich die [R]Schlichte CB in 1 g/l Sodalösung (Bild 10). Der
Äquivalenzpunkt liegt bei 1,39 g/l Schlichte. Bei der Untersuchung der
[R]Schlichte PE mit $6\cdot10^{-4}$ val/g Carboxylgruppen in 0,5 g/l Sodalösung
(Bild 11) liegt der Äquivalenzpunkt bei 7,86 g/l Schlichte. In der Leitfähigkeit überlagern sich mit steigender Schlichtekonzentration die Abnahme der Leitfähigkeit infolge der teilweisen Neutralisation der Sodalösung und die Zunahme der spezifischen Leitfähigkeit des Schlichtemole-
küls infolge seiner mit der Konzentration zunehmenden Einknäuelung.

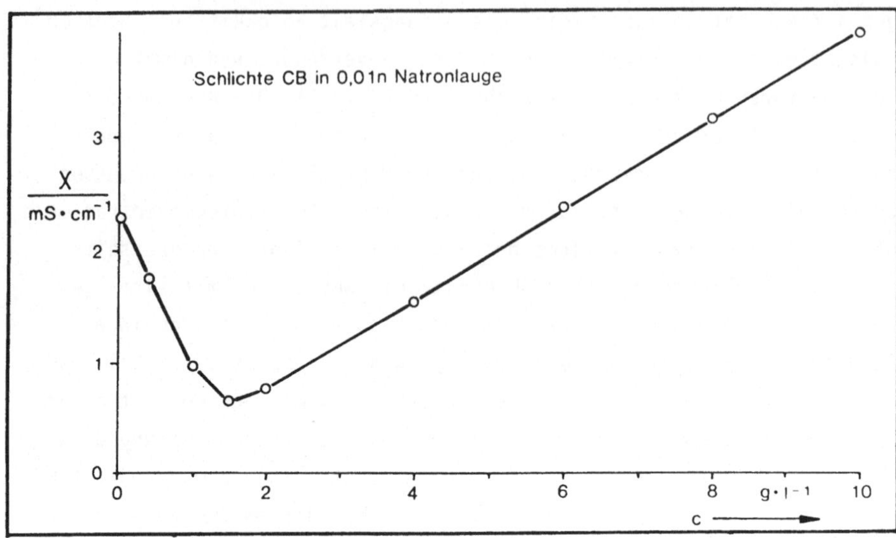

Bild 9: Leitfähigkeit von ®Schlichte CB in Gegenwart von 0,01n Natronlauge.

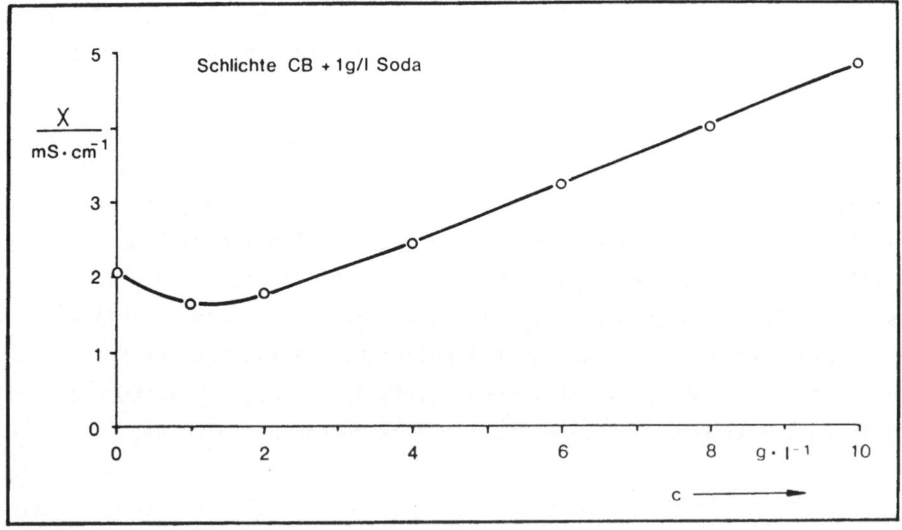

Bild 10: Leitfähigkeit von ®Schlichte CB in Gegenwart von 1 g/l Soda.

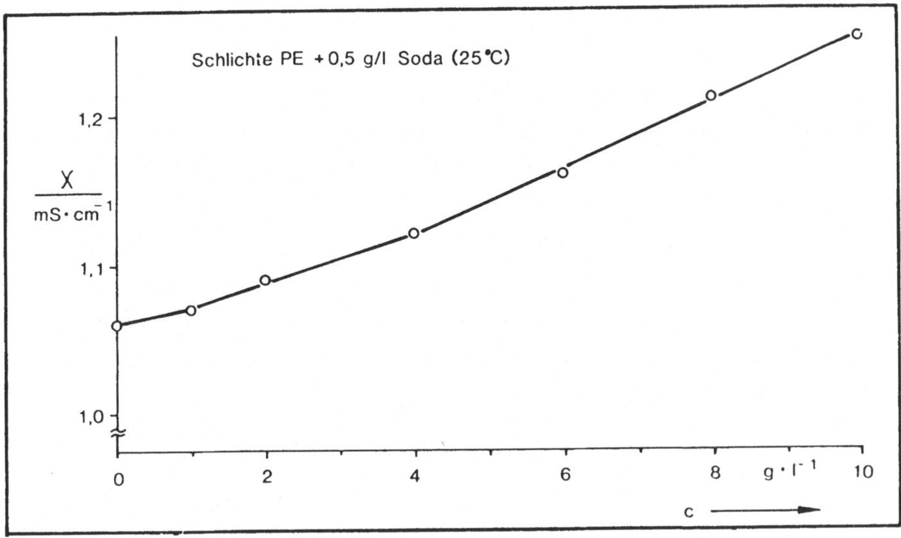

<u>Bild 11</u>: Leitfähigkeit von ®Schlichte PE in Gegenwart von 0,5 g/l Soda.

Diese Untersuchungen zeigen, daß schon in Gegenwart von konstanter Alkalimenge keine eindeutigen, für eine Bestimmung der Schlichtekonzentration
geeigneten Zusammenhänge zwischen der Leitfähigkeit und der Schlichtekonzentration gegeben sind. Selbst wenn bei einem Breitwaschprozeß das Alkali kontinuierlich zudosiert wird, um die Konzentration des vorgegebenen
Alkali konstant zu halten, werden demnach die Verhältnisse im Waschbad
für die Bestimmung der Schlichtekonzentration mittels Leitfähigkeitsmessung nicht einfacher. Aus diesen, an zwei Polyacrylatschlichten mit stark
unterschiedlichem Elektrolytcharakter aufgeführten Beispielen wird deutlich, daß für eine Bestimmung der Konzentration von anionischen Schlichten bzw. deren Konzentrationsänderung in Waschflotten einer Breitwaschmaschine die Leitfähigkeitsmessung nicht herangezogen werden kann.

4.3   Photometrie

Die photometrische Methode zur Bestimmung der Konzentration von anionischen Schlichtemitteln beruht darauf, daß diese Schlichtemittel metachro-
matische kationische Farbstoffe, wie z.B. Methylenblau, Kristallviolett,
Toluidinblau, kooperativ chemisorbieren [26,27]. Bei vorgegebener Farbstoffkonzentration fällt mit steigender Schlichtekonzentration die Extinktion des Farbkations und es wird hypsochrom verschoben die Absorption des
undissoziierten Schlichtefarbstoff-Salzes aufgebaut. Die Ausbildung eines
isosbestischen Punktes (Bild 12) zwischen diesen beiden Absorptionen
zeigt, daß das Chromophor in nur zwei Zuständen an der Reaktion beteiligt
ist.

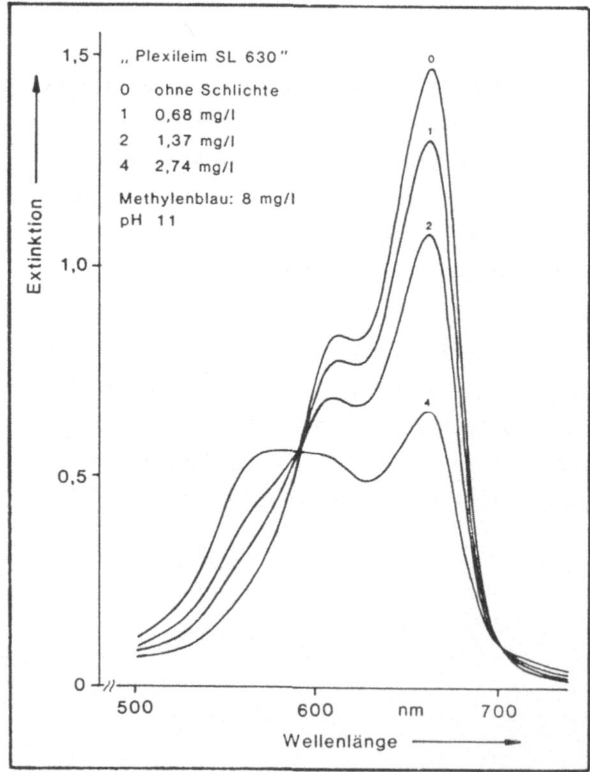

Bild 12:   Spektren von Methylenblau bei verschiedenen Konzentrationen
der Schlichte "Plexileim SL 630" bei pH 11.

Bis zu einer bestimmten Schlichtekonzentration, die schlichtespezifisch
ist, bildet sich ein isosbestischer Punkt aus. Nur bis zu dieser Schlichtekonzentration verläuft die Extinktionsabnahme des Farbstoffkations linear
mit der Schlichtekonzentration. Bei Überschreitung dieser Konzentration
wird zunächst kaum eine Änderung der Extinktion des Farbstoffkations registriert. Bei einer weiteren Erhöhung der Schlichtekonzentration nimmt
dagegen die Extinktion wieder zu (Bild 13). Dieses Verhalten ist vermutlich auf die Knäuelbildung der Makromoleküle bei höheren Konzentrationen
und die dadurch bedingte geringe Zugänglichkeit der reaktionsfähigen
Gruppen zurückzuführen. Auch die anderen metachromatischen Farbstoffe wie
Kristallviolett und Toluidinblau zeigen prinzipiell das gleiche Verhalten
wie Methylenblau. Alle weiteren Untersuchungen wurden mit Methylenblau
durchgeführt.

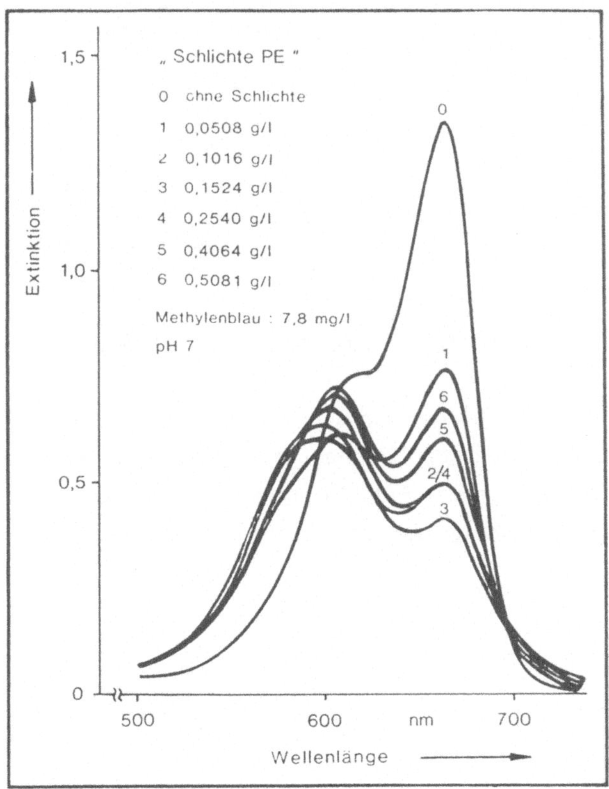

Bild 13:   Spektren von Methylenblau bei verschiedenen Konzentrationen
der Schlichte PE bei pH 7.

Trägt man die gemessene Extinktion des Farbstoffkations gegen die Schlichtekonzentration auf in einem Konzentrationsbereich, in dem nur ein Gleichgewicht zwischen freien und gebundenen Farbstoffionen besteht (isosbestischer Punkt des Spektrums), so erhält man Geraden, deren Steigungen schlichtespezifisch sind. Bild 14 zeigt diese Geraden für drei verschiedene Schlichtemittel auf Polyacrylatbasis.

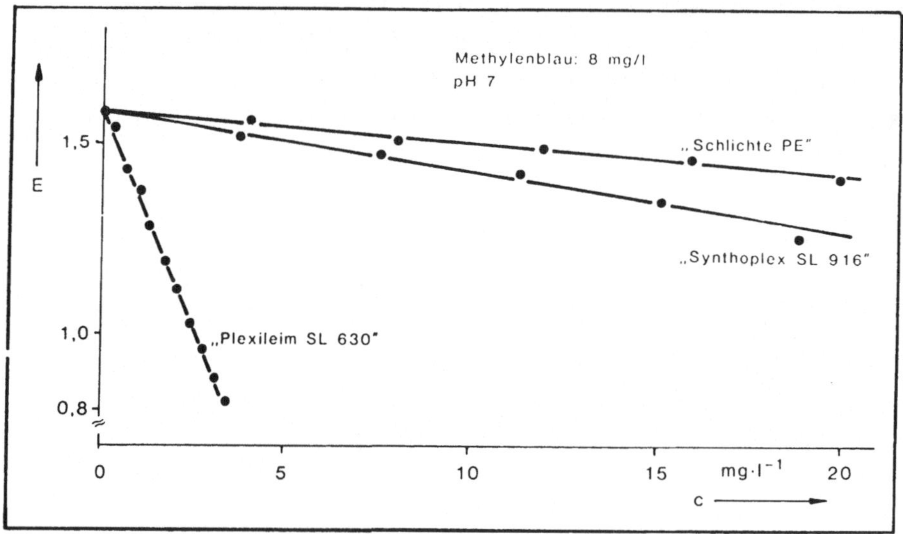

Bild 14:   Extinktion bei 664 nm von Methylenblau-Lösungen in Abhängigkeit von der Konzentration verschiedener Schlichten bei pH 7.

Die Extinktionsabnahme hängt dabei nicht nur von der Schlichtekonzentration, sondern auch vom chemischen Aufbau der Schlichten ab. Mit einem Extinktionskoeffizienten des Methylenblau von $6{,}06 \cdot 10^7$ cm^2/mol läßt sich aus der Extinktionsabnahme eine Farbkation-Bindung gemäß Tabellen 3 und 4 berechnen:

Tabelle 3: Farbstoffbindung und funktionelle Gruppen der Polyacrylatschlichten bei pH 7.

Schlichte Handelsbezeichnung	Farbkation-Bindung in val/g	Carboxylat-gruppengehalt in val/g	Gesamtcarboxy-gruppengehalt in val/g
Schlichte PE	$2,0 \cdot 10^{-4}$	$7,0 \cdot 10^{-4}$	$1,3 \cdot 10^{-3}$
Synthoplex SL 916	$3,3 \cdot 10^{-4}$	$8,5 \cdot 10^{-4}$	$1,2 \cdot 10^{-3}$
Schlichte SF	$2,3 \cdot 10^{-4}$	$7,0 \cdot 10^{-4}$	$1,1 \cdot 10^{-3}$
Plexileim SL 630	$4,6 \cdot 10^{-3}$	$7,5 \cdot 10^{-3}$	$7,5 \cdot 10^{-3}$
Schlichte CB	$4,6 \cdot 10^{-3}$	$6,7 \cdot 10^{-3}$	$6,7 \cdot 10^{-3}$

Tabelle 4: Farbstoffbindung und funktionelle Gruppen der Polyesterschlichten bei pH 7.

Schlichte Handelsbezeichnung	Farbkation-Bindung in val/g	Sulfogruppengehalt in val/g
Eastman MPS	$5,4 \cdot 10^{-4}$	$6,6 \cdot 10^{-5}$
Eastman WNT	$3,0 \cdot 10^{-4}$	$3,4 \cdot 10^{-5}$

Bei den auf Polyacrylsäureesterbasis aufgebauten Schlichten der ersten
Gruppe in Tabelle 3 wird ungefähr von jeder dritten Carboxylatgruppe der
Schlichten ein Farbstoffkation gebunden, während bei den auf Polyacrylsäurebasis aufgebauten Schlichten ungefähr 2/3 der Carboxylatgruppen ein
Farbstoffkation binden. Bei den Polyesterschlichten werden dagegen 8 bis
9mal mehr Farbstoffkationen gebunden als Sulfogruppen zur Verfügung
stehen.

Zum Vergleich wurde auch die spezifische Farbstoffbindung durch Carboxymethylcellulose bei pH 7 untersucht und mit $2,3 \cdot 10^{-3}$ val/g für "Tylose C 30"
sowie mit $2,5 \cdot 10^{-3}$ val/g für "Tylose C 300" eine gleiche Größenordnung
wie bei den Polyacrylatschlichten auf Polyacrylsäurebasis gefunden. Nimmt
man einen Substitutionsgrad von 0,7 an, so enthält die Carboxymethylcellulose $3,0 \cdot 10^{-3}$ val/g Carboxygruppen, d.h. daß wie bei den Polyacrylatschlichten auf Polyacrylsäurebasis der größte Teil der Carboxygruppen
durch das Farbstoffkation abgesättigt wurde.

Da die kationischen Farbstoffe wie Methylenblau alkaliempfindlich sind
und die Waschbäder meistens Alkali enthalten, wurde der Einfluß des pH-
Wertes auf die Extinktion der Methylenblau-Lösungen untersucht.

Bild 15 zeigt die Abhängigkeit der Extinktion einer Methylenblau-Lösung
vom pH-Wert nach verschiedenen Verweilzeiten. Die pH-Wert-Einstellung erfolgte unmittelbar vor der Messung durch Zugabe von Säure oder Alkali.
Die Kurve bei t = 0 zeigt die Extinktion der Lösungen, die unmittelbar
nach Einstellung der pH-Werte gemessen wurden. Im alkalischen Bereich erfolgt bis pH 11 eine nur geringfügige Abnahme der Extinktion gegenüber
der sauren bzw. neutralen Methylenblau-Lösung. Erst bei pH 12 ist eine
deutliche Extinktionsabnahme zu erkennen. Mit zunehmender Verweilzeit
t = 4 h und t = 24 h zeigt die Methlyenblau-Lösung mit steigendem pH-Wert
eine starke Extinktionsabnahme. Die Extinktionsabnahme bei pH 12 ist nur
zum Teil reversibel. Um eine Beeinflussung der Messung bei höheren pH-
Werten auszuschließen, sollte deshalb die pH-Wert-Einstellung unmittelbar
vor der Messung vorgenommen werden.

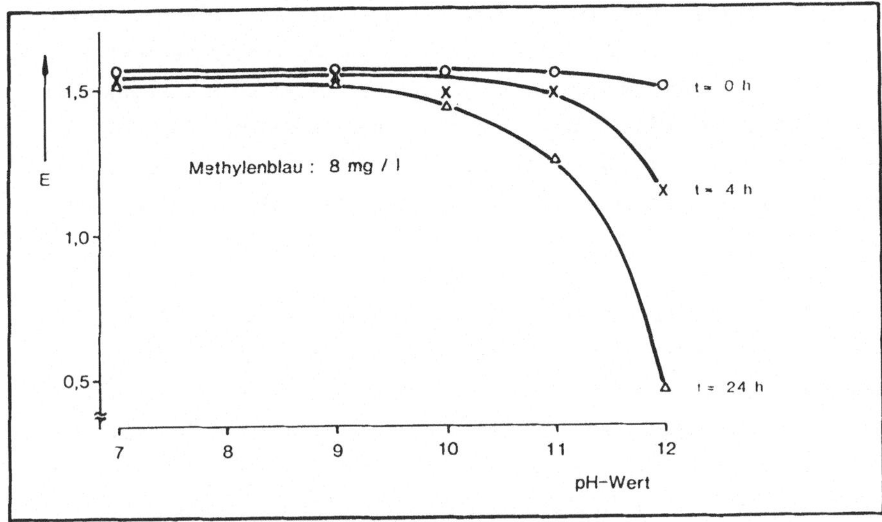

Bild 15: Extinktion bei 664 nm von Methylenblau-Lösungen bei verschiedenen pH-Werten und Verweilzeiten.

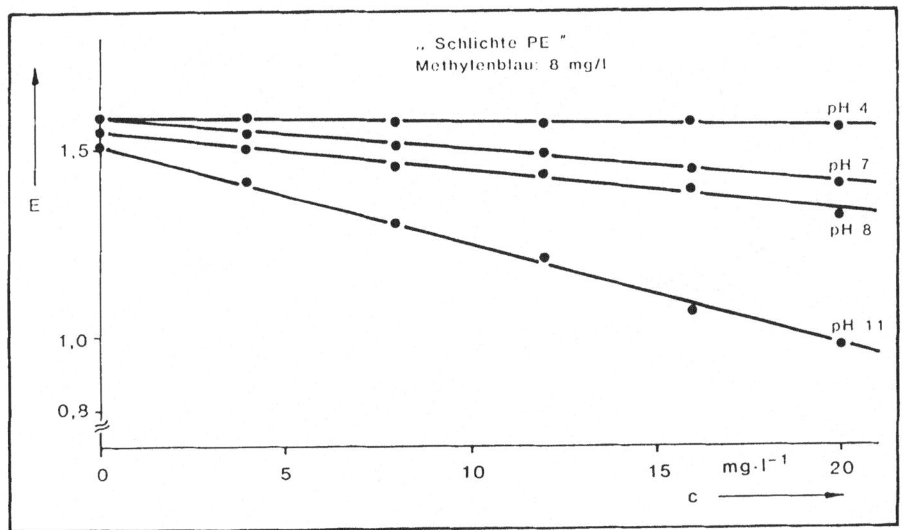

Bild 16: Extinktion von 664 nm von Methylenblau-Lösungen in Abhängigkeit von der Polyacrylatschlichtekonzentration bei verschiedenen pH-Werten.

356

In **Bild 16** sind die für eine Polyacrylatschlichte bei verschiedenen pH-
Werten in Abhängigkeit von der Schlichtekonzentration gemessenen Extinktionen einer vorgegebenen Methylenblau-Lösung dargestellt. Mit steigendem
pH-Wert beobachtet man eine stärkere spezifische Bindung des Farbstoffes.
Ab einem pH-Wert von 11 ist keine weitere Zunahme der spezifischen Bindung des Farbstoffes festzustellen. Dieses Verhalten läßt sich wie folgt
erklären:

Die Polyacrylatschlichten enthalten Carboxygruppen, die in der Carboxylat-
Form Methylenblau chemisorbieren können, d.h. die Konzentration des
freien Farbkations sinkt mit steigendem pH-Wert, während bei einem pH-
Wert von 4 alle Carboxygruppen als freie Säure vorliegen und dementspre-
chend keine Methylenblau-Bindung gegeben ist. Dieses Verhalten konnte bei
allen Schlichten auf Polyacrylatbasis festgestellt werden, wobei die spezifische Farbstoffbindung bei höheren pH-Werten um so mehr zunimmt, je
mehr Carboxylgruppen die Schlichte enthält. Als Konsequenz muß bei den
Schlichten mit Carboxygruppen die photometrische Messung zur Bestimmung
der Schlichtekonzentration bei einem pH-Wert von 11 erfolgen.

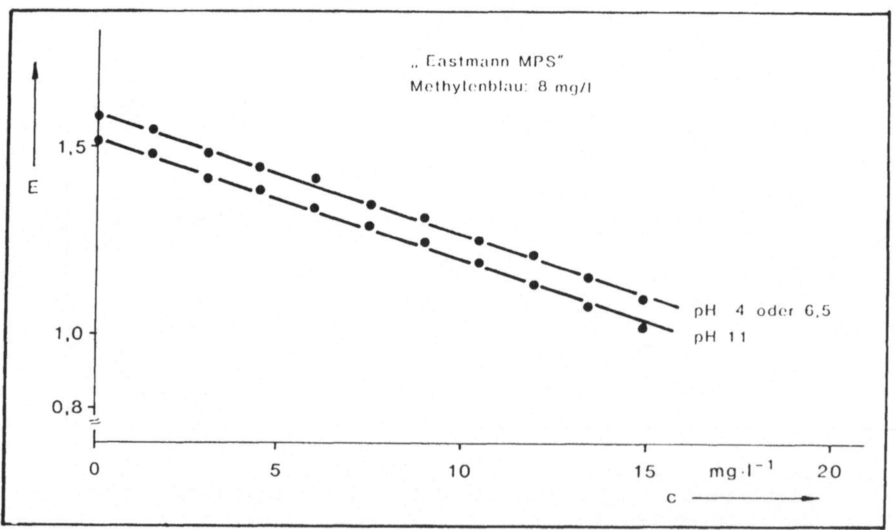

Bild 17: Extinktion bei 664 nm von Methylenblau-Lösungen in Abhängigkeit von der Polyesterschlichtekonzentration bei verschiedenen
pH-Werten.

Ein anderes Verhalten zeigen die Schlichten auf Polyesterbasis (Bild 17).
Die spezifische Farbstoffbindung ist im untersuchten Bereich zwischen
pH 4 und pH 11 vom pH-Wert unabhängig, da sich die Dissoziation dieser
Schlichte als Salz einer starken Säure und einer starken Base im angegebenen pH-Bereich nicht ändert.

Wegen der Abhängigkeit der spezifischen Farbstoffbindung vom pH-Wert bei
den carboxygruppenhaltigen Schlichten sollten Konzentrationsbestimmungen
der Schlichten bei einem pH-Wert von 11 durchgeführt werden. Die pH-Wert-
Einstellung wird durch Zusatz von Natronlauge zur Meßlösung vorgenommen.
Um eine pH-Kontrolle der Meßlösung zu umgehen, wurde untersucht, ob die
Messung in einer Pufferlösung von pH 11 zu gleichen Extinktionen führt
wie in den Lösungen, die mit Natronlauge eingestellt waren. Als Pufferlösung wurde ein Boratpuffer pH 11 eingesetzt. Dabei zeigte sich, daß in
Gegenwart der Pufferlösung keine kooperative Chemisorption des Methylenblau stattfindet und so keine Extinktionsabnahme der Methylenblau-Lösung
festzustellen ist. Als Ursache hierfür ist eine Zurückdrängung der Dissoziation der Schlichte bei hoher Elektrolytkonzentration in der Pufferlösung anzusehen. In Anwesenheit eines starken Elektrolyten hoher Konzentration in der Meßlösung ist eine Bestimmung der Schlichtekonzentration
mit Methylenblau demzufolge nicht möglich.

Da im Waschbad außer der Schlichte andere Elektrolyte wie Kochsalz bzw.
Natriumcarbonat anwesend sein können, wurde geprüft, ab welcher Elektrolytkonzentration in der Meßlösung die Dissoziation der Schlichte vermindert oder ganz verhindert wird. Dabei wurde bis zu einer Konzentration
von 100 mg/l an Kochsalz bzw. Natriumcarbonat in der Meßlösung bei konstanter Schlichtekonzentration von ca. 10 mg/l eine um ca. 5 % geringere
spezifische Farbstoffbindung festgestellt. Daher muß bei der Beurteilung
der Genauigkeit der Methode eine eventuelle Schwankung der Elektrolytkonzentration in der Meßlösung berücksichtigt werden. Hierauf wird weiter
unten noch näher eingegangen.

Waschflotten enthalten in den meisten Fällen Tenside zum Zwecke einer
guten Benetzung der Ware und zur Emulgierung von niedermolekularen Präparationen sowie zur Dispergierung von Pigmentschmutz. Es werden hierfür
anionische bzw. nichtionische Tenside eingesetzt. Deshalb wurde der Einfluß der Tenside auf diese photometrische Methode untersucht.

358

Als nichtionische Tenside wurden die am meisten in der Vorbehandlung eingesetzten Hilfsmittel auf Basis von Ethylenoxidaddukten untersucht. Die Konzentration wurde so gewählt, daß die Meßlösungen eine Tensidkonzentration von 0 bis 200 mg/l aufweisen. In diesem Konzentrationsbereich wurde unabhängig vom pH-Wert keine Änderung der Extinktion der Methylenblau-Lösung festgestellt. Auch die spezifische Farbstoffbindung durch die Schlichten bleibt in Gegenwart der nichtionischen Tenside unverändert. Demnach sind durch Anwesenheit von nichtionischen Tensiden keine Störungen bei der Konzentrationsbestimmung von anionischen Schlichten nach der photometrischen Methode zu erwarten.

Als Aniontenside wurden Hilfsmittel auf Basis von Alkylsulfonaten bzw. Alkylbenzolsulfonaten sowie deren Mischungen mit nichtionischen Tensiden untersucht. Die Aniontenside zeigen mit Methylenblau das gleiche Verhalten wie die anionischen Schlichtemittel. Auch hier nimmt die Konzentration des Farbkations mit steigender Konzentration des Aniontensids ab. Die Extinktionsabnahme verläuft linear mit steigender Tensidkonzentration. Da diese Tenside, wie die Polyesterschlichten, als Salze einer Sulfonsäure vorliegen, hat der pH-Wert der Meßlösung keinen Einfluß auf die spezifische Farbstoffbindung. Bei allen untersuchten Aniontensiden beträgt die spezifische Farbstoffbindung zwischen $2,5 \cdot 10^{-4}$ und $4,1 \cdot 10^{-4}$ val/g Handelsprodukt. Sie liegt in der gleichen Größenordnung wie die der untersuchten Polyacrylatschlichten auf Basis von Polyacrylsäureestern und die der Polyesterschlichten. Daraus läßt sich berechnen, daß das Verhältnis von Tensidmolekülen zu den gebundenen Farbstoffkationen bei etwa 10:1 liegt. Demnach muß davon ausgegangen werden, daß die Farbstoffkationen auf Tensidmizellen chemisorbiert werden.

Das Auswaschen von Schlichtemitteln erfolgt meist unter Zusatz von verschiedenen Mengen Alkali bei höheren Temperaturen. Da viele Polyacrylatschlichten Polyacrylsäureester enthalten, ist bei diesen Schlichten eine Verseifung der Ester unter Einwirkung von Alkali zu befürchten. Bei der Verseifung wird in einer polymeranalogen Umsetzung aus dem Polyacrylsäureesterbaustein das Salz der Polyacrylsäurebausteine gebildet:

$$-CH_2-CH- \;+\; NaOH \;\rightarrow\; -CH_2-CH- \;+\; R-OH$$
$$\quad\;\; COOR \qquad\qquad\qquad\qquad COONa$$

Demnach wird durch die Hydrolyse der Carboxylatgruppengehalt der Schlichten und demzufolge die Methylenblaubindung erhöht.

Um den Einfluß der Verseifbarkeit der Polyacrylate zu überprüfen, wurde ein Waschversuch im Labormaßstab bezüglich des Verweilens der Waschflotte im Bad simuliert. Hierbei wurden folgende Bedingungen gewählt:

Schlichte: Polyacrylat auf Basis Polyacrylsäuremethylester,
Bad: 325 ml 0,01n Natronlauge, 90 °C ± 3 °C,
Schlichtelösung: 5 g Schlichte gelöst in 1000 ml einer 0,01n Natron-
                    lauge.

Dem Bad wurde über eine Pumpe die frische Schlichtelösung mit einer Dosiergeschwindigkeit von 25 ml/min zudosiert. Damit ergibt sich eine mittlere Verweilzeit der Schlichte im Bad, wie sie auch den praktischen Verhältnissen entspricht. Da als Bad ein Kolben mit einem Überlaufstutzen verwendet wurde, konnte die überlaufende Flotte aufgefangen werden. Nach Einstellung eines stationären Zustands wurde eine scheinbare Erhöhung der Schlichtekonzentration um relativ 1,6 % festgestellt. Demnach kann die Hydrolyse der Schlichte im Bad bei der Entschlichtung im Gegenstrom vernachlässigt werden, nicht dagegen beim Entschlichten auf stehenden Bädern.

Unter den nachfolgend aufgeführten Standard-Bedingungen wurde die Farbkationbindung verschiedener Schlichtemittel bestimmt:

Stammlösungen:

a) 20   mg/l Methylenblau B,
b) 0,025 g/l Schlichte auf Basis Polyacrylsäure,
    0,25 g/l Schlichte auf Basis Polyacrylsäureester, Polyester
               bzw. Carboxymethylcellulose,
c) 0,01n   Natronlauge.

Meßlösungen:

In einen 50 ml-Meßkolben werden "x" ml Schlichtelösung mit 20 ml Methylenblau-Lösung und 10 ml 0,01n Natronlauge gegeben und der Meßkolben mit dest. Wasser bis zur Marke aufgefüllt. Somit werden Meßlösungen erhalten, die folgende Konzentrationen aufweisen:

$$\text{Methylenblau} = 8\text{ mg/l} = 2{,}5 \cdot 10^{-5}\text{ Mol/l,}$$
$$\text{Schlichte} = \text{"y" mg/l bis "z" mg/l,}$$
$$\text{NaOH} = 80\text{ mg/l.}$$

Diese Meßlösung hat einen pH-Wert von 11. Der Extinktionskoeffizient des Methylenblau-Kations beträgt $6{,}06 \cdot 10^{7}$ cm^2/mol. Auf einem Spektralphotometer wird die Extinktion der Meßlösung bei der Wellenlänge der maximalen Absorption des Methylenblau (664 nm) gemessen. Als Vergleichslösung wird dest. Wasser eingesetzt.

In Tabelle 5 sind die Mittelwerte aus fünf Einzelmessungen der einzelnen Schlichten zusammengestellt sowie die Bereiche direkter Proportionalität zwischen Farbkationbindung und Schlichtekonzentration angegeben:

Tabelle 5: Methylenblaubindung anionischer Schlichten bei pH 11.

Schlichte	Basis	Lineraritätsbereich in mg/l	spez. Farbkationbindung in 10^{-3} mol/g bei pH 11 [*]
Schlichte PE	Polyacrylsäureester	0 - 15	$0{,}48 \pm 0{,}03$
Synthoplex SL 916	Polyacrylsäureester	0 - 15	$0{,}69 \pm 0{,}05$
Schlichte SF	Polyacrylsäureester	0 - 15	$0{,}46 \pm 0{,}03$
Schlichte CB	Polyacrylsäure	0 - 3	$6{,}11 \pm 0{,}33$
Plexileim SL 630	Polyacrylsäure	0 - 3	$5{,}45 \pm 0{,}33$
Eastman MPS	Polyester	0 - 20	$0{,}54 \pm 0{,}02$
Eastman WNT	Polyester	0 - 20	$0{,}30 \pm 0{,}02$
Tylose C 30	Carboxymethylcellulose	0 - 10	$1{,}24 \pm 0{,}03$
Tylose C 300	Carboxymethylcellulose	0 - 10	$1{,}44 \pm 0{,}03$

[*] $\pm$ = Standardabweichung von 5 Einzelbestimmungen.

Bei der Carboxymethylcellulose wird bei pH 11 eine geringere spezifische
Farbstoffbindung beobachtet als bei pH 7. Diesem Phänomen wurde nicht weiter nachgegangen. Es hängt aber wahrscheinlich mit einer Änderung der Konformation der Carboxymethlycellulosemoleküle in der Lösung in Abhängigkeit von der Ionenstärke zusammen. Dafür spricht auch die beobachtete Verringerung der spezifischen Farbstoffbindung bei pH 7 oberhalb einer Schlichtekonzentration von 5 mg/l.

4.4   Überwachung der Grenzkonzentration an Schlichte in Wasch- und
           Spülflotten

Als Beispiel wird das Auswaschen einer Ware unter folgenden Bedingungen
erläutert:

Warengewicht:	100 g/1fm,
Schlichteauflage:	2 bis 5 % einer Schlichte auf Basis von Polyacrylsäureestern,
Warendurchsatz:	100 m/min, d.h. 10 kg/min,
Frischwasserzufuhr:	6 l/kg Ware,
Alkalikonzentration:	2 g/l Soda,
Elektrolytkonzentration im Weichwasser:	0,1 g/l Natriumchlorid.

Die maximal mögliche Schlichtekonzentration im Waschbad beträgt unter
diesen Bedingungen 3,3 bis 8,3 g/l. Wenn für die Messung 100 µl-Proben
aus dem Waschbad entnommen werden, beträgt die Konzentration der einzelnen Komponenten in der Meßlösung:

6 mg bis 16 mg/l Schlichte,
4 mg/l Soda,
0,2 mg/l Natriumchlorid.

Die Schlichtekonzentrationen liegen damit in einem Bereich mit konstanter
spezifischer Farbstoffbindung und die Anteile der Fremdelektrolytkonzen-
trationen aus dem Waschbad liegen im Bereich der erwarteten Schwankungen
des Elektrolytgehaltes des Weichwassers von ca. $\pm$20 mg/l, d.h. der Anteil
des maximalen Fehlers aus der Waschrezeptur wird -1 % nicht übersteigen.

Als Beispiel für das Spülen, d.h. Verdünnen der von der Ware mitgeschlepp-
ten Waschflotte, soll angenommen werden, daß die Restbeladung der Ware
mit Schlichte nach dem Spülen 0,1 % nicht übersteigt. Dies entspricht bei
einem Abquetscheffekt von 60 % einer maximalen Flottenbeladung von 1,7 g/l.
Damit ist die angegebene Verfahrensweise auch für die Messung der Grenz-
beladung von Spülflotten geeignet.

5.   Meßmethoden für die Bestimmung der Konzentration nichtionischer
        Schlichten auf Basis von Polyvinylacetat in Waschflotten

Neben den anionischen Schlichten auf Basis von Polyacrylaten, Polyestern
und Carboxymethylcellulose sind die Schlichten auf Basis von Polyvinylacetat als eine wichtige Schlichtegruppe anzusehen. Für das Schlichten
von cellulosischen Ketten werden die teil- bzw. vollverseiften Polyvinyl-
acetate eingesetzt. Diese als Polyvinylalkoholschlichten bezeichneten
Produkte sind nichtionisch. Für das Schlichten von Synthesefasern werden
Mischpolymerisate auf Basis von Vinylacetat und Carbonsäure eingesetzt.
Für einen qualitativen Nachweis von Polyvinylacetat und Polyvinylalkohol
in Lösungen oder auf Geweben wird eine auf Komplexbildung mit Jod bzw.
mit Jod und Borsäure basierende Farbreaktion angewandt [23]. FINLEY [28]
beschreibt diese Methode für die quantitative photometrische Bestimmung
von Polyvinylalkohol in Papier.

Deshalb wurde versucht, diese Methode zur Konzentrationsbestimmung von
o.g. Schlichten in Waschflotten heranzuziehen. Sie beruht darauf, daß
Polyvinylalkohole mit Jod und Borsäure blaue Komplexverbindungen bilden,
deren Konzentration photometrisch bestimmt wird. Das Absorptionsmaximum
liegt bei 670 nm. Mit steigender Schlichtekonzentration nimmt die Intensität der blauen Färbung zu. Die Extinktion der Lösung ist direkt proportional zur Schlichtekonzentration. Trägt man die gemessene Extinktion
gegen die Schlichtekonzentration auf, so erhält man Geraden, deren Steigungen schlichtespezifisch sind. Bild 18 zeigt solche Geraden für verschiedene Schlichtemittel.

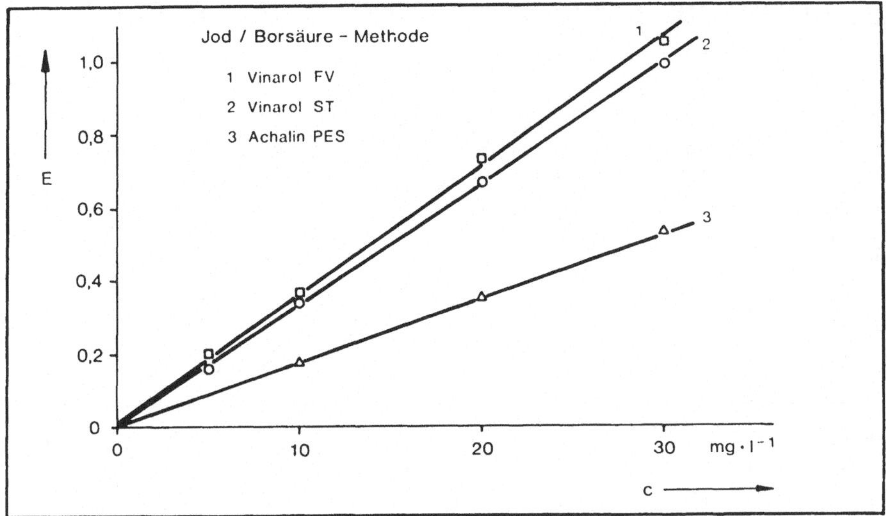

<u>Bild 18:</u> Extinktion bei 670 nm des Jod/Polyvinylalkohol-Komplexes in Abhängigkeit von der Konzentration verschiedener Schlichten.

Alle untersuchten Polyvinylalkoholschlichten (®Vinarol-Marken) weisen trotz unterschiedlicher Verseifungsgrade nur geringe Unterschiede in den Extinktionskoeffizienten auf. Dagegen zeigt die Polyvinylacetatschlichte (®Achalin PES) gegenüber den Polyvinylalkoholschlichten einen viel kleineren Extinktionskoeffizienten, da es sich bei dieser Schlichte um ein Polymer aus Vinylacetat und Acrylat handelt. In <u>Tabelle 6</u> sind die für verschiedene Schlichtemittel bestimmten Extinktionskoeffizienten aufgeführt:

364

Tabelle 6: Extinktionskoeffizienten verschiedener Polyvinylalkoholschlichten.

Schlichte	Gehalt an unverseiften Vinylacetateinheiten	Extinktionskoeffizient in $10^4 \cdot cm^2 g^{-1}$
Vinarol ST	23	3,6 0,1
Vinarol T	20	3,4 0,1
Vinarol FV	4	3,7 0,1
Vinarol SVH	6	3,6 0,1
Achalin PES	53	1,7 0,1

Somit kann diese photometrische Methode zur Konzentrationsbestimmung von
Polyvinylalkohol- bzw. teilverseiften Polyvinylacetatschlichten herangezogen werden.

Wie aus der Literatur [29,30] bekannt, läßt sich auf die gleiche Weise
lösliche Stärke in Wasch- und Spülflotten quantitativ bestimmen. Der Extinktionskoeffizient der Stärkelösungen beträgt jedoch massebezogen etwa
nur ein Drittel desjenigen der Polyvinylalkohollösungen. Da lösliche Stär-
ken und Polyvinylalkohol oft in Kombination als Schlichten für Baumwolle
und Mischungen mit Synthesefasern eingesetzt werden, wird die quantitative Bestimmung der Schlichten in den Flotten zwar ungenau, aber doch einsetzbar für die Bestimmung oberer Grenzwerte.

Nachfolgend wird die Verfahrensweise dieser photometrischen Methode hinsichtlich der Fertigstellung der Meßlösungen dargelegt:

"x" ml Schlichtelösung werden in einen 50 ml-Meßkolben mit ca. 10 bis
15 ml dest. Wasser, 2 ml 0,1n Salzsäure, 15 ml einer Borsäurelösung
(40 g/l) und 3 ml einer 0,05n Jod/Kaliumjodidlösung versetzt und mit
dest. Wasser aufgefüllt. Als Vergleichslösung wird eine Blindlösung ohne
Schlichte hergestellt. Es ist festzustellen, daß die Meßlösung eine hohe
Elektrolytkonzentration (Borsäure) und aufgrund des Salzsäurezusatzes
einen pH-Wert von ca. 2,5 aufweist. Die Säuremenge reicht aus, um das

eventuell aus der Waschflottenprobe in die Meßlösung eingeschleppte Alkali zu neutralisieren, ohne eine nennenswerte Veränderung des pH-Wertes
hervorzurufen. Aus diesem Grund erübrigt sich die Untersuchung des Einflusses der Elektrolytkonzentration und des pH-Wertes auf diese Meßmethode. Somit bleibt nur die Beeinflussung durch Tenside zu untersuchen.

Es wurden dieselben Tenside untersucht, wie sie bereits bei den anderen
Methoden diskutiert wurden. Die Mengen wurden so gewählt, daß die Meßlösungen Tensidkonzentrationen bis etwa 100 mg/l aufwiesen.

Die Anwesenheit von Aniontensiden in der Meßlösung beeinflußt den Extinktionskoeffizienten nicht. Durch Anwesenheit von nichtionischen Tensiden
wird dagegen das Meßergebnis beeinflußt. Die nichtionischen Tenside auf
Basis von Ethylenoxidaddukten bilden mit Jod Komplexe, deren Absorptionsmaximum bei etwa 430 nm liegt. Ferner wird in Gegenwart dieser Tenside
eine Trübung der Meßlösung hervorgerufen, die mit steigender Konzentration der Tenside zunimmt. Beide Phänomene wirken sich aber wegen der geringen Anwendungskonzentrationen der nichtionischen Tenside (max. 2 g/l)
und der damit verbundenen geringen Konzentration in der Meßlösung praktisch nicht auf die Intensität der Absorption der Schlichte-Jod-Komplexe
bei 670 nm aus.

Die Bildung des blauen Komplexes zwischen Polyvinylalkohol und Jod/Bor-
säure ist zeitabhängig. Die Extinktion der frisch hergestellten Meßlösung
nimmt mit der Verweilzeit zu und erreicht bei Raumtemperatur nach ca.
10 min einen konstanten Wert. Bei der Untersuchung der verschiedenen
Schlichten wurde festgestellt, daß die Zunahme der Extinktion max. 5 %
beträgt. Da jedoch bei einer on-line-Bestimmung der Schlichtekonzentration von Waschflotten die Messung unmittelbar nach Mischen der Reaktions-
lösungen durchzuführen ist, kann diese zeitabhängige Extinktionsänderung
vernachlässigt werden. Dieses setzt natürlich voraus, daß der Extinktionskoeffizient der entsprechenden Schlichte unter gleichen Bedingungen ermittelt wird.

6. Konzentrationsbestimmung von Restschlichte auf Geweben

6.1 Anionische Schlichten

Die Konzentrationsbestimmung von anionischen Schlichten auf Polyestergewebe durch Anfärbung mit einem kationischen Farbstoff wird von BEINES et
al. [10] beschrieben. Die Methode beruht darauf, daß die anionischen
Schlichten eine der Schlichtekonzentration proportionale Menge des kationischen Farbstoffes binden. Der gebundene Farbstoff wird mit Methanol
oder Dichlormethan vom Gewebe abgelöst und dessen Konzentration photometrisch bestimmt. Die Methode ist nur bei Substraten anwendbar, die
selbst den kationischen Farbstoff nicht binden. Diese Verfahrensweise
kann jedoch für eine kontinuierliche Bestimmung nicht eingesetzt werden.

Da die anionischen Schlichtemittel bei der Anfärbung der Schlichtekonzentration proportionale Mengen des kationischen Farbstoffes binden, müßte
es möglich sein, durch Remissionsmessung der angefärbten Probe die Schlichtekonzentration zu bestimmen. Voraussetzung ist, daß für den interessierenden Konzentrationsbereich der Schlichte die von KUBELKA-MUNK abgelei-
tete Remissionsfunktion gilt. Diese Funktion ist definiert:

$$\frac{(1-R)^2}{2R} = \frac{K}{S}$$

In der Konstante $\frac{K}{S}$ ist die Lichtabsorption K für eine gegebene Farbstoff-
verteilung im Textilgut der Farbstoffkonzentration proportional und die
Lichtstreuung S vom Textilmaterial abhängig. Bei Gültigkeit dieser Funktion erhält man Geraden, wenn die aus den Remissionswerten einer Konzen-
trationsreihe errechneten K/S-Werte gegen die Konzentration aufgetragen
werden.

Zur Überprüfung wurden Polyestergewebe durch Foulardieren mit definierten
Schlichtemengen beladen. Die Gewebeproben wurden mit einem kationischen
Farbstoff nach BEINES et al. [10] kalt angefärbt und nach dem Trocknen
deren Remission gemessen. Für die Berechnung der K/S-Werte wurden die
Remissionsgrade im Remissionsminimum herangezogen. In Bild 19 ist die
Abhängigkeit der errechneten K/S-Werte von der Schlichtekonzentration
für drei anionische Schlichtemittel dargestellt.

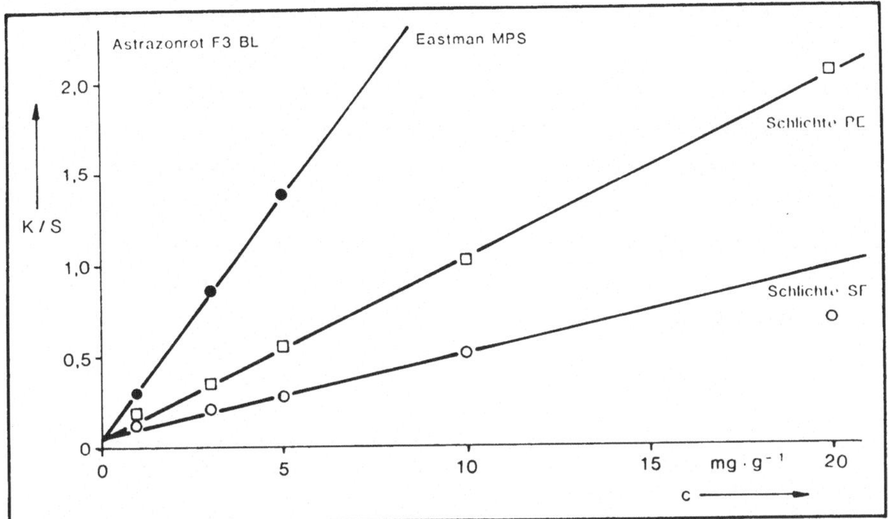

Bild 19: Quantitative Schlichteanalyse auf dem Gewebe durch Farbmessung.

Bei allen drei Schlichten nehmen die K/S-Werte bis zu einer für die Restschlichtebestimmung relevanten Schlichtekonzentration von maximal 10 mg/g, d.h. 1 % Schlichteauflage, mit steigender Schlichtekonzentration linear zu. Die Steigung der Geraden ist schlichtespezifisch. Das bedeutet ein unterschiedliches Farbstoffbindevermögen der Schlichten bei gleicher Schlichtekonzentration. Als Ursache hierfür kommen folgende Faktoren in Betracht:

a) Die Schlichten enthalten unterschiedliche Anteile saurer Gruppen.

b) Bei der Anfärbung mit dem kationischen Farbstoff unter den hier gewählten Bedingungen werden die Schlichten unterschiedlich stark gequollen, was eine unterschiedliche Zugänglichkeit der sauren Gruppen hervorruft.

c) Die Art der einzelnen Schlichte bestimmt die Stabilität der Bindung zwischen der Schlichte und dem kationischen Farbstoff. Beim Spülen des überschüssigen Farbstoffes bleibt dann eine unterschiedliche Farbstoffmenge an der Schlichte gebunden.

Aus den titrimetrischen Daten geht hervor, daß die Polyacrylatschlichten "Schlichte PE" und "Schlichte SF" ca. $1 \cdot 10^{-3}$ mol Carboxygruppen je Gramm Schlichte aufweisen, während die Polyesterschlichte "Eastman MPS" ca. $7 \cdot 10^{-5}$ mol Sulfogruppen je Gramm Schlichte enthält. Trotz des um eine Zehnerpotenz geringeren Gehaltes an sauren Gruppen bindet jedoch die "Eastman MPS" eine weitaus größere Menge des kationischen Farbstoffes als die Polyacrylatschlichten. Das bedeutet, daß die Ursache a) für die unterschiedliche Steigung der Geraden in Bild 19 nicht ausschließlich in Betracht kommen kann.

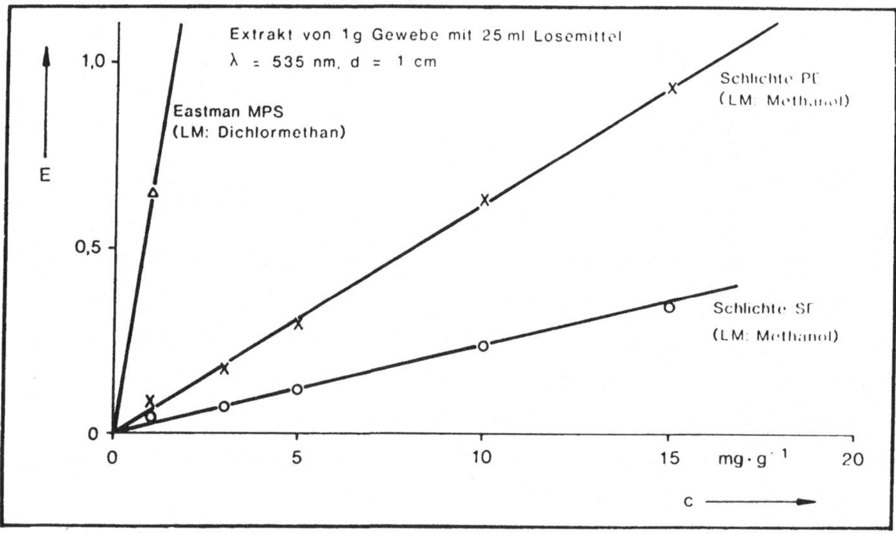

Bild 20: Quantitative Schlichteanalyse auf dem Gewebe durch Extinktionsmessung.

Im Anschluß an die Remissionsmessung wurde untersucht, ob die durch Remissionsmessung erhaltene lineare Beziehung zwischen den K/S-Werten und der Schlichtekonzentration auch zwischen der von der Schlichte gebundenen Farbstoffmenge und der Schlichtekonzentration besteht. Dafür wurde das Schlichte-Farbstoff-Salz durch eine Kaltextraktion der Proben mit Methanol bzw. Dichlormethan abgelöst und die Extrakte photometrisch vermessen. In Bild 20 sind die Extinktionen der Extrakte gegen die Schlichtekonzentration aufgetragen.

Wie zu erwarten war, nimmt die gebundene Farbstoffmenge mit steigender
Schlichtekonzentration linear zu. Durch diese Überprüfung ist sichergestellt, daß die Remissionsmessung der mit einem kationischen Farbstoff
angefärbten Gewebeproben zur Bestimmung der Restschlichtekonzentration
von Polyestergeweben herangezogen werden kann.

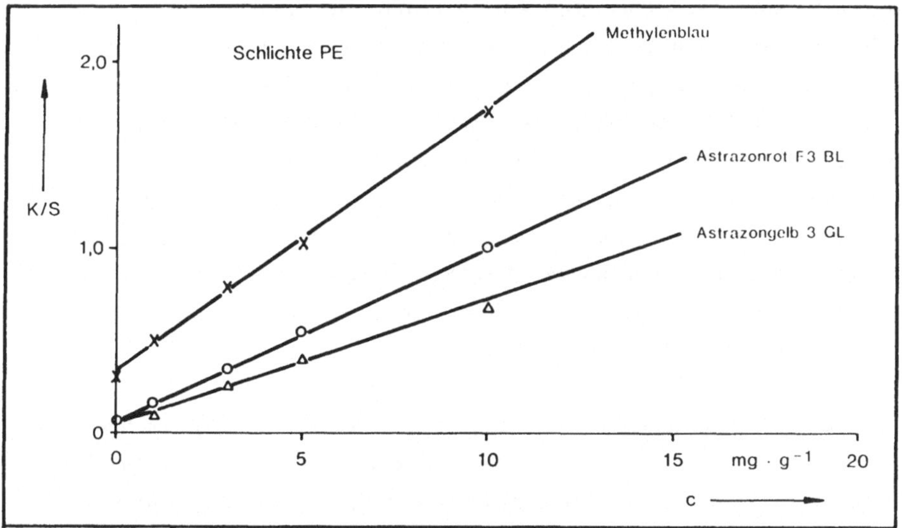

Bild 21: Quantitative Schlichteanalyse auf dem Gewebe durch Farbmessung.

Durch Anfärbung der unterschiedlich beschlichteten Gewebeproben mit anderen kationischen Farbstoffen konnte die Eignung der Remissionsmessung für
das vorliegende Problem bestätigt werden. Bild 21 zeigt als Beispiel die
bhängigkeit von K/S-Werten von der Schlichtekonzentration einer Polyacrylatschlichte für drei kationische Farbstoffe.

Die erhaltenen Geraden in dieser sowie in den vorangegangenen Abbildungen
gehen nicht durch den Nullpunkt, da das bei diesen Untersuchungen eingesetzte ungeschlichtete Polyestergewebe mit den kationischen Farbstoffen
leicht angefärbt wird.

Durch Aufnahme von Remissionskurven wurde sichergestellt, daß für einen gegebenen Farbstoff unabhängig von der Schlichte das Remissionsminimum bei der gleichen Wellenlänge angezeigt wird. Die Bilder 22 und 23 zeigen die Remissionskurven für zwei verschiedene Schlichten.

Bei den bisherigen Ausführungen konnte die Eignung der Remissionsmessung von angefärbten Proben zur Bestimmung der Restschlichtekonzentration von anionischen Schlichten auf PES-Geweben aufgezeigt werden. Beim Einsatz für eine betriebliche Messung für die Kontrolle von Breitwaschprozessen muß jedoch die Remissionsmessung an feuchter Ware vorgenommen werden. Es wurde deshalb untersucht, wie die Remissionsmessung einer angefärbten Probe durch deren Feuchtegehalt beeinflußt wird. Für diese Untersuchungen wurden die angefärbten Proben nach dem Abquetschen mit einem gleichen Feuchtgehalt von ca. 70 % und nach dem Trocknen gemessen. Bei der Remissionsmessung wurden die feuchten Proben zwischen zwei Glasplatten eingeklemmt, wobei auch die Eichung des Gerätes entsprechend vorgenommen wurde. Bild 24 zeigt die Abhängigkeit der aus den Messungen errechneten K/S-Werte von der Schlichtekonzentration.

Die feuchten Proben ergeben eine geringere Remission und folglich höhere K/S-Werte als die trockenen Proben. Bei einem konstanten Feuchtegehalt der Proben ist die Linearität zwischen den K/S-Werten und der Schlichtekonzentration gewährleistet. Versuche mit anderem Feuchtegehalt der Proben ergaben, daß die Remission mit steigendem Feuchtegehalt abnimmt. Aus diesem Grunde muß die Messung bei einem konstanten Feuchtegehalt der Probe vorgenommen werden. Der K/S-Wert ist in diesem Feuchte- und Remissionsbereich proportional zur Gewebefeuchte mit einem Proportionalitätsfaktor von 1, d.h. eine um 1 % höhere Feuchte täuscht eine um 1 % höhere Schlichtekonzentration vor.

Somit kann die Remissionsmessung zur Konzentrationsbestimmung von Restschlichte auf angefärbten feuchten Geweben herangezogen werden. Voraussetzung ist, daß bei einem konstanten Feuchtegehalt gemessen wird und die entsprechende Eichung bei gleichem Feuchtegehalt vorgenommen wird.

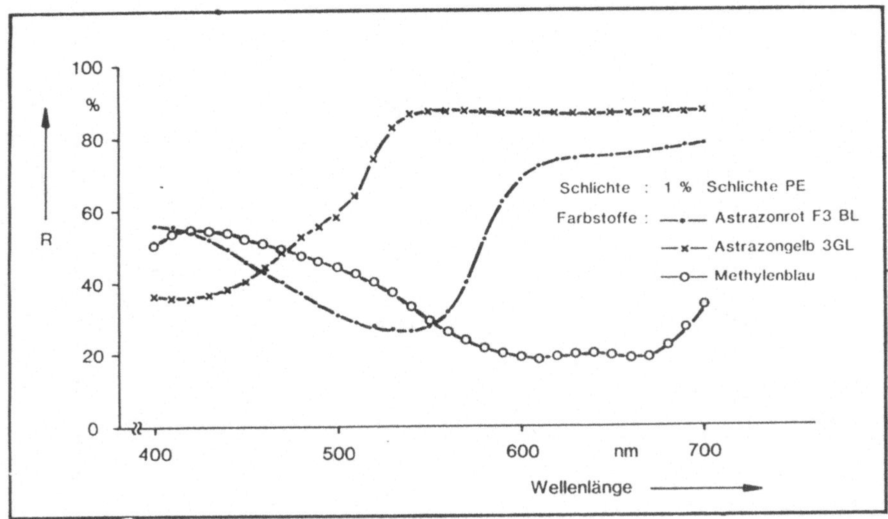

Bild 22: Remissionsmessung an geschlichteten Geweben nach Anfärbung mit verschiedenen kationischen Farbstoffen.

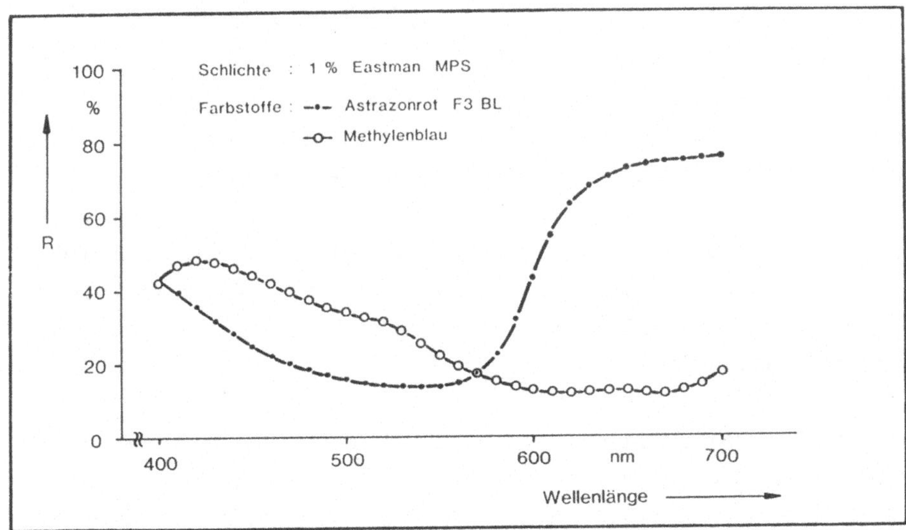

Bild 23: Remissionsmessung an geschlichteten Geweben nach Anfärbung mit verschiedenen kationischen Farbstoffen.

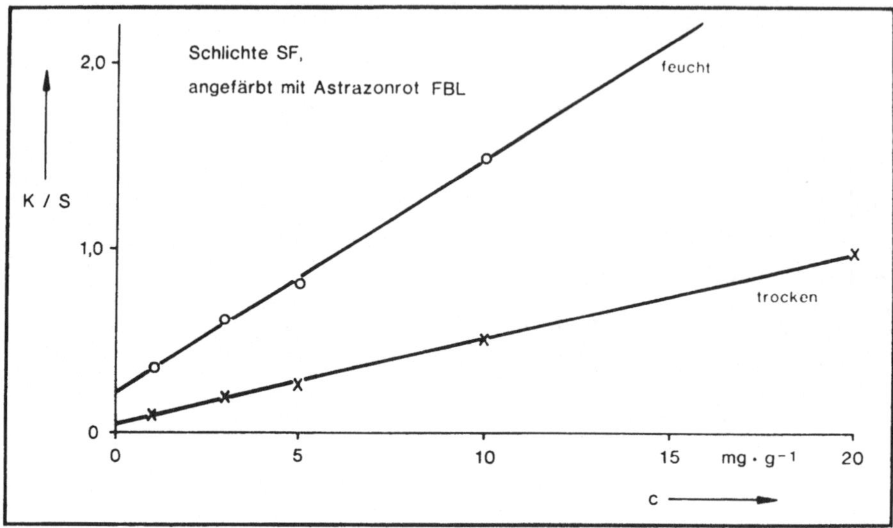

Bild 24:   Einfluß der Feuchtigkeit auf die Remissionsmessung.

Für die Anwendung der bisher beschriebenen diskontinuierlichen Methode der Remissionsmessung in praxi kann wie folgt vorgegangen werden: Eine Probe der gewaschenen Ware wird aus der laufenden Warenbahn herausgeschossen, mit dem basischen Farbstoff nach BEINES et al. [10] angefärbt, definiert abgequetscht und farbmetrisch vermessen. Zuvor ist eine schlichte- und textilgutspezifische Eichung vorzunehmen, so daß aus den Meßdaten die Restschlichtekonzentration berechnet werden kann.

Die Zeit für die gesamte Operation beträgt ca. 4 min. In dieser Zeit sind bei einer angenommenen Warengeschwindigkeit von 100 m/min 400 m Ware gewaschen worden, bevor eine Entscheidung über die Steuerung einer Einflußgröße getroffen werden kann.

Bei zahlreichen Veredlern wird die erzielte Waschwirkung nach diesem Verfahren beurteilt. Die Beurteilung wird jedoch aus Gründen der Zeitersparnis visuell vorgenommen, da erfahrungsgemäß die Genauigkeit der visuellen Beurteilung in den meisten Fällen ausreicht. Will man jedoch eine Regelung des Waschprozesses über die farbmetrische Methode vornehmen, muß die Messung kontinuierlich durchgeführt werden.

Für eine kontinuierliche Messung kann wie folgt verfahren werden:
Nach dem Waschen wird heiß und kalt gespült und mit einer Dosiervorrichtung eine essigsaure Lösung des basischen Farbstoffes auf die Ware gebracht. Der überschüssige Farbstoff wird in einem zweiten kalten Spülbad von der Ware entfernt. Die Ware wird beim Auslauf aus dem Spülbad definiert abgequetscht und die je nach Restschlichtekonzentration angefärbte Zone mit einem entsprechend schnellen Farbmeßgerät vermessen. Durch Vorgabe von Grenz-Remissionswerten können die Meßdaten zur Regelung einer bestimmten Einflußgröße auf die Waschwirkung der Anlage herangezogen werden. Die gebundene Farbstoffmenge ist so gering, daß sie bei Farb- und Bleichware keinen Einfluß auf Folgeprozesse hat. Bei PES-Weißware ist dagegen auch wegen der i.allg. geringen Anfärbung des vollständig entschlichteten Polyesters eine anschließende Passage durch ein heißes Waschbad, in dem das Farbkation gegen Wasserstoff- oder Natriumionen ausgetauscht wird, angezeigt.

6.2   Polyvinylalkoholschlichten

BROWN et al. [23] beschreiben einen Schnelltest zur Bestimmung von Polyvinylalkoholschlichten auf dem Gewebe. Die Methode beruht wie bei der Bestimmung von PVA-Schlichten in Waschflotten darauf, daß Polyvinylalkohole mit Jod und Borsäure blaue Komplexverbindungen bilden, die durch Remissionsmessung vermessen werden können. BROWN et al. [23] stellten fest, daß sich eine Lösung von 1 g Borsäure in einer Mischung aus 20 ml 0,1n J_2/KJ-Lösung und 80 ml Dioxan für die Bestimmung am besten eignet. Das Gewebe wird mit dem Reagens benetzt und die Remission der entstandenen blauen Färbung gemessen. Die vollständige Farbtiefe wird nach ca. 20 min erreicht.

Es wurde untersucht, ob die beschriebene Methode für das vorliegende Problem herangezogen werden kann. Für die Untersuchungen wurde ein gebleichtes Baumwollgewebe mit definierten Mengen Polyvinylalkoholschlichte beladen. Proben aus den beschlichteten Abschnitten wurden mit 10 Tropfen Reagens beladen; nach ca. 1 min nach dem Auftropfen beginnt am Benetzungsrand die Farbentwicklung und allmählich wird der gesamte Fleck blau. Nach ca. 5 min ist bei visueller Beurteilung die Farbentwicklung abgeschlossen. Die Proben wurden auf einer Glasplatte liegend an der Luft getrocknet und anschließend die Remissionsmessung vorgenommen.

374

Die K/S-Werte nehmen mit steigender Schlichtekonzentration nur bis zu
einer Schlichteauflage von ca. 0,5 % linear zu. Unter der Voraussetzung
standardisierter Bedingungen kann diese Methode zur quantitativen Bestimmung kleiner Restgehalte von Polyvinylalkoholschlichten auf dem Gewebe eingesetzt werden. Aufgrund der sehr langsamen Farbentwicklung ist
jedoch diese Methode für eine kontinuierliche Bestimmung der Restschlichte
bei Breitwaschprozessen ungeeignet. Aus diesem Grunde wurden mit diesem
Reagens keine weiteren Untersuchungen durchgeführt.

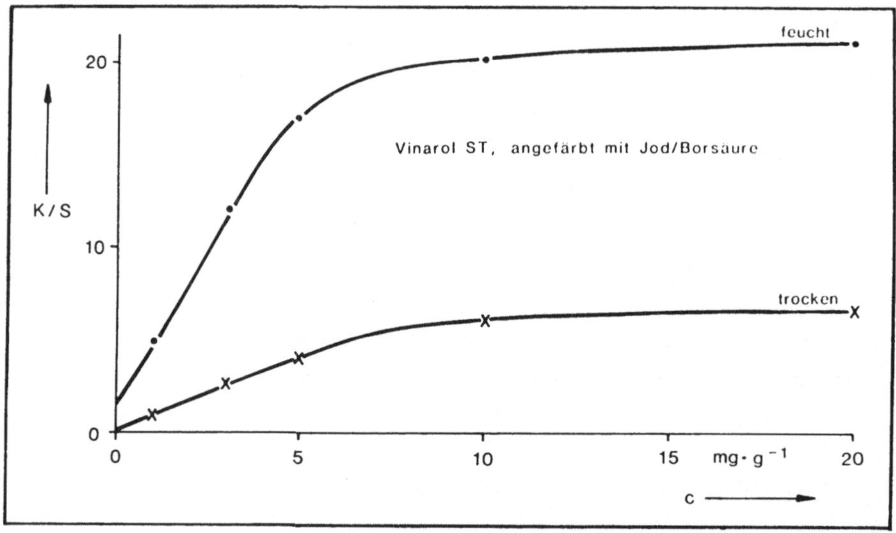

Bild 25:   Quantitative Schlichteanalyse auf dem Gewebe durch Farbmessung.

Es wurde daher versucht, das genannte Reagens so zu modifizieren, daß eine
sofortige Farbentwicklung mit Polyvinylalkoholschlichten erfolgt. Diese
Bedingung erfüllt eine Lösung von 1 g Borsäure in 100 ml einer wäßrigen
0,01n J_2/KJ-Lösung. Für die Messung wurden die mit einer Polyvinylalkoholschlichte beladenen Proben in das Reagens während ca. 1 s eingetaucht und
nach konstantem Abquetschen der Proben deren Remission gemessen. Die aus
der Remission berechneten K/S-Werte sind bis zu einer Beladung des Textilgutes mit 0,5 % Schlichte der Schlichtekonzentration direkt proportional
(Bild 25). Wie zu erwarten, ist die Remission nach dem Trocknen an der

Luft größer als die der feuchten Proben. Somit kann die Remissionsmessung der mit diesem Reagens angefärbten Gewebe zur Bestimmung der Restschlichtekonzentration von Polyvinylalkoholschlichten herangezogen werden.

Ebenso ist die Restschlichtekonzentrationsbestimmung von Stärkeschlichten bekanntermaßen nach Anfärbung mit einer J_2/KJ-Lösung möglich. Eine Einschränkung bei der kontinuierlichen Durchführung beider Verfahren ist die Notwendigkeit der Konstanz der Jodkonzentration in der Flotte auf dem Textilgut.

7.   <u>Entwicklung von Regelmodellen</u>

Die bisher erläuterten Ergebnisse sollten dazu dienen, Meßverfahren zu entwickeln, die für eine Regelung des Breitwaschprozesses eingesetzt werden können. Eine universell einsetzbare Methode für alle Waschprobleme wäre zwar wünschenswert, ist jedoch u.a. wegen der unterschiedlichen Eigenschaften der auszuwaschenden Schlichten nicht möglich.

Eine Regelung des Breitwaschprozesses hat das Ziel, bei einer gegebenen Waschmaschine den für die Folgeprozesse notwendigen Waschwirkungsgrad über die gesamte Warenlänge konstant zu erreichen. Der Restschlichtegehalt wird von folgenden Parametern beeinflußt:

- Schlichteart,
- Textilgut,
- Temperatur,
- Warenstrom,
- Flottenstrom.

Ein weiterer Parameter, der beim Auswaschen von Schlichtemitteln berücksichtigt werden muß, ist die Chemie der Waschflotte. Besonders bei anionischen Schlichten wird die Lösegeschwindigkeit der Schlichten durch den pH-Wert der Flotte beeinflußt.

Bei einer vorgegebenen Ware muß somit die Chemie und Temperatur der Waschflotte so eingestellt werden, daß das Verteilungsgleichgewicht für die
auszuwaschende Substanz möglichst weit auf der Seite der Waschflotte
liegt. Diese Parameter können durch entsprechende Dosiereinrichtungen für
Chemikalien und Dampf konstant gehalten werden.

Die Geschwindigkeit der Einstellung dieses Gleichgewichtes hängt vom Stoff-
austauschkoeffizienten und dem Konzentrationsgradienten des auszuwaschenden Stoffes ab. Der Stoffaustauschkoeffizient steigt mit der Temperatur
und der Durchströmung der Ware, d.h. auch der Warengeschwindigkeit. Der
Konzentrationsgradient steigt mit dem Verhältnis F aus Flottenstrom und
Warenstrom. Durch die Ware und konstruktive Elemente der Anlage, das beinhaltet auch den Energieverlust, werden die Chemie und Temperatur der
Waschflotte festgelegt.

Die Verweilzeit ist bei vorgegebener Maschine durch die Warengeschwindigkeit bestimmt und wird wegen der Warenlaufeigenschaften der auszuwaschenden Ware (Spannung, Faltenbildung) konstant gehalten.

Somit bleibt nur der Flottenstrom als das Waschergebnis bestimmender Parameter und damit als Stellgröße übrig.

Im folgenden soll deshalb diskutiert werden, inwieweit die erarbeiteten
Meßmethoden für eine Regelung der Restbeladung eingesetzt werden können.
Dies soll am Beispiel von anionischen Schlichten auf PES-Geweben erläu-
tert werden.

Gewebe aus 100 % Polyester enthalten wasserlösliche anionische Schlichtemittel auf Basis von Polyacrylaten, Polyvinylacetaten und Polyestern. Je
nach chemischem Aufbau enthalten diese Schlichtemittel unterschiedliche
Mengen an sauren Gruppen, die für die Neutralisation unterschiedliche
Mengen an Alkali verbrauchen. Die Lösegeschwindigkeit und damit die Aus-
waschbarkeit dieser Schlichten wird durch Temperatur und pH-Wert der Waschflotten beeinflußt [10]. Je nach Schlichtemittel können diese Parameter
in gewissen Grenzen gegeneinander ausgetauscht werden. Sehr kurze Verweilzeiten beim Entschlichten lassen sich durch hohe pH-Werte und Temperaturen realisieren. Ohne Gefahr einer Ausfällung der Schlichten lassen sich

alle auf Polyestergeweben vorkommenden Schlichtemittel auf einer Breitwaschmaschine mit Gegenstrom bei Temperaturen über 90 °C und einem pH-
Wert des Waschbades von 12 innherhalb von 4 bis 8 s vollständig auswaschen. Die Voraussetzung dafür ist jedoch, daß die Ionenstärke der
Waschbäder bestimmte, von der Schlichteart abhängige Werte nicht über-
schreitet, was bei Gegenstromverfahren leicht realisierbar ist.

Ein Praxisversuch zeigte, daß trotz Vorliegen von zwei verschiedenen
Schlichtemitteln (Polyacrylat und Polyester) schon bei pH 11 und Temperaturen über 90 °C ein Waschwirkungsgrad von über 95 % bei einer Maschinen-
geschwindigkeit von 100 m/min erzielt wurde. Es wurde dabei ein Wasser-
verbrauch von 7,8 l/kg festgestellt. Bei diesem Versuch wurden folgende
Größen durch eine Durchflußmessung geregelt:

a) der Flottenstrom und
b) der Chemikalienstrom.

In den Spülbädern war vom Anfang bis zum Ende des Waschversuches keine
Änderung der Leitfähigkeit zu verzeichnen. Somit sind in die Spülbäder
keine nennenswerten Mengen an Schlichte, Tensid bzw. Alkali eingeschleppt
worden. Über eine kontinuierliche Messung der Leitfähigkeit während des
Versuches hätte dieses leicht festgestellt und die Frischwassermenge entsprechend reduziert werden können, um damit eine Optimierung des Frischwasserverbrauches zu realisieren.

Somit kann die Leitfähigkeitsmessung im Spülbad für eine Optimierung des
Frischwasserverbrauches und durch Vorgabe eines oberen und eines unteren
Grenzwertes zur Regelung des Waschprozesses sinnvoll eingesetzt werden.
Durch Kopplung der Frischwasserdosierung und der Chemikaliendosierung
kann gleichzeitig die Tensid- und Alkalikonzentration konstant gehalten
werden. Hierdurch erübrigt sich eine laufende Kontrolle des pH-Wertes.

Eine zweite Möglichkeit besteht darin, durch Einsatz der erläuterten photometrischen Methode eine laufende Kontrolle eines der Spülbäder vorzunehmen, um einen eventuellen Durchbruch der anionischen Schlichte und/oder
des anionischen Tensids festzustellen. Eine Regelung der Frischwasserzufuhr und/oder der Warengeschwindigkeit kann dann durch Vorgabe von Grenz-
werten vorgenommen werden.

Die dritte Möglichkeit zur Regelung der Frischwasserzufuhr ist die Messung des Restschlichtegehaltes auf der gewaschenen Ware durch Remissionsmessung der mit einem basischen Farbstoff angefärbten Ware.

Für den Fall, daß die Schlichteart und ggf. -menge sich während der Produktion ändern sollte, ist auch die Chemikaliendosierung als Regelgröße heranzuziehen. Als Meßgröße kommt hierbei der Restschlichtegehalt der Ware nach dem Verlassen des Waschbades in Frage. Dieser Restschlichtegehalt ist relativ hoch, wenn zum Lösen der Schlichte im Waschbad eine nur ungenügende Alkalimenge zur Verfügung steht. Er kann somit als Meßgröße für die Regelung einer Alkalidosierung dienen, die dem mit dem Flottenstrom gekoppelten Chemikalienstrom überlagert ist.

8.   Literatur

[1]   Rüttiger, W.:
Das Ausnutzen des Waschwirkungsgrades - eine Einführung in das
Beherrschen von Waschprozessen.
textil-praxis int. 34 (1979), 1380-1387, 1544-1551,
1629-1643.

[2]   Autorenkollektiv,
Bleichen und Appretur.
VEB-Buchverlag, Leipzig (1971).

[3]   Jalke, H.:
Entschlichtungsmittel.
in: Chwala/Anger, Handbuch der Textilhilfsmittel,
Verlag Chemie GmbH, Weinheim/New York (1977), 403-418.

[4]   Klemm, O.,:
Das enzymatische Entschlichten.
in: K. Lindner, Tenside, Textilhilfsmittel, Waschrohstoffe,
Bd. II.
Wissenschaftl. Verlagsgesellschaft mbH, Stuttgart (1964),
1737-1745.

[5]   Davis, J.W.:
The Preparation of Dyeing of Polyester-Cotton Fabrics.
J. Soc. Dyers Colourists 89 (1973), 77.

[6]   Ehret, H.:
Kontinuierliches Entschlichten mit Natriumbromit.
Melliand Textilber. 49 (1968), 573-574.

[7]   Kirner, U.:
        Moderne Entwicklungstendenzen und Möglichkeiten in der Breit-
        vorbehandlung.
        Textilveredlung 9 (1974), 137-141.

[8]   Hempel, H.H.:
        Die Vorbehandlung von Stückwaren aus Polyesterfasern und
        deren Mischungen unter besonderer Berücksichtigung des Wasch-
        verfahrens.
        textil-praxis int. 32 (1977), 722-726.

[9]   Kretschmer, A.:
        Wertaussagen über Breitwasch-Behandlungssysteme anhand von
        verfahrensorientierten Wertungsmethoden.
        Melliand Textilber. 53 (1972), 67-79.

[10]   Beines, U., Dugal, S. und Valk, G.:
        Untersuchungen des Auswaschverhaltens von Schlichtemitteln,
        ein Weg zur Optimierung von Waschprozessen.
        Melliand Textilber. 62 (1981), 179-181.

[11]   Beines, U., Berndt, H.-J., Dugal, S. Heidemann, G., Valk, G.
        und Wolff, N.:
        Literaturrecherche anläßlich des 3. Forums für Verfahrens-
        technik der Textilveredlung, DTNW, am 2.3.1979 in Krefeld.
        "Kontinuewaschverfahren der Vorbehandlung in Wasser - Problem-
        lösungen".

[12]   DIN 54278-T1-78.

[13]   Forziati, F.H., Hite, R.T. und Wharton, M.K.:
        Identification of Textile Coatings by Infrared Spectroscopy.
        Amer. Dyestuff Reporter 49 (1960), 103-107.

[14]   Schwenkedel, S. und Lutz, W.:
        Die Bestimmungen von Appreturen, Beschichtungen und
        Kaschierung auf Textilien.
        Melliand Textilber. 47 (1966), 189-196.

[15]   DIN 54285-81.

[16]   Schwabe, K. Schaurich, K. und Wasow, G.:
        Untersuchungen über Entfettungs- und Sorptionsvermögen von
        Natrium-n-alkylsulfaten.
        Tenside 6 (1969), 261-266.

[17]   Bernstein, J.A.;
        Applications of Radioactivity in the Textile Industry.
        Amer. Dyestuff Reporter 46 (1957), 399-404.

[18]   Moroff, H. und Kretz, R.:
        Untersuchung über das Auswaschverhalten von radioaktiv mar-
        kierten, wasserlöslichen Acrylharzschlichten.
        Melliand Textilber. 41 (1960), 848-850.

380

[19]   Schmitz, J. und Frotscher, H.:
         Bestimmung von Resten nichtionogener Tenside auf Baumwolle.
         Melliand Textilber. 54 (1973), 759-765.

[20]   Naujoks, E. und Ney, P.:
         Der oxidative Abbau von Stärkeschlichte mit Persulfat.
         Melliand Textilber. 57 (1976), 401-405.

[21]   Schutz, T. Reitner, M.T. und Txbrayat, P.:
         Methodes de dosage te residus de colle apres encollage.
         L'Industrie Textile (1972), Nr. 1013, 519-521.

[22]   Jayme, G. und Knolle, H.:
         Über Probleme bei der Bestimmung von Carboxymethylcellulose in
         Papier bei kleinen Eintragungsmengen,
         Papier 16 (1962), 629-634.

[23]   Brown, W.T., Olson, E.S. und Keegan, H.J.:
         Arapid test for the determination of PVA on Fabrics.
         Amer. Dyestuff Reporter 56 (1967), 36-40.

[24]   Svoboda, F.:
         Ein Beitrag zur Anwendung und Bewertung enzymatischer Ent-
         schlichtungsmittel.
         Textil-Praxis 19 (1964), 378-384.

[25]   Wolf, H.:
         Untersuchungen zur Wirkung vollsynthetischer Schlichten.
         Textil-Rdsch. 19 (1964), 369-374.

[26]   Horn, D.:
         Optisches Zweistrahlverfahren zur Bestimmung von Polyelektro-
         lyten in Wasser und zur Messung der Polymeradsorption an
         Grenzflächen.
         Progr. Colloid & Polymer Sci. 65 (1978), 251-264.

[27]   Schwarz, G.:
         Cooperative Bindung to Linear Biopolymers.
         1. Fundamental Static and Dynamic Properties.
         Eur. J. Biochem. 12 (1970), 142-153.

[28]   Finley, J.H.:
         Spectrophotometric Determination of Polyvinylalkohol in paper
         coatings.
         Analyt. Chem. 33 (1961), 1925-1927.

[29]   Sink, W.G. und Worth, D.L.:
         The Perchloric-acid Method for the Determination of Starch
         and some practical applications.
         Amer. Dyestuff Reporter 40 (1951), 848-850.

[30]   Thaler, H.:
         Nachweis und Bestimmung der Polysaccharide.
         in: Handbuch der Lebensmittelchemie, Bd. II/2. Teil.
         Springer-Verlag, Berlin (1967).

Meßtechnische Erfassung von Warentemperaturen bei thermischen Prozessen in der Textilveredlung

Adelgund Bossmann, H. Brünger und E. Schollmeyer
Deutsches Textilforschungszentrum Nord-West e.V.
- Institut für textile Meßtechnik -
Frankenring 2
4150 Krefeld 1

1.   Einleitung

Die Gestaltung von Eigenschaften moderner Werkstoffe - und in diesem Sinne gilt das auch für das Textil - beruht auf den Möglichkeiten, die Struktur eines solchen Werkstoffes durch entsprechende Bearbeitung zu verändern. Um die Eigenschaften eines Produktes in gezielter Weise verändern zu können, bedarf es jedoch der Kenntnis der Struktur-Eigenschaften-Beziehungen solcher Produkte.

Die Reproduzierbarkeit von Eigenschaften setzt eine sichere Verfahrenführung voraus. Grundlage hierfür sind Meßgrößen, die direkt oder indirekt Aussagen über die Zustandsänderung des Textils im Prozeß erbringen.

Die Faser, der kleinste makroskopische Baustein eines Textils, besitzt eine innere Architektur mit einer Hierarchie aufeinander aufbauender Strukturelemente. Diese innere Architektur der Faser kann durch die Randbedingungen während der Verarbeitung des Textils in der Veredlung so verändert werden, daß spezielle Eigenschaften erzeugt werden.

So lassen sich Textilien aus Synthesefasern und ihren Mischungen während der Weiterverarbeitung durch thermische Behandlungen unter gleichzeitiger mechanischer Beanspruchung in weiten Grenzen variieren.

Eine Schlüsselposition innerhalb der Verarbeitungsstufen synthesefaser-
haltiger Textilien für die Veränderbarkeit textiler Fertigungs- und Gebrauchseigenschaften bildet dabei der Fixierprozeß bzw. das kombinierte
Trocknen und Fixieren.

Diese Gestaltungsmöglichkeiten gilt es, sowohl im Hinblick auf Folgebe-
handlungen als auch zur Erzielung bestimmter Endeigenschaften zu nutzen.
Entscheidende Einflußgrößen beim Fixierprozeß sind:

- die maximale Temperatur des Textilgutes,
- die Verweilzeit bei maximaler Warentemperatur,
- die Abkühlgeschwindigkeit der Ware sowie
- die Warenspannung bei maximaler Warentemperatur und in der Abkühlphase.

Durch Untersuchungen von BERNDT, HEIDEMANN, ROTH-WALRAF und VALK [1 bis 9]
wurden am Beispiel des Polyesters die möglichen Strukturveränderungen
durch thermische und mechanische Einflüsse in Weiterverarbeitungsprozessen
aufgezeigt. Aufgrund dieser Untersuchungen gilt, daß neben dem Medium und
der Spannung sowie der Spannungsführung die Temperatur, und zwar die
maximale Temperatur, die Temperaturführung und die Verweilzeit die für das
Ergebnis des Wärmebehandlungsprozesses entscheidenden prozeßspezifischen
Größen darstellen. Sind also das Behandlungsmedium und die Dimensionen des
Materials festgelegt, so ist zu einer Optimierung des Prozesses, d.h. Berücksichtigung von Qualität und Wirtschaftlichkeit, u.a. nur die Maschinentemperatur und die Verweilzeit der Ware in der Maschine zu beeinflussen.

Zur optimalen Gestaltung eines Prozesses gilt, daß das Aufheizen einer
trockenen Ware mit folgendem Ansatz berechnet werden kann [6,10,11]:

$$\frac{d\theta}{dt} = \frac{\alpha}{\gamma\,(c_0 + c_i\vartheta_W)}\,\theta,$$

mit

$\theta =$ $\vartheta_D - \vartheta_W$ Differenz zwischen Maschinentemperatur ϑ_D
       und Warentemperatur ϑ_W zur Zeit t,

$\alpha =$ Wärmeübergangszahl in J $m^{-2}\,s^{-1}\,K^{-1}$,

$\gamma =$ Flächengewicht der Ware in g m^{-2} und

$c =$ spezifische Wärme der Ware in J $g^{-1}\,K^{-1}$, mit c_0 spezifischer
       Wärme bei 0 °C und c_i spezifische Wärme je K Temperaturerhöhung.

Eine experimentelle Überprüfung dieses Ansatzes zur Bestimmung des Aufheizverhaltens einer Ware während eines Behandlungsprozesses setzt voraus, daß eine hinreichend genaue Messung der Warentemperatur möglich ist.

Bislang gibt es kein kontinuierlich arbeitendes Meßverfahren, das die zeitabhängige Warentemperatur beim Durchlaufen der Ware durch einen Spannrahmen registriert. Deshalb werden Geschwindigkeitsoptimierungen durch den Einbau von Strahlungspyrometern an Spannrahmen vorgenommen. Diese Meßtechnik findet hauptsächlich Anwendung bei der kombinierten Trocknung und Fixierung, um den kritischen Bereich zwischen Kühlgrenztemperatur und Fixiertemperatur zu erfassen. Da sich aufgrund sehr unterschiedlicher Materialien dieser kritische Bereich beim Durchlauf der Waren durch den Spannrahmen verlagert, ist es erforderlich, die Voraussetzungen zu schaffen, um in den verschiedenen Feldern eines Spannrahmens die Meßaggregate zu installieren, was maschinentechnisch wegen der Düsenanordnung Schwierigkeiten bereiten dürfte. Bei der Verwendung von Strahlungspyrometern ist zu berücksichtigen, daß diese bei sehr transparenten Waren wegen möglicher Fremdstrahlungseinflüsse ein verfälschtes Meßsignal liefern können.

Eine hinreichend genaue Erfassung der Warentemperatur mit Temperaturmeßfühlern unmittelbar an der Warenbahn ist bis heute wegen der an die Meßfühler anzuschließenden Ausgleichsleitungen, die mit einem Auswertegerät außerhalb des Spannrahmens verbunden sein müssen, im Betrieb nicht praktikabel.

Im folgenden wird zunächst die Bedeutung des Temperaturprofils an laufenden Warenbahnen aus Polyester diskutiert und dann ein Meßsystem vorgestellt, mit dem es möglich ist, Temperaturprofile während des Durchlaufs der Ware durch den Spannrahmen ohne den Einsatz von Ausgleichsleitungen zu vermessen.

2.   Einfluß des Temperaturprofils auf Materialeigenschaften

In Abb. 1 ist ein Faserstrukturmodell und die Anordnung der Molekülketten
im Faserinnern nach BERNDT und KEHREN [12] schematisch dargestellt.

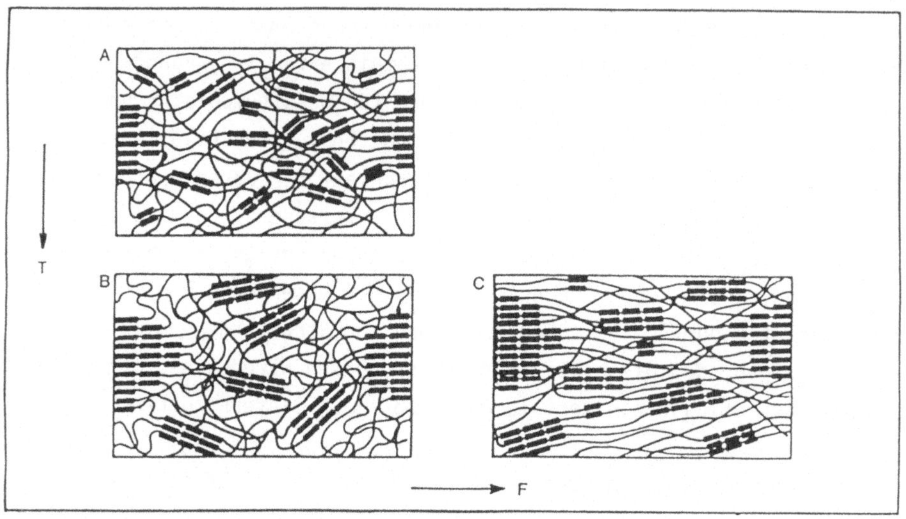

Abb. 1: Polyester-Faserstruktur nach BERNDT und KEHREN [12].

Die schematische Darstellung charakterisiert ein Netzwerk. Zwischen den
kristallinen Bereichen (Abb. 1 A) liegen die fehlgeordneten Bereiche. Eine
große Bedeutung liegt in der Vernetzung dieses Bereiches durch kleine
Kristallite. Wichtig dabei ist die Kenntnis ihrer Größenverteilung. Durch
eine Temperaturbehandlung können diese Kristallite teilweise aufgeschmolzen werden, andere neu gebildet und vorhandene vergrößert werden.

Nach einer spannungslosen thermischen Behandlung des Materials liegt eine
relativ einheitliche Größe solcher Kristallite vor (Abb. 1 B). Wirkt eine
von außen aufgebrachte Kraft auf das Material, so erfolgt eine Orientierung der Kettenmoleküle in den fehlgeordneten Bereichen, und die in diesem

Bereich vernetzend wirkenden Kristallite weisen eine breitere Verteilung
auf (Abb. 1 C). Diese fehlgeordneten Bereiche sind für die textilen
Eigenschaften wie z.B. Farbstoffaufnahme, Dimensionstabilität, elastische
Eigenschaften verantwortlich.

Für den experimentellen Nachweis dieser Kristallite in den fehlgeordneten
Bereichen nutzt man die Abhängigkeit des Schmelzpunktes von der Teilchen-
größe aus. In der Abb. 2 ist das Prinzip dieser Messung nach HEIDEMANN und
BERNDT [13] dargestellt.

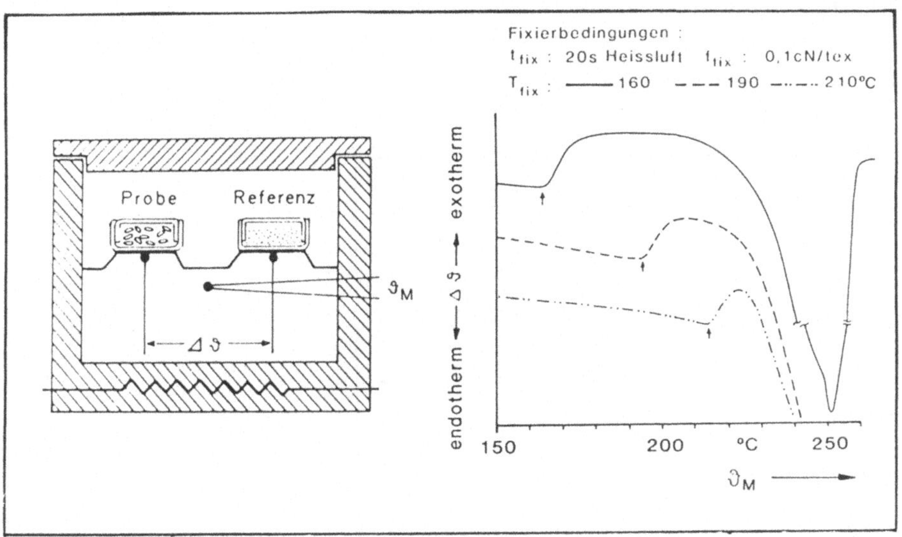

Abb. 2: Differential-Thermo-Analyse eines fixierten PES-Filamentgarnes
nach HEIDEMANN und BERNDT [13].

Nur wenige Milligramm einer Probe werden in einem Tiegel wärmeleitend mit
einem Thermoelement verbunden und in einer Heizkammer bei konstanter Auf-
heizrate die Temperaturdifferenz $\Delta\vartheta$ zwischen Probe und Referenz gemessen.
Wird in der Probe Wärme, so z.B. beim Aufschmelzen von Kristalliten
verbraucht, so wird eine endotherme Wärmetönung registriert.

386

Bei thermisch vorbehandeltem Polyester-Material beobachtet man zum einen
den Hauptschmelzpeak bei 256 °C, der den Kristalliten mit großer Ausdeh-
nung zuzuordnen ist. Des weiteren beobachtet man einen Vorschmelzpeak, der
durch das Aufschmelzen kleiner in den fehlgeordneten Bereichen befindlicher Kristallite, die unter den Thermofixierbedingungen gebildet wurden,
hervorgerufen wird.

Aus den Graphen in Abb. 2 erkennt man, daß als Funktion der Temperatur
laufend größere Kristallite der fehlgeordneten Bereiche aufgeschmolzen
werden und zwar bis zu einer ausgezeichneten Temperatur, wo die Temperaturdifferenz wieder auf 0 zurückgeht. Dieses Maximum ist als Effektivtemperatur definiert. Diese Effektivtemperatur liegt umso höher, je größer
bzw. je thermisch stabiler die Kristallite sind, wobei diese von der
Temperatur der Behandlung und der Verweilzeit abhängt.

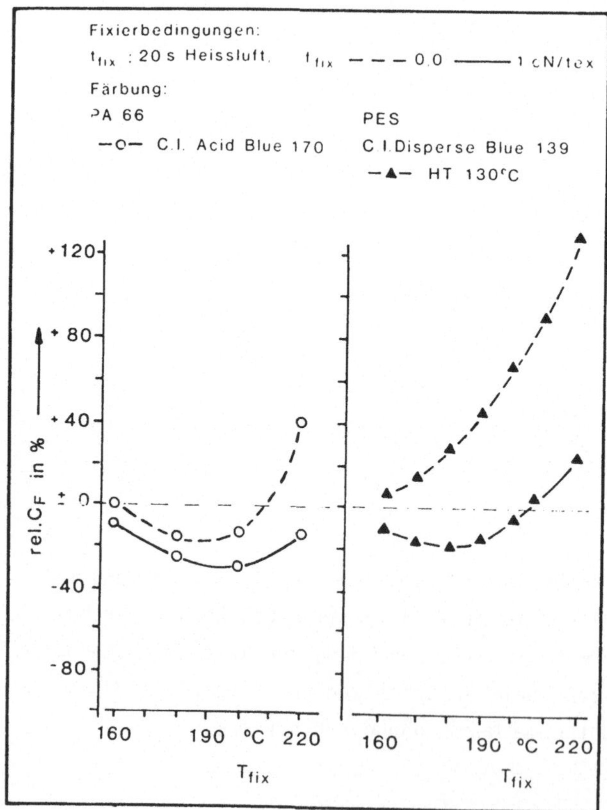

Abb. 3: Relative Farbstoffaufnahme nach einer Fixierung nach
        BERNDT, HEIDEMANN und VALK [15].

Der Einfluß von Temperaturdifferenzen während einer Fixierung auf das
Farbstoffaufnahmevermögen bei einer HT-Färbung ist in Abb. 3 dargestellt.

Diese Ergebnisse zeigen auf, daß bei einer Fixierung im Temperaturbereich
oberhalb von 190 °C bei nicht exakter Einhaltung der Behandlungstempera-
tur T_{fix} das Material zur Farbunegalität neigt. So kann eine Temperaturdifferenz von 5 K je nach Spannung bereits zu einer Farbstoffaufnahme-
differenz bis zu 20 % führen.

Aber nicht nur die maximale Temperatur ist für die Materialeigenschaften
von Bedeutung, sondern für bestimmte Anforderungen ist es erforderlich,
Informationen über das gesamte Temperaturprofil zu erhalten. Ein Beispiel
hierfür ist die Dimensionsstabilität, wenn es gilt, bis zu einer bestimmten Temperatur Schrumpffreiheit im Material zu erhalten. Bei einer solchen
Optimierung ist auch die Abkühlgeschwindigkeit zu berücksichtigen.

An ein Material sei die Forderung gestellt, bei einer Effektivtemperatur
von 200 °C eine Spannung von 2 cN/tex zu blockieren, wobei das Material im
Gebrauch bis 150 °C keinen Schrumpf aufweisen soll. Wie das temperaturabhängige Schrumpfkraftdiagramm Abb. 4 a zeigt, wird die vorab genannte
Forderung dann erfüllt, wenn bei einer geringen Abkühlrate 4 K/min zwi-
schenzeitlich die Fixierspannung bei Erreichen der Temperatur von 150 °C
auf Null gesenkt wird [16]. Wird dagegen schlagartig abgekühlt, so z.B.
mit 300 K/min, dann wird bei sonst gleicher Verfahrensweise, nämlich
Absenken der Fixierspannung auf Null bei 150 °C Schrumpfspannungen einge-
froren, die bereits beim Überschreiten von 125 °C freigesetzt werden, und
das Material kann schrumpfen (Abb. 4b).

Aus beiden Beispielen (vgl. Abb. 3 und 4) folgt, daß es für die Steuerung
eines Wärmebehandlungsprozesses gilt,

- die maximale Warentemperatur,
- die Verweilzeit bei der maximalen Warentemperatur und
- die Abkühlrate

meßtechnisch zu verfolgen.

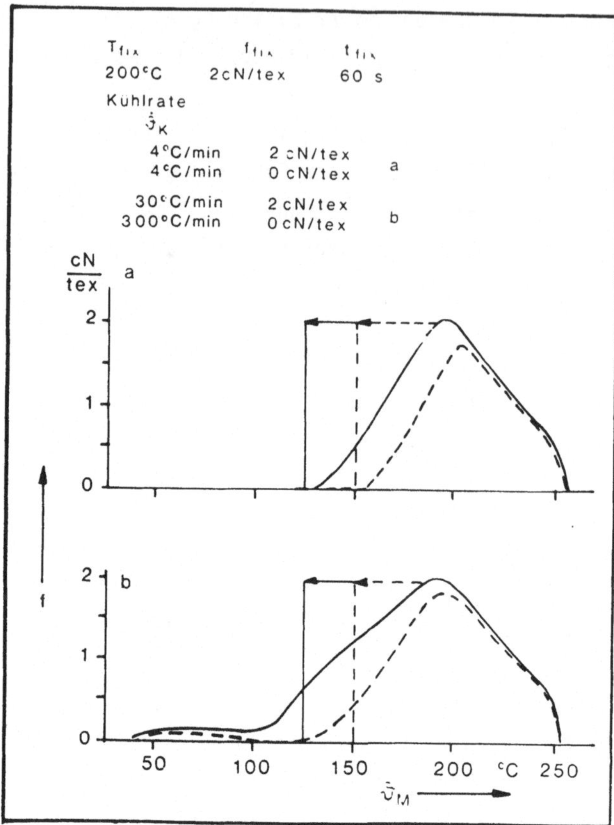

Abb. 4: Schrumpfkräfte nach BERNDT [16].

3. Methoden zur Erfassung der Warentemperatur

Stand der Technik, die Warentemperatur zu erfassen, besteht heute in der Anwendung des Strahlungspyrometers. Betrachtet man die Ware als einen schwarzen Strahler, gilt, daß die Warentemperatur einer charakteristischen Temperaturstrahlung entsprechend eine Strahlungsdichte proportional zur 4. Potenz der Temperatur aufweist.

$$L_s \propto T^4$$

Ein schwarzer Strahler absorbiert alle auf ihn einfallende Strahlung unabhängig von der Wellenlänge und dem Einstrahlwinkel.

Ein Körper, der nur einen Teil der Strahlung aber unabhängig von der Wellenlänge absorbiert, wird als "Grauer Strahler" bezeichnet. Das Verhältnis der spektralen Strahlungsdichte Lm eines "Grauen Strahlers" zur Strahldichte eines "Schwarzen Strahlers" Ls heißt Emissionsgrad ε . Ein Textil kann als ein "Grauer Strahler" aufgefaßt werden.

Im Rahmen dieser Untersuchungen wurden Temperaturen von Textilien während eines Thermofixierprozesses mit einem Bandstrahlungspyrometer im Wellenlängenbereich von 0,8 bis 14,5 µm vermessen. Die Ergebnisse sind in Abb. 5 dargestellt.

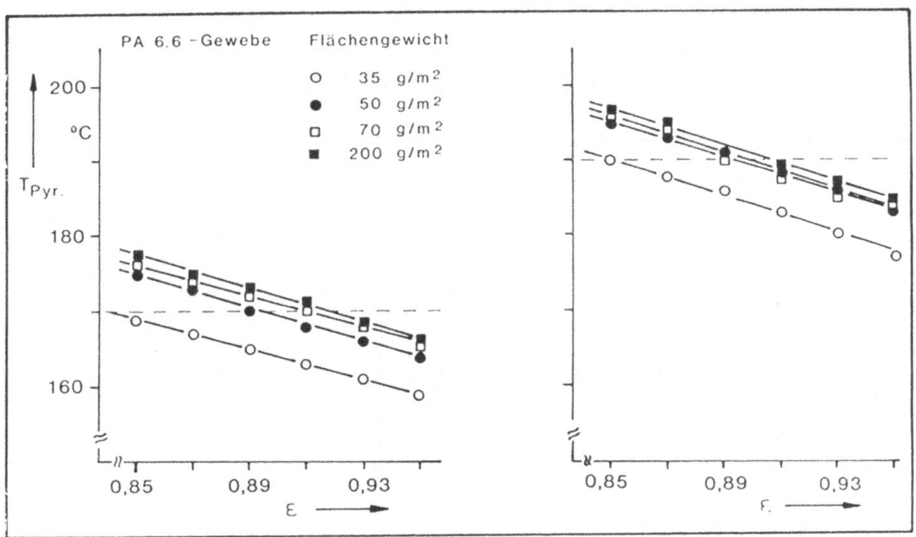

Abb. 5: Temperaturmessung in Abhängigkeit des Emissionsgrades bei PA 6.6 Geweben unterschiedlichen Flächengewichtes.

Fixiert wurden die Gewebe mit unterschiedlichem Flächengewicht bei 170 °C und 190 °C. Nach der Aufheizphase hat die Ware die Maschinentemperatur erreicht. Für Gewebe mit mittlerem und höherem Warengewicht wird dieser

Temperaturwert bei einem Emissionsgrad von 0,91 (170 °C) bzw. 0,89 (190 °C) registriert. Bei einer Ware mit geringerem Warengewicht wird die der Maschinentemperatur äquivalente Warentemperatur bei einem Emissionsgrad von 0,85 registriert. Dieses Ergebnis zeigt auf, daß die unter Berücksichtigung eines bestimmten Emissionsgrades gemessene Temperatur von der Warendichte abhängig sein kann, z.B. in dem Fall, in dem die Fremdstrahlung das Ergebnis beeinflußt. Für genaue Messungen von ± 2 °C ist es außerdem erforderlich, den Emissionsgrad als Funktion der Temperatur zu bestimmen.

Ferner wurde die Warentemperatur mit Thermoelementen unterschiedlichen Durchmessers vermessen. Die Ware wurde in eine auf 180 °C vorgeheizte Kammer eingeführt und mittels der auf der Ware montierten Thermoelemente die Temperatur als Funktion der Zeit registriert (vgl. Abb. 6).

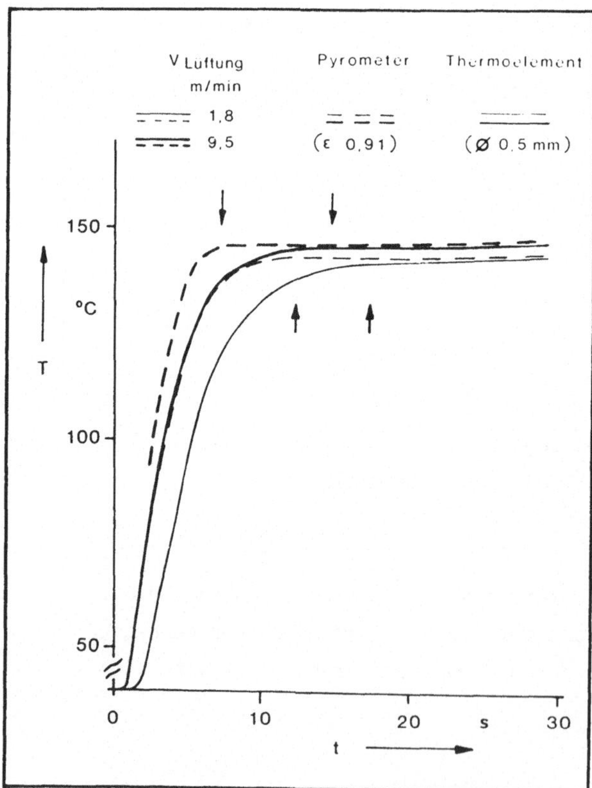

<u>Abb. 6</u>: Temperaturmessung an PES-Gewebe.

Die an den Waren nach unterschiedlichen Verweilzeiten ermittelten Effektivtemperaturen folgen in guter Näherung der Temperaturanzeige eines Thermoelementes mit 0,5 mm Durchmesser.

Im folgenden soll ein Polyester-Gewebe bei einer Temperatur von 150 °C thermofixiert werden. Zur Registrierung der Warentemperatur wird zum einen ein Thermoelement von 0,5 mm Durchmesser an das Gewebe anliegend aufgebracht und zum anderen wird die Warentemperatur gleichzeitig mit einem Strahlungspyrometer gemessen. Die so erhaltenen Temperatur-Zeit-Diagramme sind in Abb. 7 wiedergegeben.

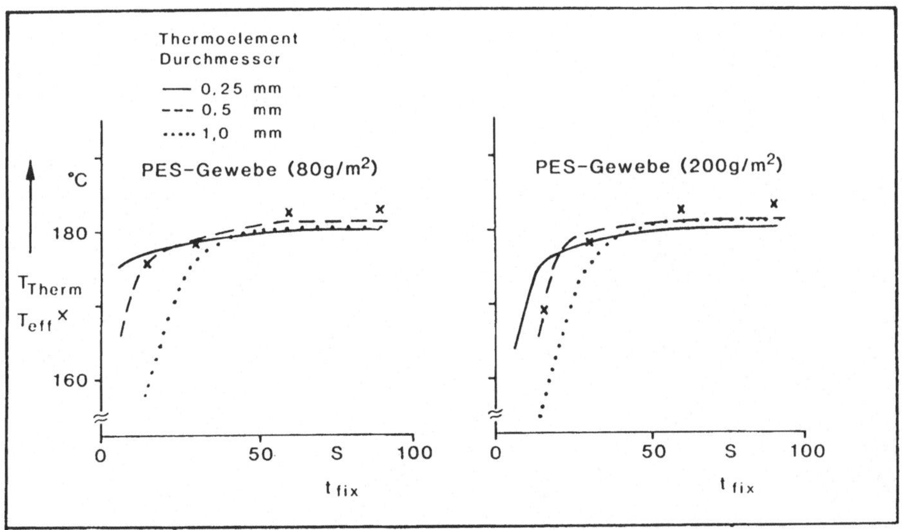

Abb. 7: Temperaturmessung (Aufheizcharakteristik) an PES-Gewebe.

392

Die Aufheizphase, charakterisiert durch den steilen Anstieg der Kurven bei
kleinen Zeiten, ist bei den vom Strahlungspyrometer registrierten Werten je
nach Höhe der Strömungsgeschwindigkeit der Heißluft für das hier dargestellte Beispiel nach 7 bzw. 12 s abgeschlossen. Die Thermoelemente
registrieren diesen in eine konstante Temperatur übergehenden Bereich
gegenüber dem Strahlungspyrometer mit einer Verzögerung von 8 bzw. 5 s.
Die durch Thermoelemente und Strahlungspyrometer unter Variation der
Verweilzeiten und der Luftgeschwindigkeit angezeigten Temperaturen wurden
durch Vermessen der Effektivtemperatur als materialspezifische Kenngröße
des Fixierprozesses überprüft.

Aus der Abb. 8 ist zu erkennen, daß die ermittelten Effektivtemperaturen
als Funktion der mit einem Thermoelement registrierten Temperaturen mit
einer geringen Abweichung um eine 45° geneigte Ursprungsgerade verteilt
sind. Gegenüber der Temperaturanzeige des Strahlungspyrometers liegen die
Effektivtemperaturen im Mittel um 5 °C unterhalb der Ausgleichsgeraden.

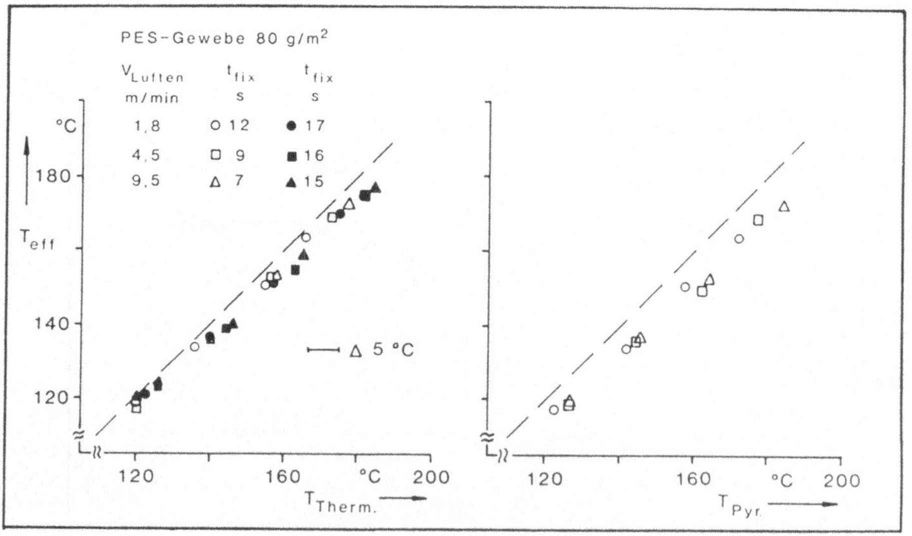

Abb. 8: Effektivtemperatur als Funktion der registrierten Temperatur.

Temperaturmessbereich:

    0 °C bis 250°C

Sensor: Thermoelemente

Genauigkeit   ± 1°C

Speichern der registrierten Werte

Interface zur Übertragung der gespeicherten
Werte in einen Rechner

Stromversorgung über Batterie

Isolierung

Abb. 9: Anforderung an ein Temperatur-Meßwerterfassungssystem.

Die Konsequenz aus diesen Versuchen ist, daß die Temperaturmessung mit
Thermoelementen eine Kontrolle der zeitabhängigen Warentemperatur im
Spannrahmen ermöglicht. Um eine solche Messung im Betrieb ohne große
Störung durchführen zu können, wurde ein Meßwerterfassungssystem erstellt.
Die Anforderungen an ein solches Systems sind in Abb. 9 wiedergebenen.

Um die an ein solches Meßsystem gestellten Anforderungen zu erreichen,
gilt es zunächst, ein mikroelektronisches Meßwertverarbeitungssystem zu
entwickeln, das auf den zu verwendenden Sensor abgestimmt ist. Als Sensoren werden Thermoelemente verwendet. Es sind zwei Thermoelemente anzu-
schließen. Diese Sensoren sind als Mantelthermoelemente in kleinen Abmessungen (kleinster Durchmesser 0,25 mm) kommerziell erhältlich und robust,
so daß sie auch für den industriellen Einsatz geeignet sind.

Die Temperaturmessung mit Thermoelementen ist im eigentlichen Sinne eine Temperaturdifferenzmessung, d.h. der Thermospannung U_{Th} wird eine bekannte Vergleichsspannung Uv entgegengeschaltet. Um auch bei schwankenden Umgebungstemperaturen die Vergleichsstellentemperatur und damit die Vergleichsstellenspannung entsprechend zu berücksichtigen, ist in dem mikroelektronischen Meßwertverarbeitungssystem (vgl. Abb. 10) ein homogenes Vergleichsstellen-Temperaturfeld aufgebaut, dessen Temperatur über einen zusätzlichen Temperaturfühler erfaßt wird.

Das Meßsystem, vgl. Abb. 10, besteht aus zwei Meßstellenaufnehmern, einem ADC, einem 8-bit µ-Processor in CMOS-Technik, einem 64 kbyte RAM Speicher und der Stromversorgung. Über ein serielles Interface (RS 232 C) ist die Datenübernahme vom System in einen Hostrechner und die Programmierung des Systems möglich.

Aufgrund der geringen Thermospannungen (ca. 30 mV), die von der verwendeten Metallkombination abhängig sind, muß das Meßsignal zunächst durch einen Operationsverstärker - zur Weiterverarbeitung mit Hilfe eines A/D-Wandlers - aufbereitet werden. Da die Spannungsänderung mit der Temperatur nicht linear ist, erfolgen zur Einsparung weiterer integrierter Schaltungselemente softwaremäßig im Programm des µ-Processors die erforderlichen Korrekturen. Außerdem wird im µ-Processor die Kaltstellenkompensation durchgeführt. Die vom µ-Processor aufbereiteten Signale werden in einem externen RAM (60.000 Speicherplätze) abgespeichert. Nach Beendigung der Messung werden die abgespeicherten Werte über ein Interface mit einer seriellen Schnittstelle RS 232 C in einen Hostrechner eingelesen und entsprechend der Meßaufgabe weiterverarbeitet.

Der Aufbau eines solchen Meßwerterfassungssystems ist in Abb. 10 schematisch dargestellt.

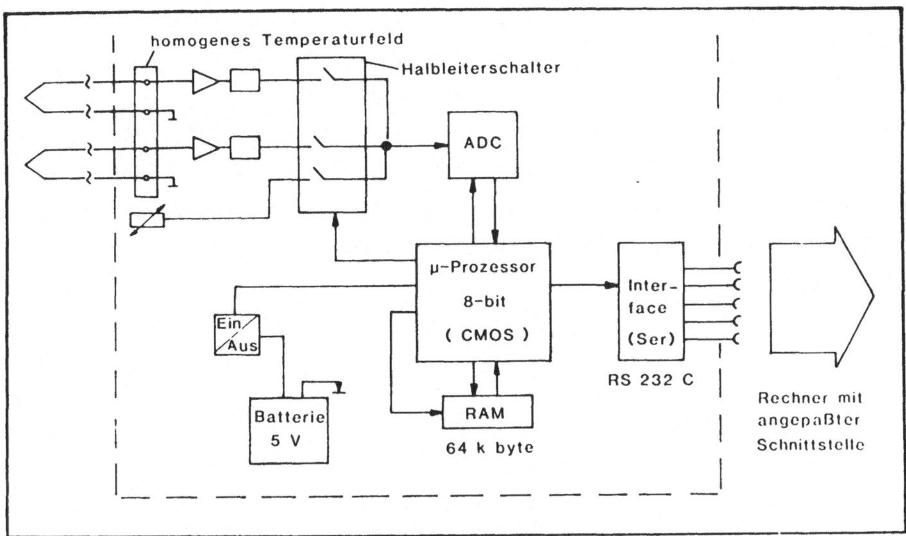

Abb. 10: Blockschaltbild des Meßwerterfassungssystems.

Die als Funktion der Zeit mit dem Meßsystem bei Vorgabe unterschiedlicher Taktzeit gewonnen Meßdaten sind in Abb. 11 wiedergegeben. Es besteht eine Übereinstimmung mit den analog aufgezeichneten Meßdaten.

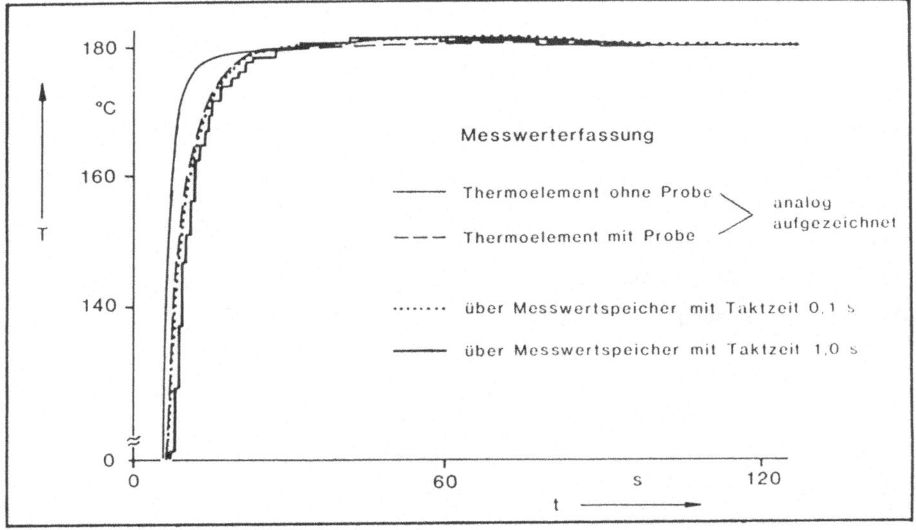

Abb. 11: Vergleich der Ansprechzeiten.

396

Da das Meßsystem zusammen mit den angeschlossenen Thermoelementen durch
den Spannrahmen hindurch geführt und somit hohen thermischen Belastungen
ausgesetzt wird, ist das Meßsystem entsprechend zu isolieren.

Für eine industrielle Anwendung dieser Meßtechnik erfüllt das Gehäuse des
Sensors eine wichtige Funktion: Es soll vor extremen Umwelteinflüssen, wie
Temperatur, Feuchtigkeit etc. schützen und ein unverfälschtes Erfassen der
Meßgröße ermöglichen.

Zusammenfassung

Das vorgestellte Meßwerterfassungssystem ermöglicht es dem Anwender, eine
schnelle Überprüfung der maximalen Temperatur in der Temperaturverteilung
in Spann-Trocken-Fixiermaschinen vorzunehmen. Durch Einsatz eines solchen
Meßsystems können Abweichungen in der maximalen Temperatur und Temperaturverteilung (z.B. Ausfall von Lüftern), die zu Qualitätsmängeln führen,
lokalisiert und dadurch gezielt beseitigt werden.

Durch die Anwendung der Meßelektronik und einer Rechnerankopplung zur
Auswertung ist es möglich, die Meßwerte abzuspeichern und zu jedem Zeitpunkt für eine weitere Verarbeitung in einem Hostrechner zur Verfügung zu
haben.

Danksagung

Wir danken dem Forschungskuratorium Gesamttextil für die finanzielle
Förderung dieses Forschungsvorhabens (AIF-Nr. 6940), die aus Mitteln des
Bundeswirtschaftsministeriums über einen Zuschuß der Arbeitsgemeinschaft
Industrieller Forschungsvereinigungen (AIF) erfolgte.

Literatur

[1]   HEIDEMANN, G. und BERNDT, H.-J.,
      Die substrat- und prozeß-spezifischen Größen der Fixierung von
      Synthesefasern, eine Analyse am Beispiel der Thermofixierung von
      Polyesterfasern.
      Chemiefasern/Textilind. 24/76 (1974), 46 bis 50.

[2]   HEIDEMANN, G. und BERNDT, H.-J.,
      Trocknungsbedingungen beeinflussen Fabrikationseigenschaften von
      PES-Ketten - Ein Beispiel aus der Praxis des Schlichtens.
      Melliand Textilber. 55 (1974), 814.

[3]   HEIDEMANN, G. und BERNDT, H.-J.,
      Effektivtemperaturen und Effektivspannungen, zwei Meßgrößen
      zur absoluten Bestimmung des Fixierzustandes von Synthesefasern.
      Melliand Textilber. 57 (1976), 485 bis 488.

[4]   ROTH-WALRAF, H.-A. und VALK, G.,
      Zur Heißdampffixierung von Polyesterfasern.
      textil praxis int. 31 (1976), 660 bis 668.

[5]   VALK, G. und ROTH-WALRAF, H.-A.,
      Probenanalyse zum Thermofixieren von Polyester.
      textil praxis int. 31 (1976), 660 bis 668.

[6]   HEIDEMANN, G.,
      Untersuchungen zur Verweilzeit beim Fixieren von Flächengebilden
      aus Polyesterfasern in Spannrahmen.
      Melliand Textilber. 59 (1978), 926 bis 927.

[7]   VALK, G. und HEIDEMANN, G.,
      Die Bedeutung der Relaxation in der Naß- und Trockenvorbehandlung.
      Chemiefasern/Textilind. 31/83 (1981), 854 bis 857.

[8]   HEIDEMANN, G. und BERNDT, H.-J.,
      Praktische Erfahrungen bei Prozeßkontrollen thermischer Behand-
      lungen und Beurteilung fixierter Ware aus PES und PES-Mischungen.
      Chemiefasern/Textilind. 31/83 (1981), 866 bis 874.

[9]   BERNDT, H.-J. und HEIDEMANN, G.,
      Beschreibung des inneren Spannungszustandes von Polyester-Faser-
      stoffen durch Messung der Gleichgewichtsschrumpfkraft.
      Colloid & Polymer Sci. 258 (1980), 612 bis 620.

[10] HOUBEN, H.,
      Thermofixieren und Thermosolieren von Polyester auf Zylinder-
      maschinen.
      Z. ges. Textilind. 73 (1971), 450 bis 457.

[11] SMITH, C.W. und DOLE, M.,
      Specific Heat of Synthetic High Polymers VII - Polyethylene
      Terephthalat.
      J. Polymer Sci. 20 (1956), 37 bis 56.

398

[12] BERNDT, H.-J. und KEHREN, M.-K.,
      Plissierbarkeit von Textilien.
      Bekleidung und Wäsche 32 (1980), 349 bis 352.

[13] HEIDEMANN, G. und BERNDT, H.-J.,
      Moderne thermische Prüfverfahren für Texturgarne.
      Chemiefasern/Textilind. 27/79 (1977), 134 bis 140.

[14] BERNDT, H.-J. und HEIDEMANN, G.,
      Fehlerursachen und Erkennungsmethoden von Farbstreifigkeit in
      Polyester-Material.
      Deutscher Färberkalender 76 (1972), 408 bis 429.

[15] VALK, G., BERNDT, H.-J., MANUTSCHEHRI, H. und BOSSMANN, A.,
      Strukturelle Veränderungen von Polyamidfasern bei thermischen
      und mechanischen Behandlungen.
      Forschungsber. des Landes NRW, Nr. 2893 (1979).

[16] BERNDT, H.-J.,
      Thermomechanische Analyse in der Textilprüfung - Methodik und
      Anwendung.
      textil praxis int. 39 (1984), 46 bis 50.

Messung des Langzeitverhaltens von beschichteten Geweben

Dr. H. Blumberg und U. Eichert

ENKA AG

Institut für Fasern und Verbundwerkstoffe

ENKA-Haus Kasinostraße

5600 Wuppertal 1

PVC-beschichtete Diolen-Gewebe werden seit 20 Jahren erfolgreich als Kon-
struktionswerkstoffe im textilen Bauen eingesetzt und sind seit 1980 in
der Bundesrepublik ein amtlich zugelassenes Baumaterial. Wichtig für ihren
Funktionsnachweis war insbesondere das Langzeitverhalten unter Bewitterung.

Über vergleichende Langzeituntersuchungen unter verschiedenen Klimabedingungen lagen in den 70er Jahren keine Untersuchungen vor. Es wurde
deshalb 1976 ein 10-Jahres-Untersuchungsprogramm begonnen, dessen Ergebnisse nach 1, 2, 5 und 10 Jahren hier dargestellt werden. Die Untersuchungen wurden an vier Orten in Deutschland, Österreich, Italien und USA
durchgeführt. Für die Untersuchungen wurde die Dicke der Deckschicht
variiert. Als Trägergewebe wurde ein Polyester 1100 dtex Gewebe (Garntype
DIOLEN 174 S, Leinwand 1/1, Einstellung 9/9) eingesetzt. Als Farbe der
Beschichtung wurde weiß gewählt. Ebenso wurden künstliche Bewitterungen
mit dem Xeno-Testgerät 1200 durchgeführt (Gleichlauf bei 10 min Regen/h).

Die Klimabedingungen an den Untersuchungsorten sind in Abb. 1 wiedergegeben. Wuppertal, der Untersuchungsort in Deutschland, stellt ein ge-
mäßigtes mitteleuropäisches Klima mit industriellen Umweltfaktoren dar.
Die Untersuchungsstelle Ebnit in Österreich repräsentiert ein alpines,
nasses Klima. In Dormeletto (Lago Maggiore) liegt ein nasses Mittelmeer-
klima vor. Wegen der nahegelegenen Hauptstraße nach Mailand spielen bei
diesem Untersuchungsort auch Abgaseinflüsse eine Rolle. Die Untersuchungsstelle in Florida hat tropisches Klima.

CLIMATIC CONDITIONS OF WEATHERING TESTS	WUPPERTAL (D)	EBNIT (A)	DORMELETTO (I)	MIAMI, FLORIDA (USA)
m HÖHE NN	130	1100	380	0
mm NIEDERSCHLAG	1110	1130	1840	1170
h SONNENSCHEIN	1470	1760	2230	2950
SONSTIGES	INDUSTRIE-GEBIET	——	NAHE AN DER HAUPTSTRASSE NACH MAILAND	——

LANGZEITDURCHSCHITTSWERTE
(30 JAHRE)

Abb. 1: Klimabedingungen der Untersuchungsorte.

Aus vielen Untersuchungen ist bekannt, daß die Beschichtung als Schutzschicht dem Festigkeitsabbau der Garne entgegenwirkt. In dieser Untersuchung sollte erstmalig der Einfluß der Deckschicht auf den Festigkeitsabbau unter verschiedenen Klimata ermittelt werden. Deshalb wurden die Gewebe mit drei verschieden starken Deckstrichen hergestellt (Abb. 2). Als Maß für die Dicke der Deckschicht wurde die Schichtdicke oberhalb der Hochpunkte der Schußfäden gewählt. Dies ist zweckmäßig, da die Schußfäden wegen ihrer Hochlage äußeren Einflüssen am stärksten ausgesetzt sind. Variante 1 hat eine sehr dünne Deckschicht von 20 μ, Variante 2 eine praxisübliche Normaleinstellung von 50 μ und Variante 3 eine sehr dicke Deckschicht von 230 μ.

Zunächst sollen die Ergebnisse der Untersuchung nach 1 und 2 Jahren für eine UV-Absorberkonzentration von 0,5 % und eine Standardschichtdicke von 50 μ diskutiert werden. Im ersten Jahr findet bei den drei Untersuchungsorten in Europa kaum ein Abbau der Festigkeit statt. Die Florida-Untersuchungen zeigen jedoch einen Abfall um 15 % (Abb. 3).

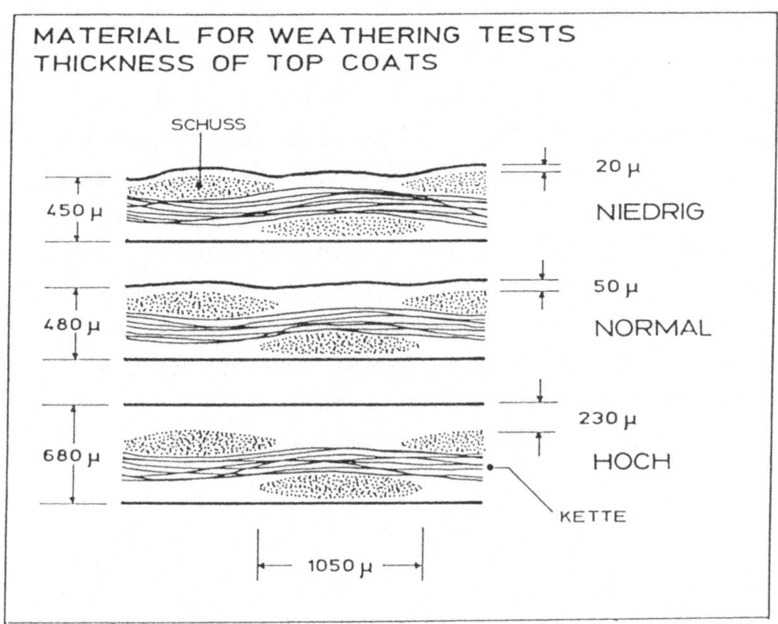

Abb. 2: Versuchsgewebe mit unterschiedlicher Deckschichtdicke.

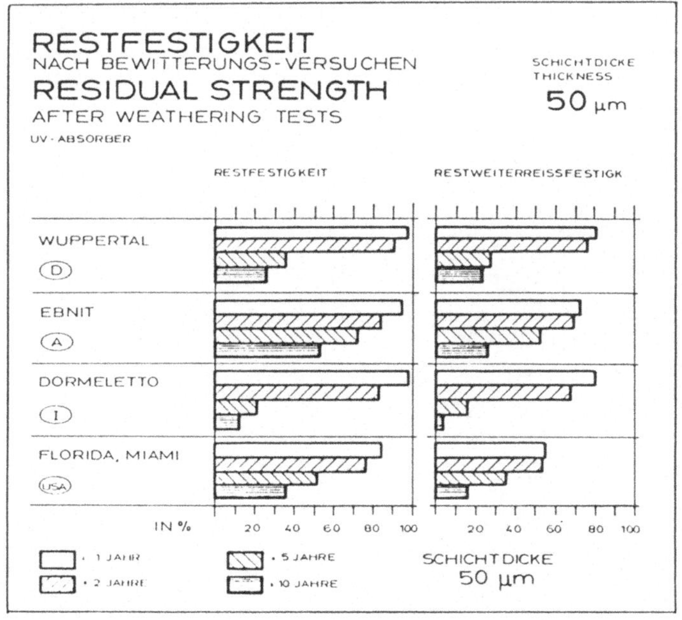

Abb. 3: Restfestigkeit und Restwertreißfestigkeit bei Schichtdicke 50 µ.

402

Im zweiten Jahr zeigt sich für Wuppertal das auch bei früheren Untersuchungen festgestellte Ergebnis, daß der Festigkeitsabbau etwa 10 % beträgt. Im alpinen Klima wird ein etwas höherer Festigkeitsverlust beobachtet. Ein starker Abbau tritt im Untersuchungsort am Lago Maggiore mit
etwa 20 % auf. Dies ist von der klimatischen Belastung her nicht verständ-
lich und zeigt, daß neben den klimatischen Einflüssen hier auch Umwelteinflüsse wirksam sind. Der stärkste Abbau wird jedoch in Florida mit etwa
25 % beobachtet. Im 5. Jahr geht die Restfestigkeit im Falle Wuppertal und
Dormeletto auf 35 % bzw. 20 % zurück, während in Ebnit noch 75 % und in
Florida noch 80 % der Restfestigkeit beobachtet werden. Nach 10 Jahren
fällt die Restfestigkeit weiter (Wuppertal 25 %, Dormeletto 15 %, Ebnit
50 % und Florida 35 %). In Abb. 3 sind auch die Werte der Restwertreißfestigkeit angegeben, die nach der Schenkelmethode ermittelt wurden. In
den ersten zwei Jahren ist der Abfall für Florida besonders stark. Nach
10 Jahren liegen Wuppertal, Ebnit und Florida bei ca. 15 bis 25 %, während Dormeletto unter 5 % liegt.

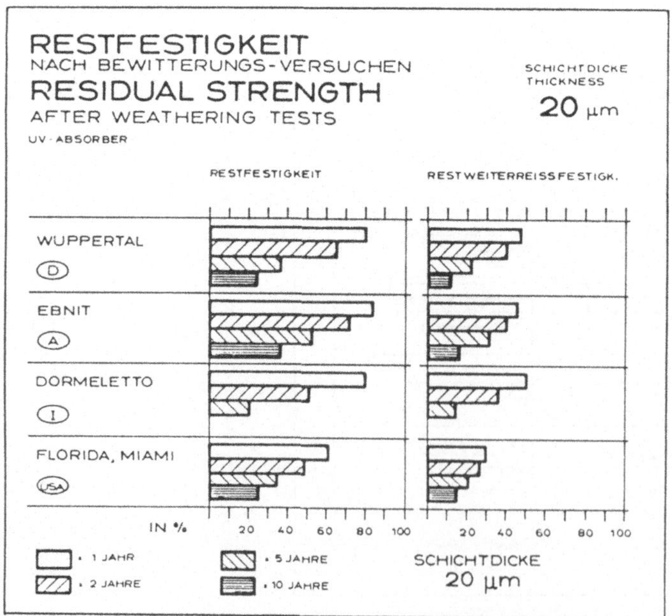

Abb. 4: Restfestigkeit und Restwertreißfestigkeit bei Schichtdicke 20 µ.

Wird die Schichtdicke auf 20 μ reduziert, so ergibt sich im Vergleich zur
Schichtdicke 50 μ bei den Untersuchungen Florida und Ebnit ein viel
höherer und schnellerer Festigkeitsabbau (Abb. 4). Die Ergebnisse der
Untersuchungsorte Wuppertal und Dormeletto liegen noch tiefer, sind jedoch
auf dem Niveau der 50 μ-Werte. Die Erklärung ist, daß sowohl bei der 50 μ-
als auch bei der 20 μ-Ware die Beschichtungsschicht über den Schußfäden
verwittert ist. Leider lagen Proben nach 10 Jahren im Meßplatz Dormeletto
nicht vor. Für die Restweiterreißfestigkeit liegen die Werte wesentlich
niedriger als bei der Schichtdicke von 50 μ. Bereits in den ersten beiden
Jahren sinken die Werte unter 50 %.

Die Variante mit der hohen Schichtdicke zeigt, daß Festigkeit und Weiter-
reißfestigkeit in allen Klimata auch nach 5 und 10 Jahren noch ausreichen
(Abb. 5).

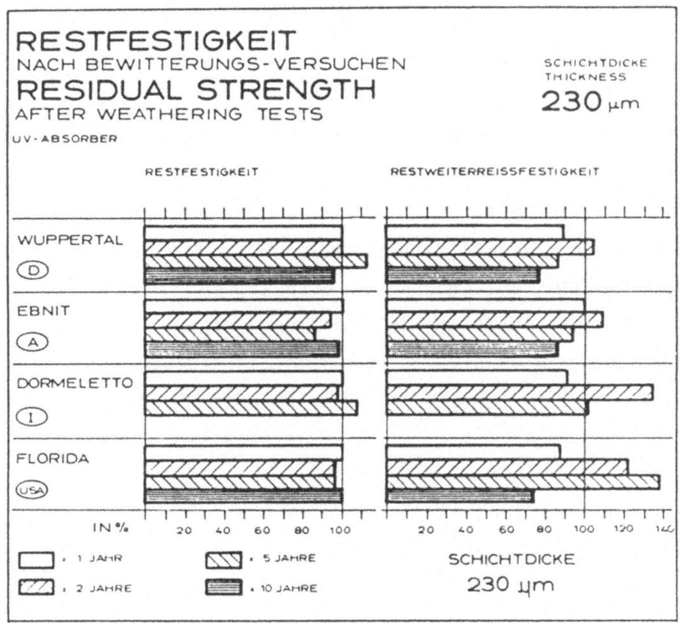

Abb. 5: Restfestigkeit und Restwertfestigkeit bei Schichtdicke 230 μ.

404

Die Frage, wie hoch denn die Schichtdicke sein sollte, ist nicht einfach
zu beantworten, weil neben dem Langzeitverhalten auch weitere Gesichtspunkte wie Handling (Gewicht) und Preis eine Rolle spielen. Insbesondere
bei LKW-Planen und Abdeckplanen müssen Kompromisse getroffen werden.
Deshalb sollte die Beschichtungsstärke über den Schußfadenhochpunkten
deutlich über 50 µ liegen, bevorzugt sogar über 100 µm. Nur dadurch kann
frühzeitigen Abbaureaktionen vorgebeugt und ein zufriedenstellendes Alterungsverhalten erreicht werden. Die vom Institut für Bautechnik im März
1980 für Traglufthallenbauten zugelassenen Beschichtungsgewebe lassen sich
mit dem hier untersuchten 9/9-Gewebe nicht direkt vergleichen. Bei Umrechnung erhält man für den Zulassungstyp GÜWA II (PES 1100 dtex, Einstellung
12/12, P 2/2, Flächengewicht 900 g/m²) eine Schichtdicke von ca. 190 µ.
Für den Gewebetyp GÜWA III (PES 1670 dtex), Einstellung 10.5/10.5, P 2/2,
Flächengewicht 1050 g/m²) ergibt sich eine Schichtdicke von ca. 230 µ.
Diese Resultate machen deutlich, daß die im Bauwesen zugelassenen Gewebe
im Hinblick auf das Alterungsverhalten sehr sicher dimensioniert sind.

Weiterhin wurde untersucht, welche Zeitraffungen durch Xeno-Testmessungen
möglich sind. Da unsere Versuche mit gleichen Materialien unter verschiedenen Klimata durchgeführt wurden, boten sie die Möglichkeit, diesen Zusammenhang näher zu klären. In Abb. 6 werden die Praxisergebnisse mit den
Xeno-Messungen verglichen. Um zu einer allgemeinen Aussage über die Festigkeit zu kommen, haben wir rein empirisch unsere Ergebnisse in Abhängigkeit von der Sonnenstundenzahl für die einzelnen Untersuchungsorte
(Wuppertal (D), Ebnit (A), Dormeletto (I), Miami (USA)) aufgetragen. Als
Sonnenstundenzahl dienten uns die langfristigen Angaben der Wetterämter.
Das Ergebnis ist erstaunlich. Für die Klimabedingungen Florida und Ebnit
ergibt sich ein enger Zusammenhang zwischen Restfestigkeit und Sonnenstun-
denzahl. Dies gilt für beide Schichtdicken. In den Untersuchungen Dorme-
letto und Wuppertal erfolgt jedoch nach 2 bis 5 Jahren ein stärkerer
Abfall. Es liegt keine lineare Abhängigkeit in der halblogarithmischen
Darstellung vor. Dies ist auf die zusätzlichen Umwelteinflüsse zu diesen
Standorten zurückzuführen. Weiterhin sind in Abb. 6 die Xeno-Ergebnisse
eingetragen. Das Ergebnis der Untersuchung ist, daß kein allgemeiner
Zusammenhang zwischen der künstlichen und der Praxis-Bewitterung besteht,
So ergibt sich, daß beim Material mit einer Schichtdicke von 50 µ 2.000
Stunden Xeno-Test etwa 2.000 Sonnenstunden entsprechen.

Auf ein Jahr bezogen bedeutet dies je nach Klima einen Zeitrafferfaktor
von 3 bis 6. Beim Material mit dünner Schichtdicke entsprechen 2.000 Xeno-
Teststunden 500 Sonnenstunden. Hier kann von einer Zeitraffung nicht mehr
die Rede sein. Dies macht deutlich, daß unterschiedliche Materialien
unterschiedliche Zeitraffaktoren haben. Damit unterstreichen diese Ergebnisse die Bedeutung von Praxisuntersuchungen. Ein sehr wichtiges Ergebnis
war auch, daß künstliche Bewitterungen bis zu 2.000 h das Langzeitverhalten nicht genügend prognostizieren. Bei Materialien mit zu geringer
Überdeckungsschicht zeigten sich z.T. erst nach 2 bis 5 Jahren erhebliche
Schäden.

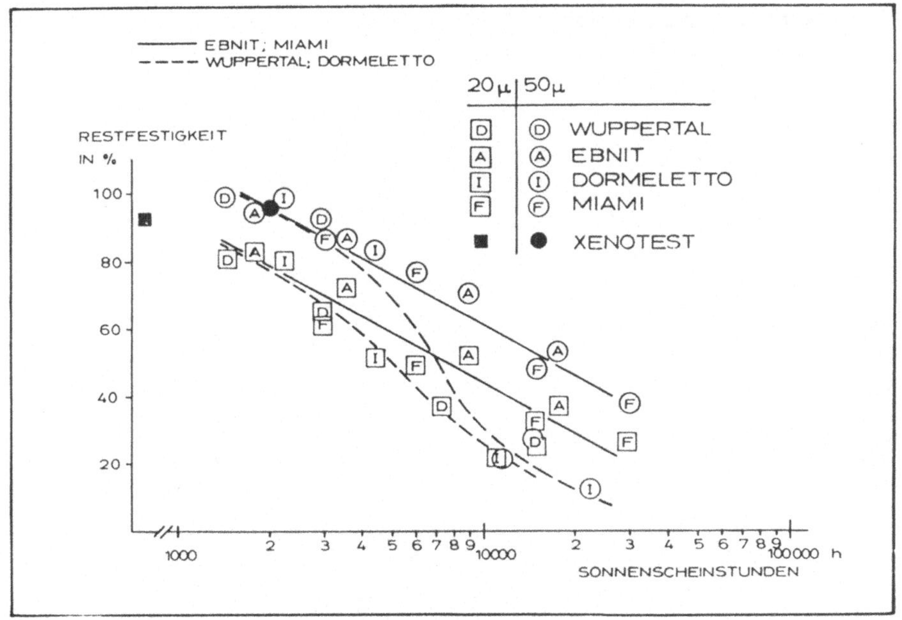

Abb. 6: Restfestigkeit und Abhängigkeit von den Sonnenscheinstunden.
(Praxisbewitterung und 2.000 h Xeno-Rest).

Es sei darauf hingewiesen, daß nach den Xeno-Testprüfungen alle Materialien optisch einwandfrei waren, während bei den Praxisbewitterungen
- wahrscheinlich insbesondere durch So_2-Einfluß - die PVC-Schicht in
einigen Fällen durch Polyen-Bildung zerstört war. Auch dies spricht für
die Aussagekraft von Praxisprüfungen.

406

Die Untersuchungen haben ergeben, daß das komplexe Langzeitverhalten (UV,
Temperatur, Regen, Umweltbedingungen) bei beschichteten Geweben nicht
durch künstliche Bewitterung vorhergesagt werden kann und man auf Praxisbewitterungen in unterschiedlichen Klimata von 2 bis 5 Jahren Dauer
angewiesen ist.

Bekanntlich werden zur Erzielung einer höheren Langzeitbeständigkeit UV-
Absorber in Konzentrationen von 0,5 bis 1 % zugeführt. Es wurden von uns
deshalb neben den hier dargestellten Ergebnissen mit 0,5 % UV-Absorber
auch Versuchsvarianten ohne UV-Absorber und mit 1 % UV-Absorber untersucht. Insbesondere nach längerer Expositionszeit konnten kam Unterschiede
zwischen den verschiedenen Varianten erkannt werden [1].

Literatur

[1] EICHERT, U.,
     Eurofabric-Tagung 1986, ENKA AG.

Testmethoden in der Spinnerei

Dipl.-Ing. E. Kleinhansl
ITV - Institut für Textil- und Verfahrenstechnik Denkendorf
Körschtalstraße 26

7306 Denkendorf

1. **Allgemeines**

Bei der heutigen Vielfalt der Spinnverfahren und der in den Spinnereien zu verarbeitenden verschiedenen Faserstoffe müssen die Testmethoden entsprechend angepaßt werden. Auch die unterschiedlichen qualitativen Anforderungen an die Garne finden ihren Niederschlag in den Testmethoden, insbesondere was den Prüfaufwand anbetrifft. Beispielsweise ist der Prüfaufwand zwischen einer Streichgarnspinnerei und einer Baumwollspinnerei sehr unterschiedlich. Auch die verschiedenen Verfahren für den eigentlichen Garnbildungsprozeß, wie z.B. Ring-, Rotor- und Friktionsspinnverfahren erfordern eine Anpassung der Testmethoden. Daß sich die Testmethoden nach dem zu verarbeitenden Faserstoff richten müssen, versteht sich eigentlich von selbst. Dann sind es noch wirtschaftliche Gesichtspunkte, welche die Prüfungen im Spinnereibereich beeinflussen, die Methoden selbst weniger, den Prüfungsumfang bzw. die Häufigkeit dagegen umso mehr. Schließlich wäre noch auf die im Bereich der Elektronik erfolgte Entwicklung hinzuweisen, die heute Prüfungen und Kontrollen zur besseren, umfassenderen, genaueren und wirtschaftlicheren Überwachung der Fertigung ermöglicht.

Im Rahmen dieses Vortrages kann schon aus Zeitgründen nicht für alle Varianten von Spinnverfahren und von Rohstoffen ein optimales Testprogramm aufgestellt werden. Es wird deshalb auf die einzelnen Testmethoden nur kurz eingegangen, einige Beispiele von Prüfplänen aus der Praxis sind angefügt. Eventuelle neue, dem heutigen Stand der Technik entsprechende Entwicklungstendenzen werden aufgezeigt, und auch offene Fragen bzw. noch nicht optimal gelöste Prüfungen besprochen.

2.   **Aufgliederung der Testmethoden nach dem Zweck der Prüfung**

Die Testmethoden in einer Spinnerei lassen sich wie folgt aufgliedern:

a) Eingangskontrolle an den Rohstoffen,

b) Qualitätskontrolle an den Zwischenprodukten und am Garn,

c) Überwachung des Laufverhaltens,

d) Kontrolle des Maschinenzustandes bzw. bestimmter Arbeitselemente der
   Maschinen (Defekte, Standzeit),

e) Ermittlung von Qualitätsmerkmalen für Lieferbedingungen und

f) Sonderprüfungen im Rahmen von Entwicklungen, Maschinenerprobungen,
   Versuchen, Fehlerursachen usw.

Auf die einzelnen Prüfzwecke wird im folgenden teilweise nur kurz und
dort, wo es notwendig erscheint, ausführlicher eingegangen. Dabei finden
vor allem die Punkte b) bis e) schwerpunktmäßig eine nähere Berücksichtigung.

3.   **Testmethoden**

Zu den Testmethoden liegen Prüfvorschriften (z.B. DIN, ISO, IWTO, BISFA
und andere) vor, nach denen möglichst gearbeitet werden sollte. Die
Vorschriften sind bei den jeweiligen Organisationen erhältlich, ebenso
eine komplette Zusammenstellung der jeweils gültigen Prüfvorschriften.

3.1.   **(a) Eingangskontrolle an den Rohstoffen**

In Abhängigkeit vom Faserstoff sind hier sehr unterschiedliche Testmethoden erforderlich. Die Bandbreite zwischen einfacher und manueller bzw.
visueller Beurteilung und sehr aufwendigen apparativen Einrichtungen ist
hier sehr groß und der Aufwand für die Prüfungen entsprechend sehr unterschiedlich. Dabei spielen Einsatzzweck des Garnes bzw. qualitative Anforderungen an das Garn eine große Rolle. Nach den drei größeren Rohstoff-
gruppen aufgeteilt, werden folgende Prüfungen angewandt:

Baumwolle: Klasse   - Standards

                Reinheit   - Shirley Analyser
                                       ITV Staub- und Trashtester

                Faserfeinheit   - Micronairegerät (DIN 53941)

                Faserlänge   - Fibrograph (DIN-Entwurf)
                                         Almeter
                                  - Kammstapelmeßverfahren
                                    (DIN 53806)

                Reifegrad   - (DIN 53943)

                Honigtautest   - Verschiedene Verfahren

                Festigkeit   - Pressley-Tester (DIN 53942)

                (Dehnung)   - Stelometer (DIN-Entwurf)

Wolle: Feinheit   - Lanameter (DIN 53811)
                                    - FDA-Gerät (CSIRO, Peyer AG)

                Faserlänge   - Almeter
                                  - WIRA

                Reinheit   - Noppen, Vegetabilien, Kletten,
                                    dunkle und bunte Haare, visuell
                                    Hansauszug oder Kammzugtester
                                    Toenniessen
                                - Verpackungsfasern

                Festigkeit   - Stelometer

                pH-Wert   - (DIN 54276)

                Restfettgehalt   - (DIN 54278)

                HBL   - (DIN 54279)

Von den meisten dieser Prüfverfahren liegen entsprechende IWTO-Vorschriften vor, darüber hinaus noch von anderen, hier nicht aufgeführten Prüfverfahren.

Chemiefasern: Rohstoffkontrollen werden in der Spinnerei kaum durchgeführt. Im wesentlichen wird auf die Angaben der Chemiefaserhersteller zurückgegriffen. Wichtige Fasereigenschaften sind:

Faserfeinheit	- gravimetrisch (DIN 53812 T1)
	- Vibroskop (DIN 53812 T2)
Faserlänge	- Einzelfasermeßverfahren (DIN 53808 T1)
	- Kammstapelmeßverfahren (DIN 53806)
	- Almeter
Kräuselung	- visuelle Beurteilung, Kräuselwaage
Feuchtigkeit	- Ofenkonditionierung falls konditioniert geliefert (DIN 53800)
Farbaffinität	- Testfarbstoffe
Verarbeitungsver- halten	Rotorringgerät

Bei Chemiefasern außerdem zu beachtende Prüfvorschriften:
BISFA-Regeln für die einzelnen Faserarten.

3.2   (b) Prüfungen an Zwischenprodukten und am Garn

Im Rahmen der Qualitätskontrolle werden im wesentlichen die Feinheit, die
Gleichmäßigkeit (Masseschwankungen, Imperfections) und die Garnreinheit
(Nissen, Classimat) geprüft. Am Beginn einer neuen Partie oder bei Anlauf
einer Maschine kommen noch andere Prüfungen hinzu, wie z.B. die Vliesrein-
heit an der Karde, die Bandhaftung, der Kämmlingsprozentsatz, die Drehung
des Vorgarnes und die Garndrehung. Dazu gehören z.B. auch Kontrollen der
Kopsabmessungen, um eine optimale Ausnutzung der Kopsformate zu erzielen.

In der Spinnerei ist im übrigen zu unterscheiden zwischen zeitlich vorgegebenen, ständig wiederkehrenden Prüfungen und solchen, die an neu anlau-
fenden Partien bzw. Maschinen vorzunehmen sind. Bei kleineren Partien, die
nur einen Tag oder wenige Tage laufen, läßt sich dies nicht eindeutig
trennen. In diesem Zusammenhang sei auch auf verschiedentlich veröffent-
lichte Prüfpläne, wie z.B. im Uster Bulletin Nr. 26 vom Nov. 1978, hingewiesen.

<u>Zeitlich vorgegebene Prüfungen</u>

Feinheit (DIN 53830):	Baumwollspinnverfahren	Karde, ggfs. Kämmaschine II. Passage Strecke Ringspinnmaschine
	Kammgarnverfahren	Finisseur (oder letzte Strecke) Ringspinnmaschine
Gleichmäßigkeit (und Reinheit): GGP-Uster,	Baumwollspinnverfahren	Karden, ggfs. Kämmaschine II. Passage Strecke Rotorspinnmaschine
Uster Tester I, II und III *) (DIN 53817)	Kammgarnverfahren	Finnisseur

*) Anmerkung

Beim Uster Tester III handelt es sich um eine Neuentwicklung der Firma
Zellweger AG mit Mehrprozessortechnologie, Grafikbildschirm, Tastatur und
wahlweiser automatischer Garnvorlage. Eine nähere Beschreibung bzw. Vor-
stellung dieser neuen Gleichmäßigkeitsprüfanlage in der Fachpresse ist zum
gegenwärtigen Zeitpunkt in Vorbereitung.

<u>Prüfungen bei Anlauf einer Partie oder Maschine</u>

Feinheit (DIN 53830):	meist alle Maschinen	
Gleichmäßigkeit (und Reinheit): GGP-Uster,	Baumwollspinnverfahren	ab Strecke I. Pass. alle Verarbeitungsstufen
Uster Tester I, II und III (DIN 53817)	Kammgarnverfahren	nicht immer alle Strecken, auf jeden Fall Finisseur bzw. Flyer und Ringspinn- maschine

412

Garnprüfungen: unabhängig vom Spinnverfahren.

Vorgarnhaftung (Flyer): mit Resistiro zur Einstellung der Vorgarndrehung

Visuelle Prüfung: an allen Garnen
Festigkeit (DIN 53834): an allen Garnen
Drehung (DIN 53832 T2): Beim Baumwollspinnverfahren häufiger als in den
                          Kammgarnspinnereien
Dickstellenhäufigkeit: Uster-Classimat, bei großen Partien in regel-
                          mäßigen Abständen.

Darüber hinaus wird in der Kammgarnspinnerei da und dort der Noppentest
nach der 2. oder 3. Passage vorgenommen (Kammzugtester Toenniessen). Zur
zusätzlichen Beurteilung der Gleichmäßigkeit werden in den einzelnen
Betrieben Strickstücke angefertigt. Für den Nachweis einer eventuellen
Schädigung (Polyestergarne) dient der STAFF-Tester.
Da der Garnherstellungsprozeß auch das Spulen und Zwirnen beinhaltet, sind
auch hier entsprechende Prüfungen erforderlich. Diese werden teils zeitlich vorgegeben, teils partiebezogen bzw. maschinenbezogen oder auch nur
sporadisch durchgeführt.

Prüfungen nach dem Spulen:

Reibwert zur Kontrolle der Paraffinierung.
Dickstellenhäufigkeit (Classimat) zur Kontrolle der Garnreinigung.
Überprüfung der Knoten bzw. Spleißverbindungen.

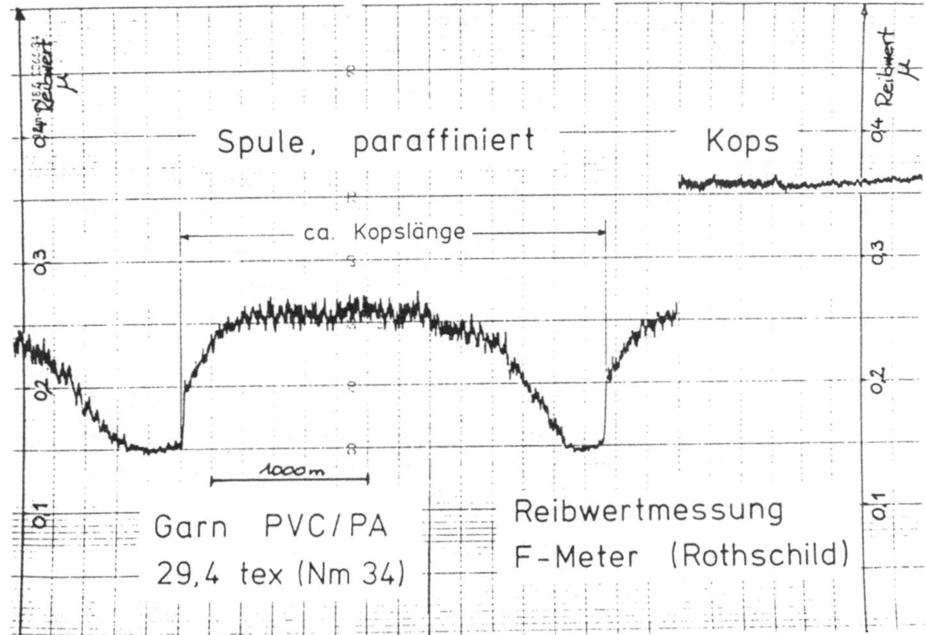

Abb. 1: Reibwertmessung.

In Abbildung 1 ist der Verlauf des Reibwertes an einem gespulten Garn dargestellt, aus dem hervorgeht, daß die Paraffinierung über eine Kopslänge hinweg nicht gleichmäßig erfolgte.

Prüfungen nach dem Zwirnen:

Drehung (DIN 53832 T1)
Überprüfung von Knoten bzw. Spleißverbindungen (falls nicht knotenfrei vorgeschrieben) auf Zwirndrehungsfehler bzw. Festigkeit, Classimatprüfung auf Fehler im Zwirn (Schlingen, Dickstellen etc).

Vor dem Versand der Garne schließen sich noch visuelle Kontrollen an den Spulen, zumeist unter Zuhilfenahme von UV-Lampen zur Erkennung von Materialverwechslungen an und bei Qualitäten, die konditioniert verkauft werden, Feuchtigkeitsbestimmungen mit Hilfe von Konditionierungsgeräten mit Ofentrocknung.

3.3   (c) Überwachung des Laufverhaltens

Hier ist in erster Linie an das Laufverhalten, d.h. das Fadenbruchverhalten an der Ringspinnmaschine gedacht. Da sich die Fadenbruchzahl auf die Garnqualität und die Wirtschaftlichkeit stark auswirkt, müßte sie ständig kontrolliert werden. Dies ist entweder mit einem entsprechenden Personalaufwand für die Fadenbruchzählungen oder mit der Installierung eines heute erhältlichen Fadenbrucherfassungssystems, wie z.B. Ringdata von der Firma Zellweger AG möglich.

Darüber hinaus sind auch die anderen Verarbeitungsstufen in geeigneter Weise zu überwachen, wobei dies jeweils von der Störanfälligkeit der betreffenden Qualität abhängt. Das Führungspersonal entscheidet dann im Einzelfall über die zu treffenden Überwachungsmaßnahmen.

Für die rechtzeitige Erkennung von elektrostatischen Aufladungen, die an verschiedenen Stellen der Verarbeitung zu Laufstörungen führen können, sind Feldstärkemeßgeräte im Einsatz.

3.4   (d) Kontrolle des Maschinenzustandes bzw. bestimmter Arbeitselemente der Maschinen

Jede Leistungssteigerung im Bereich der Spinnereien ist meist mit einem höheren Verschleiß der Arbeitselemente verbunden. Dieser wirkt sich dann praktisch immer negativ auf die Qualität des zu verarbeitenden Produktes aus. Aus dem Spinnereibereich sei auf einige kritische Stellen hingewiesen, die einer entsprechenden Kontrolle bzw. Prüfung bedürfen.

Karde:

Die Laufzeit einer Garnitur ist begrenzt. Ein Abfall in der Kardierleistung muß rechtzeitig erkannt werden (Anstieg der Nissenzahlen), um entweder die Garnitur nachzuschleifen oder sie durch eine neue zu ersetzen. Seit kurzem steht der ITV-Feinstaub- und Trash-Tester zur Verfügung, der mangelnde Kardierarbeit besonders gut offenlegt.

<u>Karden, Strecken, Kämmaschinen, Flyer</u>:

Spektrogramme, um Maschinendefekte zu ermitteln.

<u>Ringspinnmaschine</u>:

Die Überwachung der Läuferstandzeit erfolgt im allgemeinen über die Fadenbruchwerte. Sie kann aber auch beispielsweise mit Hilfe der Nissenzahlen (Aufschieber) am Imperfection Indicator (GGP-Uster) erfolgen oder über den Anstieg der Haarigkeit, die sich mit der Garntafel oder mit einem Haarigkeitsprüfgerät (z.B. Zweigle G 565) bestimmen läßt.

<u>Spindeldrehzahl an Spinn- und Zwirnmaschinen</u>:

Die Drehzahlüberwachung kann in einfacher Weise mit Hilfe eines Stroboskops vorgenommen werden.

<u>Defekte Druckroller, Riemchen, schlagende Spindeln</u>:

Visuell durch Kontrolleure, bei Ringdata aufgrund von Hinweisen durch den Rechner.

<u>Fadenleitorgane und Nutenzylinder an Spulmaschinen</u>:

Eingelaufene Fadenführer oder Nutenzylinder führen zu einer Aufrauhung des Garnes. Mit dem Haarigkeitsprüfgerät läßt sich ein solcher fortgeschrittener Verschleiß erkennen.

3.5   (e) Ermittlung von Qualitätsmerkmalen für Lieferbedingungen

Bei Garnlieferungen werden in den meisten Fällen bestimmte Qualitätsmerkmale vorgeschrieben. Hierbei ist darauf zu achten, daß nur genormte Prüfverfahren oder solche, die zwischen den beiden Partnern vereinbart sind, zur Anwendung kommen. Eine Vergleichbarkeit und Reproduzierbarkeit der Prüfverfahren ist hier zwingende Voraussetzung, um Streitigkeiten aus dem Wege zu gehen.

416

Vom Prüfumfang her gesehen reichen die Ergebnisse der Qualitätskontrolle
aus, diese als Qualitätsmerkmale für die zu liefernden Garne weiterzuge-
ben. Häufig müssen jedoch separate Prüfungen vorgenommen werden, um die
Ergebnisse statistisch besser abzusichern. Bei der Zugfestigkeitsprüfung
wird beispielsweise im Rahmen der Qualitätskontrolle mit höherer Verformungsgeschwindigkeit geprüft; die Festigkeitswerte, die nach außen weiter-
zugeben sind, sollten mit genormter Verformungsgeschwindigkeit ermittelt
werden.

3.6   (f) Sonderprüfungen

Im Rahmen von Entwicklungen, Versuchen, Maschinenerprobungen und Untersuchungen zur Auffindung von Fehlerursachen, beispielsweise in Reklama-
tionsfällen können die verschiedensten Prüfmethoden zur Anwendung kommen.

Außer den vorgenannten wären noch einige ergänzend zu nennen, ob sie
jedoch in den einzelnen Spinnereien zur Anwendung kommen, hängt von den
zur Verfügung stehenden Investitionsmitteln und der Qualifikation des
Prüfpersonals ab.
Beispielsweise wäre an eine gewisse Grundausstattung in der Mikroskopie zu
denken oder an Prüfgeräte und Chemikalien, mit deren Hilfe sich Faserarten
identifizieren lassen. Gelegentlich sind auch Garnschrumpfwerte zu bestimmen - bei Schrumpf oder Hochbauschgarnen gehört diese Prüfung zur Qualitätskontrolle -, die einerseits sehr einfach mit Kochtopf und einer
geeigneten Meßlatte ermittelt werden können, für die es andererseits auch
automatische Geräte, wie beispielsweise den Texturmat der Firma Textechno
gibt.

Der Ausstattung eines Prüflabors einer Spinnerei sind somit praktisch
keine Grenzen gesetzt. Sie sollte jedoch in einem vernünftigen Verhältnis
zur Gesamtkonzeption einer Spinnerei stehen.

4.   Beispiele von Prüfplänen aus der Praxis

Obwohl sich die Prüfpläne der Spinnereien voneinander mehr oder weniger
unterscheiden und sicherlich auch kein einheitliches Schema für alle
gefunden werden kann, sollen doch für eine grobe Orientierung nachstehend
drei Beispiele aus der Praxis aufgeführt werden.

4.1 Baumwoll- und Chemiefaserspinnerei

Band-, Vorgarn- und
Garnfeinheit:

Karden (m. Reg.)	1 x täglich
Strecken II Pass.	2 x täglich
Flyer	2 x wöchentlich
Ringspinnmaschine	2 x wöchentlich

Gleichmäßigkeit:
(Uster)

Karde	1 x monatlich
Strecken	1 x monatlich
Flyer	1 x monatlich
Ringspinnmaschine	2 x monatlich

4.2 Rotorspinnerei

Band-, Vorgarn- und
Garnfeinheit:

Schlagmaschine
(Meterproben)   3 x monatlich
(bei Füllschachtschachtspeisung über
den Kardenverzug berechnet)

Karden	1 x pro Quartal
Strecke I. Passage	2 x wöchentlich
Strecke II. Passage	2 x täglich
Rotorspinnmaschine	1 x wöchentlich

Gleichmäßigkeit:
(Uster)

Karde	1 x pro Quartal
Strecke I. Passage	2 x wöchentlich
Strecke II. Passage	2 x täglich
Rotorspinnmaschine	täglich 7 Maschinen

Festigkeit: Rotorspinnmaschine   täglich 7 Maschinen

4.3 Kammgarnspinnerei

Band- und Garnfeinheit:

letzte Streckenpassage	1 x täglich
oder	
Finisseur	1 x monatlich
Ringspinnmaschine	2 x wöchentlich

Gleichmäßigkeit:	Finisseur	1 x monatlich
(Uster)	Ringspinnmaschine	1 x in 5 bis 6 Wochen
Festigkeit:	Ringspinnmaschine	1 x in 5 bis 6 Wochen
Dickstellenprüfung:	Ringspannmaschine	1 x in 5 bis 6 Wochen
(Classimat)	Spulerei	1 x in 5 bis 6 Wochen
	Zwirnerei	1 x in 2 Wochen
Visuelle Kontrolle auf		
Dickstellen oder Batzen:	Flyer	1 x täglich.

Im Bereich der Kammgarnspinnerei finden sich je nach Spinnprogramm (Maschen- oder Webgarne) und Qualitätsanforderungen größere Unterschiede in der Art und Häufigkeit der Qualitätskontrollen.

5. Besonderheiten bei bestimmten Garnprüfungen

Ergänzend zu den bisher behandelten Prüfmethoden sei noch auf drei Punkte eingegangen:

5.1 Zugfestigkeit mit höherer Verformungsgeschwindigkeit

Um die Prüfkapazität zu erhöhen, wurden von den Prüfgeräteherstellern Automaten mit höherer Verformungsgeschwindigkeit, d.h. sogenannte Schnellreißgeräte entwickelt. 5000 mm/min bzw. 10.000 mm/min sind heute möglich. Dabei ist zu bedenken, daß die eigentliche Reißdauer schon unter einer Sekunde liegt (bei 5000 m/min) und daß eine weitere Verkürzung im Vergleich zu den konstanten anderen Zeiten für das Zurückfahren der Klemmen, das Einspannen der Proben, Aufbringen der Vorspannkraft usw. praktisch nur eine unwesentliche Erhöhung des Prüfumfanges bringt.

Wie die Erfahrung mit dem Schnellreißen zeigt, liegen die Werte der Höchstzugkraft und Höchstzugkraftdehnung im Vergleich zur genormten langsameren Verformungsgeschwindigkeit etwas anders. Für eine Reihe von Garnen läßt sich eine gewisse Grundtendenz ableiten, die kurz wie folgt zusammengefaßt werden kann:

       Höhere Verformungsgeschwindigkeit
                Höchstzugkraft nimmt zu
                Höchstzugkraftdehnung nimmt ab.

Bei der Qualitätskontrolle spielt dies kaum eine Rolle, weshalb die
Spinnerei intern ihre Prüfungen mit höherer Prüfgeschwindigkeit vornehmen
kann.

Problematischer wird es z.B. im Falle eines untersuchten Kammgarnes aus
Wolle, bei dem das Kraft-Dehnungsdiagramm nach einem steileren Anstieg
einen längeren, flachen Verlauf aufweist (vgl. Abb. 2). Bei diesem Garn
wurden nach der Erhöhung der Verformungsgeschwindigkeit von 120 mm/min auf
5000 mm/min folgende Änderungen festgestellt (s. auch Abb. 3):

         Höchstzugkraft   um 27 % höher
         Höchstzugkraftdehnung   um 26 % höher.

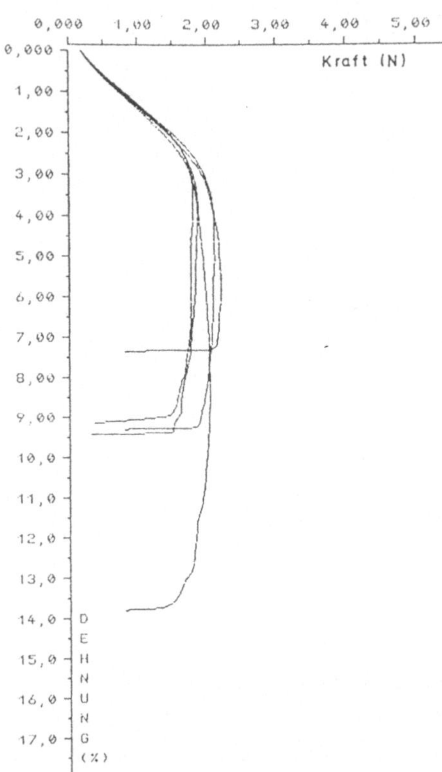

Abb. 2: Kraft-Dehnungs-Diagramme von einem Kammgarn aus Wolle.

420

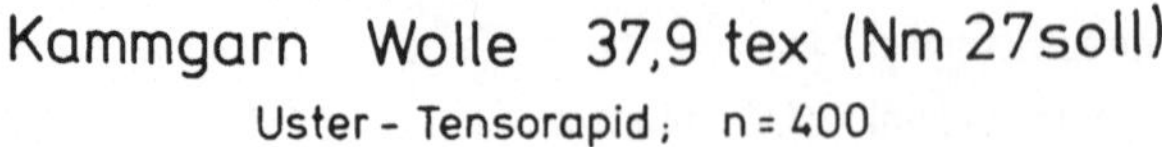

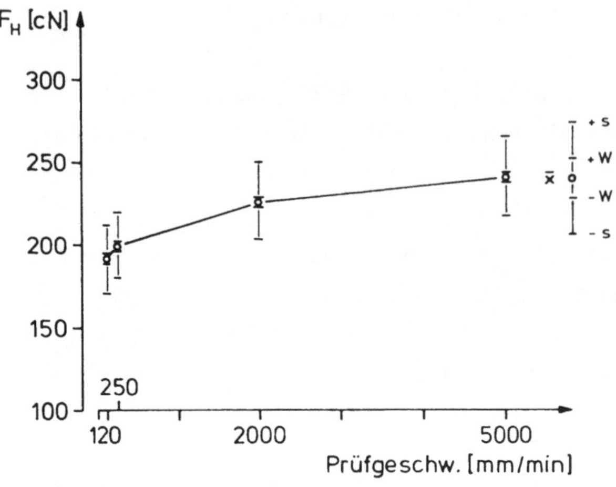

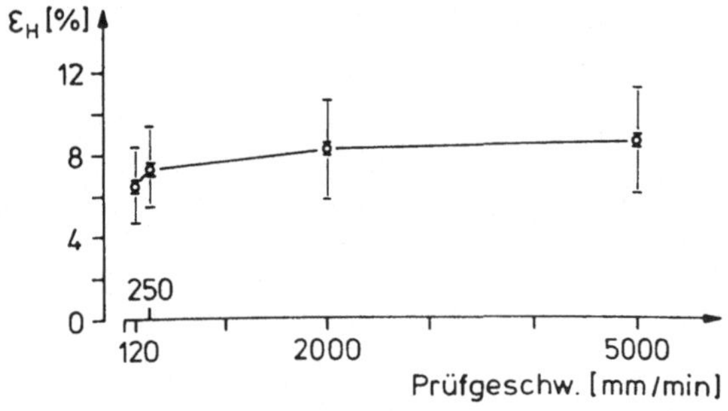

__Abb. 3__: Höchstzugkräfte und Höchstzugkraftdehnung in Abhängigkeit
von der Prüfgeschwindigkeit.

Der Unterschied ist erheblich, weshalb hier nicht mehr so ohne weiteres
bei der Qualitätskontrolle auf die hohe Prüfgeschwindigkeit übergegangen
werden kann. Hier sind sicherlich noch eingehende Untersuchungen über die
Zusammenhänge erforderlich.

5.2 Schwachstellen im Garn

In der Weberei bereiten die sogenannten Schwachstellen Schwierigkeiten,
weil sie zu Fadenbrüchen und damit zu Stillständen führen. Obwohl sie in
der Weberei schon zu häufig auftreten, sind sie auf die normalerweise
geprüfte Länge bezogen ein äußerst seltenes Ereignis. Verschiedentlich
wird versucht, über das Schnellreißen mit sehr vielen Einzelwerten eine
Aussage über das Vorhandensein solcher Schwachstellen zu erhalten. Selbst

wenn diese Methode da und dort zum Erfolg geführt hat, ist sie doch nicht
befriedigend bzw. nicht sicher genug, da die geprüfte Garnlänge immer noch
relativ kurz ist. Außerdem gelingt es an den Prüfautomaten meistens nicht,
diese Schwachstellen zu beobachten bzw. zu erkennen, da der Prüfvorgang
weiterläuft bzw. das gerissene Fadenende abgesaugt wird. Schließlich
bleibt ein Rest an Unsicherheit, ob ein im Strichdiagramm erkennbarer
niedriger Wert (Ausreißer nach unten) auch tatsächlich eine Schwachstelle
war oder ob nicht dieser niedrige Wert beispielsweise durch eine Störung
beim Einspannen der Probe hervorgerufen wurde.

Mit dem Autometer von der Firma Textechno (das Gerät wird seit Jahren
nicht mehr hergestellt) lassen sich in kürzerer Zeit größere Garnlängen
auf Schwachstellen untersuchen. Dabei würde eine dazu konzipierte rechnergestützte Auswertung [1,2] sehr vorteilhaft sein, sofern sich durch eine
verbesserte Betriebssicherheit am Autometer der Überwachungsaufwand redu-
zieren ließe.

PES/Bw - Garn		Farbe A	Farbe B	Farbe C	Farbe D
Uster Tensorapid 5000 mm/min 800 Einzelwerte	R_H cN/tex	16,7	13,9	15,7	17,6
	V_F %	11,4	11,8	11,6	10,3
	ε_H %	13,4	12,7	10,6	12,7
	V_ε %	6,8	12,1	8,8	7,8
	W_H cN·cm	732	633	594	738
Uster Tensorapid 5000 mm/min 800 Einzelwerte; Anzahl von Meßwerten im Bereich von	F_H < 125	0	1	0	0
	cN 125-150	0	6	0	0
	150-175	4	47	9	2
	175-200	29	137	44	10
	ε_H < 8	0	1	0	0
	8 - 9	0	0	13	0
	9 - 10	0	7	77	1
	% 10 - 11	0	33	170	15
	11 - 12	26	88	-	75
Autometer / Anzahl Fadenbrüche pro 1000 m bei der Dehnung %	7	0	0	0	1
	8	0	4	10	1
	9	2	36	85	10
	10	7	135	-	86
	12	170	-	-	-
Mittl. Kraft cN bei der Dehnung %	7	-	60	65	73
	8	-	133	160	158
	9	150	155	-	188
	10	175	-	-	-

R_H = Feinheitsfestigkeit cN/tex
V_F = Variationskoeff. der Höchstzugkraft %
ε_H = Höchstzugkraftdehnung %
V_ε = Variationskoeff. der Höchstkraftdehnung %
W_H = Höchstzugkraft-Arbeit cN·cm

Abb. 4: Untersuchungen auf Schwachstellen.

In Abb. 4 (Tabelle) sind einige Ergebnisse an gefärbten Garnen aufgeführt, die beispielhaft die Unterschiede am Autometer im Zusammenhang mit den Tensorapid-Werten zeigen sollen. Daraus ist zu entnehmen, daß das Autometer in einem Fall (Farbe D) Fadenbrüche schon bei niedrigen Dehnungen registriert, wo bei der Zugfestigkeitsprüfung die Anzahl der Werte bei bestimmten Unterschreitungen der Höchstzugkraft und Höchstzugkraftdehnung noch nicht zunimmt. Bei den anderen drei Farben korrelieren dagegen die Werte vom Autometer mit denen von der Zugfestigkeitsprüfung. Der Vollständigkeit halber sind auch Feinheitsfestigkeit, Höchstzugkraftdehnung, die Variationskoeffizienten der Höchstzugkraft und Höchstzugkraftdehnung sowie die Höchstzugkraft-Arbeit aufgeführt.

Der Schwachstellenprüfung ist allergrößte Bedeutung beizumessen. Gegenwärtig behilft man sich mit den Schnellreißgeräten, möglichst viele Einzelwerte zu erhalten, wobei die Prüfmaschine möglichst weit in die Nacht hinein ausgenutzt werden sollte. Der niedrigste Wert und beispielsweise der Mittelwert von einer vorgegebenen Anzahl der niedrigsten Werte kann dann als Qualitätsmerkmal herangezogen werden.

5.3   Drehungsprüfung an Rotorgarnen

In zahlreichen Veröffentlichungen verschiedener Autoren wurde darauf hingewiesen, daß zwischen der an der Rotorspinnmaschine eingestellten Drehung und der am Garn gemessenen Drehung (Spannungsfühlerverfahren und Varianten davon) eine erhebliche Differenz bestehen kann. Die Ursache dafür liegt in der besonderen Struktur der Rotorgarne. Trotzdem wird immer wieder behauptet, daß man die Drehung messen kann oder man wundert sich, daß erhebliche Differenzen zwischen der angegebenen Solldrehung und der gemessenen bestehen. Es sei hier noch einmal konstatiert, daß mit Hilfe der Drehungsmessung - Spannungsfühlerverfahren und daraus abgeleiteten Verfahren am Drehungsprüfautomaten - die an der Rotorspinnmaschine eingestellte Drehung nicht nachgeprüft werden kann, daß jedoch die Drehungsdifferenz - die Maschinendrehung muß allerdings bekannt sein - sehr wertvolle Informationen über die Garnstruktur liefert. Insofern hat die Drehungsprüfung an Rotorgarnen einen Sinn und ihre Berechtigung.

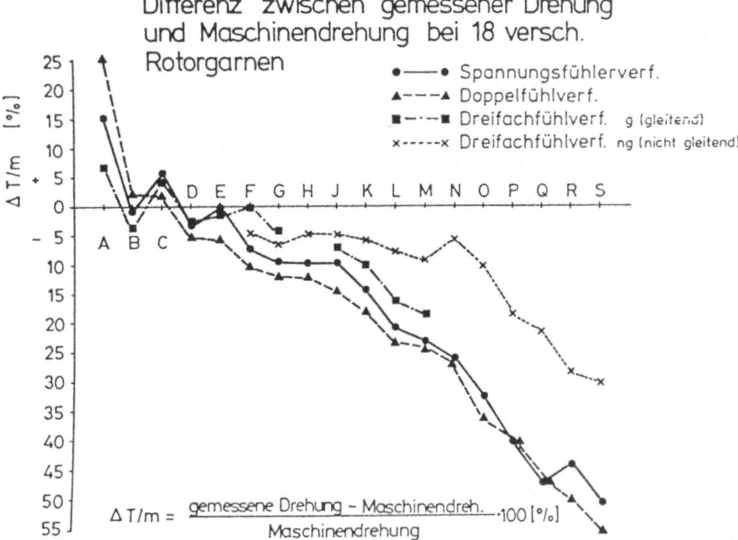

Abb. 5: Drehungsdifferenz bei Rotorgarnen.

In Abb. 5 ist die Drehungsdifferenz von insgesamt 18 aus den verschiedensten Spinnversuchen stammenden Garnen dargestellt, wobei die Reihenfolge
nach der Differenz beim Doppelfühlverfahren (Zweigle-Automat) gewählt
wurde. Daraus geht hervor, daß bei der Dreifachfühlmethode die Differenzen
zwar niedriger sind aber immer noch zu groß, um die an der Rotorspinnmaschine eingestellte Drehung nachzuweisen.

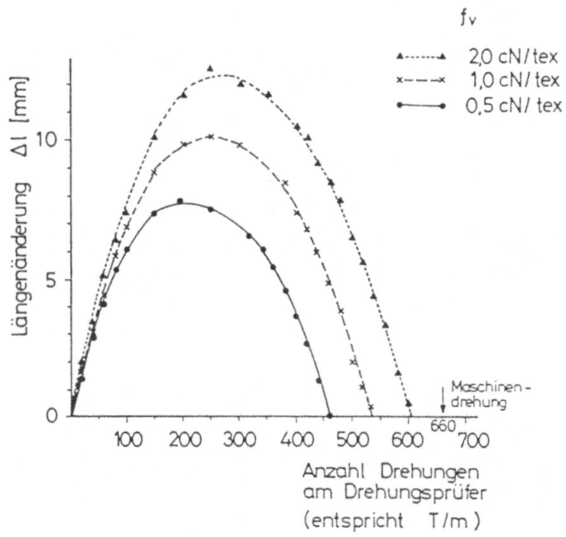

Abb. 6: Längenänderung bei der Drehungsprüfung in Abhängigkeit von der
Vorspannung bei einem Rotorgarn bei hoher Drehungsdifferenz.

424

Abb. 6 zeigt den Einfluß der Vorspannung auf die Längenänderung beim Auf-
und Zudrehen eines Rotorgarnes mit hoher Drehungsdifferenz. Dabei wirkte
die angegebene Vorspannung während des ganzen Drehungsprüfvorganges ein,
was nur bei den sogenannten nichtgleitenden Rotorgarnen (hohe Drehungsdifferenz) möglich ist. Daraus geht hervor, wie sich das Ergebnis einer
Drehungsprüfung mit der Vorspannung beeinflussen läßt.

6.   Zusammenfassung und Entwicklungstendenzen

In Abhängigkeit vom Prüfzweck wurde in der vorliegenden Arbeit auf die
verschiedenen Testmethoden eingegangen, wie sie heute in den Spinnereien
üblich sind. Die Frage, ob zu viel oder zu wenig geprüft wird, muß jeder
einzelne Betrieb versuchen, selbst zu beantworten, wobei in kritischer
Abwägung alle Aspekte Berücksichtigung finden sollten. Qualitative Ansprüche an das Garn verlangen einen entsprechenden Prüfaufwand.

An Tendenzen zeichnen sich im Bereich der Rohstoffeingangskontrollen
gewisse Entwicklungen hin zu eingehenderen Prüfungen ab, um mit der
besseren Kenntnis der Rohstoffeigenschaften eine bessere und gezieltere
Ausnutzung des Rohstoffes für die jeweilige Garnqualität zu erreichen. In
den Baumwollspinnerein finden zunehmend automatisierte Prüfstraßen -
sogenannte "High Volume Fiber Test Instruments', abgekürzt HVI und HVT -
Eingang, mit deren Hilfe sich in kurzer Zeit viele Prüfungen durchführen
lassen, so daß praktisch die Qualität eines jeden einzelnen Baumwollbal-
lens ermittelt werden kann.
Im Bereich der Wollverspinnung hofft man, mit dem FDA-Gerät (Fineness
Distribution Analyser, früher FFDA Fiber Fineness Distribution Analyser)
von CSIRO bzw. Peyer AG eine genauere Aussage über die Anteile gröberer
Fasern zu erhalten, was für Laufverhältnisse und Garnqualität und damit
einen gezielteren und wirtschaftlicheren Einsatz der Wolle sehr wichtig
wäre.

Der allgemeine Trend, mit Hilfe der modernen Elektronik Daten zu sammeln
und auch jederzeit verfügbar zu haben ist auch im Bereich der textilen
Prüfung bemerkbar. Die Zellweger AG bietet hierfür das sogenannte Labdata-
System an, das mit anderen ähnlichen Systemen gekoppelt werden kann. Die
heutige Mikroprozessortechnik wird hier sicherlich die Entwicklung weiter
fördern.

Wir forcieren die Nutzung von Qualitätsdaten, die bereits in der Produktion direkt an den Maschinen gewonnen werden können, einerseits, um Fehler möglichst früh zu erkennen, und um eine möglichst lückenlose Prüfung realisieren zu können, andererseits um den zentralen Prüfaufwand in Grenzen zu halten. Aber selbst dann benötigen wir ein gut funktionierendes Prüflabor mit dem dazugehörenden qualifizierten Personal. Das Prüfen und Kontrollieren sollte jedoch nicht allein dem Spinner aufgebürdet werden, sondern müßte auch in den Weiterverarbeitungsstufen eine Selbstverständlichkeit sein.

<u>Literatur</u>

[1] ITR - Für die Praxis aus der Forschung:
     Automatische Auswertung an Zugprüfmaschinen,
     Textil Praxis International <u>29</u> (1974), S. 582.

[2] Lünenschloß, H., Schlichter, S. und Thenen, M.,
     Rechnergestützte Auswertung von Dehnkraft- und Reißkraft-
     prüfungen am laufenden Faden,
     Melliand Textilber. <u>67</u> (1986), S. 468.

Messung des Abscheideverhaltens von Baumwollstaub

T. Bahners und E. Schollmeyer
Deutsches Textilforschungszentrum Nord-West e.V.
- Institut für textile Meßtechnik -
Frankenring 2
4150 Krefeld 1

Die Abscheideleistungen eines Filtermediums sind in hohem Maße von der Struktur des abzuscheidenden Staubes, d.h. des Aufgabegutes, abhängig. Diese Aussage gilt besonders für komplexe Stäube wie in der textilen Verarbeitungskette, die sich aufgrund ihrer Faserigkeit und ihrer Zusammensetzung aus oftmals verschiedenen Materialien von anderen Stäuben unterscheiden.

Für den Anwender bedeutet dies im Prinzip, daß zur Auswahl stehende Filtermaterialien für die im textilen Bereich eingesetzten Filteranlagen vor Ort und mit dem tatsächlich abzuscheidenden Staub auf ihre Abscheideleistungen untersucht werden müssen. Dabei ist es sinnvoll, die zu prüfenden Materialien verfahrenstechnisch realistischen Bedingungen (Druck, Strömungsgeschwindigkeit, Staubangebot) auszusetzen.

Da diese Vorgehensweise einen erheblichen Aufwand erfordert, wurden beispielhaft in einem umfangreichen Forschungsprogramm [1] zahlreiche Filtermedien auf ihre Abscheideleistungen gegenüber Baumwollstaub untersucht.

Im folgenden sollen nun nicht die Ergebnisse dieser Untersuchung, sondern die Vorgehensweise dargelegt werden. Zielsetzung dabei ist es, dem Leser Grundlagen und Probleme der Filtermeßtechnik nahezulegen.

Wesentlich ist, wie bereits erwähnt, daß ein Filtermedium unter realistischen Bedingungen vermessen wird. Zur Unterstützung des Abscheideverhaltens gegenüber Baumwollstaub wurde daher in einer Baumwollspinnerei eine

428

Versuchsfilteranlage errichtet [1], die in das betriebsinterne Entstau-
bungssystem der Karderie eingebunden war (vgl. Abb. 1).

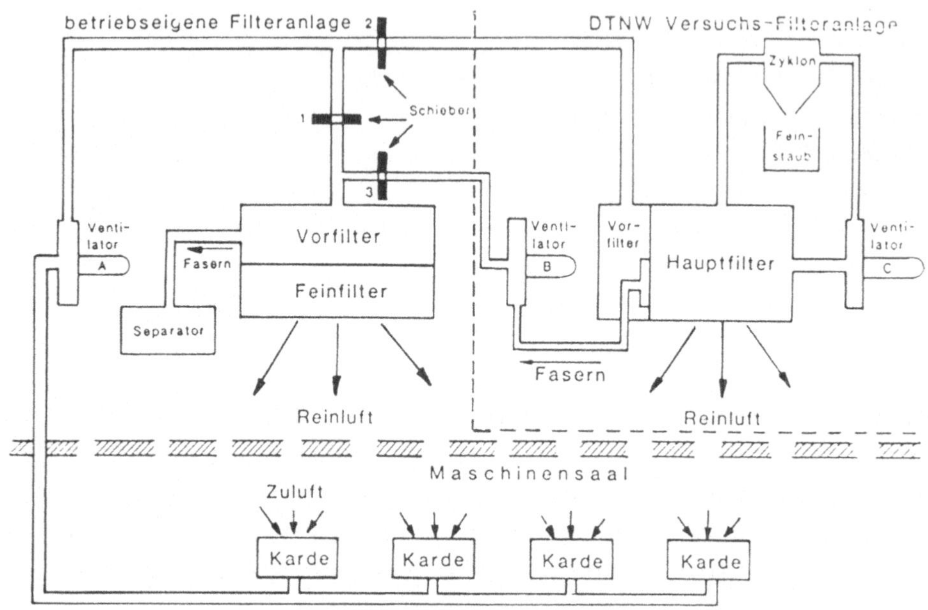

<u>Abb.</u> 1: Integration einer Versuchsfilteranlage in die Karderieentsorgung
einer Baumwollspinnerei.

Leistungsmäßig war diese Versuchsfilteranlage so dimensioniert, daß sie
die Entsorgung von vier Karden voll übernehmen konnte. Die Anlage bestand
im wesentlichen aus einem Grob- oder Vorfilter, das zur Faserabfilterung
dient, und dem Haupt- bzw. Feinfilter, das die eigentliche Reinigung der
Kardenabluft vornimmt. Auf dem Hauptfilter waren die zu untersuchenden
Filtermedien zylinderförmig aufgespannt, die Filterfläche betrug 9m².

Zur Beschreibung der Leistungsfähigkeit eines Filtermediums genügt es nun
prinzipiell, die Staubkonzentration vor und nach dem Filter zu vermessen,
woraus der massebezogene Filterwirkungsgrad η_M ermittelt werden kann.
Diese Größe wird allerdings im wesentlichen durch den Anteil großer,
schwerer Partikel in einem Staubgemisch bestimmt, wie folgendes Beispiel

zeigen mag: Ein Staubpartikel mit einem Durchmesser von 10 µm hat die
8fache Masse eines Partikels mit 5 µm Größe, aber die 1000fache Masse
eines Partikels mit 1 µm Durchmesser. Daraus folgt, daß die (unproblema-
tische) Abscheidung eines einzelnen Partikels mit 10 µm Durchmesser für
den Filterwirkungsgrad η_M gleichviel wiegt wie die (schwierige) Abscheidung von 1000 Partikeln mit 1 µm Größe.

Die Aussagefähigkeit des massebezogenen Abscheidegrades auf die wichtige
Feinstaubabscheidung ist folglich gering.

Besser ist es, den Abscheide- oder Trenngrad partikelgrößenabhängig zu
vermessen. Man erhält damit die Trennkurve $\eta(D_p)$, die den Trenngrad für
jede Partikelgröße D_p angibt, und somit die Filtereigenschaften wesentlich
genauer beschreibt.

Zur Berechnung von $\eta(D_p)$ ist es nötig, für eine festgesetzte Meßperiode
<u>gleichzeitig</u> vor und hinter dem Filtermedium die anzahlbezogenen Parti-
kelgrößenverteilungen $H_A(D_p)$ und $H_F(D_p)$ zu messen. Es gilt dann

$$\eta(D_p) = 1 - \frac{H_F(D_p) \cdot Z_F}{H_A(D_p) \cdot Z_A} \tag{1}$$

Z_A und Z_F sind die Anzahl der gesamt gemessenen Partikel in Zu- und
Abluft.
Die Meßaufgabe zur Erfassung der Abscheideeigenschaften eines Filterme-
diums ergibt sich somit wie in Abb. 2.

Erwähnt werden muß an dieser Stelle, daß die genannten Filterwirkungsgrade
dynamische Größen sind, die sich mit der Staubbeladung ändern. Eine hohe
Staubbeladung verbessert hierbei aufgrund der Filterwirkung des sogenannten Staubkuchens die Abscheidung speziell im Feinstaubbereich, bewirkt
allerdings einen höheren Druckabfall über dem Filter, was energetisch
ungünstig ist.

Die Aufgabe einer Filterstoffkennung wird es somit auch sein, einen
Kompromiß zwischen ausreichender Feinstaubabscheidung und tolerierbarem
Druckverlust zu finden.

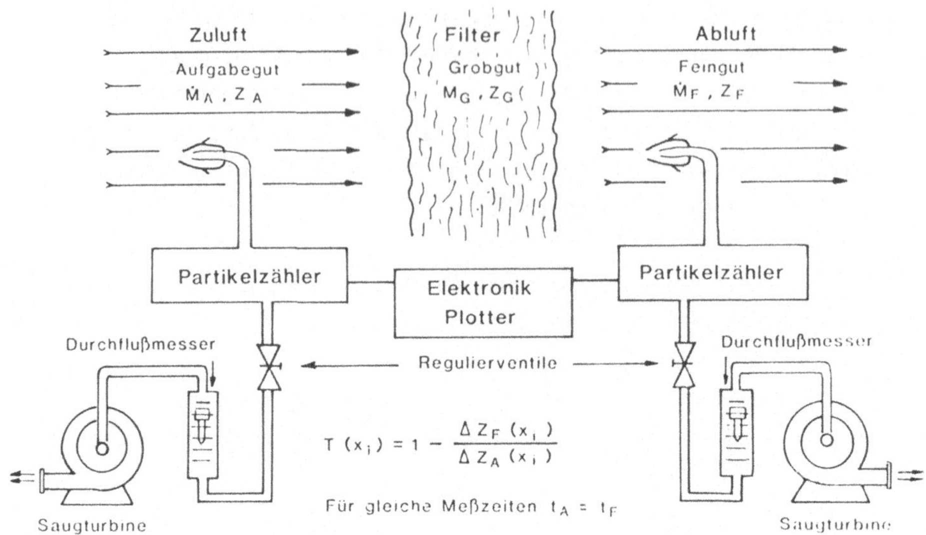

Abb. 2: Schema der Meßaufgabe zur Erfassung der Abscheideeigenschaften
eines Filtermediums. Hierin bedeuten $\dot{M}_A$ und $\dot{M}_F$ die Staubkonzentrationen in Zu- und Abluft, und Z_A und Z_F die Partikelzahlen.

Die Erfassung der (anzahlbezogenen) Partikelgrößenverteilung wird beim
heutigen Stand der Technik vorzugsweise mit optischen Partikelzählern
vorgenommen. Nur solche Geräte gestatten es, die Partikelgrößenverteilung
eines Aerosols in kurzer Zeit (typischerweise 1 bis 10 min) zu vermessen,
und dadurch nicht betrieblichen Schwankungen zu unterliegen bzw. dem
dynamischen Filterverhalten.

Wie in Abb. 2 angedeutet, wird dem Hauptluftstrom jeweils vor und hinter
dem Filter ein Teilstrom entnommen und dem Partikelzähler zugeführt. Hier
ist es außerordentlich wichtig, daß Entmischungsvorgänge bei der Teilstromaufnahme vermieden werden. Anderenfalls können Verfälschungen des
Meßergebnisses auftreten. Für eine korrekte, repräsentative Teilstromaufnahme muß der Teilstrom die gleiche Geschwindigkeit beibehalten wie der
Hauptstrom, die Entnahme muß isokinetisch sein. Üblicherweise werden
hierfür Sonden nach VDI-Richtlinie 2066/2 eingesetzt, die jedoch verlangen, daß die Strömungsgeschwindigkeit im Hauptluftstrom innerhalb eines
recht kleinen Bereiches konstant bleibt. Dieses kann unter betrieblichen
Bedingungen nicht immer gewährleistet werden.

Durch eine strömungsmechanische Erweiterung der isokinetischen Sonde nach VDI 2066/2 in Form eines Vorsatzes kann der nutzbare Strömungsgeschwindigkeitsbereich erheblich erweitert werden (vgl. Abb. 3). Eine solche Erweiterung gewährleistet im genannten Einsatz quasi-isometrische Bedingungen zwischen 1 und 10 m/s. Für Details des Vorsatzes nach Steen wird auf [1] verwiesen.

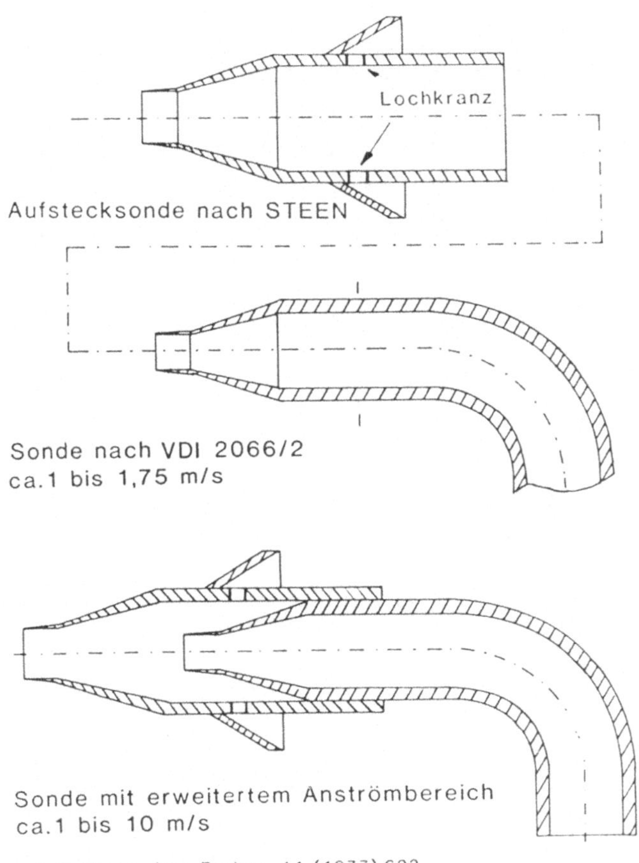

Abb. 3: Teilstromentnahmevorrichtung.

Die Teilströme werden wie in Abb. 2 dargestellt, optischen Partikelzählern zugeführt, wobei im genannten Forschungsprogramm [1] Streulicht-Partikelgrößenanalysatoren eingesetzt werden. Die Funktion dieser Geräte beruht darauf, daß nach der Streulichttheorie von MIE [2] für isometrische Partikel gleichen Materials die Streulichtintensität bei gegebenen experimentellen Bedingungen eine Funktion der Partikelgröße ist.

432

In Abb. 4 ist schematisch der Aufbau eines solchen Gerätes dargestellt.
Die Partikel im Teilluftstrom (senkrecht zur Bildebene) werden mit weißem
Licht beleuchtet, und das unter 90 ° gestreute Licht mit einem Photomultiplier beobachtet. Dabei wird rein optisch durch Blenden ein Meßvolumen
in Form eines Würfels mit nur 110 µm Kantenlänge im Strömungskanal definiert, wodurch auch bei hohen Partikelkonzentrationen Koinzidenzfehler
klein bleiben.

Die Signale des Photomultipliers werden beim eingesetzten Gerät [1] ihrer
Größe entsprechend in 64 Kanäle sortiert und spiegeln somit ein Bild der
Partikelgrößenverteilung des vermessenen Staubes wieder. Die Häufigkeit
einer bestimmten Signalhöhe entspricht der Häufigkeit einer bestimmten
Partikelgröße. Somit kann aus den Signalhöhenverteilungen vor und nach dem
Filter nach Gl. (1) die Trennkurve eines Filters ermittelt werden.

Beispielhaft sind in Abb. 5 die Trennkurven eines Filtermediums bei
verschiedenen Bestaubungszuständen wiedergegeben, die auf die angegebene
Art und Weise ermittelt wurden.

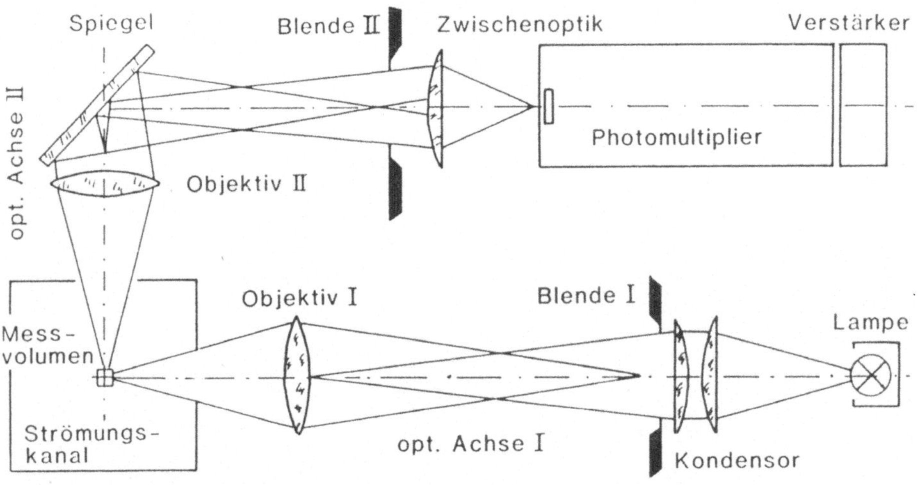

Abb. 4: Schematischer Aufbau eines Streulicht-Partikelzählers.

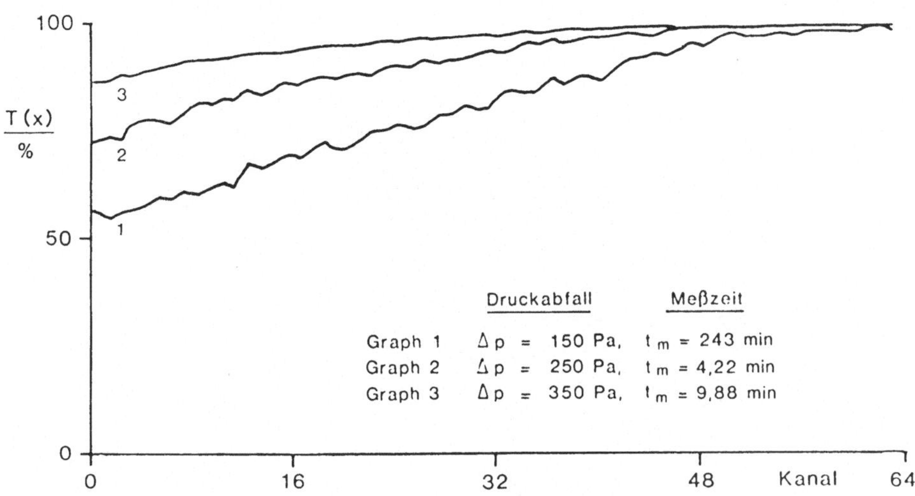

Abb. 5: Typischer Verlauf der Trennkurven eines Filtermediums bei verschiedenen Bestaubungszuständen. Deutlich ist der Einfluß des
Staubkuchens auf Trenngradverlauf und Druckabfall zu erkennen.

Bei der Darstellung in Abb. 5 ist bewußt auf eine Abszisseneichung in
Partikelgrößen verzichtet worden, obwohl vom Gerätehersteller Eichkurven
zur Verfügung standen (Abb. 6). Es muß hier jedoch beachtet werden, daß
solche Eichkurven üblicherweise mit isometrischen Latexpartikeln gewonnen
werden. Die Übertragbarkeit auf andere Stäube und besonders textile
Mischstäube mit fasrigen Anteilen ist daher zweifelhaft. Zur Verdeutlichung sei eine rasterelektronenmikrokopische Aufnahme von Baumwollstaub
gezeigt (Abb. 7). Es ist leicht einzusehen, daß ein solches Staubgemisch
wesentlich andere optische Eigenschaften aufweist als Latexpartikel.

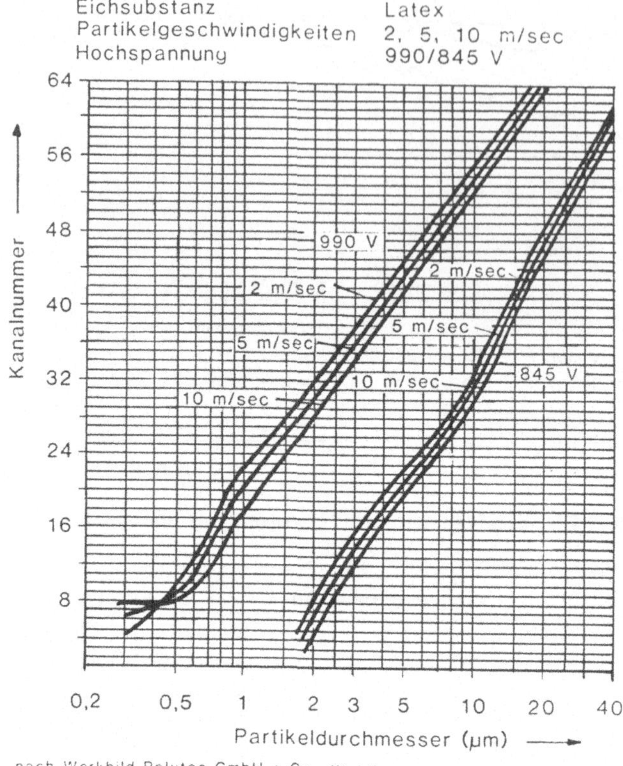

Abb. 6: Eichdiagramm des Streulicht-Partikelzählers (isometrische Latex-Partikel).

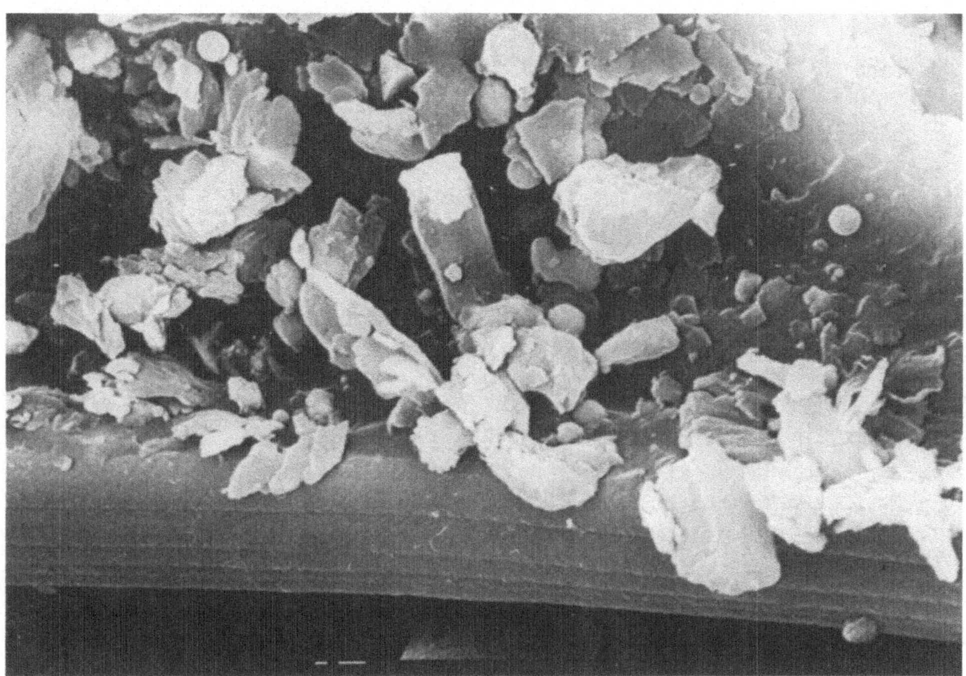

Abb. 7: Rasterelektronenmikroskopische Aufnahme von Baumwollstaub.

436

Für qualitative Aussagen, wie zum Beispiel für den Vergleich verschiedener
Filtermedien oder die Untersuchung des Druckverhaltens wie in Abb. 5, mag
die gewählte Darstellung genügen (s. z.B. [1]), für quantitative Aussagen
ist jedoch eine sinnvolle Eichung des Streulicht-Partikelzählers nötig.

Wesentlich dabei ist, daß die Eichung am zu messenden Staub vollzogen
wird.

Einen möglichen Weg, eine solche Eichung on-line durchzuführen, haben
BÜTTNER [3] und FIßAN et al. [4] skizziert. Dabei wird dem Teilluftstrom
mittels eines Präzisionsimpaktors eine aerodynamische Partikelgröße D_{ae}^{50}
aufgeprägt, indem der Impaktor alle Partikel oberhalb dieser Größe ab-
scheidet. Diese Größe findet sich im Signalhöhenspektrum des nachgeschalteten Partikelgrößenanalysators wieder. Durch den Einsatz verschiedener
Impaktoren gelingt die Zuordnung der aerodynamischen Trenngrenzen der
Impaktoren D_{ae}^{50} (i) zu den entsprechenden Signalhöhen bzw. Kanälen des
Streulicht-Partikelzählers (Abb. 8).

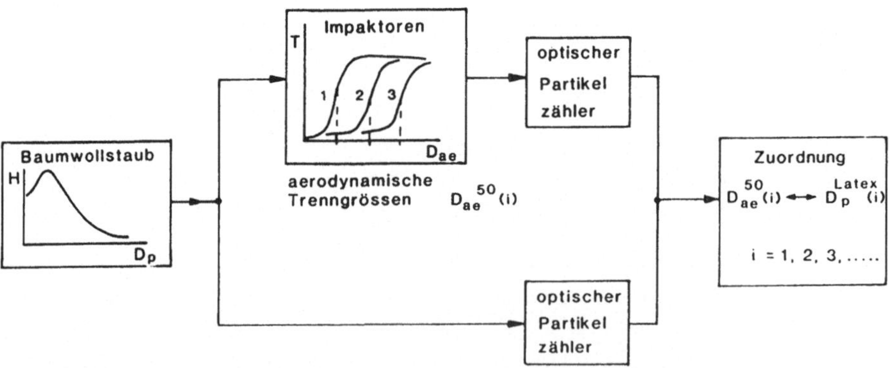

Abb. 8: Schema der Vorgehensweise zur on-line Eichung eines Streulicht-
Partikelzählers mittels Präzisionsimpaktoren.

Danksagung

Wir danken dem Forschungskuratorium Gesamttextil für die finanzielle
Förderung dieses Forschungsvorhabens (AIF-Nr. 6440), die aus Mitteln des
Bundeswirtschaftsministeriums über einen Zuschuß der Arbeitsgemeinschaft
Industrieller Forschungsvereinigungen (AIF) erfolgte.

438

Literatur

[1] G. PFLÜGER, A. BOSSMANN, W. RINGENS, T. BAHNERS, H. FIßAN und
     E. SCHOLLMEYER,
     Untersuchungen zum Abscheideverhalten von Baumwollstäuben in einer
     Trommelfilteranlage unter betrieblichen Bedingungen.
     textil praxis int. $\underline{40}$ (1985), S. 1300 bis 1306;
                         $\underline{41}$ (1986), S. 24 bis 29, 133 bis 143.

[2] G. MIE,
     Beiträge zur Oktik trüber Medien, speziell kolloidaler Metall-
     lösungen.
     Annalen der Physik $\underline{25}$ (1908), S. 377 bis 445.

[3] H. BÜTTNER,
     Kalibrierung einer Streulichtmeßeinrichtung zur Partikelgrößen-
     analyse mit Impaktoren.
     Chem.-Ing.-Tech. MS 1063/83.

[4] H. FIßAN, C. HELSPER und W. KASPER,
     Calibration of Optical Particle Counters with Respect to Particle
     Size.
     Part. Charact. $\underline{1}$ (1984), S. 108 bis 111.

8. Band: **A. Korn**

Bildverarbeitung durch das visuelle System

1982. 138 Abbildungen. VIII, 185 Seiten.
Broschiert DM 54,- ISBN 3-540-11837-3

9. Band

Sehr fortgeschrittene Handhabungssysteme

Ergebnisse und Anwendung

Herausgeber: **P.-J. Becker**

1984. VI, 212 Seiten. Broschiert DM 48,-.
ISBN 3-540-13594-4

10. Band

Fortschritte durch digitale Meß- und Automatisierungstechnik

INTERKAMA-Kongreß 1983

Herausgeber: **M. Syrbe, M. Thoma**

1983. XV, 791 Seiten (79 Seiten in Englisch).
DM 62,-. ISBN 3-540-12862-X

11. Band: **K.-F. Kraiss**

Fahrzeug und Prozeßführung

Kognitives Verhalten des Menschen und Entscheidungshilfen

1985. VI, 138 Seiten. Broschiert DM 38,-.
ISBN 3-540-15414-0

Springer-Verlag
Berlin Heidelberg New York
London Paris Tokyo

12. Band

Sensoren in der textilen Meßtechnik

Herausgeber: **E. Schollmeyer, E.-A. Hemmer**

1985. 166 Abbildungen. X, 425 Seiten.
Broschiert DM 74,-. ISBN 3-540-15494-9

13. Band

Aspekte der Informationsverarbeitung

Funktion des Sehsystems und technische Bilddarbietung

Herausgeber: **H.-W. Bodmann**

1985. IX, 337 Seiten. Broschiert DM 78,-.
ISBN 3-540-15725-5

14. Band

Fortschritte in der Meß- und Automatisierungstechnik durch Informationstechnik

INTERKAMA-Kongreß 1986

Herausgeber: **M. Thoma, G. Schmidt**

1986. XIII, 854 Seiten. Broschiert DM 88,-.
ISBN 3-540-17033-2

17. Band: **K.-H. Kraft**

Fahrdynamik und Automatisierung bei spurgebundenen Transportsystemen

Etwa 200 Seiten. Broschiert, in Vorbereitung.
ISBN 3-540-18816-9

Band 13: Aspekte der Informationsverarbeitung
Funktion des Sehsystems und technische Bilddarbietung
Herausgegeben von H.-W. Bodmann
IX, 337 Seiten, 1985

Band 14: Fortschritte in der Meß- und Automatisierungstechnik
durch Informationstechnik
INTERKAMA-Kongreß 1986
Herausgegeben von M. Thoma und G. Schmidt
XIII, 854 Seiten, 1986

Band 15:
in Vorbereitung

Band 16: Betriebsmeßtechnik in der Textilerzeugung und -veredlung
Herausgegeben von E. Schollmeyer, D. Knittel und E. A. Hemmer
X, 438 Seiten, 1988

Fachberichte Messen, Steuern, Regeln

Manuskripte für diese Reihe sollten mindestens 100 Schreibmaschinenseiten umfassen. Sie
sind, weil sie direkt als Vorlage für die fotomechanische Reproduktion dienen, besonders
sorgfältig zu schreiben. Dazu gehört, daß ein neues schwarzes Farbband benutzt wird, und
Symbole oder Zeichen, die nicht mit der Maschine zu schreiben sind, in Schwarz (mit
Tusche) eingesetzt werden. Bitte verwenden Sie nur Schreibpapier mit aufgedrucktem
Satzspiegel 18 x 26,5 cm, das Ihnen der Verlag gerne zur Verfügung stellt. Änderungen sind
durch Überkleben oder – wenn ihr Umfang gering ist – mit Hilfe von weißer Korrektur-
farbe möglich. (Bitte kein Korrekturpapier benutzen, da so beseitigte Buchstaben bei der
Vervielfältigung oft wieder sichtbar werden.). Für die Größe von Abbildungen und deren
Beschriftung ist zu beachten, daß die Manuskriptseiten bei der fotomechanischen
Reproduktion auf 75% verkleinert werden. Bei Halbton-Abbildungen sind Schwarzweiß-
Hochglanzabzüge zu verwenden. Bitte fordern Sie vor Abfassung des Manuskriptes die
ausführliche Schreibanleitung vom Verlag an. Manuskripte und Anfragen sind an die
Herausgeber

Prof. Dr. rer. nat. M. Syrbe,
Präsident der Fraunhofer-Gesellschaft
Leonrodstraße 54, 8000 München 19

Prof. Dr.-Ing. M. Thoma,
Institut für Regelungstechnik, Universität Hannover, Appelstraße 11, 3000 Hannover 1

oder den Verlag zu richten.

Springer-Verlag, Heidelberger Platz 3, D-1000 Berlin 33
Springer-Verlag, Tiergartenstraße 17, D-6900 Heidelberg 1
Springer-Verlag, 175 Fifth Avenue, New York, NY 190010/USA